中国安装工程关键技术系列丛书

石化装置一体化建造关键技术

中建安装集团有限公司　编写

中国建筑工业出版社

图书在版编目（CIP）数据

石化装置一体化建造关键技术 / 中建安装集团有限公司编写. — 北京 ：中国建筑工业出版社，2021.3

（中国安装工程关键技术系列丛书）

ISBN 978-7-112-25757-7

Ⅰ.①石… Ⅱ.①中… Ⅲ.①石油化工设备-设备安装 Ⅳ.①TE682

中国版本图书馆 CIP 数据核字（2020）第 256198 号

本书是“中国安装工程关键技术系列丛书”中的一本。全书共 9 章，着重介绍了石化装置建造过程各环节关键内容，其中包括丁基橡胶和卤化丁基橡胶等 16 项工艺设计技术；大型设备吊装软土地基处理施工等 5 项起重运输技术；加热炉模块化安装等 15 项石化设备安装技术；氢氟酸管道施工等 13 项管道安装技术；快速切换装置调试等 7 项调试技术；TOFD 等 5 项检测分析技术；基于 PDMS 的三维工厂设计等 4 项智能建造技术及 24 项典型石化工程项目。

本书内容全面，具有较强的指导性，可供石化行业从业人员参考使用。

责任编辑：张　磊　王砾瑶

责任校对：党　蕾

中国安装工程关键技术系列丛书

石化装置一体化建造关键技术

中建安装集团有限公司　编写

*

中国建筑工业出版社出版、发行（北京海淀三里河路 9 号）

各地新华书店、建筑书店经销

北京鸿文瀚海文化传媒有限公司制版

临西县阅读时光印刷有限公司印刷

*

开本：880 毫米×1230 毫米　1/16　印张：22¼　字数：685 千字

2021 年 6 月第一版　2021 年 6 月第一次印刷

定价：**268.00** 元

ISBN 978-7-112-25757-7

（36984）

把专业做到极致

以创新增添动力

靠品牌赢得未来

——摘自2019年11月25日中建集团党组书记、董事长周乃翔在中建安装调研会上的讲话

丛书编写委员会

本书编写委员会

主　编： 朱忆宁

副主编： 严文荣　秦凤祥

编　委：（以下按姓氏笔画排序）

于华超　王　丹　王少华　王宏伟　王国辉
王佳兵　王厚义　王燕松　车昌盛　石　磊
兰乐意　江国旭　孙玉玉　孙德峰　花　星
李　可　李桂红　李晓翔　何圣刚　张弘彪
张佩琪　张新明　陈　跃　周　岳　赵长乾
胥　彬　夏　苗　夏杨华　倪琪昌　陶　荣
黄云国　黄德海　曹　晗　程　林　程新路
翟尧禹　潘晓蕾　戴林宏　魏　微

序

改革开放以来，我国建筑业迅猛发展，建造能力不断增强，产业规模不断扩大，为推进我国经济发展和城乡建设，改善人民群众生产生活条件，做出了历史性贡献。随着我国经济由高速增长阶段转向高质量发展阶段，建筑业作为传统行业，对投资拉动、规模增长的依赖度还比较大，与供给侧结构性改革要求的差距还不小，对瞬息万变的国际国内形势的适应能力还不强。在新形势下，如何寻找自身的发展“蓝海”，谋划自己的未来之路，实现工程建设行业的高质量发展，是摆在全行业面前重要而紧迫的课题。

“十三五”以来，中建安装在长期历史积淀的基础上，与时俱进，坚持走专业化、差异化发展之路，着力推进企业的品质建设、创新驱动和转型升级，将专业做到极致，以创新增添动力，靠品牌赢得未来，致力成为“行业领先、国际一流”的最具竞争力的专业化集团公司、成为支撑中建集团全产业链发展的一体化运营服务商。

坚持品质建设。立足于企业自身，持续加强工程品质建设，以提高供给质量标准为主攻方向，强化和突出建筑的“产品”属性，大力发扬工匠精神，打造匠心产品；坚持安全第一、质量至上、效益优先，勤练内功、夯实基础，强化项目精细化管理，提高企业管理效率，实现降本增效，增强企业市场竞争能力。

坚持创新驱动。创新是企业永续经营的一大法宝，建筑企业作为完全竞争性的市场主体，必须锐意进取，不断进行技术创新、管理创新、模式创新和机制创新，才能立于不败之地。紧抓新一轮科技革命和产业变革这一重大历史机遇，积极推进 BIM、大数据、云计算、物联网、人工智能等新一代信息技术与建筑业的融合发展，推进建筑工业化、数字化和智能化升级，加快建造方式转变，推动企业高质量发展。

坚持转型升级。从传统的按图施工的承建商向综合建设服务商转变，不仅要提供产品，更要做好服务，将安全性、功能性、舒适性及美观性的客户需求和个性化的用户体验贯穿在项目建造的全过程，通过自身角色定位的转型升级，紧跟市场步伐，增强企业可持续发展能力。

中建安装组织编纂出版《中国安装工程关键技术系列丛书》，对企业长期积淀的关键技术进行系统梳理与总结，进一步凝练提升和固化成果，推动企业持续提升科技创新水平，支撑企业转型升级和高质量发展。同时，也期望能以书为媒，抛砖引玉，促进安装行业的技术交流与进步。

本系列丛书是中建安装广大工程技术人员的智慧结晶，也是中建安装专业化发展的见证。祝贺本系列丛书顺利出版发行。

中建安装党委书记、董事长

2020 年 12 月

丛书前言

《国民经济行业分类与代码》GB/T 4754—2017将建筑业划分为房屋建筑业、土木工程建筑业、建筑安装业、建筑装饰装修业等四大类别。安装行业覆盖石油、化工、冶金、电力、核电、建筑、交通、农业、林业等众多领域，主要承担各类管道、机械设备和装置的安装任务，直接为生产及生活提供必要的条件，是建设与生产的重要纽带，是赋予产品、生产设施、建筑等生命和灵魂的活动。在我国工业化、城镇化建设的快速发展进程中，安装行业在国民经济建设的各个领域发挥着积极的重要作用。

中建安装集团有限公司（简称中建安装）在长期的专业化、差异化发展过程中，始终坚持科技创新驱动发展，坚守“品质保障、价值创造”核心价值观，相继承建了400余项国内外重点工程，在建筑机电、石油化工、油气储备、市政水务、城市轨道交通、电子信息、特色装备制造等领域，形成了一系列具有专业特色的优势建造技术，打造了一大批“高、大、精、尖”优质工程，有力支撑了企业经营发展，也为安装行业的发展做出了应有贡献。

在“十三五”收官、“十四五”起航之际，中建安装秉持“将专业做到极致”的理念，依托自身特色优势领域，系统梳理总结典型工程及关键技术成果，组织编纂出版《中国安装工程关键技术系列丛书》，旨在促进企业科技成果的推广应用，进一步培育企业专业特色技术优势，同时为广大安装同行提供借鉴与参考，为安装行业技术交流和进步尽绵薄之力。

本系列丛书共分八册，包含《超高层建筑机电工程关键技术》、《大型公共建筑机电工程关键技术》、《石化装置一体化建造关键技术》、《大型储运工程关键技术》、《特色装备制造关键技术》、《城市轨道交通站后工程关键技术》、《水务环保工程关键技术》、《机电工程数字化建造关键技术》。

《超高层建筑机电工程关键技术》：以广州新电视塔、深圳平安金融中心、北京中信大厦（中国尊）、上海环球金融中心、长沙国际金融中心、青岛海天中心等18个典型工程为依托，从机电工程专业技术、垂直运输技术、竖井管道施工技术、减震降噪施工技术、机电系统调试技术、临永结合施工技术、绿色节能技术等七个方面，共编纂收录57项关键施工技术。

《大型公共建筑机电工程关键技术》：以深圳国际会展中心、西安丝路会议中心、江苏大剧院、常州现代传媒中心、苏州湾文化中心、南京牛首山佛顶宫、上海迪士尼等24个典型工程为依托，从专业施工技术、特色施工技术、调试技术、绿色节能技术等四个方面，共编纂收录48项关键施工技术。

《石化装置一体化建造关键技术》：从石化工艺及设计、大型设备起重运输、石化设备安装、管道安装、电气仪表及系统调试、检测分析、石化工程智能建造等七个方面，共编纂收录65项关键技术和24个典型工程。

《大型储运工程关键技术》：从大型储罐施工技术、低温储罐施工技术、球形储罐施工技术、特殊类别储运工程施工技术、储罐工程施工非标设备制作安装技术、储罐焊接施工技术、油品储运管道施工技术、油品码头设备安装施工技术、检验检测及热处理技术、储罐工程电气仪表调试技术等十个方面，共编纂收录63项关键技术和39个典型工程。

《特色装备制造关键技术》：从压力容器制造、风电塔筒制作、特殊钢结构制作等三个方面，共编纂收录25项关键技术和58个典型工程。

《城市轨道交通站后工程关键技术》：从轨道工程、牵引供电工程、接触网工程、通信工程、信号工程、车站机电工程、综合监控系统调试、特殊设备以及信息化管理平台等九个方面，编纂收录城市轨道交通站后工程的44项关键技术和10个典型工程。

《水务环保工程关键技术》：按照净水、生活污水处理、工业废水处理、流域水环境综合治理、污泥处置、生活垃圾处理等六类水务环保工程，从水工构筑物关键施工技术、管线工程关键施工技术、设备安装与调试关键技术、流域水环境综合治理关键技术、生活垃圾焚烧发电工程关键施工技术等五个方面，共编纂收录51项关键技术和27个典型工程。

《机电工程数字化建造关键技术》：从建筑机电工程的标准化设计、模块化建造、智慧化管理、可视化运维等方面，结合典型工程应用案例，系统梳理机电工程数字化建造关键技术。

在系列丛书编纂过程中得到中建安装领导的大力支持和诸多专家的帮助与指导，在此一并致谢。本次编纂力求内容充实、实用、指导性强，但安装工程建设内容量大面广，丛书内容无法全面覆盖；同时由于水平和时间有限，丛书不足之处在所难免，还望广大读者批评指正。

前言

随着我国经济的高速发展，人民物质文化需求和美好生活需要日益增长，对工业产品需求也日趋旺盛，石油化工作为能源的主要供应者和其他产业的支撑，在国内产业供应链上占据重要地位。在当今世界大变局下，石油化工行业面临的挑战更多，可持续发展的要求更高，安全、绿色发展的责任更大，转型升级的任务更重，更加需要加强石油化工专业人才的培养及自主知识产权技术创新，配合先进工程设计和工程建造技术，促使我国石油化工工业再上新台阶，在不确定的国内外环境中走出一条向产业链高端跨越的高质量发展新路子。

石油化工行业是技术密集型产业，其生产方法和生产工艺的确定，关键设备、材料的选型、选用、制造，装置建造等一系列技术都要求由专有或独特的技术标准所规定，对设计及建造能力要求很高。中建安装集团有限公司对标世界一流水准、全球最高水平，以绿色化工为主体，立足技术创新，培育石化装置一体化建造领域核心竞争力，现拥有石油化工工程施工总承包特级、化工石化医药行业设计甲级、工程咨询甲级、压力容器设计及制造、电气仪表调试、理化及无损检测等资质，公司石化项目建设从1973年参建辽阳石化纤维总厂起步，先后建设了抚顺洗化厂、金陵石化烷基苯厂、金陵石化炼油厂、恒逸（文莱）PMB石油化工工程、恒力石化（大连）130万吨/年C3/IC4混合脱氢装置工程和黑龙江龙油石化550万吨/年重油催化热裂解项目等重点项目，获得石化工程类国家优质工程3项、省部级优质工程230余项，具备较强的加工制造、施工、运维等综合技术能力，从单一施工安装经营模式转向EPC、FEPC等高品质经营模式，实现了投资运营、研发设计、工程建设和运维保障全产业链互融发展。

为推动石化行业技术创新发展，中建安装组织编写了《石化装置一体化建造关键技术》一书，本书分为9个章节，着重介绍了石化装置建造过程各环节关键内容，其中包括丁基橡胶和卤化丁基橡胶等16项工艺设计技术，大型设备吊装软土地基处理施工等5项起重运输技术，加热炉模块化安装等15项化工设备安装技术，氢氟酸管道施工等13项管道安装技术，电气仪表及系统联合调试等7项调试技术，TOFD等5项检测分析技术，基于PDMS的三维工厂设计等4项智能建造技术及中建安装集团承建的24项典型石化工程项目，希望能够为广大石化行业建设者提供参考、借鉴。

本书在编写过程中得到了中建安装集团有限公司及所属各子公司和专业公司的大力支持，在此表示感谢。本书所涉及专业面广，收录技术内容较多，且编写人员众多、编写时间有限，书中难免有疏漏和不妥之处，恳请读者批评指正。

2020年10月

目 录

第1章

概　述

石油化学工业（简称石油化工）包括石油炼制工业和以石油、天然气为原料的化学工业两大类，是国民经济的重要基础和支柱产业，为社会经济发展提供能源和原材料保障，在我国国民经济体系中占有举足轻重的地位。石化装置是指为生产特定油品或化学品，集成各种设备形成的有机整体，装置的建造以工程设计、设备制造、设备采购、工程施工为核心，是企业将想法转化为图纸，再将图纸转化为实物的关键过程。

1.1 石化产业分类及特点

石油化学工业根据不同的分类标准，可以分成不同的种类，按产品分类，包括：无机化学工业、基础有机化学工业、高分子化学工业、精细化学工业等。按原料来源和加工特点划分，包括：炼油、石油化工、煤化工、天然气化工、生物化工、页岩油加工等。按产品市场特点划分，包括：高端专用化学品、精细化工产品、大宗化工产品等。

石油化学工业是高风险的行业，其投资大、技术复杂、原料和产品大多易燃易爆，技术、经济和安全风险都比较高，具有以下特点[1]：

1.1.1 技术密集，产业关联度高

石化装置综合应用了一系列工艺技术、工程技术、装备制造技术和建造技术。技术来源广泛，技术选择性困难，技术集成难度大，技术的先进程度决定了项目的建设质量和水平，同时也决定了装置的运行效益。石油化学工业是一个关联度非常广的产业，通过炼油、乙烯等重大工程项目建设，既可以实现本产业发展，又能带动汽车、电子、建材等相关产业发展。石化工程项目既需要先进、可靠、耐用的专用设备和电气仪表等石化装备，又需要应用先进的信息技术，对机械、电子等相关产业具有很大的促进作用。石油化学工业所生产的合成树脂、合成橡胶、合成纤维、精细化学品以及化工新材料，可广泛应用于国民经济各领域，与相关产业相辅相成、相互促进、共同发展。

1.1.2 安全风险大，管理要求高

石化装置的物料、介质和产品大多是有毒有害、易燃易爆的危险化学品。石化装置生产工艺技术复杂，需经历很多物理、化学过程、传质传热单元操作，生产过程控制条件苛刻，如高温、高压、深冷、真空等，如蒸汽裂解的温度高达1100℃，高压聚乙烯的聚合压力达350MPa，丁基橡胶的聚合反应温度低至－100℃以下，涤纶原料聚酯的生产压力仅1～2mmHg。有些工艺介质的腐蚀性强，对设备、管线的损害较大，生产过程的腐蚀、泄露、超温、超压极易发生爆燃爆炸事故，在减压蒸馏、催化裂化、焦化等很多加工过程中，物料温度已超过其自燃点。因此，石化工程建设对技术来源、工程设计、项目施工全流程管理提出了更高标准，要求项目参与方在建设过程中都必须满足相应标准。

1.1.3 装置大型化、连续性强，个别事故影响全局

石化装置正朝大型化发展，单套装置的加工处理能力不断扩大，如常减压装置能力已达1000万吨/年，装置的大型化将带来系统内危险物料贮存量的上升，增加风险。石化生产过程自动化程度高、石化装置连续性强，在一些大型一体化装置区，装置之间相互关联，物料互供关系密切，一个装置的产品往往是另一装置的原材料，只要某一部位、某一环节发生故障或操作失误，就会牵一发而动全身，局部的问题往往会影响到全局。

1.2 我国石化行业发展历史

我国石油化学工业的发展是在“一穷二白”的薄弱基础上建立起来的，中华人民共和国成立初期，我国仅能生产有限的基础化学染料和初级的化学产品，据资料统计，1949年，我国原油产量12万吨，

炼油能力仅 17 万吨，我国石油化学工业总产值仅为 1.77 亿元，国家从维护国家经济安全的战略眼光大力发展石油化学工业[2]。“一五”期间，开发建设了我国第一个大油田——新疆克拉玛依油田，还先后开发建设了甘肃玉门、青海冷湖以及四川等石油、天然气生产基地，使全国原油产量增加到 145.8 万吨，我国还在苏联帮助下重点建设了吉林、太原、兰州三大化工基地。1959 年，我国成功发现大庆油田并开始组织石油勘探开发大会战。1960 年上海炼油厂开始逐步进行改扩建，1961 年兰州建设了我国第一套裂解气生产乙烯的装置，这标志着新中国石油化学工业建设开始全面起步。至 1965 年底，我国石油产品实现全部自给，并在流化催化裂化、铂重整装置、延迟焦化装置、尿素脱蜡装置、催化剂和添加剂等炼油工艺技术方面实现重大突破。从“三五”和“四五”计划开始，国家有计划、有步骤地开展石油和化工技术装备引进工作，着力解决当时社会经济发展中的主要矛盾，尤其是解决老百姓的吃穿问题。1965 年从日本引进第一套维尼纶装置，1973 年分别从美国、日本、荷兰、法国等国家引进了 13 套大型化肥装置，1978 年引进合成革装置技术，1978 年，石油化学工业总产值达到了 758.5 亿元，是 1949 年的 428 倍[3]。

改革开放初期，我国石油和化学工业规模小、产业链短、产品种类少、产业结构单一，高端产品空白，国际影响力很弱。改革开放以后，石油化学工业经过几次改革重组，发展速度明显加快。20 世纪 80 年代，国家成立三大石油公司，形成了以陆上、海洋、石化为基础，分工明确独自经营的基本格局。中建安装集团有限公司的发展也是自 1983 年的“兵改工”起步，开始逐步参与国内外重大石化工程项目建设，企业资质和建造能力得到了快速提升。经过 70 余年发展，我国逐步形成了油气勘探开发、石油炼制、石油化工、煤化工、盐化工、精细化工、生物化工、国防化工、化工新材料和化工机械等子行业齐全，能够生产 4 万多种石化产品的产业。到了 2019 年底，我国原油产量 1.91 亿吨，炼油能力达到 8.63 亿吨/年，分别是 1949 年 1590 倍和 5070 倍，其中民营企业炼油能力提高到 2.35 亿吨/年，在全国炼油能力中的占比达到 27.2%。国内千万吨级炼厂数将增至 29 座，规模均为世界级水平，乙烯产能达到 2330 万吨/年，全球占比达 13.8%，居世界第三位。三大合成材料生产能力均居世界前列，其中合成树脂产能 1720 万吨/年，居世界第五位，合成纤维产能 1150 万吨/年，居世界第一位，合成橡胶产能 139 万吨/年，居世界第四位[4]。

总之，中华人民共和国成立 70 年来，特别是改革开放 40 年来，我国石化产业结构持续优化，产业链不断延伸完善，除少数化工新材料和高端精细化工产品外，绝大部分石油和化工产品均能自主生产，石油化学工业取得了从无到有、从小到大、从弱到强的发展业绩，建立了产业链上下游配套齐全，基本可以满足国民经济和人们生活需要的强大石油化学工业体系，创造了世界石油化学工业发展史上的奇迹。

1.3 石化工程建造技术发展情况

1.3.1 石化工艺技术

中华人民共和国成立以来，国家先后实施了技术引进、科技兴化、创新驱动等不同阶段的科技创新战略，组织了一大批核心关键项目的技术攻关，先后攻克了二苯基甲烷二异氰酸酯（MDI）、工程塑料、异戊橡胶、T800 级以上碳纤维、聚碳酸酯、对二甲苯、芳纶以及特低渗透油气田开发、页岩气开发等一大批长期制约产业升级的核心关键技术。研制出 12000m 特深井石油钻机、大口径高等级螺旋缝埋弧焊钢管、海洋石油 981 深水半潜式钻井平台、炼油全流程技术装备、乙烯以及芳烃成套技术装备等。千万吨级炼油装置国产化率超过 95%、百万吨级乙烯装置国产化率达到 90%左右。许多技术装备打破了国际垄断，达到或接近世界先进水平，特别是现代煤化工产业，相继攻克了大型先进煤气化、合成气变换、大型煤制甲醇、煤制油、煤制烯烃、煤制乙二醇、煤制乙醇等一大批世界级技术难题，并实现了关键技术装备的产业化，走在了世界煤化工产业创新发展的最前列。中建安装集团的工艺设计和研发主要聚焦化工新能源、化工新材料、高端精细化工等细分领域，目前已掌握和拥有煤制乙二醇精馏技术、高纯异丁烯制备技术、碳酸二苯酯技术等40余项工艺技术，具有PRO Ⅱ、PDMS、CAESAR Ⅱ等专业设计软件，先后完成5万吨/年丁基橡胶装置、20万吨/年芳烃联合装置、10万吨/年非光气法聚碳酸酯联合装置等重点工程项目的设计工作，处于行业先进水平。

1.3.2 施工技术

石化装置建设正朝着大型化、一体化方向发展，大量新设备、新材料、新控制系统不断涌现，对工程施工技术提出了更高的要求[4]。石化装置设备安装、管道焊接、电气仪表安装质量时刻影响着石油化工装置生产的安全。工程建设企业为减少工程质量和避免安全隐患，不断攻坚克难进行技术创新。大型设备起重运输技术不断获得突破，百米高、千吨重的大型塔式设备整体吊装已成为现实。各种化工设备的安装不断规范，大型离心压缩机组的无应力检测已成为共识。管道焊接安装技术不断成熟，高温、高压管道埋弧自动焊工厂化预制的方式已经普及。石化装置工厂化预制、模块化安装工艺也逐渐得到应用和发展。总之，随着各种先进技术和先进工艺的应用，石化装置建设与生产的安全逐渐得到有效保障。中建安装集团在石化装置施工技术方面积极聚焦前沿技术，顺应石化企业发展潮流，拥有先进的大型设备吊装技术、大型机组安装技术以及各种新材料焊接技术；此外，在数字化工厂建设方面，以数字化交付为核心的信息化、模块化、智能化施工技术也取得了可喜的成绩，这些技术成功应用于大连恒力2000万吨/年炼化一体化项目C3/IC4混合脱氢装置、恒逸（文莱）PMB石油化工项目常减压装置等一批工程中，并在江苏瑞恒新材料有限公司年产8万吨硝基氯苯装置和年产2万吨二氯苯/三氯苯装置中成功实施了数字化交付。

1.3.3 检测调试技术

检测调试是消除工程质量隐患、保障石化装置安全运行的重要措施，参建各方均对检测调试工作十分的重视，对焊缝无损检测、金属材料的理化分析、高低压供电系统调试、自动化仪表及DCS/FCS/SIS系统调试等能力和要求越来越高。中建安装集团具有无损检测（包括TOFD和相控阵检测技术）、金属材料物理化学性能试验技术、35kV及以下电气装置及设备检测调试技术、自动化仪表及DCS/FCS/SIS系统检测调试技术等，处于行业先进水平，技术人员多次在行业技能大赛夺冠。

1.4 石化行业发展趋势

经过70余年发展，国内石化行业正处于转型升级、结构优化的重要机遇期，具体发展趋势如下：

1.4.1 大型化、一体化、园区化助推行业快速发展

借鉴美国、欧洲、日本的石油化学工业发展经验，我国石化产业也正朝着大型化、一体化、园区化方向发展，目前我国已建成广东惠州、广东茂湛、浙江宁波、福建古雷、大连长兴岛、上海漕泾、河北曹妃甸等一批大型炼化一体化基地。未来，以炼油和乙烯为龙头的石化装置仍然是行业发展重点，一批具有世界级规模、产业聚集程度更高的石化工业园区将是重要发展方向，一体化的园区建设和运行理念将被广泛应用和实践，将产业链和产品链维系在一起，形成完善的园区一体化运行体系，包括项目设

计、产业结构、管理运营、公用工程、环境保护和物流传输等。

1.4.2 绿色化学工艺是必然发展方式

随着石油化学工业的蓬勃发展，对环境造成的污染也在不断加重，绿色化学的概念得以提出。绿色化学工艺就是通过充分运用化学原理和工程技术，来彻底改进传统的污染型化学工艺，充分利用资源和能源，采用无毒、无害的原料、催化剂、溶剂，在无毒、无害的条件下进行化学反应，以减少向环境排放废弃物，提高原子利用率，力图使所有作为原料的原子全部转化为有利于环境保护、社区安全和人体健康的环境友好的产品，是实现“绿色”“高效”“环保”发展目标的关键过程科学。具体包括新的化学反应过程、传统化学过程的绿色节能技术、传统能源清洁以及废弃物综合利用等技术，使整个石化行业朝着绿色、可持续的方向进行发展。

1.4.3 产业结构向产业链高端延伸

原材料开采加工、基础化学品制造等传统产业在我国石化行业中占比较大，而高端化工制造业和战略性新兴产业占比不足10%，行业总体仍处于产业链和价值链的中低端。未来，产业结构高端化进程将加快，促进产业结构向产业链高端延伸，主要围绕大飞机、高铁、汽车轻量化、电子信息等重大工程需求，重点发展化工新能源，高端聚烯烃、专用树脂、特种工程塑料、高端膜材料等化工新材料，医用化工材料，高端电子化学品等专用化学品以及催化剂、特种助剂添加剂等特种化学品。

1.4.4 智能建造技术将不断涌现

随着“工业 4.0”的到来，加工制造技术将变得更加先进与智能，石油化工装置建设由此也将进入智能建造时代。在工厂进行石油化工装置模块的生产，现场通过模块整体安装或模块间的简单拼装，便可形成一个完整的石油化工装置。工厂制造各流程管理的信息化、加工机械的智能化、起重运输机械的大型化、全过程可视化的质量管理将使石油化工装置建设变得简单且安全可靠。

1.4.5 绿色智能检测调试技术将成为主流

绿色化、信息化、自动化将是无损检测行业发展的主要方向，以衍射时差超声检测技术（TOFD）、相控阵检测技术（PAUT）、检测机器人应用技术和数字成像（DR）检测技术为代表的先进技术，将会逐渐取代常规的检测方式，并降低检测对人员和环境的影响。尤其是数字成像（DR）检测技术，通过5G技术手段可以实现检测图像数据的实时传输及远程在线评判。随着电仪调试行业的智能化、集成化、数字化和网络化程度的提高，实现全厂各系统的控制、操作、管理一体化，已成为必然趋势。

1.4.6 EPC 工程总承包将广泛应用

近年来，石化行业工程建设模式发生了变化，国内一批大中型设计院已成功转型为工程公司，在工程设计、组织结构和项目管理体系等方面逐步与国际接轨，提供全生命周期的综合工程服务，已由传统单一的设计业务为主发展为 EPC 工程总承包业务为主。传统施工企业也正在努力寻求转型，从初期主要以专业承包为主，逐渐发展为施工总承包、EPC 工程总承包为主。未来，随着政府、企业对工程总承包建设模式优越性认识的深入，EPC 工程总承包建设模式将被广泛接受和应用，工程总承包企业将在未来石化行业中迎来大发展机遇。

石化装置一体化建造的关键环节有工艺设计、施工建造和检测调试，工艺技术先进性和设计质量决定着装置投资大小、生产成本和产品质量，设备吊装、设备安装、管道焊接、电气仪表调试等施工质量时刻影响着装置的安全运行，检测调试是消除工程质量隐患，保障石化装置安全运行最后一环节。本书对中建安装集团有限公司近年来承建的石化工程项目进行了总结提炼，共包括石化工艺及设计、大型设备起重运输、石化设备安装、管道安装、电气仪表及系统联合调试、检测分析等技术，并展示了中建安装集团近年来承建的典型石化项目。

第2章

石化工艺及设计技术

石化工艺及设计技术是整个石化装置建造的核心，石化工艺技术种类繁多、流程复杂，工艺技术先进性决定了工程投资大小、原料成本、产品质量甚至企业效益。工艺设计是保证石化装置安全高效运行的关键，优秀的工艺设计能帮助企业在生产过程中避免出现安全事故，保证生产人员和设备的安全，提升产品质量和生产效率，降低装置的能耗、物耗，有效控制生产成本，保证产品稳定、持续化生产，促进企业获得更好的利润空间，产生更大的经济效益。

本章详细介绍了16项化工工艺及设计技术，包括丁基橡胶和卤化丁基橡胶技术、MTBE裂解制备高纯异丁烯技术、尼龙6工艺技术、酯交换法碳酸二苯酯技术、加氢法生物柴油技术、大型农药杀菌剂技术和煤制乙二醇精馏技术等，这些工艺技术都具有绿色、环保等特点，希望能为我国石化企业发展提供借鉴。

2.1 丁基橡胶和卤化丁基橡胶工艺技术

2.1.1 技术简介

丁基橡胶是世界第四大合成橡胶，是以异丁烯与异戊二烯为单体的共聚橡胶，具有优良的气密性和良好的耐热、耐老化、耐酸碱、耐溶剂、电绝缘等性能，广泛应用于内胎、硫化胶囊、电线电缆、防水建材、药用瓶塞、桥梁支承垫以及耐热运输带等方面。

丁基橡胶的生产工艺采用淤浆法，以氯甲烷为稀释剂，铝系为催化剂，在−100℃左右，异丁烯与少量异戊二烯通过阳离子共聚制得，此工艺具有便于控制反应速率，合理利用设备分离能力，以及减少设备投资等优点。

卤化丁基橡胶可分为溴化丁基橡胶与氯化丁基橡胶，是丁基橡胶经过卤化改性的产物，卤化丁基橡胶不仅具有丁基橡胶的优异性能，而且具有良好的黏着性与共硫化性，主要应用于汽车子午线轮胎的气密层和医用瓶塞等产品。

卤化丁基橡胶基础胶液制备方法采用水凝析溶解法，水凝析溶解法是指从聚合反应釜溢流出的聚合淤浆，与热水和蒸汽混合后，经氯甲烷气化，橡胶在热水中析出变成胶粒，再用振动筛和挤压机除去大部分水，最后溶解在己烷溶液中，该方法能与淤浆法生产普通丁基橡胶的生产装置紧密结合，具有工艺设备少、装置灵活度高等优点。

本技术成功应用于浙江信汇合成新材料有限公司5万吨/年合成橡胶项目和5万吨/年卤化丁基橡胶工程（图2.1-1），并获得中国石油和化工勘察设计协会优秀工程设计一等奖、中国建筑工程总公司科学技术二等奖、中国石油和化学工业联合会科技进步三等奖。

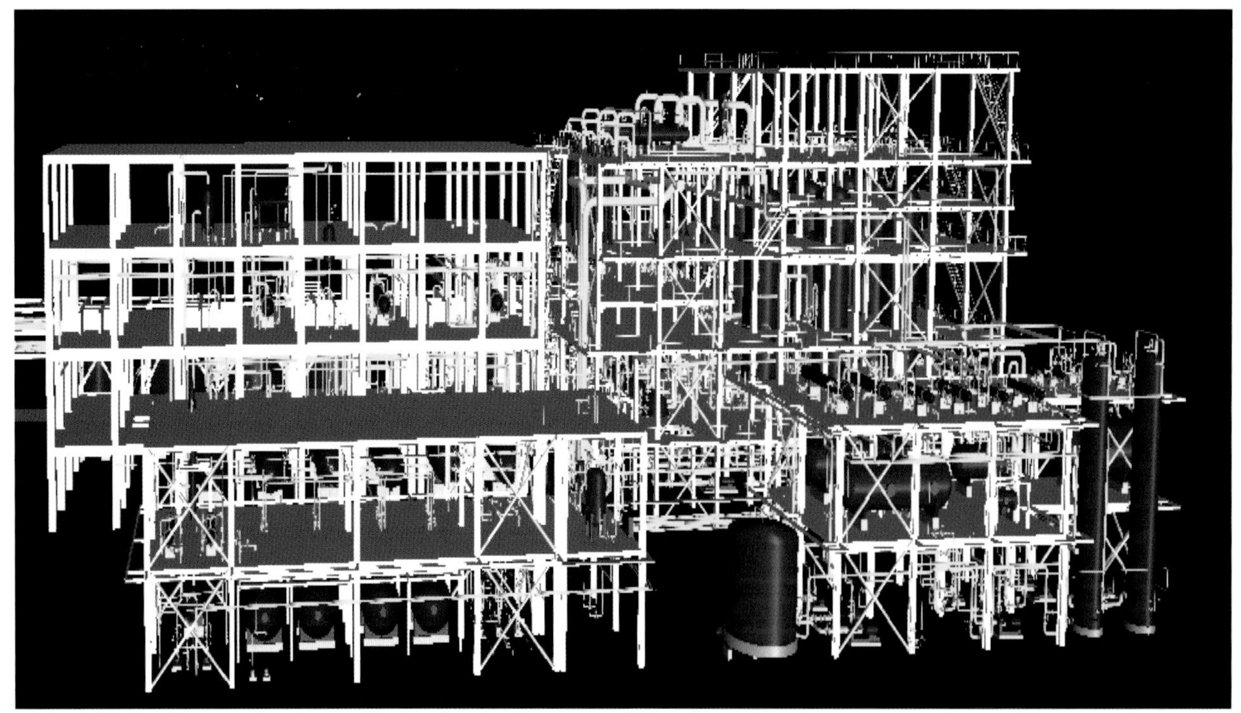

图2.1-1　5万吨/年卤化丁基橡胶PDMS三维图

2.1.2 工艺原理及流程

1. 工艺原理

丁基橡胶以氯甲烷为溶剂，烷基铝为引发剂，在－100℃条件下，异丁烯与少量异戊二烯进行阳离子共聚所得，利用此方法可在聚合物分子中引入双键以此来提高其硫化性能，卤化丁基橡胶是利用卤素在已制备好的普通丁基橡胶的基础胶液中发生取代反应后所得。

丁基橡胶聚合反应方程式如式（2.1-1）所示。

$$\text{异丁烯} + \text{异戊二烯} \xrightarrow[-100℃]{RnAlX_{3}-n+0.002\%\ H_{2}O} \text{丁基橡胶} \quad (2.1\text{-}1)$$

2. 丁基橡胶工艺流程

丁基橡胶装置包括引发剂配制、丁基橡胶聚合、聚合淤浆脱气和汽提、单体干燥和溶剂回收、制冷剂循环等单元，工艺流程如图2.1-2所示。

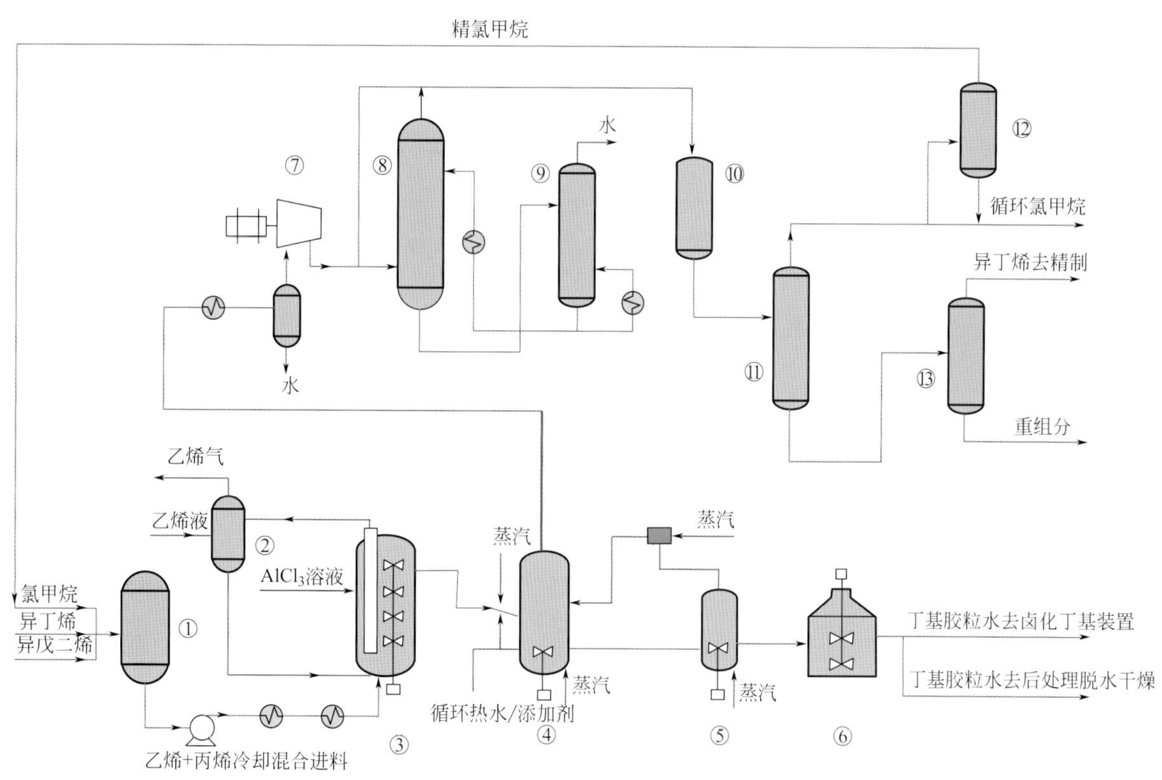

图2.1-2 丁基橡胶工艺流程简图

1—缓冲罐；2—乙烯蒸发器；3—聚合反应器；4—脱气釜；5—气提釜；6—胶粒与水中间罐；7—氯甲烷压缩机；8—甘醇吸收塔；9—甘醇解吸塔；10—氧化铝干燥器；11—循环氯甲烷塔；12—精氯甲烷塔；13—异丁烯回收塔

（1）引发剂配制

在温度为20～40℃条件下，用精氯甲烷作为溶剂，连续配制烷基铝溶液，然后在缓冲罐中储存、缓冲，经丙烯、乙烯两级冷却器，降温至－90℃以下进入反应器。

（2）丁基橡胶聚合

聚合反应采用单釜连续聚合方式，在釜式反应器中进行，异丁烯、异戊二烯和氯甲烷按一定比例配制成混合溶液，进入缓冲罐，经液态丙烯、乙烯降温后，从底部进入反应器，异丁烯和异戊二烯与引发剂混合后立即发生反应，形成丁基橡胶淤浆液，在强烈搅拌作用下，聚合单体和淤浆得到很好的分散。聚合反应热由乙烯蒸发罐进入反应器换热管束中的液态乙烯蒸发带出，控制乙烯蒸发量可以调节聚合反应稳定在一定的温度范围内。聚合形成的丁基橡胶淤浆从反应器顶部的溢流管流出，加入添加剂后进入脱气釜。

（3）聚合淤浆脱气和汽提

采用水蒸气蒸馏法脱气和汽提工艺从聚合淤浆中分离出丁基橡胶，反应器溢出的含有20%～30%丁基橡胶淤浆，在喷嘴处与蒸汽、热水及添加剂混合，按一定方向喷入脱气釜。脱气釜下部热水中通入蒸汽保持温度稳定，溶剂和未反应的单体从脱气釜顶脱出，橡胶以粒状分布在热水中。脱气后的胶粒和热水靠差压进入汽提塔，在真空条件下，进一步脱出氯甲烷和未反应的单体，汽提塔脱出的气体和脱气釜顶脱出的气体汇集去干燥回收系统处理。脱除氯甲烷和未反应单体的胶粒与热水被送至有搅拌器的中间罐，随淤浆进入脱气塔的烷基铝水解生成氯化氢，加入氢氧化钠溶液来中和，控制系统的 pH 值，防止设备腐蚀。

（4）单体干燥和溶剂回收

脱气釜脱出氯甲烷和未反应的单体采用氧化铝吸附干燥，从脱气釜和汽提塔顶排出的回收气体，经压缩机加压后，分离冷凝水，送入干燥工序。在进入干燥系统之前，该气体压力240～340kPaG，水含量2000～3000ppm，含氯甲烷95%，其余为未反应的异丁烯和异戊二烯。使用氧化铝吸附法时，干燥剂使用24～36h即需要切换再生，干燥后的回收气体水含量要求小于10ppm，二甲醚等毒物也都控制在允许范围内。吸水后的氧化铝用惰性气体进行再生，以除去吸附的水分和其他毒物。干燥后的回收气体经压缩机再次压缩，压力升高到1.1MPa，进入精馏分离系统。在精馏分离系统，回收气体被分离成精制氯甲烷、循环氯甲烷、异丁烯和重组分等几部分。精制氯甲烷专用于配制引发剂，要求其中的异丁烯含量小于50ppm，循环氯甲烷用于配制单体混合物料。回收的异丁烯可送回异丁烯装置精制或做其他用途，重组分可作为燃料使用。

（5）载冷剂循环

载冷剂主要包括工业循环水、0℃左右的低温水和低温冷剂。工业循环水用于一般的冷却过程，0℃左右的低温水用于氯甲烷等回收气回收和氯化铝再生等工艺，聚合反应采用两级制冷方式提供的－115～－110℃低温载冷剂，第一级载冷系统选用丙烯作载冷剂，在常温下可获得－40℃左右的低温载冷剂，除用于乙烯载冷外，还用于引发剂、混合配料等工艺过程的一级降温，第二级载冷系统采用乙烯作载冷剂，乙烯在负压下蒸发获得－115～－110℃低温载冷剂，用于引发剂和混合配料等工艺过程的二级降温和聚合反应过程移热。

（6）丁基橡胶后处理

后处理工艺包括挤压脱水、膨胀干燥和热风流化床干燥三部分，胶粒的水含量降低到0.7%以下，胶粒控制温度为60～70℃，经过称重、压块、薄膜包装、金属检测、装箱等工序得到成品丁基橡胶。

3. 卤化丁基橡胶工艺流程

卤化丁基橡胶装置包括添加剂配制、液氯及液溴贮运及准备、基础胶液制备、卤化反应和卤化胶液中和、卤化胶液凝聚汽提、卤酸气处理、卤化丁基橡胶后处理干燥等单元，工艺流程如图2.1-3所示。

（1）添加剂配制

添加剂配制分别用溶剂或工艺水配制卤化反应及汽提所需的添加剂，主要有：分散剂、防老剂、稳定剂和消泡剂等。

（2）基础胶液制备、卤化和中和

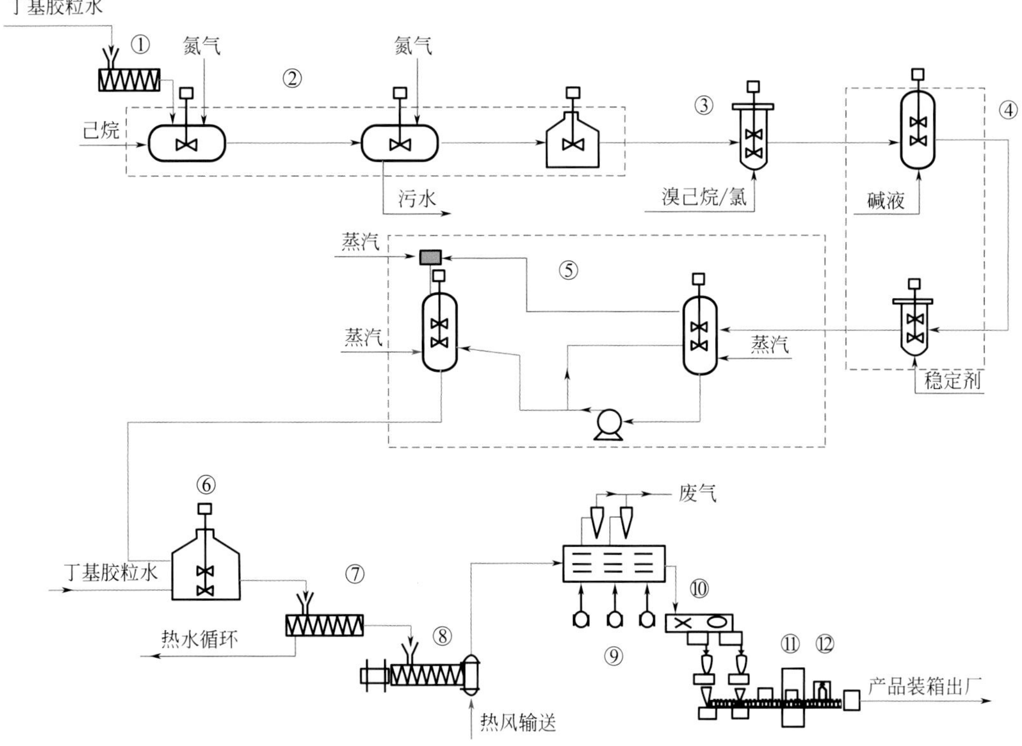

图 2.1-3　卤化丁基橡胶工艺流程简图

1—脱水筛-挤压膨胀一体机；2—基础胶液溶解系统；3—卤化反应系统；4—中和系统；5—卤化胶液凝聚系统；6—卤化胶粒水罐；7—脱水筛；8—双螺杆挤出机；9—流化床；10—压块机；11—金属检测；12—薄膜包装

由丁基橡胶装置送来的丁基橡胶基础胶粒水送至脱水机，脱除大部分游离水，之后被切成颗粒均匀、具有一定尺寸的胶粒。胶粒在溶解罐中用己烷溶解，在强烈搅拌下，己烷溶解胶粒形成基础丁基橡胶己烷溶液，溶液中的水经沉降分离从底部排出，胶液用泵经换热器降至一定温度后送入基础丁基橡胶己烷溶液贮罐。贮罐胶液用泵送经冷却器降温后与卤素混合，再送入卤化反应器反应，卤化丁基胶液靠压差送至卤化胶液中和混合器，用氢氧化钠中和其中的溴化氢或氯化氢，中和后卤化丁基橡胶溶液进入卤化胶液罐。

(3) 卤化胶液凝聚汽提

中和后卤化丁基橡胶溶液送至脱气和汽提系统，中和的卤化丁基胶液、稳定剂和氯化钙水溶液混合乳化后，进入脱气釜脱气，卤化丁基橡胶溶液中的大部分己烷被蒸发成蒸气，进入冷凝器中使用循环冷却水冷凝，冷凝的混合物进到分离器中，进行己烷和水的分离，己烷送到界区外贮罐，水循环使用，脱气后卤化丁基橡胶凝聚，形成卤化丁基橡胶胶粒水，泵送第一、第二汽提釜，在负压下闪蒸出残存的己烷，经汽提的胶粒水用泵送至卤化后处理胶粒水罐。

(4) 卤化橡胶干燥包装

卤化丁基橡胶的后处理工艺以及采用的设备和丁基橡胶的干燥包装线相同。

2.1.3　技术指标

丁基橡胶装置的主要原辅料消耗情况如表 2.1-1 所示，卤化丁基橡胶装置的主要原辅料消耗情况如表 2.1-2 所示，丁基橡胶产品质量指标如表 2.1-3 所示。卤化丁基产品质量指标如表 2.1-4 及表 2.1-5 所示。

丁基装置主要原料消耗情况一览表　　表 2.1-1

序号	名称	吨产品消耗量(kg)	备注
1	异丁烯	1057.4	—
2	异戊二烯	29.6	—
3	己烷	2.3	—
4	烷基铝	0.25	—
5	乙烯	0.75	泄漏补充
6	丙烯	1.8	泄漏补充
7	氯甲烷	19.2	—

卤化丁基装置主要原料消耗情况一览表　　表 2.1-2

序号	名称	吨产品消耗量(kg)	备注
1	丁基橡胶	1000	—
2	溴	31.58	溴化与氯化不同时使用
3	氯	13.54	
4	己烷	20.16	—
5	硬脂酸钙	3.12	—
6	防老剂(Ⅱ)	0.96	—
7	中和溴用添加剂	1.68	—
8	氯化钙	1.2	—
9	稳定剂	17.52	—

丁基橡胶产品质量指标　　表 2.1-3

序号	项目	单位	指标
1	门尼黏度	ML(1+8)125℃	51±5
2	防老剂(废污染型)	wt%,最小	0.05～0.2
3	挥发分	wt%,最大	0.3
4	不饱和度	%(mol)	1.7

溴化丁基橡胶产品质量指标　　表 2.1-4

序号	项目	单位	指标
1	门尼黏度	ML(1+8)125℃	32±4
2	溴含量	wt%	2.1±0.3
3	挥发分	wt%	≤0.70
4	灰分	wt%	≤0.30
5	防老剂	wt%	0.2～0.4
6	稳定剂	wt%	1.7±0.3
7	比重	—	0.93
8	颜色	—	黄色-琥珀

氯化丁基橡胶产品质量指标　　表 2.1-5

序号	项目	单位	指标
1	门尼黏度	ML(1+8)125℃	45±4
2	氯含量	wt%	1.3±0.3
3	挥发分	wt%	≤0.70
4	灰分	wt%	≤0.30
5	防老剂	wt%	0.05~0.2
6	稳定剂	wt%	1.7±0.3
7	比重	—	0.93
8	颜色	—	黄色-琥珀

丁基橡胶装置的公用工程消耗情况如表 2.1-6 所示，卤化丁基橡胶装置的公用工程消耗情况如表 2.1-7 所示。

丁基橡胶装置公用工程消耗指标表　　表 2.1-6

序号	项目	吨产品公用工程消耗	备注
1	生活水	0.32m^3	间歇
2	生产水	40m^3	—
3	循环冷却水	1920m^3	—
4	电	2400kWh	—
5	4.0MPa 中压蒸汽	5800kg	—
6	0.55MPa 低压蒸汽	9800kg	—
7	工艺压缩空气	6.4N・m^3	间歇
8	仪表压缩空气	240N・m^3	—
9	低压氮气	1000N・m^3	—

卤化丁基橡胶装置公用工程消耗指标表　　表 2.1-7

序号	项目	吨产品公用工程消耗	备注
1	生活水	0.32m^3	间歇
2	生产水	10m^3	—
3	循环冷却水	500m^3	循环量
4	电	450kWh	—
5	0.75MPa 中压蒸汽	1000kg	—
6	工艺压缩空气	5N・m^3	间歇
7	仪表压缩空气	24N・m^3	—
8	低压氮气	47N・m^3	—

丁基橡胶装置“三废”排放及处理措施如表 2.1-8 所示，卤化丁基橡胶装置“三废”排放及处理措施如表 2.1-9 所示。

5 万吨/年丁基橡胶装置“三废”排放一览表　　表 2.1-8

序号	组分	排放方式	排放量	主要污染物	处理方法
1	氯甲烷废气	连续	240m^3/h	氯甲烷、异丁烯、其余氮气	冷火炬排大气
2	氧化铝再生气	峰值 2h	5000N・m^3/d	氯甲烷、异丁烯、其余氮气	冷火炬

续表

序号	组分	排放方式	排放量	主要污染物	处理方法
3	工艺排气	间断	—	氯甲烷、氮气	火炬
4	干燥废气	连续	$55000m^3/h$	乙烯、异丁烯	排大气
5	事故废气	间断	—	氯甲烷痕量	冷火炬
6	储罐排气	间断	—	含氯甲烷气体	火炬
7	卸车废气	间断	—	乙烯、丙烯、异丁烯、异戊二烯、氯甲烷	氮气吹扫送冷火炬
8	轻组分尾气	连续	$70m^3/h$	氯甲烷	火炬
9	沉降槽废水	连续	500t/d	—	—
10	废渣	连续	90t/d	丁基橡胶	回收利用
11	废干燥气	间歇	90t/d	废干燥剂三氧化二铝	危废厂家处理

5万t/年卤化丁基橡胶装置“三废”排放一览表　　表2.1-9

序号	组分	排放方式	排放量	主要污染物	处理方法
1	工艺排气	间断	5t/年	己烷	火炬
2	干燥废气	连续	$50000m^3/h$	己烷	—
3	储罐排气	间断	3t/年	己烷	RTO
4	卸车废气	间断	1t/年	己烷	RTO
5	卸车废气	间断	2t/年	液溴、氯	中和塔处理
6	沉降槽废水	连续	300t/d	—	—
7	干燥塔洗涤液	连续	5t/d	—	—
8	废渣	连续	90t/年	卤化丁基橡胶	回收利用
9	废干燥剂	间歇	20t/年	三氧化二铝	危废厂家处理

2.2　MTBE裂解制备高纯异丁烯工艺技术

2.2.1　技术简介

异丁烯又名2-甲基丙烯，是石油化工和精细化工的重要原料，主要用于生产高分子量聚异丁烯、丁基橡胶以及多种弹性体和热塑性体，还可用于制造各种烷基酚、叔丁基酚等，是食品、塑料、橡胶工业不可或缺的原料。

本技术采用固定床催化裂解甲基叔丁基醚（MTBE）得到异丁烯，再经水洗精制工艺制备高纯异丁烯。与其他工艺技术相比，该技术对设备无腐蚀、环境友好、工艺流程合理、操作条件温和、能耗低、产品纯度高，装置规模灵活性大。该方法是国内外生产异丁烯主要方法之一。

本技术应用于浙江信汇新材料股份有限公司5万吨/年MTBE裂解制异丁烯生产装置，中建安装集团的“MTBE裂解制备聚合级异丁烯的工艺改进技术”获评中国石油和化工勘察设计协会专有技术。

2.2.2　工艺原理及流程

1.工艺原理

以MTBE为原料连续生产异丁烯产品，主反应为MTBE裂解生成异丁烯和甲醇，副反应为甲醇醚化为二甲醚和水。MTBE裂解制异丁烯生产装置主要包括：MTBE精馏单元、裂解反应单元、水洗和甲醇精馏单元、异丁烯精馏和二次水洗单元、异丁烯精制单元。反应方程见式（2.2-1）和式（2.2-2）。

主反应：

$$\text{甲基叔丁基醚} \longrightarrow \text{异丁烯} + CH_3OH\ (\text{甲醇}) \tag{2.2-1}$$

甲醇副反应：

$$2CH_3OH\ (\text{甲醇}) \longrightarrow \text{二甲醚} + H_2O\ (\text{水}) \tag{2.2-2}$$

2. 工艺流程

MTBE裂解装置流程如图2.2-1所示。

（1）MTBE精馏

来自罐区纯度为95%的MTBE经流量控制进入MTBE原料加热器，加热至138℃，原料自MTBE精馏塔上部进入，塔顶蒸汽经塔顶冷凝器冷却后，进入回流罐，回流物料经回流泵控制一定流量送入MTBE精馏塔塔顶，纯度为99.5%的MTBE自塔中部塔板采出。

（2）裂解反应

精制后合格的MTBE原料经泵抽出与反应器出口裂解气换热后，温度升至128℃进入MTBE汽化器，在汽化器内汽化并过热至170℃，进入裂解反应器，原料在裂解反应器中，在催化剂作用下发生裂解反应，生成异丁烯和甲醇，反应器采用列管式固定床反应器。

（3）一次水洗

反应后液体主要成分是异丁烯、甲醇和未反应的MTBE，反应后液体与油相一起进入静态混合器充分混合，混合液进入水洗塔底部，进行油水分离，经界面调节控制水洗塔界面，油相进入异丁烯精馏塔，含15%甲醇的水自塔底流出，去甲醇精馏塔回收甲醇。

（4）甲醇精馏

来自水洗塔的甲醇水洗液进入甲醇精馏塔，从塔侧线采出甲醇，经冷却器冷却至40℃以下，送至装置外罐区，甲醇精馏塔塔顶气相经轻组分冷凝器冷却至40℃，进入甲醇回流罐，一部分回流，一部分进入中间罐采出。

（5）异丁烯精馏

自水洗塔塔顶出来的油相进入异丁烯精馏塔，塔顶馏出纯度99.5%异丁烯蒸汽，经冷凝冷却器冷却后，进入粗异丁烯回流罐，回流物料由粗异丁烯回流泵控制流量送入异丁烯精馏塔顶。

（6）二次水洗

粗异丁烯自粗异丁烯回流罐，经水洗泵增压后进入第二水洗塔底部，软水经由软水泵增压进入第二水洗塔顶部，粗异丁烯自塔底穿过水相洗去其中所含的微量甲醇，洗后异丁烯进入粗异丁烯缓冲罐，洗涤水经塔顶自塔底排出，进入甲醇精馏塔，以使洗水再利用。

（7）异丁烯精制

洗后的粗异丁烯自缓冲罐经由粗异丁烯进料泵增压后，先经进料加热器，进入异丁烯精制塔，轻组分用轻组分冷凝器冷凝冷却至40℃进入轻组分回流罐中，轻组分自轻组分回流罐，经回流泵增压后，一部分作为回流进入异丁烯精馏塔塔顶，另一部分送至罐区C4罐中，脱除了二甲醚、水、甲醇的聚合级异丁烯自精馏塔塔釜排出，经精异丁烯冷却器冷却至40℃，靠自压排入高纯检验罐，分析合格后，用高纯异丁烯出料泵送至高纯异丁烯罐中。

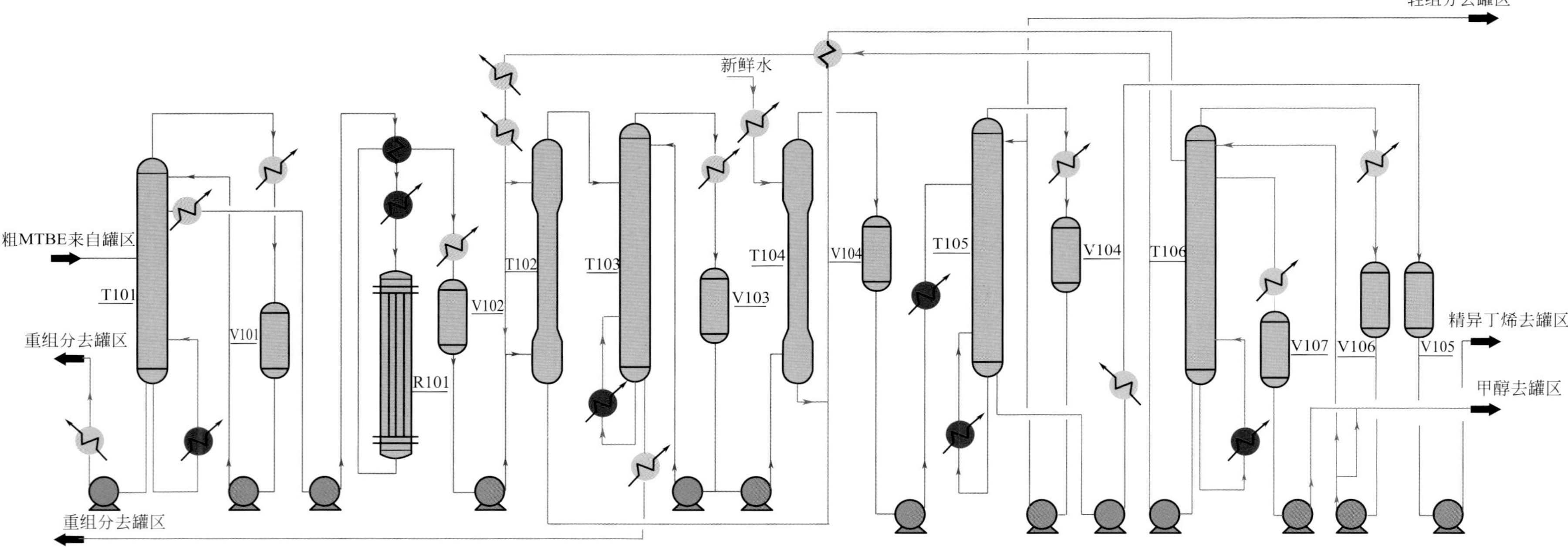

图 2.2-1　MTBE 裂解装置流程简图

R101—MTBE 裂解反应器；T101—MTBE 精馏塔；T102—第一水洗塔；T103—异丁烯精馏塔；T104—第二水洗塔；T105—异丁烯精制塔；T106—甲醇精馏塔；V101—MTBE 回流罐；V102—裂解气凝液罐；V103—异丁烯精馏塔；V104—粗异丁烯缓冲罐；V105—精异丁烯采出罐；V106—甲醇塔回流罐；V107—甲醇塔采出罐

2.2.3 技术指标

主要产品质量指标如表2.2-1和表2.2-2所示，该工艺的原材料MTBE消耗量为1.8t/t异丁烯产品。

异丁烯质量指标 表2.2-1

序号	项目	指标
1	异丁烯	≥99.90(wt%)
2	MTBE	≤5ppm
3	甲醇	≤10ppm
4	二甲醚	≤5ppm
5	丁烯-1	≤200ppm
6	丁烯-2	≤300ppm
7	丁二烯	≤200ppm
8	水	≤20ppm

甲醇质量指标 表2.2-2

序号	项目	单位	指标
1	色度(Pt/Co)	—	≤10
2	密度(20℃)	g/cm^3	0.791～0.792
3	温度范围(101.3kPa)	℃	64.0～65.5
4	高锰酸钾试验	min	≥50
5	水分含量	wt%	≤0.05
6	羰基化合物含量(以CH_2O计)	wt%	≤0.002
7	蒸发残渣含量	wt%	≤0.001
8	硫酸洗涤实验(铂-钴色号)	—	≤50
9	乙醇含量	wt%	供需双方协商

2.3 叔丁醇脱水制备高纯异丁烯工艺技术

2.3.1 技术简介

异丁烯是化工行业的重要原料，主要用于生产人工橡胶、高性能弹性体及热塑性体。高纯异丁烯生产方法主要有两种：MTBE裂解法和叔丁醇脱水法，本节主要介绍叔丁醇脱水制备高纯异丁烯技术。

在脱水催化剂催化作用下，叔丁醇在反应塔内发生脱水反应生成异丁烯，再经水洗精制工艺制备得到高纯异丁烯。该技术不仅工艺流程短、投资相对较低，而且由于叔丁醇原料供应充足，相比MTBE裂解法，原料成本较低廉，技术具有较强的市场竞争力。

本技术已应用于浙江信汇新材料股份有限公司12万吨/年叔丁醇脱水制异丁烯生产装置。

2.3.2 工艺原理及流程

1. 工艺原理

以叔丁醇为原料采用连续生产工艺生产异丁烯产品，叔丁醇脱水制异丁烯生产装置主要包括：原料预处理单元、催化蒸馏反应单元和粗异丁烯精制单元，反应方程见式（2.3-1）。

$$\underset{\text{叔丁醇}}{(CH_3)_3COH} \longrightarrow \underset{\text{异丁烯}}{(CH_3)_2C{=}CH_2} + \underset{\text{水}}{H_2O} \tag{2.3-1}$$

2. 工艺流程

叔丁醇脱水装置工艺流程如图2.3-1所示。

（1）原料预处理单元

粗叔丁醇从界区外来，经进料预热器与精制塔塔釜出料换热，升温后进入精制塔，塔顶气相进入塔顶冷凝器全冷凝，冷凝液相进入塔回流罐，再经回流泵加压回流，并采出轻组分低浓度叔丁醇去界外，塔釜采出脱除部分轻组分的叔丁醇，经叔丁醇塔釜采出泵加压后，去进料换热器与原料换热，然后进入反应单元。

（2）催化蒸馏反应单元

预处理后的粗叔丁醇，经反应塔塔顶换热器升温后进入反应塔，在脱水催化剂的作用下发生脱水反应，叔丁醇转化率达到90%以上，未反应的叔丁醇、原料带入的轻组分及一部分水由塔顶气相采出，塔顶气相经换热冷却后进入分液罐，分离出的气相为粗异丁烯，进入粗异丁烯精制单元，反应塔塔釜排出的水和重组分送往界外处理。

（3）粗异丁烯精制单元

分液罐气相物料与再反应塔顶换热器出料，汇合后进入压缩机入口缓冲罐，经气液分离后气相粗异丁烯经异丁烯压缩机加压，然后经换热器冷凝后进入裂解气凝液罐，裂解气凝液罐中的液态粗异丁烯经泵加压后进入油水混合器，再进入第一水洗塔下部。

第一水洗塔上部进脱盐水，用水萃取粗异丁烯中的杂质，塔顶油相去异丁烯脱重塔，塔底含醇污水去重组分精制塔，含醇污水中的异丁烯和叔丁醇等轻组分从塔顶去重组分精制塔塔顶冷凝器，凝液进入重组分精制塔回流罐，再经回流泵送去界外处理，塔釜废水经重组分精制塔侧线采出泵送往界外处理。

水洗后异丁烯进入异丁烯脱重塔，重组分杂质经脱重塔塔釜重组分采出冷却器输送至界外处理，粗异丁烯从塔顶采出经脱重塔塔顶冷凝器冷凝后进入脱重塔回流罐，罐中的油相经异丁烯脱重塔进料泵加压、预热后去异丁烯精制塔轻组分物料经塔顶冷凝器冷凝后进入塔回流罐，再经异丁烯精制塔回流泵送去界外处理，精制后的精异丁烯从塔釜采出，经精异丁烯冷却器冷却后进入精异丁烯检验罐，检测合格后的精异丁烯通过精异丁烯采出泵送至罐区精异丁烯储罐。

2.3.3 技术指标

主要产品质量指标如表2.3-1所示，该工艺的原材料叔丁醇消耗量为1.51t/t异丁烯产品。

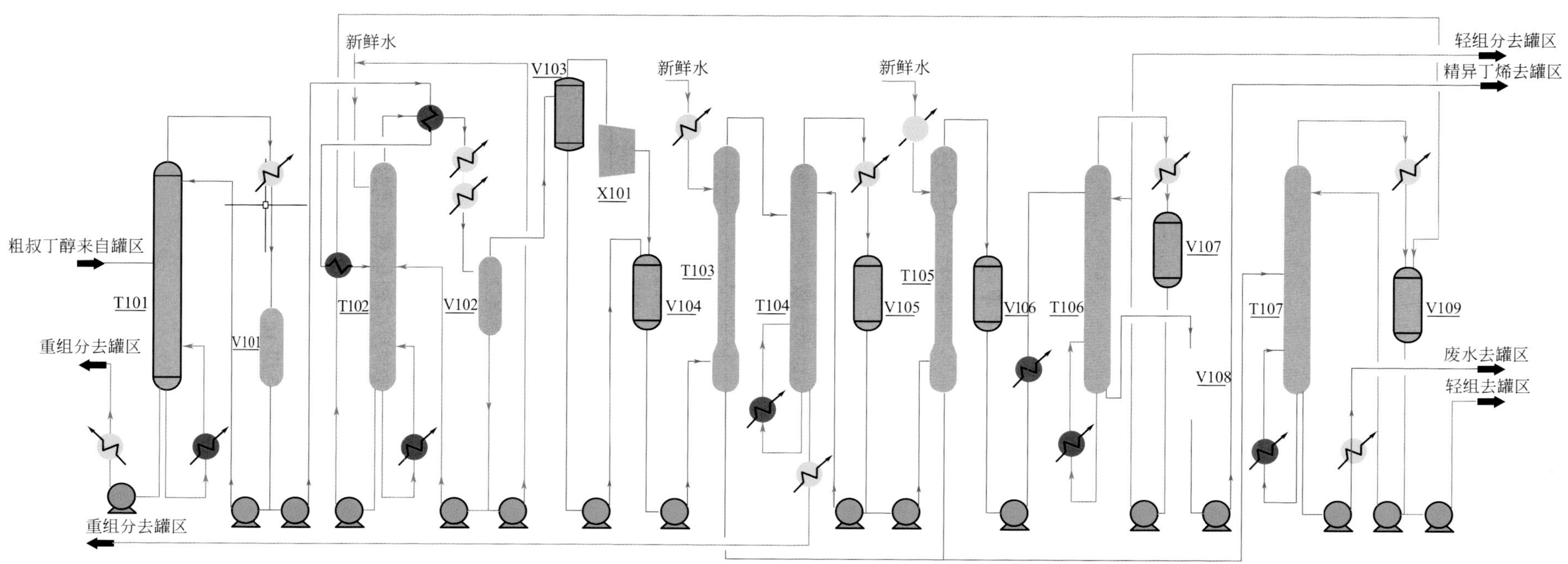

图 2.3-1 叔丁醇脱水装置工艺流程示意图

T101—叔丁醇精制塔；T102—反应塔；T103—第一水洗塔；T104—异丁烯脱重塔；T105—第二水洗塔；T106—异丁烯精制塔；T107—废水处理塔；X101—异丁烯压缩机；V101—叔丁醇回流罐；V102—反应塔回流罐；V103—分液罐；V104—粗异丁烯缓冲罐；V105—脱重塔回流罐；V106—异丁烯缓冲罐；V107—精制塔回流罐；V108—异丁烯成品检测罐；V109—废水塔回流罐

异丁烯质量指标　　表 2.3-1

序号	项目	指标
1	异丁烯	≥99.95(wt%)
2	TBA	≤50ppm
3	丁烯-1	≤200ppm
4	丁烯-2	≤300ppm
5	水	≤20ppm

2.4　酯交换法碳酸二苯酯工艺技术

2.4.1　技术简介

碳酸二苯酯装置是聚碳酸酯装置中的核心装置之一，其产品碳酸二苯酯（DPC）是重要的化工产品，主要用于合成工程塑料聚碳酸酯（PC）、聚对羟基苯甲酸酯等，也可以用作硝酸纤维素的增塑剂和溶剂，在农药生产中主要用于合成异氰酸甲酯，进而制备氨基甲酸酯类杀虫剂克百威。

碳酸二苯酯的生产工艺主要有光气法、酯交换法、氧化羰基法和尿素醇解法，其优缺点对比如表2.4-1所示。

不同生产工艺优缺点对照表　　表 2.4-1

序号	生产工艺	优点	缺点
1	光气法	工艺成熟	光气使用受限很大，副产品氯化氢腐蚀严重
2	酯交换法	工艺成熟，绿色、安全、无毒、环保	反应速率低，产率较低，动力消耗比较大
3	氧化羰基法	工艺简单，原料便宜，无污染，环境友好	催化体系复杂，催化剂价格昂贵、活性较低，苯酚极易氧化，副产水难以脱除，尚未实现工业化
4	尿素醇解法	不使用光气，原料价格低廉，工艺简单，产品收率相对高	副产氨气，尚未实现工业化

本技术采用酯交换法工艺路线，以碳酸二甲酯（DMC）及苯酚为原料生产碳酸二苯酯，该技术的先进性体现在：

（1）避免使用光气，克服了光气法存在的环保和安全问题；

（2）关键反应均在反应精馏塔中进行，便于控制反应转化率，同时合理利用设备分离能力，减少设备投资；

（3）反应条件相对温和，减少公用工程消耗。

本技术已成功应用于宁波浙铁大风化工有限公司10万吨/年非光气法聚碳酸酯联合装置工程，并获得了2015年度“全国化学工业优质工程奖”。

2.4.2　工艺原理及流程

1. 工艺原理

采用碳酸苯甲酯（PMC）反应精馏、DPC反应精馏两步反应，再用共沸精馏和常规精馏的方法将产品从混合物中分离，催化剂采用现场不定期配置的方法制备，具体反应如下：

（1）DMC 和苯酚合成 PMC

PMC 在 550kPaG、190～207℃条件下，在反应精馏塔内进行合成，在催化剂制备区制备的四苯酚钛以均匀相的形式作为催化剂使用，催化剂占苯酚总进料的摩尔分数为 1%，苯酚转化率为 20%，生成 PMC 的选择性为 99.5%，副反应生成苯甲醚，反应方程见式（2.4-1）和式（2.4-2）。

主反应方程：

碳酸二甲酯 + 苯酚 → 碳酸苯甲酯 + CH_3OH（甲醇）　　(2.4-1)

副反应方程：

碳酸二甲酯 + 苯酚 → 苯甲醚 + CH_3OH（甲醇） + CO_2（二氧化碳）　　(2.4-2)

（2）PMC 歧化反应生成 DPC 和 DMC

PMC 歧化生成 DPC 的反应在 33.3kPaA、200℃条件下，在反应精馏塔内进行，PMC 的转化率为 70%，生成 DPC 的选择性为 99.8%，同时副产一些重组分产物，主要是甲氧基苯甲酸苯酯，反应方程见式（2.4-3）和式（2.4-4）。

碳酸苯甲酯 → 碳酸二苯酯 + 碳酸二甲酯　　(2.4-3)

碳酸苯甲酯 + 碳酸二苯酯 → 甲氧基苯甲酸苯酯 + 苯酚 + CO_2（二氧化碳）　　(2.4-4)

2. 工艺流程

酯交换法制备碳酸二苯酯工艺流程如图 2.4-1 所示。

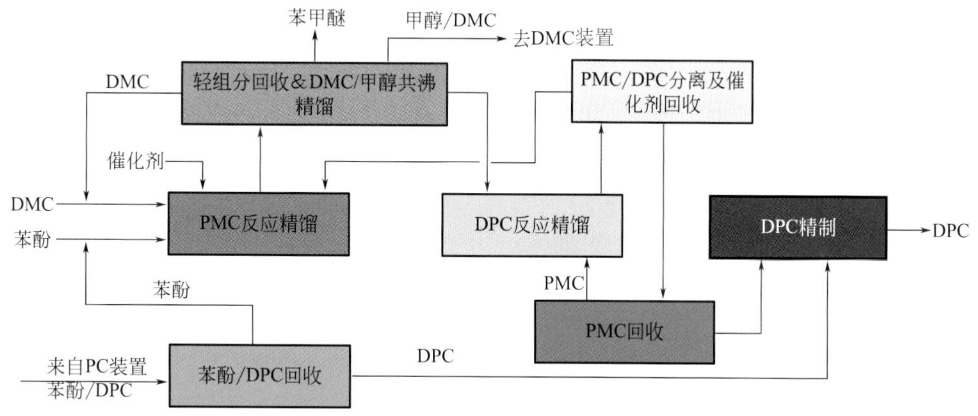

图 2.4-1　酯交换法碳酸二苯酯工艺流程简图

（1）PMC 反应精馏系统

混合苯酚预热后与新鲜和回用催化剂混合，进入 PMC 反应精馏塔。混合 DMC 进料预热后，进入 PMC 反应精馏塔的重沸器入口。苯酚和 DMC 的反应在 PMC 反应精馏塔及其再沸器中进行，甲醇及 DMC 从塔顶部的馏出物中脱除，而 PMC、过量的苯酚及催化剂溶液则由塔釜采出送至轻组分回收塔。

（2）轻组分回收系统

轻组分塔主要用于脱除 PMC 反应精馏塔塔底流出物中的 DMC 和甲醇。少部分 PMC 歧化得到 DPC

和DMC，轻组分塔的塔底物流被送往DPC反应精馏塔，含有DMC和苯甲醚的侧线产品送往苯甲醚回收塔，含有苯甲醚和DMC的塔顶产品送往DMC/甲醇共沸精馏塔。

(3) DMC/甲醇共沸精馏系统

在DMC/甲醇共沸精馏塔中，甲醇和DMC的混合物得以分离，该塔的主要进料为PMC反应精馏塔的液相馏出物产品，而苯甲醚回收塔的顶部蒸汽也被送往该塔的底部以回收DMC。

(4) DPC反应精馏系统

轻组分回收塔的塔釜产品和PMC回收塔回收的PMC进入DPC反应精馏塔，PMC向DPC的转化主要都发生在DPC反应精馏塔内，含有苯酚的塔顶汽相冷凝后，部分作为回流返回DPC反应精馏塔，其余则作为循环苯酚，送回PMC反应精馏塔，DPC反应塔的底部产品送至PMC/DPC分离以及催化剂回收系统。

(5) PMC/DPC分离和催化剂回收系统

DPC反应精馏塔塔釜产品送往PMC回收塔进料汽化器，通过循环泵将其底部的液体抽出循环，途经降膜式换热器进料蒸发再沸器，被汽化的DPC/PMC混合物与液体分离，作为PMC回收塔的进料，进料汽化器底部的净排出液，其主要成分是催化剂和DPC，被送至刮膜蒸发器，刮膜蒸发器顶部的汽相部分冷却，液相进入PMC回收塔，不凝气被送至高真空系统，刮膜蒸发器底部的液体被送入催化剂立管，其底部出来的液体，组分基本是催化剂以及重组分，经泵送回PMC反应精馏塔，以回收利用物流中的催化剂。

(6) PMC回收塔系统

PMC回收塔的主要进料是来自PMC进料汽化器的PMC/DPC混合物、薄膜蒸发器冷凝器的DPC，以及来自DPC回收塔的DPC/重组分，在PMC回收塔中，PMC作为塔顶产品而分离出来，而DPC则作为塔釜产品被分离出来，塔顶气相，主要含有PMC以及一部分苯酚，在PMC回收塔冷凝器中冷凝，部分返塔作为回流，其余循环返回至DPC反应精馏塔，塔底产品经泵送入DPC提纯塔。

(7) DPC提纯塔系统

PMC回收塔的塔底产品进入DPC提纯塔，重组分和催化剂从DPC产品中被分离出来，塔顶物流为提纯DPC，冷凝后部分作为回流返回DPC提纯塔，其余则作为DPC产品送往界外，塔底部的重组分送往催化剂冲洗罐。

2.4.3 技术指标

碳酸二苯酯产品质量指标、原材料消耗、公用工程消耗和“三废”排放情况分别如表2.4-2～表2.4-5所示。

碳酸二苯酯产品质量规格 **表2.4-2**

序号	性质	单位	规格
1	纯度(干基)	wt%	≥99.6
2	PMC	wt ppm	≤300
3	DMC	wt ppm	≤100
4	钛	wt ppm	≤0.1
5	苯酚	wt ppm	≤500
6	铁	wt ppm	≤0.1
7	色度(Pt/Co)	—	≤20

主要原材料消耗指标 **表2.4-3**

序号	项目	吨产品消耗量
1	苯酚	0.889t

续表

序号	项目	吨产品消耗量
2	碳酸二甲酯	0.434t
3	催化剂	0.00124t

公用工程消耗指标　　**表 2.4-4**

序号	项目	吨产品消耗量	备注
1	电力	81.87kWh	—
2	新鲜水	0.48t	间歇
3	循环水	17.61t	—
4	冷冻水	0.58t	—
5	除盐水	2.67t	—
6	3.5MPaG 蒸汽	5.75t	—
7	1.0MPaG 蒸汽	0.19t	—
8	工艺压缩空气	8N·m^3	间歇
9	仪表压缩空气	16N·m^3	—
10	氮气	3.2N·m^3	氮封

“三废”排放一览表　　**表 2.4-5**

序号	组分	排放量	组分	排放方式	处理方式
1	真空泵废气	106.9kg/h	空气、CO_2、甲醇、苯酚等	连续	焚烧
2	轻重组分(废液)	25.9kg/h	苯酚、DPC、PMC	连续	焚烧
3	废催化剂(废液)	211.5kg/h	DPC、重组分、催化剂等	连续	焚烧

注：排放量按 10 万吨/年碳酸二甲酯装置计。

2.5　尼龙 6 工艺技术

2.5.1　技术简介

尼龙（简称 PA）即聚酰胺，是分子主链上含有重复酰胺基团的热塑性树脂总称，包括脂肪族 PA、脂肪-芳香族 PA 和芳香族 PA。尼龙按分子结构可分为 PA6 和 PA66 两大类，尼龙按产品用途可分为尼龙纤维和工程塑料两大类，尼龙纤维用途占到尼龙聚合物的 70%，主要用于制成纺织品、工业丝和地毯用丝。尼龙工程塑料按加工方式不同分为注塑成型和挤出成型，注塑成型主要用于汽车工业、电子电气和机械工业用零部件、仪表组件等，挤出成型主要应用于生产薄膜。此外，尼龙树脂还大量用于与其他聚合物共混制成塑料合金，也可采用玻璃纤维、矿物纤维填充增强，用其改性并降低成本，扩大其应用领域。

本技术采用己内酰胺水解法聚合制 PA6，工艺特点是在聚合管内广泛采用静态混合器或整流器，萃取塔采用狭缝式结构，干燥塔采用热氮气干燥，聚合过程采用 DCS 集散系统控制，生产过程全部连续化。

本技术的先进性主要体现在：

（1）在聚合管内采用静态混合器，使管内温度、流速均匀一致，整流器呈活塞流，提高产品的灵活性和工艺的稳定性，保证产品的窄分子量分布和品质；

（2）聚合反应用汽相或液相联苯作热载体，实现反应温度的准确控制；

（3）采用水下切粒技术，具有生产产量高、刀片使用寿命长、切片粒度均匀及设备噪声低的优点；

（4）萃取塔采用狭缝式，塔内设有特殊结构的伞形挡板或特殊的塔盘式整流器，萃取水温较高，且萃取水通过回收单体后循环使用，切片通过与冷却水接触降温，混合比例由新鲜水的补充量来控制，切片中可萃取物的含量由原来的10%降到0.6%以下；

（5）采用列管换热器加热新鲜氮气回收干燥热氮气的热量，降低粒子干燥能耗；

（6）采用MVR（机械蒸汽再压缩）方式浓缩己内酰胺水溶液，降低产品生产成本；

（7）采用连续蒸馏方式回收萃取水中的己内酰胺，既减少环境污染，又降低原料消耗；

（8）采用掺混添加剂，对尼龙粒子进行改性，满足不同使用需求，提高尼龙粒子的附加值。

本技术已成功应用于江苏威名石化有限公司10万吨/年尼龙6切片项目，装置效果图如图2.5-1所示。

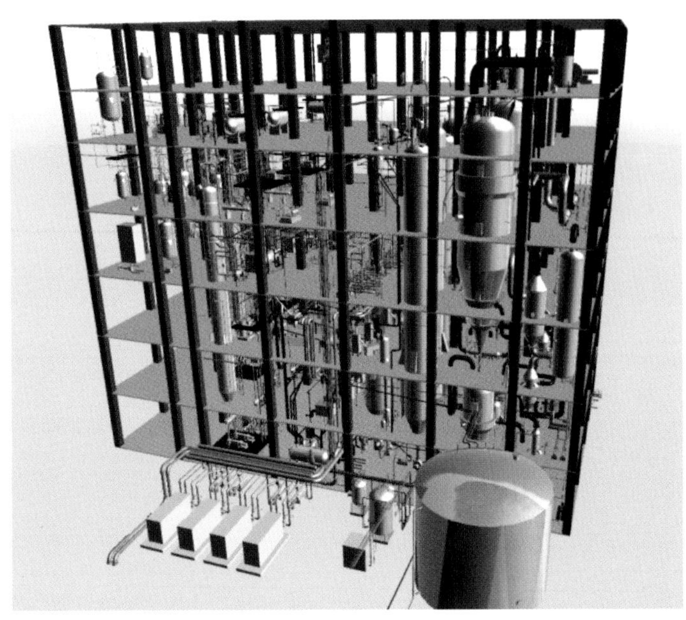

图2.5-1　江苏威名石化有限公司的10万吨/年尼龙6切片PDMS三维图

2.5.2 工艺原理及流程

1. 工艺原理

己内酰胺水解法制PA6主要是通过开环、加成和缩合三个主要反应完成的。

（1）用水做引发剂，打开己内酰胺环，生成氨基己酸，开环反应见反应式（2.5-1）。

$$\underset{\text{己内酰胺}}{\text{(O, NH 环)}} + \underset{\text{水}}{H_2O} \rightleftharpoons \underset{\text{氨基己酸}}{H_2N\text{~~~}COOH} \qquad (2.5\text{-}1)$$

（2）氨基己酸与己内酰胺反应生成聚合链，加成反应见反应式（2.5-2）。

$$\underset{\text{己内酰胺}}{\text{(O, NH 环)}} + \underset{\text{氨基己酸}}{HOOC\text{~~~}NH_2} \rightleftharpoons \underset{\text{6-(5-氨基-戊酰氨基)-己酸}}{HOOC\text{~~~}N\text{~}C(=O)\text{~~~}NH_2} \qquad (2.5\text{-}2)$$

（3）聚合链通过缩聚反应增长，同时生成水，缩合反应见反应式（2.5-3）。

$$\underset{\text{氨基己酸}}{HOOC\text{~~~}NH_2} + \underset{\text{6-(5-氨基-戊酰氨基)-己酸}}{HOOC\text{~~~}N\text{~}C(=O)\text{~~~}NH_2} \rightleftharpoons \underset{\text{尼龙 6}}{\left[C(=O)\text{~~~}N\text{~}C(=O)\text{~~~}NH \right]_n} + H_2O$$

（2.5-3）

2. 工艺流程

该尼龙 6 生产工艺具体工艺流程如图 2.5-2 所示。

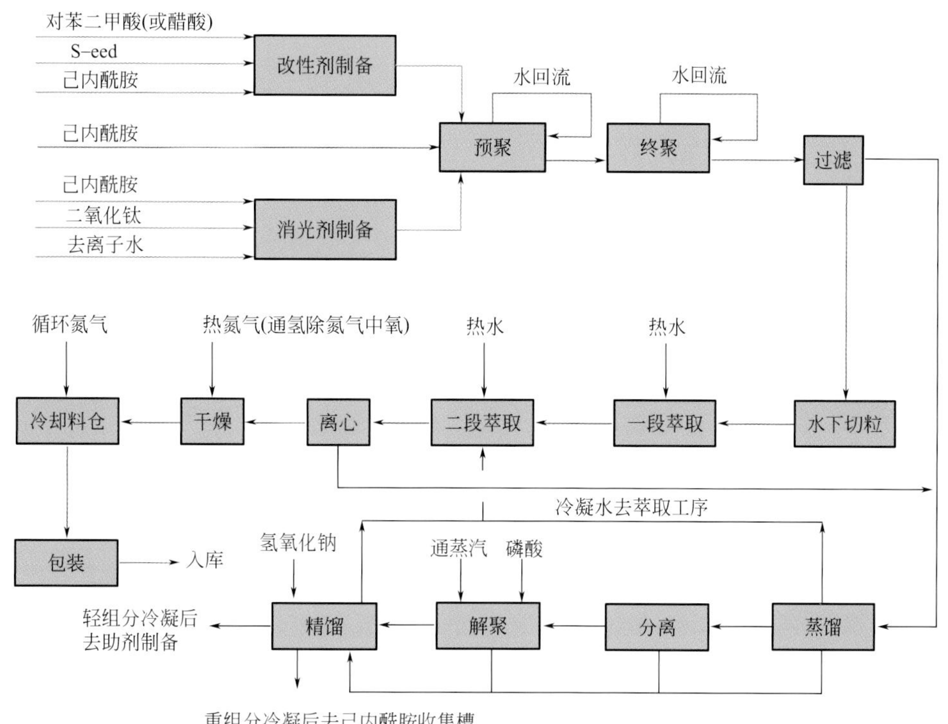

图 2.5-2 尼龙 6 工艺技术工艺流程简图

(1) 原料及添加剂制备

在氮气保护条件下，己内酰胺固体在熔融釜（80～90℃，0.002～0.005MPaG）中熔化，过滤送往中间原料储罐，在此工段内制备加工改性剂和用于聚合反应的二氧化钛分散剂。

对苯二甲酸、S-eed、热水与己内酰胺在改性剂制备釜（80～90℃，0.002～0.004MPaG）中混合后进行充分搅拌，直至形成透明溶液，过滤送往中间原料储罐，经计量后加入己内酰胺聚合反应釜。

在消光剂制备釜中加入热水、二氧化钛、己内酰胺、脱盐水，在消光剂调配槽（30～40℃，0.002～0.004MPaG）中混合形成消光剂悬浮液，经计量后加入聚合反应釜。

(2) 两段聚合

聚合反应分为预聚和终聚两段，预聚阶段为带压操作（0.1～0.2MPaG），终聚反应阶段为负压操作（−0.1～0MPaG），己内酰胺开环反应和加成反应在预聚反应器中发生，在终聚反应器中，多余水份被蒸发掉，使得聚合物分子链不断增长以达到设计的聚合度，聚合工序采用汽相或液相联苯作热载体来准确控制聚合反应温度。

液态的新鲜己内酰胺预热后与消光剂和改性剂溶液一同被连续地加入到预聚反应器中，被热媒系统产生的气态热媒加热至一定温度（240～280℃）开始反应。在预聚阶段会生成大量水，经预聚反应器上部的填料塔后水被冷却，然后在冷凝器下方的沉浸槽中被分离出来，部分回流，部分作为废水排放。

从预聚反应器底部流出的反应物料被送入终聚反应器顶部，加入一定量的对苯二甲酸来终止聚合物链增长，从而控制聚合物的分子量。终聚反应器顶部的水和己内酰胺蒸汽进入分离塔分离，聚合工艺流程如图 2.5-3 所示。

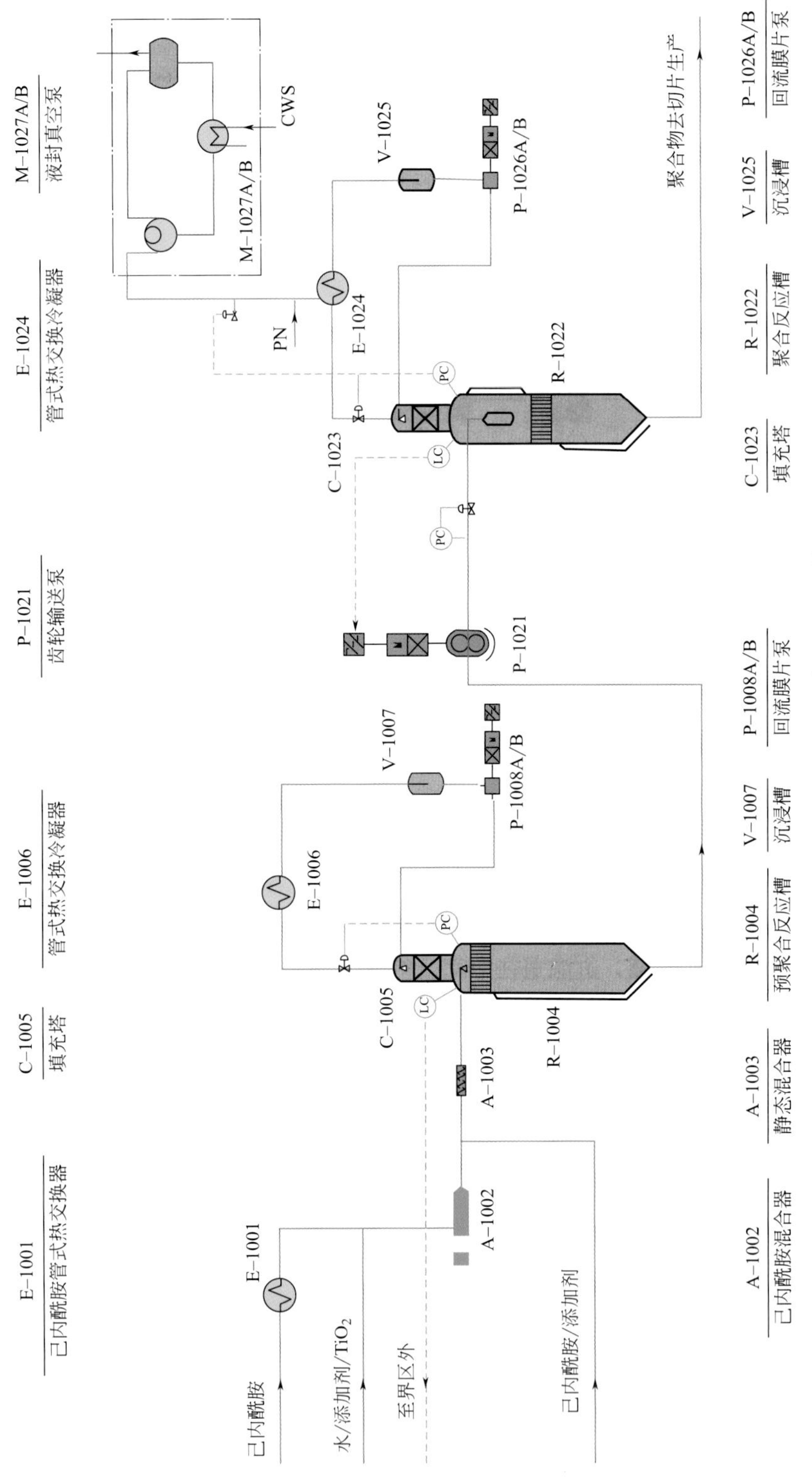

图 2.5-3 聚合工艺流程简图

（3）切片生产

从主反应器底部流出的聚合物熔体经过滤后由齿轮泵送往造粒机在水中造粒，生成的热切片与切粒水送往在切粒水槽下方的分离器与水分离，分离出水后的切片/水物料先后进入一二段萃取塔，分离出的水返回切片水循环系统，在萃取塔中用热水对切片进行洗涤，把低分子物萃取出，切片从萃取塔顶部进入，与萃取水形成逆流，萃取后切片/水从萃取塔底部流出，之后由淤浆泵送入离心分离器分离水。

（4）切片干燥及冷却

分离出水的切片在干燥塔内用无氧热氮气（110～130℃，0.05～0.1MPaG）进行干燥，干燥后的热切片从干燥塔底部由旋转进料器连续地送往切片冷却料仓，用循环氮气进行冷却。

（5）切片贮运

采用氮气输送系统将冷却后的尼龙 6 切片输送到产品包装车间，氮气输送系统把从切片冷却料仓下部送出的切片产品送往产品混合料仓，在混合料仓的下部自动称重包装、码垛、入库。

（6）己内酰胺回收

在预聚阶段冷凝器分离出的废水先在蒸发器中蒸发水分，蒸发出的水分通过回收塔回收单体，塔顶水冷凝后返回萃取塔回用，高浓度含酰胺废水去低聚物分离器，分离器底部低聚物富液去解聚塔，低聚物在催化剂和蒸汽（160～190℃，0.3～0.6MPaG）的作用下分解成己内酰胺，己内酰胺/水蒸气在脱水塔中脱水，从塔底流出的己内酰胺浓缩液进入真空蒸馏塔（0.03～0.0001MPaA）连续蒸馏，蒸馏出的己内酰胺蒸汽冷凝后送回聚合工段己内酰胺原料罐。

2.5.3　技术指标

尼龙 6 切片质量指标如表 2.5-1 所示，主要原辅材料消耗如表 2.5-2 所示，公用工程消耗如表 2.5-3 所示，“三废”排放及处理措施如表 2.5-4 所示。

尼龙 6 切片质量指标　　**表 2.5-1**

序号	项目	单位	半消光切片	工程塑料切片
1	黏度	cp	2.4～2.7	2.3～4.0
2	黏度偏差	—	≤0.012	≤0.012
3	可萃取物	wt%	≤0.3	≤0.3
4	水分	wt%	0.04～0.06	0.04～0.06
5	二氧化钛含量	wt%	0～0.6	—

主要原辅材料消耗指标　　**表 2.5-2**

序号	项目	吨产品消耗
1	己内酰胺	1001.5t
2	改性剂	2250t
3	消光剂	1500t
4	其他助剂	250t

公用工程消耗指标　　**表 2.5-3**

序号	项目	吨产品消耗
1	循环水	33.0t
2	低温水	59.5t
3	脱盐水	0.1334t

续表

序号	项目	吨产品消耗
4	电	162.67kWh
5	蒸汽	0.54t
6	氮气	17.34N·m^3
7	仪表空气	4.666N·m^3
8	氢气	0.01N·m^3

10 万吨/年尼龙 6 装置“三废”排放一览表 **表 2.5-4**

序号	组分	排放量	主要组成(mg/L)	治理方案
1	废水	3.13mg/L 最大:9.5mg/L	含微量己内酰胺、低聚物及添加剂等,COD11900,BOD6350,pH8～11	收集至废水槽,厂区污水处理站处理
2	废气	无组织排放	CPL 含量≤350mg/m^3	大气
3	工艺废树脂、废渣	300～600kg/d	降级尼龙粒子、寡聚物等	低价销售、焚烧

2.6 绝热加氢法制备高纯正丁烷工艺技术

2.6.1 技术简介

正丁烷对化工及材料行业极其重要，不仅可以氧化制顺酐，热裂解制备乙烯等，还可以直接用作燃料、亚临界生物技术提取溶剂、制冷剂和有机合成原料等。其下游化工产品在行业中也占据了重要的地位。通过正丁烷制备顺酐工艺，相比于传统生产工艺更加经济、环保，但对正丁烷纯度要求极高，因此制备高纯度正丁烷至关重要。

目前，国内碳四烯烃加氢制备正丁烷工艺主要有以下几种：

1. 绝热加氢工艺

烯烃绝热加氢工艺是国内处理低烯烃的主要工艺，采用固定床反应器，简要工艺流程为：原料气经压缩机压缩后进入原料气预热炉加热，然后送入反应器，反应后的物料经脱硫反应器脱硫后送出装置。该工艺流程简单、操作方便，由于受原料中烯烃含量的限制（一般小于 6.5%），此原料气的使用量受到了一定的限制。

2. 绝热循环加氢工艺

绝热循环加氢工艺是绝热加氢工艺的延伸，其原理是将加氢反应器出口反应产物经冷却压缩后返回到压缩机出口，调节烯烃含量（小于 6.5%），从而有效地控制反应温升。该工艺的特点是可以使用高烯烃含量的气体，但由于增加循环气的冷却和压缩过程，约 50%反应热未被利用。随着烯烃含量的增大，必须加大循环量，从而使得操作费用增加。

3. 换热绝热加氢工艺

换热绝热加氢技术采用换热列管式反应器直接带走反应热，反应列管内装填催化剂，管外为饱和水或导热油。当原料气通过反应器进行加氢反应时，放出的反应热被管外的饱和水或导热油连续吸收产生饱和蒸汽，从而有效控制反应温升，管程反应温度为 240～270℃，由于换热列管式反应器出口气体温度较低，且烯烃体积分数仍有 1%～2%，同时受有机硫加氢平衡转化率的限制，原料中有机硫不能完全转换为无机硫，因此还需配置一台绝热反应器，继续进行烯烃加氢和有机硫转化过程，与绝热循环加氢工艺相比，该工艺具有能耗低、原料适应性强、操作弹性大等优点。

4. 变温加氢工艺

变温加氢工艺由一台列管式加氢反应器和一台氧化锌脱硫反应器组成，取代了等温绝热加氢工艺中的绝热反应器，该反应器的壳层导热介质可以采用导热油，壳程入口温度为 220～230℃，出口温度根据导热油的不同可以控制在 310～350℃，管层入口温度为 220～230℃，出口温度控制在 340～380℃，满足氧化锌的脱硫要求。

本技术采用绝热加氢工艺，技术先进性主要体现在以下三个方面：

（1）流程简单，与等温绝热加氢工艺相比，可以省去一台绝热反应器，降低装置投资；

（2）充分发挥加氢催化剂的活性；

（3）操作简单、可靠。

本技术已成功应用于宁波江宁化工有限公司年产 9 万吨正丁烷项目。

2.6.2　工艺原理及流程

1. 工艺原理

正丁烷装置气体分馏工段采用传统精馏工艺，利用液化气中各组分挥发能力的差异，通过精馏塔使气液两相逆向多级接触，在热能驱动和相平衡的约束下，使得轻组分不断从液相向气相转移，而重组分由气相向液相转移，使各组分完成分离过程。正丁烷装置加氢工段采用抚顺石油化工研究院开发的液化气 C_4 加氢制备高纯度正丁烷技术。

加氢精制工段的化学反应方程式如下：

异丁烯 + H_2 → 异丁烷　　(2.6-1)

顺（反）-2 丁烯 + H_2 → 正丁烷　　(2.6-2)

2. 工艺流程

高纯正丁烷工艺流程分为气体分馏工段与加氢精制工段：

（1）气体分馏工段

如图 2.6-1 所示，来自罐区的混合 C4 进入 C4 原料罐，经进料预热器加热后进入脱轻塔，C2、C3 馏分从塔顶蒸出。经脱轻塔塔顶冷凝器冷却后，进入脱轻塔塔顶回流罐，冷凝液作为脱轻塔回流相，罐顶气相作为丙烷气副产品通过 C2、C3 管线送出界区，侧线采出符合质量要求的丙烷产品，经丙烷冷却器冷却到 40℃送至球罐区的丙烷罐，脱轻塔釜物料 C4、C5 馏分进入脱异丁烷塔 A/B 分馏。

脱异丁烷塔分为脱异丁烷塔 A 和脱异丁烷塔 B，脱异丁烷塔 A 顶部气体经冷凝后，进入脱异丁烷塔顶回流罐，一部分送回脱异丁烷塔 A 作为回流，另一部分异丁烷达到产品质量要求后，经冷却送至异丁烷罐区，脱异丁烷塔 A 底部液体泵送至塔 B 顶部作为回流，塔 B 顶部气体返回塔 A 底部，塔 B 底部物料 C4、C5 馏分进入脱重塔分馏。

脱重塔顶部气体经脱重塔顶冷却器冷凝冷却后，进入脱重塔顶回流罐，一部分送回脱重塔作为回流，另一部分作为正丁烷中间产品送至加氢精制工段。塔底 C4、C5 馏分用脱重塔底泵抽出，经冷却送至球罐区 C4、C5 罐。

（2）加氢精制工段

如图 2.6-2 所示，来自气体分馏工段的中间产品正丁烷进入缓冲罐，由加氢进料泵送至换热器，与

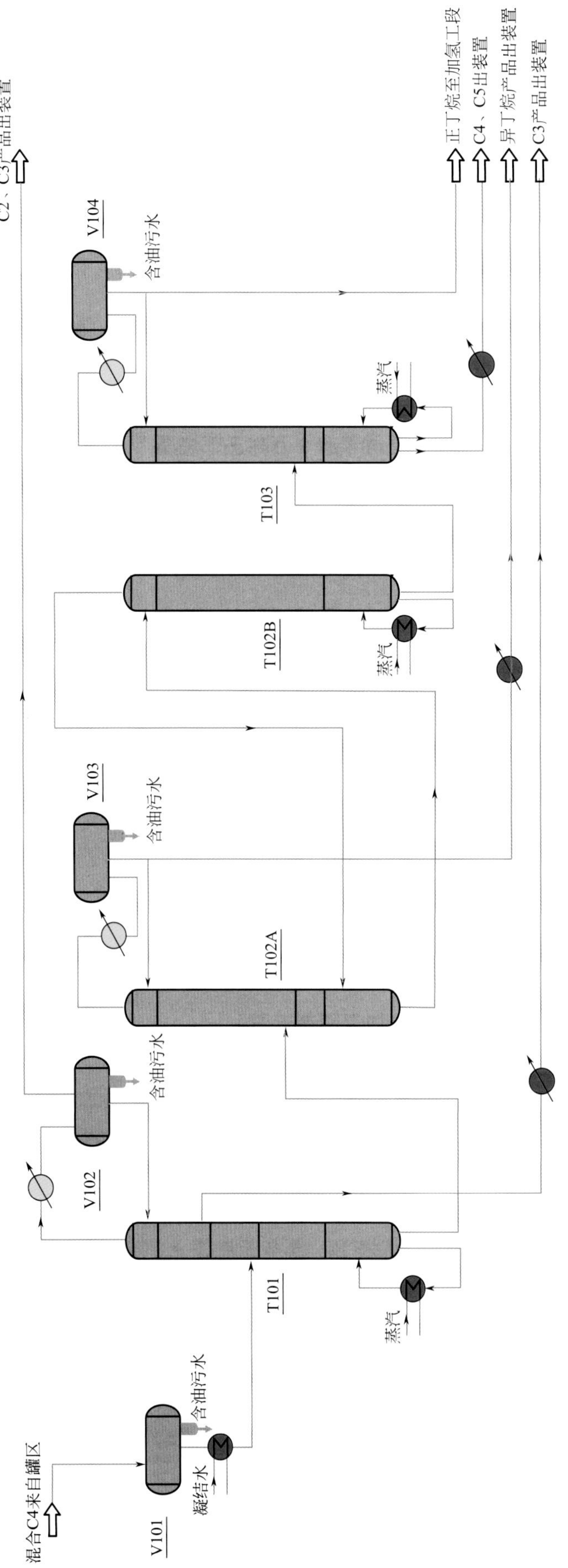

图 2.6-1 正丁烷装置气分段工艺流程图

T101—脱轻塔；T102A—脱异丁烷塔 A；T102B—脱异丁烷塔 B；T103—脱重塔；V101—C4原料罐；V102—脱轻塔回流罐；V103—脱异丁烷塔回流罐；V104—脱重塔回流罐

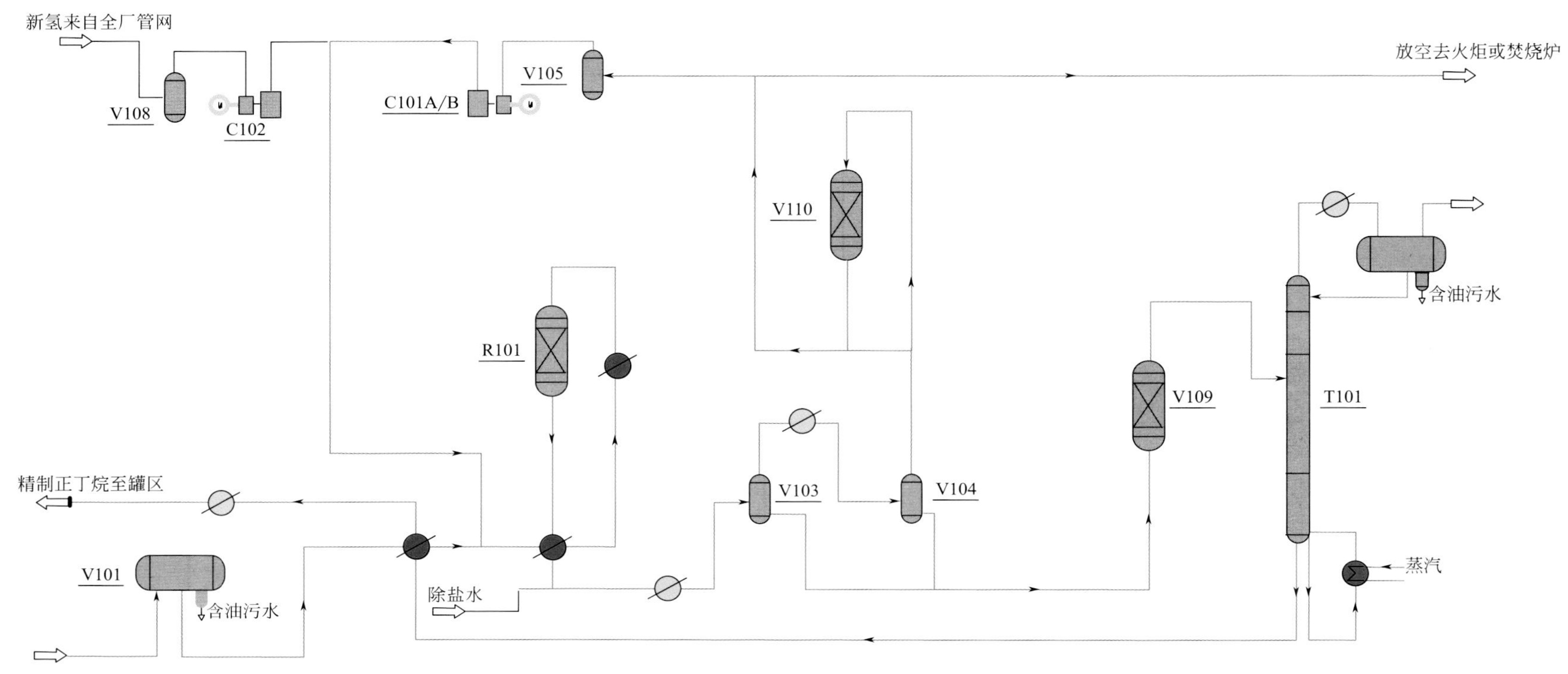

图 2.6-2　正丁烷装置加氢工艺流程图

T101—稳定塔；R101—加氢反应器；C101A/B—循环氢压缩机；C102—新氢压缩机；V101—正丁烷进料缓冲罐；V102—硫化剂储槽；V103—高压分离罐 1；V104—高压分离罐 2；V105—分液罐；V108—新氢入口分液罐；V109—正丁烷脱硫罐；V110—循环氢脱硫罐

最终产品精制正丁烷进行换热，再与反应器流出物进行换热，最后通过电加热器加热至 180～260℃送入加氢反应器。反应后通过换热器进行冷却，然后送入高压分离器 1 中进行气液分离，分离器 1 顶部气体进冷却后进入高压分离器 2 进行气液分离，高压分离器 2 顶部气体送至循环脱氢脱硫罐进行脱硫。一部分返回系统，另一部分去焚烧炉，高压分离器 1 和 2 底部抽出油相进入正丁烷脱硫罐进行脱硫，当硫含量小于 20ppm 时，送入稳定塔。稳定塔底部采出精制正丁烷产品经冷换热至 40℃，后减压，最后送至罐区。

（3）催化剂预硫化

在液化气加氢工艺中 LH-10A、FZC-105 和 FDAs-1 采用干法硫化，催化剂的硫化是指催化剂在氢气存在的条件下，硫化剂（如 CS2、DMDS）分解生成 H_2S，H_2S 将催化剂金属组分由氧化态转化成相应的硫化态。

2.6.3 技术指标

产品质量如表 2.6-1 所示，丙烷气质量指标如表 2.6-2 所示，丙烷质量指标如表 2.6-3 所示，异丁烷质量指标如表 2.6-4 所示，重碳四质量指标如表 2.6-5 所示，公用工程消耗指标如表 2.6-6 所示，污水排放情况如表 2.6-7 所示，废气污染源排放如表 2.6-8 所示，固体污染源排放如表 2.6-9 所示。

正丁烷质量指标表 **表 2.6-1**

指标名称	规格要求
正丁烷(wt)	≥98.0%
异丁烷(wt)	≤2.0%
丙烷及轻组分(wt)	≤0.3%
戊烷及重组分(wt)	≤1.0%
烯烃(wt)	≤0.1%
硫含量(以 H_2S 计)(wt)	≤20PPm

丙烷气质量指标表 **表 2.6-2**

性质	规格要求
乙烷(wt)	≤12.8%
丙烷(wt)	≥86.9%
丙烯(wt)	≤0.3%

丙烷质量指标表 **表 2.6-3**

指标名称	规格要求
丙烷(wt)	≥97.5%
乙烷(wt)	≤1.9%
C_4(wt)	≤0.3%
H_2S(wt)	≤0.10%

异丁烷质量指标表 **表 2.6-4**

指标名称	规格要求
异丁烷(wt)	≥97.0%
正丁烷(wt)	≤1.0%
丙烷及轻组分(wt)	≤1.7%

重碳四质量指标表　　表 2.6-5

性质	规格
正丁烷(wt)	81.0%
戊烷(wt)	17.9%
丁烯(wt)	0.7%
异丁烷(wt)	0.4%

公用工程消耗指标表　　表 2.6-6

序号	名称	数值	单位	备注
1	锅炉上水	2.7	t/h	—
2	除盐水	0.5	t/h	常况无，氮含量高时连续注入
3	生产水	10	t/h	间歇
4	电	2117.1	kW	—
5	1.6MPaG 蒸汽	27.3	t/h	—
6	中压蒸汽凝结水	142.4	t/h	—
7	净化风	300	$N\cdot m^3/h$	—
8	非净化风	150	$N\cdot m^3/h$	间歇
9	氮气	250	$N\cdot m^3/h$	间歇

污水排放情况表　　表 2.6-7

序号	排放源	废水类别	排放量(t/h)		排放规律	排放去向
			正常	最大		
1	高压分离罐	含硫污水	0.5	0.5	间歇，正常无	槽车或管道输送至厂区外
2	稳定塔顶回流罐	含硫污水	—	—		
3	机泵冲洗水	含油污水	3.0	—	间歇	污水处理厂
4	其余各回流罐	含油污水	2.0	—	间歇	
5	合计	—	5.5	0.5	—	—

废气污染源排放表　　表 2.6-8

序号	排放源	废气类型	排放规律	排放量(kg/h)		排气温度(℃)	处理措施及排放去向
				正常	最大		
1	稳定塔顶回流罐	酸性气体	连续	80	100	29	焚烧炉
2	循环氢排放	氢气、正丁烷等	连续	8.8	20	20	全厂火炬焚烧
3	安全阀放空	可燃气体	间断	—	175000	70	全厂火炬焚烧

固体污染源排放表　　表 2.6-9

序号	固体废物名称	排放地点	排放方式	排放量	处理方式
1	废加氢催化剂	加氢反应器	间断	11.82t/2 年	送催化剂厂回收
2	废脱砷剂	加氢反应器	间断	1.68t/2 年	送催化剂厂回收
3	废保护剂	加氢反应器	间断	0.5t/2 年	送催化剂厂回收
4	废氧化锌脱硫剂	正丁烷脱硫罐 循环氢脱硫罐	间断	114.9t/年	惰性气吹扫后进行无害化填埋
5	废瓷球	加氢反应器	间断	$3.08m^3$/2 年	惰性气吹扫后进行无害化填埋

续表

序号	固体废物名称	排放地点	排放方式	排放量	处理方式
6	废瓷球	正丁烷脱硫罐 循环氢脱硫罐	间断	18.4m^3/年	惰性气吹扫后进行无害化填埋

2.7 正丁烷法顺酐工艺技术

2.7.1 技术简介

顺酐作为三大有机酸酐之一，被广泛应用于生产不饱和聚酯树脂、涂料、油墨、工程塑料、医药、农药、食品、饲料、油品添加剂、造纸、纺织等行业。目前国内顺酐生产工艺主要采用苯氧化法+水吸收工艺，随着这几年国家对煤矿的管制，导致煤价大涨，苯氧化法顺酐成本大幅上涨，同时传统苯氧化法存在毒性大、环境污染严重的问题。此外水吸收工艺易造成设备腐蚀、能耗高、间歇操作系统蒸汽不平衡等问题。该技术采用固定床正丁烷氧化制顺酐+溶剂吸收精制工艺制备顺酐，技术路线成熟，原料成本和操作成本低。

采用正丁烷固定床氧化工艺+溶剂吸收后处理组合工艺，具有以下优点：

(1) 催化剂寿命长，更换周期为4年；

(2) 正丁烷转化率高，可达到80%以上；

(3) 顺酐产品纯度达到99.99%（wt）以上，产品收率达到98%以上，每吨顺酐溶剂DBP消耗量低至8kg，固废量较水吸收法显著降低；

(4) 无需溶剂碱洗，避免碱金属离子带入系统造成不确定风险；

(5) 溶剂再生产生废水量小，工艺过程更加环保；

(6) 技术应用灵活，即可应用于顺酐新建装置，又可对水吸收法精制顺酐装置进行改造。

2.7.2 工艺原理及流程

1. 工艺原理

在钒磷氧催化剂作用下，空气与正丁烷部分氧化生成顺酐，正丁烷氧化是放热反应，除副产CO、CO_2和H_2O外，还生成少量乙酸、丙烯酸等物质。采用溶剂吸收工艺进行顺酐精制，吸收剂选用邻苯二甲酸二丁酯（DBP），顺酐蒸气在吸收塔内被溶剂吸收，在解吸塔内解吸，由解吸塔侧线采出粗顺酐，反应过程见式（2.7-1）。

$$\text{正丁烷} + O_2 \xrightarrow{\text{催化剂}} \text{顺丁烯二酸酐} \qquad (2.7\text{-}1)$$

正丁烷　　氧气　　顺丁烯二酸酐

2. 工艺流程

顺酐装置包括反应、溶剂吸收及解吸、溶剂再生、产品精制四个工段。具体工艺流程如图2.7-1所示，其中溶剂吸收及解吸模拟流程如图2.7-2所示。

(1) 反应工段

正丁烷经过蒸发及过热后与来自鼓风机的加压空气，经静态混合器混合进入固定床氧化反应器，反应器为列管式，在催化剂助剂作用下，正丁烷和氧气在反应器中发生氧化反应生成顺酐，催化氧化反应

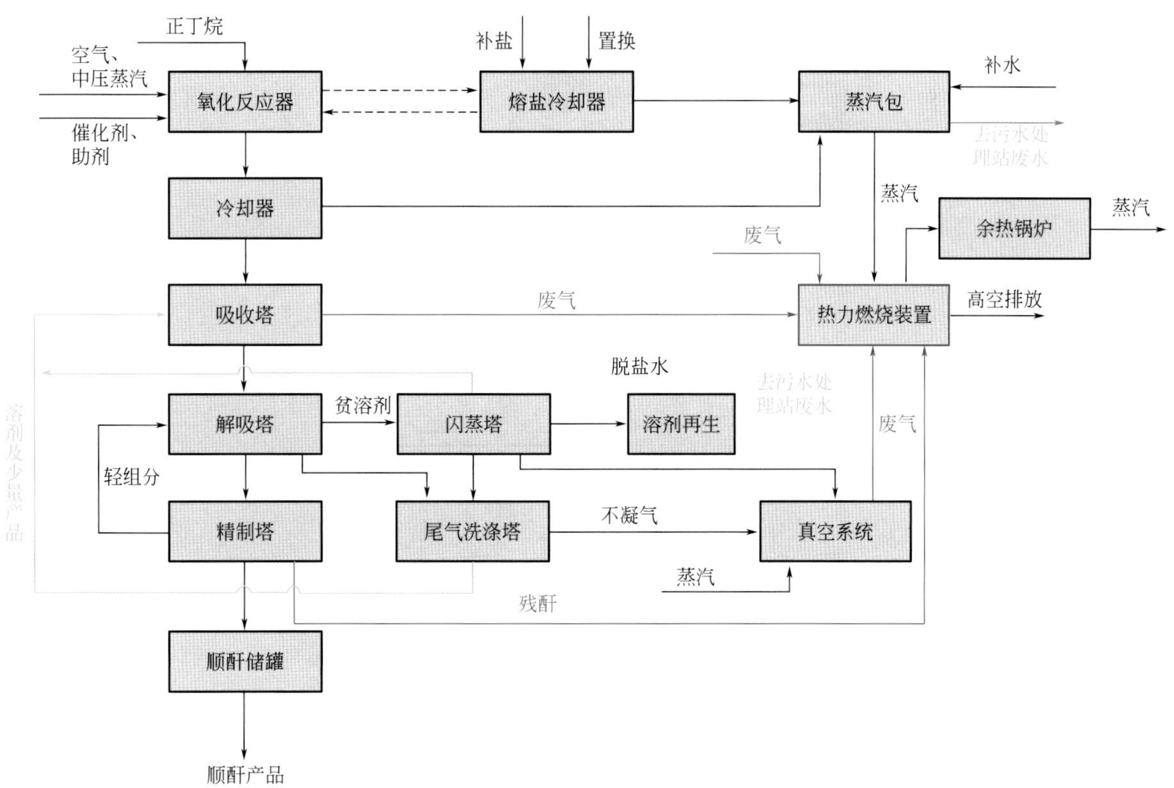

图 2.7-1 正丁烷氧化制顺酐工艺流程简图

放出的热量，依靠轴流泵将热载体熔盐循环带出，分别与盐冷却器管程高温锅炉水换热，反应器出口物料进入反应气冷却器，冷却至 133℃后进入吸收塔，盐冷却器、反应气冷却器产出 5.1MPa 饱和蒸汽送至焚烧炉经加热后送至蒸汽管网，供其他设施使用。

（2）吸收和解吸工段

如图 2.7-3 所示，反应气自吸收塔下部进入，与塔顶贫溶剂逆流接触，反应气中顺酐被吸收塔塔底富溶剂和塔顶贫溶剂吸收，吸收塔塔顶出口气体经旋风分离器除液后进入尾气焚烧系统。吸收塔塔底含顺酐富溶剂，经过闪蒸塔与进出料换热后输送到尾气洗涤塔。解吸塔采用三级蒸汽喷射器保证塔的负压操作，塔顶顺酐气相经冷凝后循环至解吸塔，一段填料下部抽出液体顺酐送至粗酐储罐，塔顶顺酐冷凝器中的不凝气和闪蒸塔塔顶含顺酐气体进入尾气洗涤塔，解吸塔塔底贫溶剂仍含少量顺酐，送至闪蒸塔再进一步脱附。来自解吸塔底的贫溶剂经过加热后送至闪蒸塔进行闪蒸，进一步回收溶剂的顺酐组分，闪蒸塔顶的含顺酐气体送至尾气洗涤塔，塔底的贫溶剂经过换热器降温后返回至贫溶剂储槽循环使用，尾气洗涤塔上部通入贫溶剂吸收气体中的顺酐，塔底富溶剂送至吸收塔，塔顶非冷凝气通过顺酐真空系统送至尾气焚烧系统。

（3）产品精制工段

顺酐精制采用减压间歇精馏操作，先进行脱轻，轻沸物送至解吸塔进行回收处理，脱轻后采出顺酐产品，控制适当回流比以确保精馏品质，采出的顺酐暂存在批次接收槽中，抽真空尾气以贫溶剂进行洗涤，用于回收顺酐气体，形成的富溶剂送至吸收塔，不凝气排至尾气焚烧系统处理。

（4）溶剂再生工段

来自贫油储槽的贫溶剂与纯水以一定比例（油水比）于混合槽充分搅拌混合后送入离心萃取机，在离心萃取机高速运转下，溶剂与水在转鼓中分离（重相为油，轻相为水），溶剂收集并泵至吸收塔循环使用，废水则送至污水处理系统。

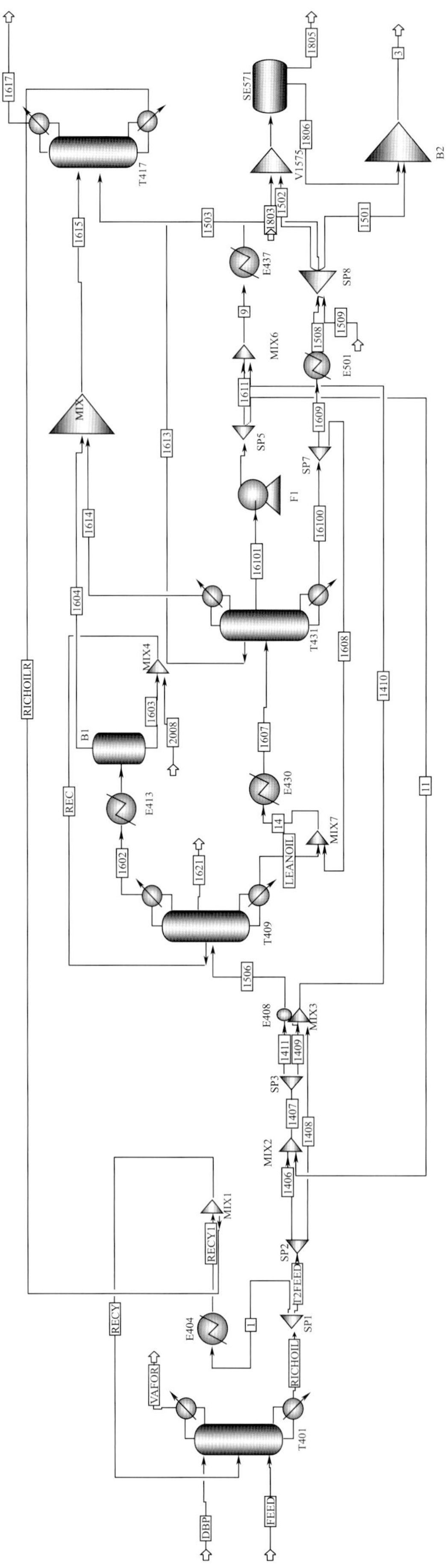

图 2.7-2　溶剂吸收与解吸工段模拟流程图

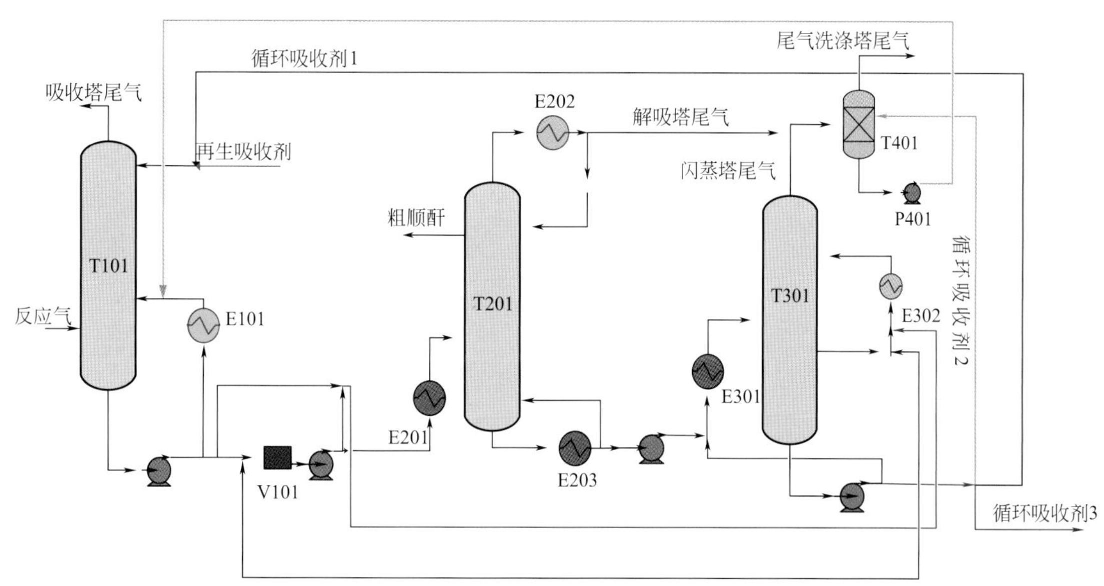

图 2.7-3　吸收解吸工段流程图

T101—吸收塔；T201—解吸塔；T301—闪蒸塔；T401—尾气洗涤塔；E101—吸收塔循环冷却器；E201—解吸塔预热器；E202—解吸塔冷凝器；E203—解吸塔再沸器；E301—闪蒸塔预热器；E302—闪蒸塔循环冷却器

2.7.3　技术指标

以正丁烷法顺酐装置的主要原料消耗情况如表 2.7-1 所示，顺酐产品的质量指标如表 2.7-2 所示，装置的公用工程消耗指标如表 2.7-3 所示，装置“三废”排放及处理措施如表 2.7-4 所示。

主要原料消耗情况一览表　　　　**表 2.7-1**

序号	名称	用途	每万吨产品消耗量
1	正丁烷	原料	11131t
2	空气	原料	312500t
3	邻苯二甲酸二丁酯	溶剂消耗补充	100t
4	V-P-O	催化剂	一次性装填 12t，寿命 4 年
5	熔盐	换热	一次性装填 100t，寿命 20 年
6	磷酸三甲酯	助催化剂	2.6t
7	烧碱	清洗剂	0.76t

顺酐产品主要质量指标　　　　**表 2.7-2**

序号	项目	指标	
		优级品	一级品
1	纯度（wt%）	≥99.5	≥99.0
2	色度（Pt/Co）	≤25	≤50
3	结晶点（℃）	≥52.5	≥52.0
4	灰分（wt%）	≤0.005	≤0.005
5	铁含量（以 Fe 计）	≤3ppm	—

备注：产品质量标准详见《工业用顺丁烯二酸酐》GB/T 3676—2020。

装置公用工程消耗指标　　表 2.7-3

序号	类型	吨产品消耗量	备注
1	生产用水	14.7t	最大用水量 12.4m^3/h
2	循环水	129t	供水压力:0.4MPaG 回水压力:0.2MPaG
3	脱盐水	0.37m^3	—
4	中压蒸汽	2.2t	2.0MPa,220℃
5	低压蒸汽	0.6t	0.24MPa,144℃

"三废"排放表　　表 2.7-4

序号	组分	吨产品排放量	处理措施
1	废气	31.56t	连续排放至气液焚烧炉系统处理
2	废水	0.69t	连续排放至污水处理站
3	催化剂固废	0.375t	委托专业环保公司进行处理
4	有机废液	6.2kg	去热焚烧装置

2.8 过氧化氢直接氧化法制备环氧丙烷工艺技术

2.8.1 技术简介

环氧丙烷（PO）是一种重要的丙烯衍生物。据中国石化联合会预测，到 2025 年需求量将达到 600 万吨/年，国内存在较大缺口。当前，环氧丙烷的生产方法主要有氯醇法、共氧化法和直接氧化法（HPPO 法）。HPPO 技术具有绿色环保、生产成本低等优点，是当前发展最快、最有前景的一种绿色工艺之一，被国家发展改革委列入《绿色石化工艺名录（2019 版）》和《产业结构调整指导目录（2019 年本）》，是国家产业结构调整鼓励应用的新技术。

装置技术先进性如表 2.8-1 所示，其中 H_2O_2 转化率，PO 选择性，PO 收率，H_2O_2 有效利用率等关键技术指标均达到国内领先水平。

装置技术先进性　　表 2.8-1

序号	指标名称	指标值
1	H_2O_2 转化率 $X_{H_2O_2}$	≥98%
2	PO 选择性 S_{PO}	≥98%
3	PO 收率 Y_{PO}	≥93%
4	H_2O_2 有效利用率 $U_{H_2O_2}$	≥96%
5	环氧丙烷产品纯度及质量	≥99.975%
6	丙二醇产品纯度及质量	≥99.5%
7	丙二醇单甲醚产品纯度及质量	≥99.5%
8	丙二醇异单甲醚产品纯度及质量	≥99.5%
9	硫酸钠产品纯度及质量	≥95%(一等品)
10	甲醇与过氧化氢摩尔比	≤5.0
11	含氧尾气中氮气回收率	≥70%

2.8.2 工艺原理及流程

1. 工艺原理

HPPO 法，即过氧化氢直接氧化丙烯制备环氧丙烷，以钛硅分子筛（TS-1）为催化剂，过氧化氢为氧化剂，在甲醇溶剂中选择性催化氧化丙烯制备环氧丙烷。生产过程中涉及的主要反应为过氧化氢与丙烯发生的环氧化反应。主要反应方程见式（2.8-1）～式（2.8-6）。

$$\underset{\text{丙烯}}{CH_2{=}CHCH_3} + \underset{\text{过氧化氢}}{H_2O_2} \longrightarrow \underset{\text{环氧丙烷}}{C_3H_6O} + \underset{\text{水}}{H_2O} \qquad (2.8\text{-}1)$$

主要副反应方程式如下：

1）过氧化氢和丙烯生成的环氧丙烷与水的皂化反应生成 1，2-丙二醇：

$$\underset{\text{环氧丙烷}}{C_3H_6O} + \underset{\text{水}}{H_2O} \longrightarrow \underset{\text{1,2-丙二醇}}{CH_3CH(OH)CH_2OH} \qquad (2.8\text{-}2)$$

2）环氧丙烷和甲醇反应生成丙二醇单甲醚和丙二醇异甲醚：

$$\underset{\text{环氧丙烷}}{C_3H_6O} + \underset{\text{甲醇}}{CH_3OH} \longrightarrow \underset{\text{丙二醇单甲醚}}{CH_3CH(OH)CH_2OCH_3} \qquad (2.8\text{-}3)$$

$$\underset{\text{环氧丙烷}}{C_3H_6O} + \underset{\text{甲醇}}{CH_3OH} \longrightarrow \underset{\text{丙二醇异单甲醚}}{CH_3CH(OCH_3)CH_2OH} \qquad (2.8\text{-}4)$$

3）丙烯、过氧化氢和甲醇反应生成乙醛和甲酸甲酯：

$$\underset{\text{丙烯}}{CH_2{=}CHCH_3} + \underset{\text{过氧化氢}}{3H_2O_2} + \underset{\text{甲醇}}{CH_3OH} \longrightarrow \underset{\text{乙醛}}{CH_3CHO} + \underset{\text{甲酸甲酯}}{HCOOCH_3} + \underset{\text{水}}{4H_2O} \qquad (2.8\text{-}5)$$

4）丙烯和过氧化氢反应生成丙酮：

$$\underset{\text{丙烯}}{CH_2{=}CHCH_3} + \underset{\text{过氧化氢}}{H_2O_2} \longrightarrow \underset{\text{丙酮}}{CH_3COCH_3} + \underset{\text{水}}{H_2O} \qquad (2.8\text{-}6)$$

2. 工艺流程

HPPO 法环氧丙烷装置生产单元包括反应单元、丙烯回收单元、环氧丙烷精制单元、甲醇回收单元和副产品回收单元，具体的工艺流程如图 2.8-1 所示。

（1）反应单元

来自界外的过氧化氢、新鲜丙烯、丙烯回收单元的循环丙烯、甲醇分离单元的循环甲醇经进料混合器混合后，进入 PO 反应器中，在含钛硅分子筛催化剂（TS-1）的反应器内进行反应，反应产物经脱氧塔除氧后送至丙烯回收单元精馏一塔。

（2）丙烯回收单元

来自脱氧塔塔顶粗丙烯、脱氧塔塔底液相以及来自丙烯压缩机的压缩丙烯，进入精馏一塔，塔顶凝液作为循环丙烯返回反应单元，塔底液相进入精馏二塔，精馏二塔塔顶凝液一路作为循环丙烯返回反应单元，另一路进入丙烯提纯塔，精馏二塔塔底液相进入预分馏塔，丙烯提纯塔塔顶凝液作为循环丙烯返回反应单元，塔底粗丙烷进入焚烧单元或做燃料外送。

（3）环氧丙烷精制单元

来自精馏二塔塔底物料进入预分离塔，塔顶凝液送至丙烯汽提塔，塔底甲醇-水混合物送至加氢反

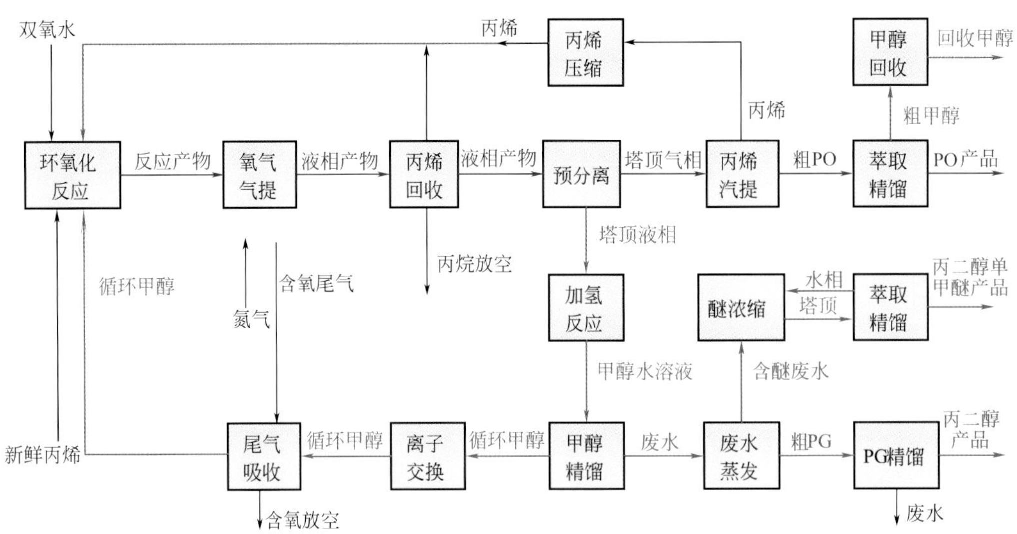

图 2.8-1　过氧化氢直接氧化法制备环氧丙烷工艺流程框图

应器，丙烯汽提塔塔顶气相返回预分离塔顶冷却系统，塔底粗 PO 进入 PO 分离塔，PO 分离塔提馏段将粗 PO 与含水甲醇分离，中部为萃取精馏段，以除盐水作为萃取剂，将甲醇基本全部分离，乙醛和水合肼发生反应生成的化合物溶解在水中，从塔底送至加氢反应器，在 PO 分离塔上部精馏段，环氧丙烷与水及杂质进行分离，PO 产品送罐区。

(4) 甲醇回收单元

来自预分离塔塔底罐的甲醇-水混合物进入加氢反应器，界区外的氢气从反应器顶部进入加氢反应器，混合物中未反应完全的过氧化氢与氢气发生还原反应生成水，加氢反应器底部混合物料进入加氢闪蒸罐，不凝气返回加氢反应器，罐底物料进入甲醇一塔，甲醇一塔塔顶凝液送至离子交换器，塔底物料进入甲醇二塔，甲醇二塔顶凝液送离子交换器，塔底含醚水进入副产品回收单元，含水甲醇凝液经离子交换器去除催化剂毒物后送入吸收塔，与来自脱氧塔顶的不凝气逆流接触洗涤，塔底循环甲醇溶液返回反应单元，塔顶尾气送出装置。

(5) 副产品回收单元

来自甲醇二塔塔底含醚水进入废水蒸发器进行蒸发，冷凝后含醚水送醚浓缩塔，蒸发器底部粗 PG 送 PG 一塔，塔顶凝液进入醚浓缩塔，塔底粗 PG 送至 PG 二塔，PG 二塔塔顶合格 PG 产品送罐区，塔底废液送焚烧炉处理。来自蒸发器和 PG 一塔塔顶凝液送醚浓缩塔，塔顶凝液进入脱甲醇塔，塔底含醚废水冷却后送出装置，脱甲醇塔顶废甲醇送出装置，塔底含醚水送醚萃取分离器。醚萃取分离器上部水相进入醚浓缩塔，塔底醚相送脱萃塔。脱萃塔塔顶凝液进入脱粹塔回流罐，萃取剂经脱粹塔回流泵一路回流进入脱萃塔顶，另一路作为萃取剂送至醚萃取分离器，在回流罐中补加萃取剂碳酸二甲酯，脱萃塔塔底混合醚送脱水塔。脱水塔塔顶凝液送醚萃取分离器，塔底甲醚混合物送醚分离塔。来自脱水塔塔底的甲醚混合物在醚分离塔进行分离，塔顶合格丙二醇单甲醚产品、塔底合格丙二醇异单甲醚产品送罐区。

2.8.3 技术指标

主要产品指标、原料消耗指标、公用工程单位耗量及三废情况如表 2.8-2～表 2.8-5 所示。

装置产品方案及产品指标　　表2.8-2

序号	名称		规格	标准
1	主产品	环氧丙烷(PO)	≥99.95%	《工业用环氧丙烷》GB/T 14491—2015(优级品标准)
2	副产品	丙二醇(PG)	>99.5%	ISO9001:2000标准(工业优级品)
3		丙二醇单甲醚(PM)	≥99.5%	《工业用丙二醇甲醚工业用丙二醇甲醚乙酸酯[合订本]》HG/T 3939～3940—2007
4		丙二醇异单甲醚	≥99.5%	优级品
5		硫酸钠	≥95%	《工业无水硫酸钠》GB/T 6009—2014(Ⅲ类一等品)

装置原料消耗量　　表2.8-3

序号	物料名称	形态/规格	吨产品消耗量
1	过氧化氢	液态50%	1.305t
2	丙烯	液态99.6%	1.514t
3	甲醇	液态99%	0.0215t

公用工程单位耗量汇总　　表2.8-4

序号	项目	吨产品消耗量
1	循环水	5.65t
2	工艺用水	0.62t
3	5℃深冷水	35.00t
4	1.0MPa蒸汽	3.00t
5	凝结水	−3.00t
6	电	52.90kWh
7	0.5MPag氮气	12.15N·m^3
8	2.55MPag氮气	171.20N·m^3
9	工艺空气	17.00N·m^3

"三废"排放一览表　　表2.8-5

序号	组分	吨产品排放量	排放方式
1	含氧废气、不凝气	0.0561t	连续
2	生产废水(含醇醚)	1.056t	连续
3	废液	0.015t	连续

2.9　煤焦油精制高级酚工艺技术

2.9.1　技术简介

酚类产品是重要的化工原料，其中苯酚是生产树脂、杀菌剂、防腐剂以及药物（如阿司匹林）的重要原料，随着电子通信、建筑、汽车行业的迅猛发展，苯酚下游产品需求旺盛。邻甲酚主要用作合成树脂，还可用于制作农药二甲四氯除草剂、医药上的消毒剂、香料和化学试剂及抗氧剂等，间甲酚是农药、医药、抗氧剂、香料和合成维生素E的重要原料。目前，国内苯酚、邻甲酚、间甲酚产量不能满足市场需求，每年需要大量进口。

精酚是用精馏的方法将粗酚分离成各种酚产品的工艺，有连续和间歇之分，连续法采用连续蒸馏和间歇蒸馏相结合的方法，间歇法采用减压蒸馏工艺，包括脱水脱渣、粗馏和精馏等过程。目前，国内煤焦油处理规模大多在万吨以下，多为间歇生产工艺。

本技术采用连续蒸馏和间歇蒸馏相结合的减压蒸馏工艺，具有处理能力大，产品纯度高，产品收率高，苯酚结晶点可达 40℃以上等优势，是一种能够生产高质量产品、连续稳定运行的工业化工艺路线，具体技术特点如下：

（1）采用氮封加呼吸阀的酚类中间槽，呼吸阀后排气及各真空系统的排气，统一接到排气洗净塔，用碱液洗净后高空排放，以减少对环境的污染；

（2）采用温水循环系统，既可以避免设备腐蚀，又可以防止结晶而引起设备和管道的堵塞。

该技术成功申请国家发明专利《一种焦油粗酚工业化加工方法》，并成功应用于陕西煤业化工集团神木天元化工有限公司 50 万吨/年中温煤焦油轻质化项目技术改造工程 2.2 万吨/年精酚项目。

2.9.2　工艺原理及流程

1. 工艺原理

利用混合酚中各组分具有不同挥发度的特性，即在同一温度下各组分的蒸气压不相同，使液相中轻组分（低沸物）转移到气相中，而气相中重组分（高沸物）转移到液相中，从而实现分离的目的。

2. 工艺流程

粗酚分离系统主要由粗酚连续脱水、粗酚间断精馏、苯酚连续精馏、吡啶系物连续精馏、邻甲酚连续精馏、邻甲酚间断精馏、间对甲酚连续精馏、间对甲酚间断精馏、二甲酚连续精馏等单元组成，工艺流程如图 2.9-1 所示。

（1）粗粉连续脱水

在负压条件下，粗酚送至预热器加热至 60℃后进入脱水塔。塔顶酚水产品经冷凝冷却后，收集于酚水分离器中，经沉降后，下层酚放入粗酚中间罐，上层酚水泵送出界区，塔釜物料进入脱水塔釜液受罐，用脱水釜液泵打入脱水塔釜液贮罐中暂存，供粗蒸馏用料。

（2）粗酚间断精馏

全系统抽真空后，将脱水的粗酚从脱水塔釜液贮罐中抽入粗蒸釜中，塔顶出料分别收集于粗蒸塔水受罐，粗蒸塔前馏分受罐，粗蒸塔中间馏分受罐及混酚受罐中。塔釜中残油抽入粗蒸塔残油罐中，用粗蒸残油泵打入残油贮罐暂存，再用残油泵送出界区。粗蒸塔水受罐收集的酚水去脱水工序的酚水分离器，粗蒸塔前馏分受罐收集的轻组分送入轻组分贮罐，用轻组分泵送出界区，粗蒸塔中间馏分受罐收集的物料，送至下批粗精馏釜中重新精馏，混酚受罐收集的物料进入混酚贮罐存贮，供苯酚连续精馏进料使用。

（3）粗酚连续精馏

全系统抽真空后，用苯酚塔进料泵由混酚贮罐向苯酚塔进料，塔顶苯酚经冷凝器冷却后，常压收集于苯酚贮罐中，再用苯酚泵装车外销，塔釜物料流入苯酚塔釜液受罐中，用脱吡啶塔进料泵打入脱吡啶塔进一步分离。

（4）吡啶系物连续精馏

在负压条件下，用脱吡啶塔进料泵由苯酚塔釜液受罐向脱吡啶塔进料，塔顶物料经冷凝冷却后，送入轻组分贮罐，塔釜物料流入脱吡啶塔釜液受罐中，再用邻甲酚塔进料泵打入邻甲酚塔进一步分离。

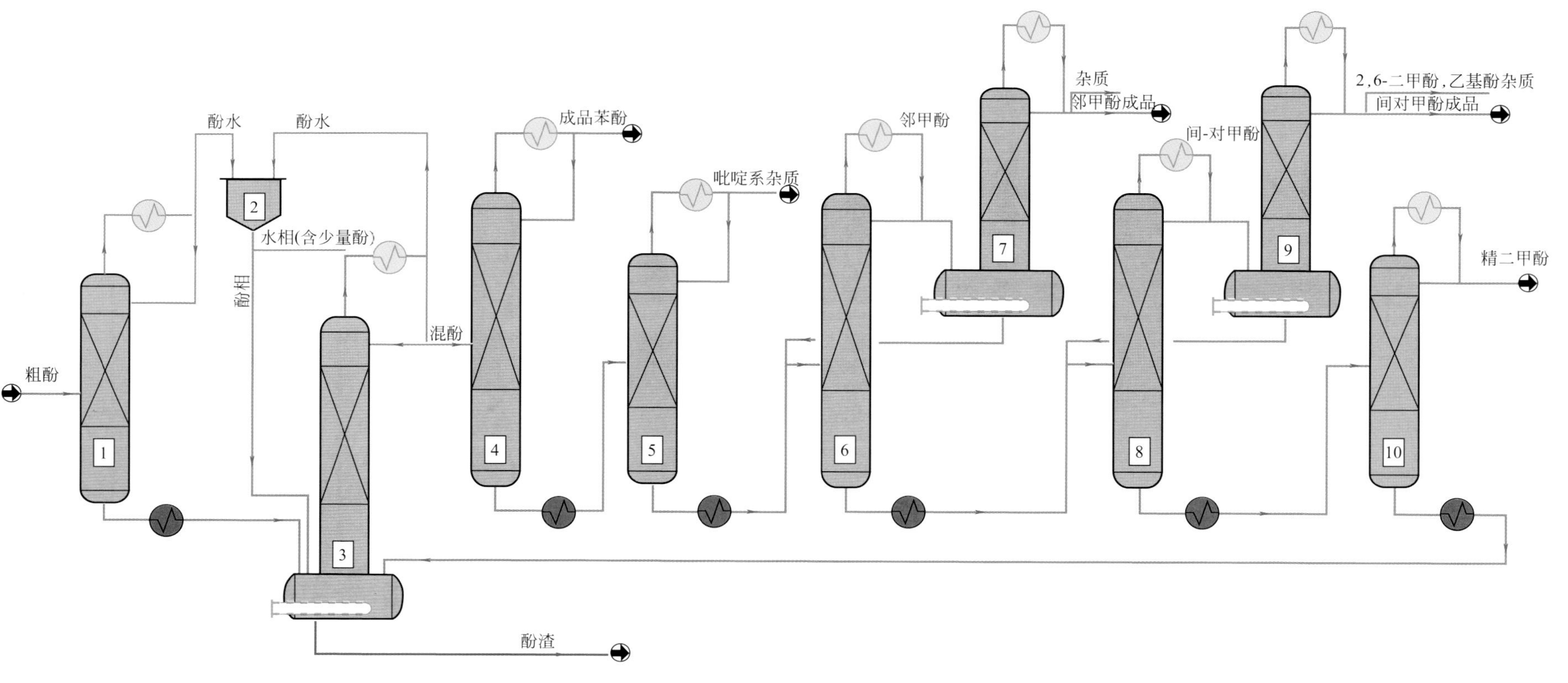

图 2.9-1 焦油粗酚精制加工流程简图

1—脱水塔；2—酚水分离器；3—粗蒸塔；4—苯酚塔；5—脱吡啶塔；6—邻甲酚塔；7—邻甲酚精制塔；8—间-对甲酚塔；9—间-对甲酚精制塔；10—二甲酚塔

（5）邻甲酚连续精馏

在负压条件下，用邻甲酚塔进料泵由脱吡啶塔釜液受罐向邻甲酚塔进料，塔顶物料经冷凝器冷却后，常压收集于邻甲酚贮罐中，再送至邻甲酚间断精馏工序进一步提纯，塔釜物料流入邻甲酚塔釜液受罐中，再用间-对甲酚塔进料泵打入间-对甲酚塔进一步分离。

（6）邻甲酚间断精馏

全系统抽真空后，通过连续精馏所得邻甲酚由邻甲酚贮罐真空抽入邻甲酚精馏釜中，塔顶收集的初期物料送至混酚贮罐及轻组分贮罐，合格的邻甲酚产品送至邻甲酚成品罐中，邻甲酚精馏釜中残油送至苯酚塔釜液受罐。

（7）间-对甲酚连续精馏

在负压条件，用间对甲酚塔进料泵由邻甲酚塔釜液受罐向间对甲酚塔进料，塔顶物料经冷凝器冷却后，常压收集于间对甲酚贮罐中，再用间-对甲酚精制塔进料泵送至间-对甲酚精制工序进一步提纯，塔釜物料流入间对甲酚塔釜液受罐中，再用二甲酚塔进料泵打入二甲酚塔进一步分离。

（8）间-对甲酚间断精馏

全系统抽真空后，将间-对甲酚连续精馏所得的间-对甲酚由贮罐用进料泵打入间-对甲酚精馏釜中，塔顶物料收集至间-对甲酚精制塔前馏分受罐、间-对甲酚精制塔后馏分受罐及间-对甲酚成品罐，间-对甲酚精馏釜中残油送至间-对甲酚塔釜液受罐，间-对甲酚精制塔前馏分受罐收集的物料送至苯酚塔釜液受罐，间-对甲酚精制塔后馏分受罐收集的物料送至间-对甲酚塔釜液受罐。

（9）二甲酚连续精馏

在负压条件下，用二甲酚塔进料泵由间对甲酚塔釜液受罐向二甲酚塔进料，塔顶物料经冷凝冷却后，常压收集于二甲酚成品罐中，塔釜物料流入二甲酚塔残油受罐中，再用二甲酚塔残油泵打入粗蒸釜。

2.9.3 技术指标

装置规模为22000t/年，主要原料粗酚消耗量为1.03t/t精酚，产品的质量指标如表2.9-1～表2.9-4所示，该工艺的能耗情况如表2.9-5所示，装置“三废”排放及处理措施如表2.9-6所示。

苯酚产品主要指标 表2.9-1

序号	指标名称	指标
1	酚及同系物含量(%)	≥83
2	210℃前馏出量(%)	≥60
3	230℃前馏出量(%)	≥85
4	中性油含量(%)	≤0.8
5	吡啶碱含量(%)	≤0.5
6	pH值	5～6
7	灼烧残渣含量(按无水计算,%)	≤0.4
8	水分(%)	≤10

备注：产品质量标准详见《焦化苯酚》GB/T 6705—2008。

邻甲酚产品主要指标 表2.9-2

序号	指标名称	指标
1	邻甲酚含量(干基,%)	≥96.0
2	苯酚含量(%)	≤2.0
3	2,6-二甲酚含量(%)	≤2.0
4	水分(%)	≤0.5

备注：产品质量标准详见《焦化甲酚》GB/T 2279—2008。

间-对甲酚产品主要指标　表 2.9-3

序号	指标名称	指标
1	外观	无色至褐色透明液体
2	密度(20℃,g/cm^3)	1.030～1.040
3	195～205℃馏出量(%)	≥95
4	水分(%)	一级≤0.3,二级≤0.5
5	中性油含量(%)	一级≤0.2,二级≤0.3
6	间甲酚含量(%)	一级≤50.0,二级≤45.0

工业二甲酚产品质量指标表　表 2.9-4

序号	指标名称	指标
1	外观	无色至棕红色透明液体
2	密度(20℃,g/cm^3)	1.010～1.040
3	205℃前馏出量(%)	≤5
4	225℃前馏出量(%)	一级≥95,二级≥90
5	中性油含量(%)	一级≤1.0,二级≤1.5
6	水分(%)	≤1.0

备注：产品质量标准详见《焦化二甲酚》GB/T 2600—2009。

公用工程消耗指标　表 2.9-5

序号	项目	吨产品消耗量	备注
1	生活水	0.25m^3	间歇
2	除盐水	1.15m^3	—
3	循环冷却水	22.9m^3	—
4	电	164kWh	—
5	低压蒸汽	1000kg	—
6	压缩空气	1.26N·m^3	间歇
7	仪表空气	5.9N·m^3	—
8	低压氮气	19.86N·m^3	—
9	燃料气	200m^3/h	—

“三废”排放一览表　表 2.9-6

序号	组分	排放方式	排放量	主要污染物	处理方法
1	酚类废气	间断	4.5t/年	酚类、C_mH_n、吡啶	经活性炭吸附后与其他废气经碱液净化塔净化处理,35m 高排气筒排放
2	地面冲洗	间断	613t/年	含酚废水	经隔油池处理后与生活污水一并经一体化污水处理设施处理
3	生活污水	间断	1033t/年	—	化粪池+一体化污水处理设施处理
4	固废	间断	10.7t/年	生活垃圾	环卫部门处理
5	固废	间断	0.08t/年	废活性炭	由处置运营资质的单位处理

2.10 粗吡啶精制高纯吡啶工艺技术

2.10.1 技术简介

我国煤焦油资源丰富，其中含有一定量的吡啶类化合物，主要组分为吡啶、邻甲基吡啶、二甲基吡啶、三甲基吡啶等吡啶类化合物。这些化合物含量虽然不是很高，但都属于高附加值精细化工产品，而合成这类物质需要付出较高的环境成本或经济成本，因此从煤焦油中分离精制得到高纯度的吡啶类产品具有重要意义。

该工艺技术具有以下优点：

(1) 采用共沸精馏技术，进行粗吡啶原料的脱水、脱渣预处理，解决现有工艺不能将众多杂质组分除去，不能将微量水分除尽等问题，以及残渣堵塞设备管道等致命缺陷。

(2) 采用成熟可靠的常压和减压组合精密精馏技术，采用10塔连续稳定运行的工业化工艺路线生产高品质吡啶系列产品，具有明显的经济效益。

(3) 具有自控水平高，产率高，能耗低，投资少等优点，是一条清洁的生产工艺。

本技术已成功应用于盘锦瑞德化工有限公司3万吨/年粗酚-吡啶联合加工装置工程，中建安装“粗吡啶精制高纯吡啶系列产品工艺技术”已评选为中国石油和化工勘察设计协会专有技术。

2.10.2 工艺原理及流程

1. 工艺原理

以中低温煤焦油中粗吡啶为原料，先进入干燥塔连续脱去水分，塔釜得到含水量小于0.5%粗吡啶，再进入蒸发釜进行脱渣处理，釜顶气相进入混吡啶塔精馏，再依次进出甲基吡啶塔、二甲基吡啶塔、三甲基吡啶塔、苯胺塔、粗吡啶塔、吡啶塔、粗邻甲基吡啶塔、邻甲基吡啶塔，得到主产品吡啶、邻甲基吡啶、甲基吡啶、二甲基吡啶、三甲基吡啶、苯胺+苄胺馏分及喹啉馏分等产品，副产品为苯等。

2. 工艺流程

粗吡啶精制装置共包括原料预处理、精密精馏2个工段，具体流程如图2.10-1所示。

(1) 原料预处理工段

来自罐区粗吡啶原料与干燥塔回流的共沸苯，在静态混合器内混合，并于干燥塔塔顶换热器内换热，再与蒸发釜釜顶气相换热后，进入干燥塔进行干燥。由于苯和水共沸点低，从而可以实现塔顶水和粗吡啶的分离。回流罐内的水通过静止分层后采出至界区，苯一部分打回流，另一部分循环利用。在干燥塔底得到脱水后的粗吡啶，并泵入蒸发釜进行汽化分离。釜顶气相通过换热器进入混吡啶塔内精馏，蒸发釜釜底残渣采出界区外，进入酚油罐。

(2) 精馏工段

1) 混吡啶塔：塔顶为吡啶和邻甲酚吡啶混合馏分，一部分回流，另一部分作为顶采送到粗吡啶塔进行精馏。塔釜为粗甲基吡啶馏分，通过塔釜泵向甲基吡啶塔进料。

2) 甲基吡啶塔：塔顶为β-甲基吡啶，一部分回流，另一部分作为β-甲基吡啶产品直接进行灌装。塔釜为粗二甲基吡啶馏分，通过塔釜泵向二甲基吡啶塔进料。

3) 二甲基吡啶塔：塔顶为二甲基吡啶，一部分回流，另一部分作为二甲基吡啶产品直接进行灌装。塔底为粗三甲基吡啶馏分，通过塔釜泵向三甲基吡啶塔进料。

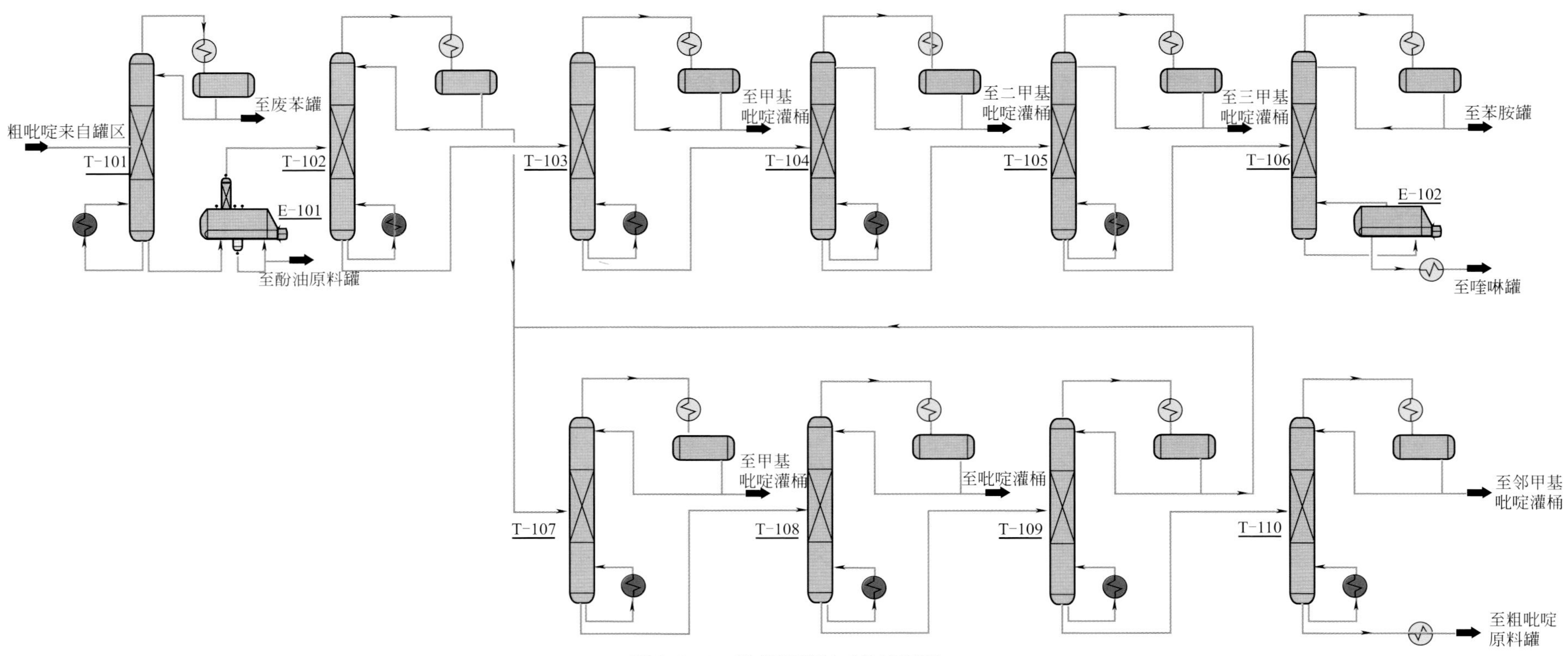

图 2.10-1　粗吡啶精制工艺流程图

T-101—干燥塔；T-102—湿吡啶塔；T-103—甲基吡啶塔；T-104—二甲基吡啶塔；T-105—三甲基吡啶塔；T-106—苯胺塔；T-107—粗吡啶塔；T-108—吡啶塔；T-109—粗邻甲基吡啶塔；T-110—邻甲基吡啶塔；E101—湿吡啶塔塔釜再沸器；E102—苯胺塔塔釜再沸器

4）三甲基吡啶塔：塔顶为三甲基吡啶塔，一部分回流，另一部分作为三甲基吡啶产品进入罐区储存。塔釜为粗苯胺和苄胺馏分，通过塔釜泵向苯胺塔进料。

5）苯胺塔：塔顶为苯胺塔，一部分回流，另一部分作为产品进入罐区储存。塔釜为喹啉馏分，间歇通过塔釜泵采到罐内储存。

6）粗吡啶塔：塔顶为分离吡啶前的轻组分，一部分回流，另一部分顶采送到废苯罐回收。塔釜为粗吡啶通，过塔釜泵向吡啶塔进料。

7）吡啶塔：塔顶为焦化纯吡啶，一部分回流，另一部分作为产品直接进行灌装。塔釜为粗邻甲基吡啶馏分，通过塔釜泵向粗邻甲基吡啶塔进料。

8）粗邻甲基吡啶塔：塔顶为分离邻甲基吡啶前的轻组分，一部分打回流，另一部分顶采送到粗吡啶塔内进行回收。塔釜为邻甲基吡啶馏分，通过塔釜泵向邻甲基吡啶塔进料。

9）邻甲基吡啶塔：塔顶为α-甲基吡啶，一部分回流，另一部分作为产品直接进行灌装。塔釜为粗吡啶馏分，通过塔釜泵送到粗吡啶原料罐内回收。

2.10.3 技术指标

粗吡啶通过精制得到产品质量规格如表2.10-1所示，主要产品产能情况如表2.10-2所示，装置公用工程消耗指标如表2.10-3所示，装置“三废”排放及处理方法如表2.10-4所示。

产品质量规格 **表2.10-1**

产品	产品纯度	水含量
焦化纯吡啶	吡啶≥99.0%	水≤0.1%
α-甲基吡啶	邻甲基吡啶≥99.5%	水≤0.1%
β-甲基吡啶	间、对甲基吡啶≥97.0%	水≤0.1%
2,4-二甲基吡啶	二甲基吡啶≥97.0%	—
2,3,6-三甲基吡啶	三甲基吡啶≥96.0%	—
苯胺+苄胺馏分	混胺馏分≥99.0%	—

产品产能一览表 **表2.10-2**

类别	序号	产品	产能(万t/年)
产品	1	焦化纯吡啶	0.127
	2	α-甲基吡啶	0.114
	3	β-甲基吡啶馏分	0.332
	4	2,4-二甲基吡啶	0.231
	5	2,3,6-三甲基吡啶	0.196
	6	苯胺+苄胺馏分	0.342
	7	喹啉馏分	0.006
副产品	1	回收苯(共沸用)	1.761
合　计			3.109

公用工程消耗指标 **表2.10-3**

序号	项　目	吨产品消耗量	小时耗量	能耗指标	单位指标(MJ/t)
1	循环水	422.40t	1584t/h	4.19MJ/t	1769.9
2	凝结水	−6.00t	−22.5t/h	385.19MJ/t	−2311.1
3	脱盐水	0.00t	0t/h	96.3MJ/t	0.0

续表

序号	项　目	吨产品消耗量	小时耗量	能耗指标	单位指标(MJ/t)
4	电	88.00kWh	330kW	10.89MJ/kWh	958.3
5	5.0MPa蒸汽	0.43t	1.6t/h	3684MJ/t	1571.8
6	2.0MPa蒸汽	4.77t	17.9t/h	3559MJ/t	16988.3
7	0.3MPa蒸汽	0.80t	3t/h	2763MJ/t	2210.4
8	净化压缩空气	53.33N·m^3	200N·m^3/h	1.59MJ/(N·m^3)	84.8
9	氮气	13.33N·m^3	50N·m^3/h	6.28MJ/(N·m^3)	83.7
合计		—	—	—	21356.1
折标煤(kg)		—	—	—	728.7

“三废”排放一览　　表2.10-4

序号	组分	流量		处理措施
1	废水	2019.22t/年	0.69t/h	排至配酸/碱/蒸发焚烧

2.11　煤制乙二醇精馏工艺技术

2.11.1　技术简介

乙二醇是非常重要的化工原料，主要用于制造聚酯、炸药、乙二醛，并可作防冻剂、增塑剂、水力流体和溶剂等。根据我国“缺油、少气、富煤”的资源特征，决定了我国必须走能源多元化的道路，充分、合理、高效地利用煤炭资源是能源多元化的必然选择，煤制乙二醇即以煤代替石油乙烯生产乙二醇，符合我国国情。

国内煤制乙二醇主流工艺是以煤为原料，通过气化、变换、净化及分离提纯后得到CO和H_2，CO通过催化偶联合成及精制生产草酸酯，再与H_2进行加氢反应并通过精制得到聚酯级乙二醇。煤制乙二醇精馏工艺的技术先进性主要体现在以下几个方面：

(1) 采用精馏、吸附、深度催化加氢等多元化技术，使乙二醇优等品率达到97.5%；

(2) 采用热网络对系统进行节能优化，整套装置蒸汽消耗量远低于市场平均水平；

(3) 对粗乙二醇中所有组分进行精细化切割和充分回收，得到高质量的甲醇（99.9%）、乙醇（95%）、聚酯级和工业级乙二醇产品；

(4) 单套60万吨/年乙二醇精馏装置是目前国内最大的单套乙二醇精馏装置。

该技术已成功应用于湖北三宁化工股份有限公司合成氨原料结构调整及联产60万吨/年乙二醇项目（图2.11-1）。

2.11.2　工艺原理及流程

1. 工艺原理

本技术为煤制乙二醇最后一个工序，处理含有甲醇、乙二醇及少量醛酯类等组分的物料，通过精馏逐步脱去轻组分和重组分以得到聚酯级乙二醇产品，精馏工艺中充分考虑到热量的合理利用。

2. 工艺流程

煤制乙二醇精馏工艺流程如图2.11-2、图2.11-3所示，自界区来的原料A与EG产品经原料A/

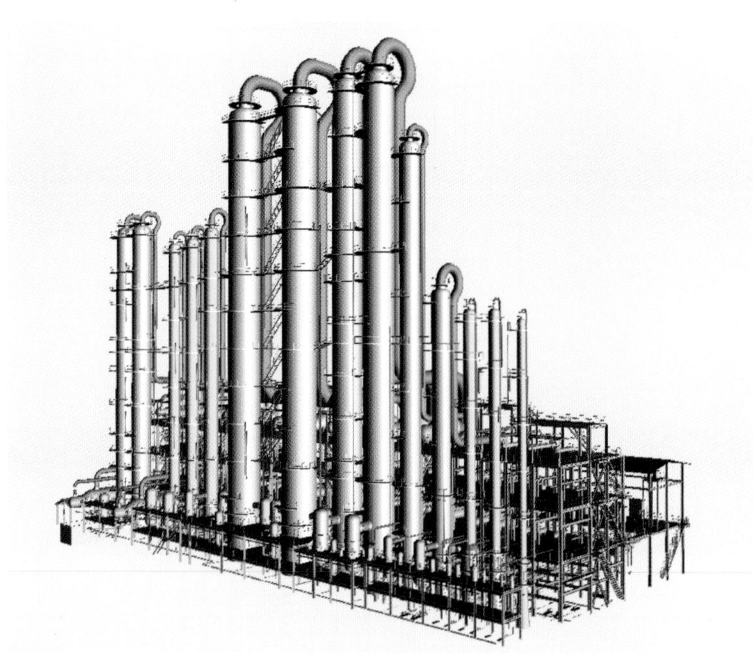

图 2.11-1　乙二醇精馏装置 PDMS 三维图

EG 产品换热器换热至 75℃进入第一脱醇塔。自界区来的原料 B 经原料 B 预热器加热，进入第一脱醇塔。

第一脱醇塔：第一脱醇塔塔顶分离得到甲醇馏分，通过第一脱醇塔回流泵一部分打回流，另一部分作为顶采送至脱轻塔进行精馏，塔底采出甲醇、乙二醇等馏分，通过第一脱醇塔塔釜泵向第二脱醇塔进料。

第二脱醇塔：塔顶分离得到甲醇馏分，通过第二脱醇塔回流泵一部分打回流，另一部分作为甲醇产品送至甲醇冷却器冷却至 40℃出界区，塔底采出甲醇、乙二醇等馏分，通过第二脱醇塔塔釜泵向甲醇分离塔进料。

甲醇分离塔：塔顶分离得到甲醇馏分，通过甲醇分离塔回流泵一部分打回流，另一部分作为甲醇产品送至甲醇冷却器冷却至 40℃出界区，塔底采出乙二醇等馏分，通过甲醇分离塔塔釜泵向脱水塔进料。

脱轻塔：塔顶分离得到甲醇等馏分，液体部分通过脱轻塔回流泵全部打回流，气相部分经深冷后得到甲醇、甲酸甲酯和二甲醚等液体馏分，通过脱轻塔深冷液输送泵升压后与乙醇回收塔塔釜出料混合后作为杂醇油产品出界区，塔底采出甲醇产品，通过脱轻塔塔釜泵送至甲醇冷却器，与其他甲醇流股混合后冷却至 40℃出界区。

脱水塔：塔顶分离得到甲醇、乙醇及水等馏分，液体部分通过脱水塔回流泵一部分打回流，一部分送至甲醇回收塔，气相部分经深冷后得到甲醇、乙醇和水等液体馏分，通过脱水塔深冷液输送泵升压后送至甲醇回收塔，塔底采出乙二醇等馏分，通过脱水塔塔釜泵送至脱醇塔。

脱醇塔：塔顶分离得到丁二醇、乙二醇等馏分，通过脱醇塔回流泵一部分打回流，另一部分送至共沸塔，塔底采出乙二醇等馏分，通过脱醇塔塔釜泵向精制塔进料。

共沸塔：塔顶分离得到丁二醇等馏分，通过共沸塔回流泵一部分打回流，另一部分作为多元醇产品经多元醇产品冷却器冷却至 40℃出界区，塔底采出乙二醇等馏分，通过共沸塔塔釜泵向精制塔进料。

精制塔：塔顶分离得到乙二醇等馏分，通过精制塔回流泵一部分打回流，另一部分送至共沸塔，侧线采出精制乙二醇产品，进入精制塔侧采罐通过精制塔侧线泵增压后，经原料 A/EG 产品换热器与原料 A 换热后，再经 EG 产品冷却器冷却至 40℃出界区，塔底采出乙二醇及重组分等，通过精制塔塔釜泵增压后向脱重塔进料。

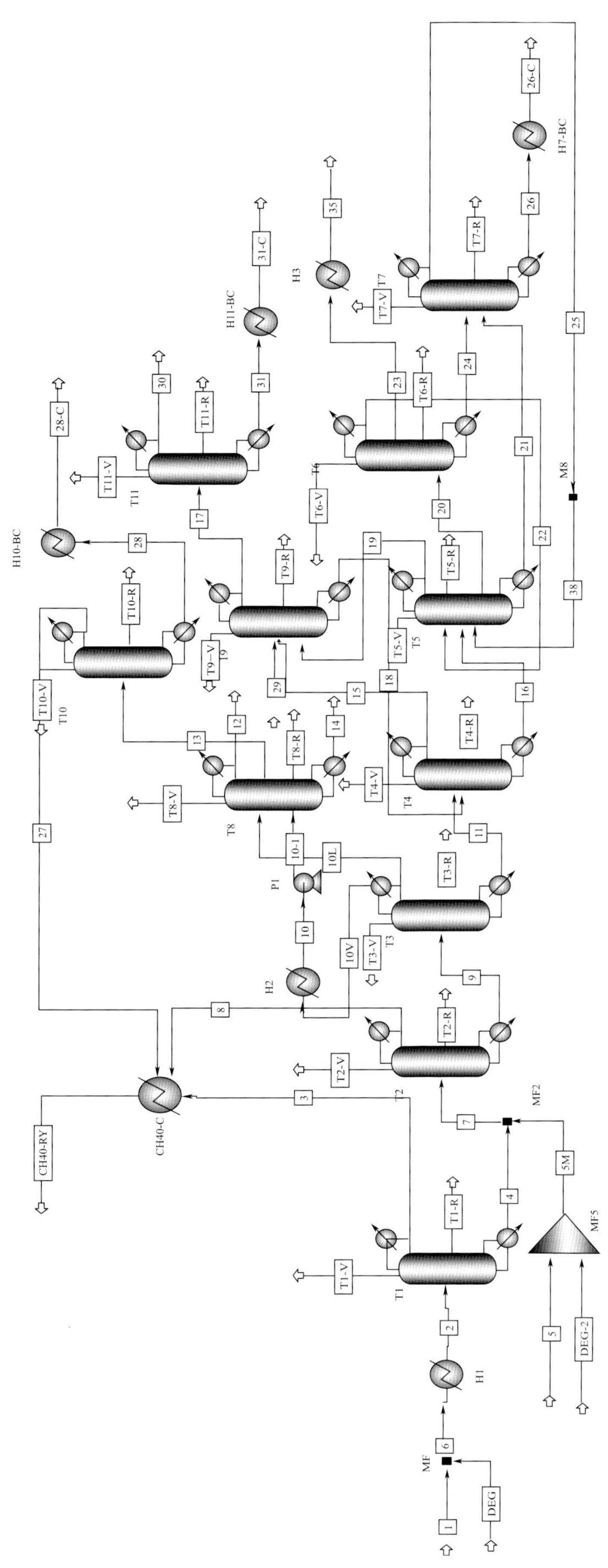

图 2.11-2　煤制乙二醇精馏工艺流程模拟

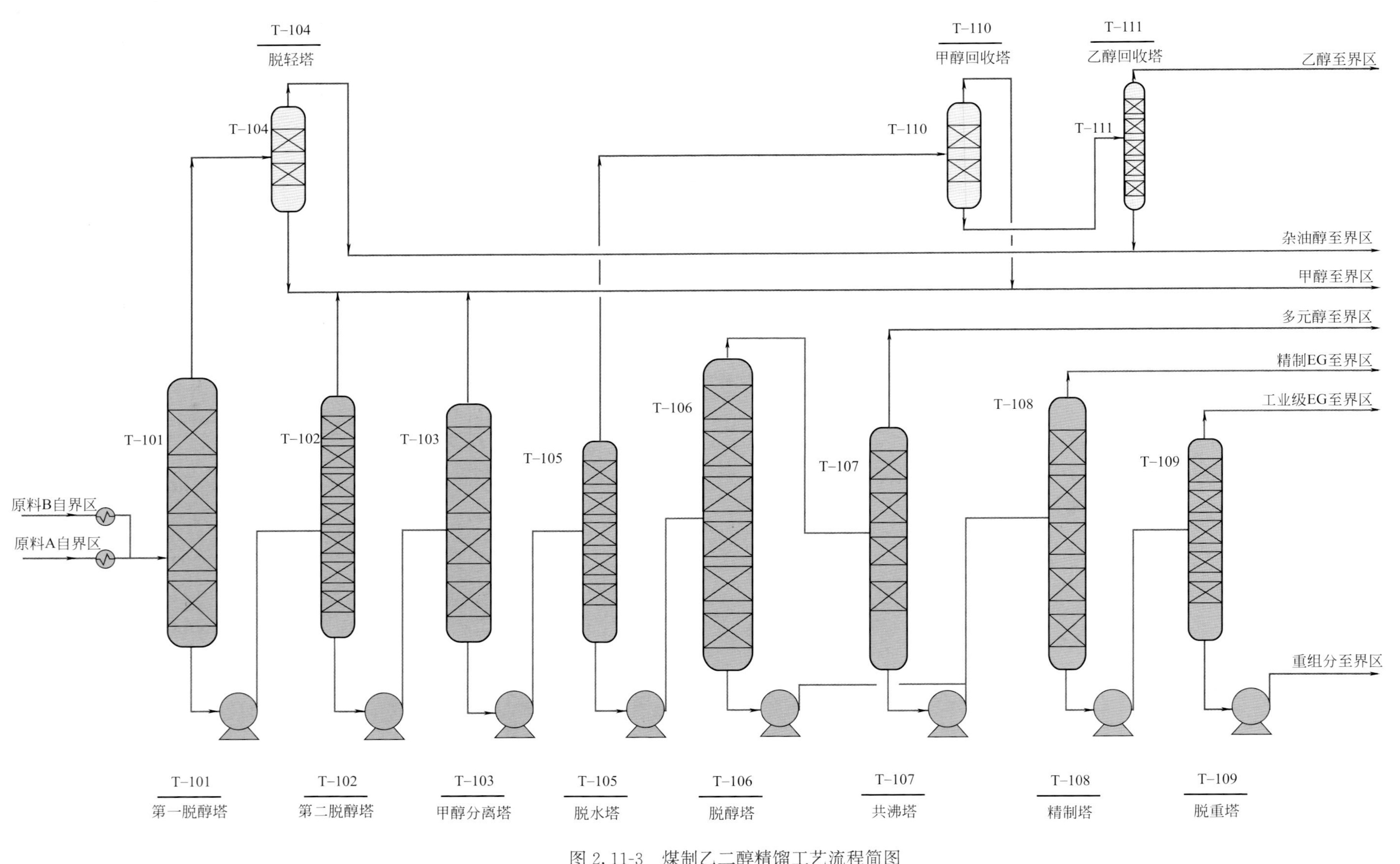

图 2.11-3 煤制乙二醇精馏工艺流程简图

脱重塔：塔顶分离得到乙二醇等馏分，通过脱重塔回流泵一部分打回流，一部分返回精制塔，还有一部分作为工业级EG产品采出至界区，塔底采出乙二醇及重组分等馏分，通过脱重塔塔釜泵增压后，经重组分冷却器冷却至80℃出界区。

甲醇分离塔：塔顶分离得到甲醇等馏分，通过甲醇分离塔回流泵一部分打回流，另一部分作为甲醇产品送至甲醇冷却器冷却至40℃出界区，塔底采出乙醇等馏分，通过甲醇分离塔塔釜泵增压后向乙醇回收塔进料。

乙醇回收塔：塔顶分离得到乙醇等馏分，通过乙醇回收塔回流泵一部分打回流，另一部分作为乙醇产品送至乙醇产品冷却器冷却至40℃出界区，塔底采出杂醇油，通过乙醇回收塔塔釜泵增压后，经杂醇油产品冷却器冷却至40℃，与脱轻塔顶采流股混合后出界区。

尾气洗涤塔：各个真空泵尾气收集后送至塔底部，来自界区外含硝酸溶液经过洗涤水冷却器和洗涤水深冷器冷却后从塔上部加入，洗涤后的尾气从塔顶高点放空，液体由尾气洗涤塔底部自流至尾气洗涤塔缓存罐，然后经过尾气洗涤塔塔釜泵增压，一部分回流至尾气洗涤塔顶部，另一部分送至界区外。

2.11.3　技术指标

主要产品质量规格、公用工程消耗分别如表2.11-1和表2.11-2所示。

产品质量规格　　　　**表2.11-1**

序号	产品名称	规格
1	聚酯级乙二醇	≥99.9%
2	工业级乙二醇	≥99%
3	甲醇	≥99%
4	乙醇	≥95%(工业二级品)
5	多元醇	—
6	杂醇油	—
7	重组分	—

公用工程消耗　　　　**表2.11-2**

序号	项目	吨产品消耗量
1	电	18.53kWh
2	1.5MPaG蒸汽	2.84t
3	0.6MPaG蒸汽	−0.09t
4	0.1MPaG蒸汽	−0.84t
5	0.6MPaG蒸汽凝结水	−2.74t
6	0.1MPaG蒸汽凝结水	−1.15t
7	循环水(含洁净循环水)	110.49t
8	冷冻水	3.02t
9	锅炉水	2.05t
10	脱盐水	0.06t
11	新鲜水(含生活水)	0.18t
12	净化压缩空气	1.54N·m^3
13	非净化压缩空气	6.41N·m^3
14	氮气	1.03N·m^3

2.12 脂肪酸生产工艺技术

2.12.1 技术概述

脂肪酸系列产品是精细化工的基础原料，在纺织助剂、金属加工、高档油墨等行业都需大量油酸，硬脂酸作为石油添加助剂、橡胶产品助剂、医药添加剂、化妆品辅助或主要原料，占据了重要的地位。本工艺采用油脂高压无催化剂水解和多塔连续蒸馏分离工艺技术，技术先进性主要体现在以下几点：

（1）采用国内先进的甲醇催化裂解变化吸附分离制氢装置，氢气成本低、质量好。

（2）采用世界先进的单塔高压水解油脂工艺，水解效率高，水解度高，能耗低。

（3）采用自行开发的单塔蒸发、多塔连续蒸馏分离的先进分离技术，流程短，分离效果好，收率高，产品质量好，能耗低。

（4）采用国内先进的中压连续脂肪酸催化氢化工艺及进口催化剂，氢化效率高，催化剂及氢气消耗小。

（5）采用自行开发的精甘油多效真空浓缩工艺及真空连续蒸馏技术，工艺先进，产品质量好，纯度高，可生产99.5%药用级甘油，成本低。

本技术已成功应用于南通凯塔化工科技有限公司15万吨/年脂肪酸生产装置工程。

2.12.2 工艺原理及流程

1. 工艺原理

（1）甲醇催化裂解制氢化学反应方程式

$$CH_3OH + H_2O \longrightarrow 3H_2 + CO_2 \tag{2.12-1}$$

（2）油脂水解化学反应方程式

$$\begin{array}{l} RCOOCH_2 \\ \quad | \\ R'COOCH \\ \quad | \\ R''COOCH_2 \end{array} + 3H_2O \longrightarrow RCOOH + R'COOH + R''COOH + \begin{array}{l} CH_2OH \\ | \\ CHOH \\ | \\ CH_2OH \end{array} \tag{2.12-2}$$

（3）脂肪酸加氢化学反应方程式

$$C_{17}H_{33}COOH + H_2 \longrightarrow C_{17}H_{35}COOH \tag{2.12-3}$$

2. 工艺流程

工艺流程示意图如图2.12-1所示。

（1）原料预处理装置

原料油脂由原料罐区经过滤后，进入水洗塔底部，软水由水罐经泵打入水洗塔顶部，在水洗塔内，油脂内的无机酸及杂质溶入水中，起到净化油脂的作用，塔顶的油脂进入原料预处理罐，塔底出水经混合器与液碱储罐来的碱混合，中和掉水中无机酸，再过油水分离器，废油从上部分离，送至煤场燃烧，水回流至软水储罐循环待使用。

（2）制氢装置

甲醇罐内的甲醇与曝气罐内的甲醇溶液（含甲醇10%左右）通过调节阀配成45%的甲醇溶液，经换热与裂解后的气体与反应物换热，然后进入汽化器，通过导热油将甲醇溶液加热到280℃并送入列管式反应器。在反应器内甲醇发生裂解，生成H_2和CO_2混合气体，冷却后进入水洗塔，液态甲醇溶液通

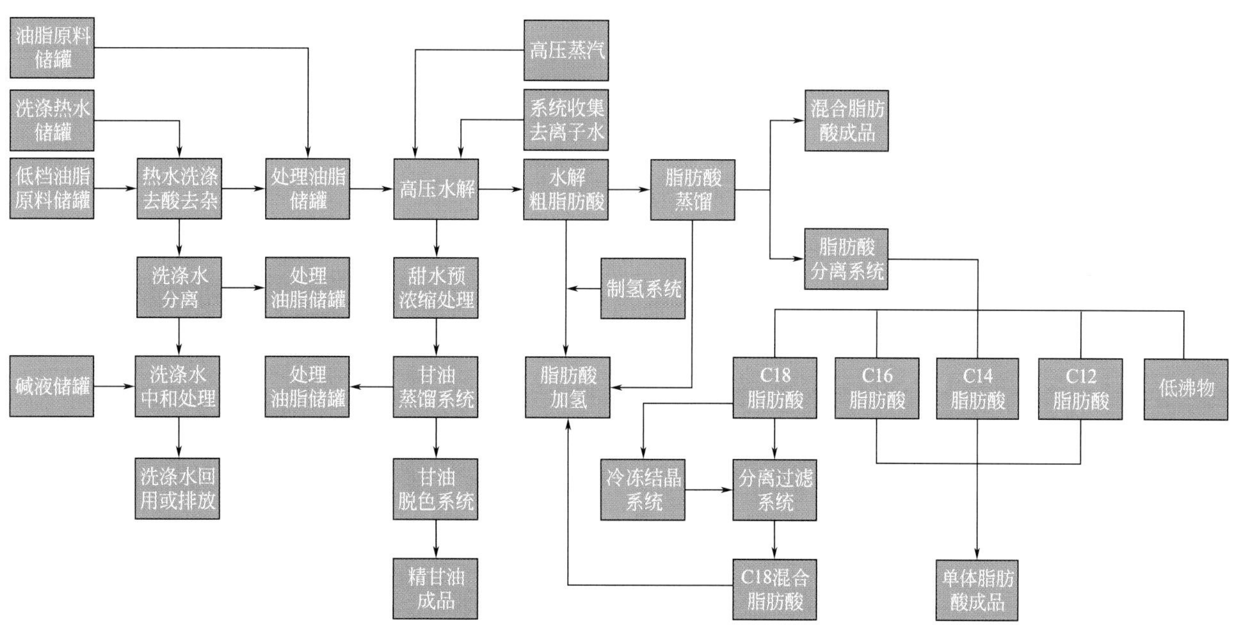

图 2.12-1　脂肪酸、甘油生产工艺流程图

过压差流回曝气罐重复使用，顶部氢气经过变压吸附塔脱掉多余 CO_2，高纯 H_2 输送至加氢装置。

（3）加氢装置

预处理的油脂经换热器与加氢塔初步换热，再加热至 120℃后脱气，再次加热至 180℃进入加氢反应器。氢气、镍催化剂与原料混合后泵入反应器，塔顶气液固混合物与原料换热后，进行气液分离，气体经冷却器冷却，进入氢气循环机进行循环，分离出的液固物料经换热器冷却，过滤掉催化剂，泵送至中间品罐区氢化油储罐。

（4）水解甘油蒸馏脱色装置

中间品罐区氢化油储罐内的油脂经泵打入油脂备料罐，与水解后的脂肪酸换热，进入油脂进料罐，由柱塞泵送入水解塔底部，在水解塔内油脂分解生成甘油和脂肪酸。脂肪酸由真空脱水罐脱水后，经油酸换热器换热降温后进入中间品罐区粗酸储罐。甜水（甘油与水互溶）经过两个甜水闪蒸分离罐进入三效预浓缩装置，浓度由 15%浓缩为 30%（质量分数），储罐内的甜水经加热器加热后进行酸碱中和，经过油水分离后注入 $Ca(OH)_2$ 溶液，调节 pH 至 8～9 进行絮凝，然后压滤并送入甜水储罐，再由泵经预热进入四效浓缩，将浓度提至 90%左右。浓缩后的粗甘油由泵打入粗甘油储罐，粗甘油与馏出的热甘油换热后再进行真空循环脱水，将浓度提至 95%以上，部分送入再沸器蒸馏，蒸馏出的精甘油与粗甘油换热后冷却，进入甘油缓冲罐，经脱色、过滤得到成品甘油。

（5）脂肪酸蒸馏装置

脂肪酸蒸馏：脂肪酸经加热后进行真空循环脱水，再次换热然后进入蒸馏塔，被塔顶部蒸出的脂肪酸物料经冷凝，在控温水冷却后，进入成品储罐送至造粒包装车间原料储罐。

蒸馏塔釜部分送入二号蒸馏塔，塔顶脂肪酸经换热器冷凝后与冷却后，进入成品储罐并泵送至造粒包装车间原料储罐，塔中部脂肪酸部分回流，经换热器与粗酸换热，控温水冷却后，进入成品储罐，由泵送至造粒包装车间原料储罐，塔底部重组分泵送至残渣蒸馏塔蒸馏，脂肪酸由塔顶蒸出，经冷凝与冷却后进入成品储罐，并泵送至造粒工段原料储罐。

脂肪酸分馏：脂肪酸从粗酸储罐经多组换热器与主蒸塔脂肪酸换热，使温度达到 120℃，再进行真空脱水与成品换热、导热油加热，使温度达到 250℃，最后泵入脂肪酸主蒸馏塔。脂肪酸蒸汽在塔顶由冷凝器冷凝后部分回流，部分经换热器与粗酸换热后进入脂肪酸储罐。储罐中脂肪酸通过加热器加热至 200℃后泵送至一号分馏塔进行分馏。脂肪酸蒸汽经塔顶冷凝器冷凝，再经换热器与粗酸换热，控温水冷却后泵送至中间品罐区脂肪酸储罐，一号分馏塔底部脂肪酸泵送至二号分馏塔进行分馏，冷却后进入成品储罐，二号分馏塔底部脂肪酸由泵送至三号分馏塔蒸馏，脂肪酸蒸汽冷却后进入成品储罐，并泵送至脂肪酸储罐，三号分馏塔底部的脂肪酸泵送至残渣蒸馏塔蒸馏，脂肪酸蒸汽冷却后进入成品储罐，并泵送至脂肪酸储罐。

（6）造粒包装车间

原料储罐的脂肪酸由泵经换热器冷却至 70～75℃，再经袋式过滤器过滤后，进入造粒塔，雾料喷头出来的液态脂肪酸成滴自由下落，在空气的冷却下，液态脂肪酸变为固态珠状，从塔顶落下至塔底。珠状脂肪酸颗粒通过振动筛 X005 网孔进入打包机，送往成品仓库，不规则的脂肪酸颗粒被振动筛过滤掉，进入废料箱，经过蒸汽加热融化后由泵返送至原料储罐。

2.12.3 技术指标

产品及产量如表 2.12-1 所示，原料及消耗量如表 2.12-2 所示，公用工程消耗如表 2.12-3 所示。

产品及产量一览表　　表 2.12-1

序号	产品	产量	单位
1	脂肪酸	150000	t/a
2	油酸	20000	t/a
3	甘油	15650	t/a
4	皂基	32500	t/a

原料及消耗量一览表　　表 2.12-2

序号	原料	消耗量	单位
1	动物油脂	165000	t/a
2	甲醇	7005	t/a
3	催化剂	45000	kg/a
4	活性炭	78300	kg/a
5	碱	4500	t/a

公用工程消耗一览表　　表 2.12-3

序号	公用工程	消耗量	单位
1	蒸汽	18000	kg/h
2	电	1928	kWh
3	仪表气	1400	$N \cdot m^3/h$
4	循环冷却水	4500	m^3/h

2.13 加氢法生物柴油工艺技术

2.13.1 技术简介

生物柴油技术的发展经历了两个阶段，第一代生物柴油技术以甘油酯为原料，与甲醇在碱催化条件下生成脂肪酸甲酯，该技术存在产品含氧量高、热值低、废水量大的缺点；第二代生物柴油技术一般以废弃动植物油脂（主要为甘油三酯）为原料，在催化剂作用下，深度催化加氢制备烃类生物柴油，产品具有高热值、高十六烷值、低硫、低氧、不含芳烃的优点。

本节所述的加氢法生物柴油技术采用保护剂+助剂的专有催化剂分层级配装填技术，产物分离采用“热高分+冷高分”工艺，详细技术特点如下：

（1）采用粗滤、电脱盐、聚结器及自动反冲洗过滤工艺过滤原料，确保装置长周期运行；

（2）采用抗结焦能力强、加氢脱氧活性高的催化剂，实现生物柴油收率最大化，并采用湿法预硫化和器外再生技术，实现催化剂再生；

（3）采用热壁式反应器，物料采用炉前混氢工艺，简化生产流程，提高传热效率，降低装置能耗。

本技术已成功应用于扬州建元生物科技有限公司年利用20万吨废弃动植物油氢化制生物柴油项目。

2.13.2　工艺原理及流程

1. 工艺原理

动植物油脂的主要成分为脂肪酸三甘酯，脂肪酸链长度一般为C12～24，其中C16和C18居多。在催化加氢条件下，甘油三酯首先发生不饱和酸的加氢饱和反应，并进一步裂化生成二甘酯、单甘酯及羧酸在内的中间产物，经加氢脱羧基、脱羰基和脱氧反应后，生成正构烷烃，反应的最终产物主要是C12～24正构烷烃。油脂加氢制备的生物柴油十六烷值可达90～100，低硫、低氧、不含芳烃，可与石化柴油以任何比例调和使用。

2. 工艺流程

加氢法生物柴油装置主要包括原料综合预处理、保护反应、加氢反应、高压分离、汽提单元、减压分离、溶剂再生等操作单元，主要工艺流程如图2.13-1所示。

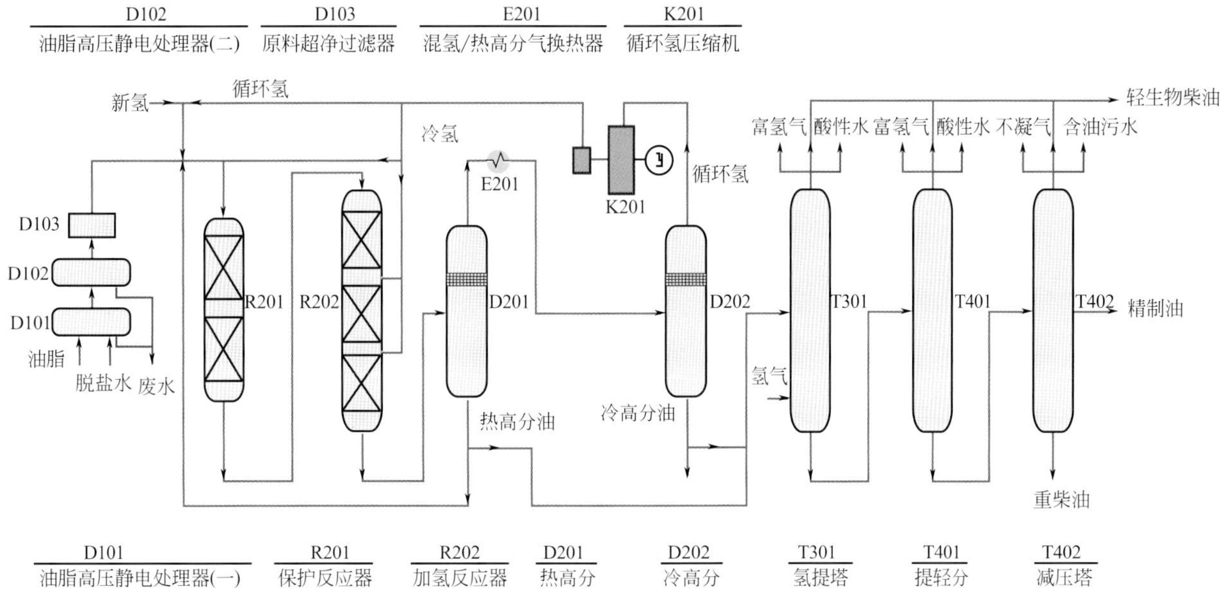

图2.13-1　加氢法生物柴油技术主要工艺流程简图

（1）原料综合预处理单元

原料废弃动植物油与还原水、破乳剂按比例混合后，经换热器换热至80℃，进入两级高压静电处理系统，利用高压静电场，使分子极化达到除垢溶垢、杀菌作用，然后经过超净设备净化后，再经过液液分离设备，送入缓冲罐，作为加氢单元原料。

油脂高压静电处理系统注水采用本装置自产的还原水，经综合预处理后，原料中盐含量小于3.0mg/kg。

（2）保护反应单元

经净化处理后的废弃动植物油与来自氢气压缩机的一路压缩氢气和热高压分离器的油相，按一定比例混合后，经反应进料换热器换热至所需的起始反应温度，进入保护反应器，主要进行脱金属、将不饱和脂肪酸酯转化为饱和脂肪酸酯。

（3）加氢反应单元

物料依次通过换热器和氢化炉，加热至氢化脱氧所需要的起始温度，进入加氢反应器，在该反应器中主要发生不饱和脂肪酸氢化饱和、氢化脱氧、氢化脱羧、氢化脱羰等反应生产生物柴油初品。

废弃动植物油加氢反应为放热反应，但放热量不大，本技术采用“加热炉＋冷氢”方式进行温度控制，通过加热炉加热触发反应初期温度，通过注入冷氢来控制反应温升，避免飞温情况发生，在紧急情况下，通过降低加热炉温度，甚至灭炉，来降低反应器内的温度。

氢气经压缩后分为三路：一路与净化处理后的废弃动植物油混合；一路至保护反应器入口，防止保护反应器在加氢反应时飞温；一路至加氢反应器的中部，防止加氢反应器在加氢反应时飞温，新氢压缩机与循环氢压缩机均采用电动往复式。

（4）高压分离单元

反应产物经一系列换热冷却后进入热高压分离器，分离器的油相一部分作为循环油经泵升压后与反应进料和氢气混合，另一部分进入后续分离部分，气相经冷却后送至冷高压分离器，进行循环氢气、反应产物、还原水分离。气相循环氢气经过脱酸净化后，一部分进入循环氢压缩机返回氢气循环系统，另一部分作为氢提塔氢提介质，液相反应产物经过换热后，与热高分油混合一起进入后续分离系统，还原水作为本装置油脂高压静电处理系统的注水，经流量和压力控制，多余的还原水送至污水处理系统。

（5）汽提单元

热高分油与经过换热的冷高分油混合后，经过氢提塔进行氢提，塔顶气相经冷却可作为制氢原料，塔底油相送至提轻塔处理，塔顶回流罐的油一部分作为塔顶回流，一部分送至减压塔，塔顶回流罐的水送至污水处理系统。

提轻塔塔顶气相冷却后可作为燃料气外送，塔底油相送至减压分馏塔进一步处理，塔顶回流罐的油一部分作为塔顶回流，一部分送至减压塔，塔顶回流罐的水送至污水处理系统。

（6）减压分离单元

提轻塔塔底油相经换热器换热升温后进入减压塔，将氢化油切割成不同馏分生物柴油外送出装置，按品种分类储存。塔顶回流罐的不凝气外送，水至污水处理系统，油相一部分作为塔顶回流，一部分作为轻生物柴油出装置，塔底作为重生物柴油出装置，中部的作为精制柴油出装置。

2.13.3 技术指标

产品主要质量指标如表2.13-1所示，原辅材料消耗量及产品产量一览表如表2.13-2所示，公用工程消耗和“三废”排放如表2.13-3和表2.13-4所示。

产品主要质量指标 **表2.13-1**

组成名称	柴油组成(wt%)	
小于C10	0.481	0.238
C11	0.146	0.029
C12	0.163	0.011

续表

组成名称	柴油组成(wt%)	
C13	0.262	0.009
C14	0.784	0.026
C15	4.697	0.057
C16	16.387	0.116
C17	16.382	0.946
C18	53.561	2.710
C19	0.395	0.431
C20	0.818	0.087
C21	0.132	0.061
C22	0.331	0.018
C23	0.048	0.000
C24	0.081	0.006
C25	0.014	0.010

原辅材料消耗量及产品产量一览表　　表2.13-2

项目		规模(t/年)	主要指标
原料	废弃动物油	200000	氧含量5.0%,过氧值≤1mg/g,金属含量≤3mg/g
辅料	氢气	12160	氢气≥99.9%,甲烷<0.1%
产品	生物柴油	168800	见表2.13-1
副产品	干气体(富氢气)	16480	氢气64.65%,丙烷29.78%,甲烷3.51%,一氧化碳1.17%

20万吨/年加氢法生物柴油装置公用工程消耗指标　　表2.13-3

序号	类型	消耗量	备注
1	循环冷却水	385.4t/h	—
2	除氧水	2t/h	—
3	除盐水	8t/h(最大值)	间断
4	生产水	7t/h(最大值)	间断
5	电(装机容量)	1308.7kW	—
6	0.9MPaG蒸汽	0.09t/h	—
7	0.35MPaG蒸汽	1.0t/h	副产
8	仪表空气	220N·m^3/h	—
9	氮气	112N·m^3/h	—
10	燃料气	82.3N·m^3/h	—

20万吨/年加氢法生物柴油装置"三废"排放表　　表2.13-4

序号	组分	排放量(t/年)
1	生产废水	10792
2	加热炉尾气	二氧化硫0.032,氮氧化物0.418,VOCs2.061,烟粉尘0.285
3	废催化剂、瓷球	42.59

2.14 重芳加氢精制工艺技术

2.14.1 技术简介

重芳原料一般有裂解碳九、裂解萘馏分和乙烯焦油，其组成复杂，加工较为困难，但其含有附加值较高的芳烃类（甲苯、二甲苯、三甲苯、四甲苯等）及萘类（萘、甲基萘等）化学品。

本技术将裂解碳九、裂解萘馏分和乙烯焦油合并处理，利用预分馏、加氢精制和精馏等工艺，可有效加工重芳原料，得到附加值更高的萘类和芳烃类产品。与传统工艺技术（直接精馏）相比，具有装置运行平稳、运行周期长，原料适应性强、产品质量高及清洁生产程度高等优势，具体如表2.14-1所示。

不同生产技术优缺点对照表　　表2.14-1

序号	生产工艺	优点	缺点
1	传统工艺（直接精馏）	1.工艺流程简短； 2.投资较低	1.产品质量一般，附加值低； 2.容易结焦，影响长周期运行
2	本工艺（预分馏、加氢及精馏）	1.原料适应性强； 2.产品种类多、质量好，附加值高； 3.有效避免结焦，装置可实现长周期运行	1.流程较为复杂； 2.装置投资较大

该技术成功应用于盘锦瑞德化工有限公司60万吨/年重芳精细加工改扩建项目30万吨/年重芳加氢装置。

2.14.2 工艺原理及流程

1. 工艺原理

本技术以裂解碳九、裂解萘馏分和乙烯焦油为混合原料，首先采用预分馏分理出萘馏分，非萘馏分采用两段加氢技术，脱除原料中的饱和烯烃和硫、氮等杂质，然后利用成熟可靠的精馏技术分离出附加值高的芳烃类（二甲苯、三甲苯、四甲苯等）产品。

2. 工艺流程

重芳加氢装置包括原料预处理单元、加氢反应单元、精馏分离单元，重芳加氢精制工艺流程如图2.14-1所示。

（1）原料预处理单元

来自界区外的乙烯萘油、裂解碳九和裂解萘馏分原料按比例混合后，连续换热至140℃后进入萘油Ⅰ塔。塔顶采出重芳加氢料，塔底物料经过萘油Ⅱ塔塔釜泵向萘油Ⅱ塔热进料。萘油Ⅱ塔塔顶采出重芳加氢料，塔底料为萘、甲基萘等，经泵输送及冷却器冷却后出界区。

（2）加氢反应单元

脱萘油的混合加氢原料，首先进入原料聚结器脱水，然后进入反冲洗过滤器，除去机械杂质，经过滤后的碳九原料进入加氢进料缓冲罐，由加氢进料泵增压后与来自新氢压缩机输送的氢气混合，从反应器底部进入预加氢反应器进行加氢反应，预加氢产物从反应器顶出与循环氢、主加氢循环料混合后与主加氢产物出料经过加氢一级换热器、加氢二级换热器充分换热升温，然后进入蒸汽加热器进一步升温至

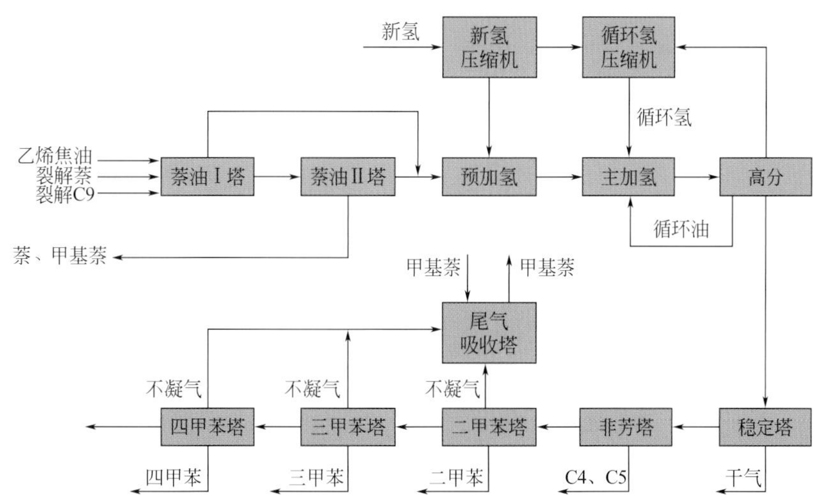

图 2.14-1　重芳加氢精制工艺流程简图

反应所需温度，通过旁路进入主加氢反应器顶部，主加氢反应器底部出料进入反应进出料换热器与反应进料充分换热降温，然后进入换热器与冷低分油换热，最后进入反应产物冷却器冷却，进入冷高压分离罐进行气液分离。

高压分离罐气相分成两股，一股作为循环氢进入循环氢压缩机入口分液罐，另外一股作为紧急排放至火炬系统，循环氢经循环氢压缩机增压后，与来自预加氢反应产物混合，返回至反应系统。

高压分离罐底部液相分成两股，一部分经主反应循环泵抽出作为循环料，与主反应进料、循环氢混合后返回主加氢反应器，另一股料减压后进入冷低压分离罐，低压分离罐顶部气相作为驰放气排放至酸性气处理装置。底部液相先经低分油换热器与主反应出料换热升温后，再稳定Ⅲ塔塔釜换热器换热升温后进入稳定Ⅲ塔分离其中溶解的少量氢气、低碳烃类、硫化氢及氨气等（图 2.14-2）。

（3）精馏分离单元

加氢油从稳定Ⅲ塔中部进入塔内，塔顶气相通过稳定Ⅲ塔塔顶冷凝器 A 进行部分冷凝，液相进入稳定Ⅲ塔回流罐，气相进入稳定Ⅲ塔塔顶冷凝器 B 进一步冷凝，冷凝液相进入稳定Ⅲ塔回流罐，气相外排至废气废水处理装置，回流罐液相全部通过回流泵送回稳定塔塔顶作为回流，塔釜釜液先与加氢油换热降温后，通过塔釜泵送至轻非芳塔。

稳定Ⅲ塔塔釜出料由非芳塔中部进入塔内，塔顶气相通过塔顶冷凝器进行冷凝冷却后进入回流罐，回流罐液相通过回流泵增压后，一部分送回塔顶作为回流，一部分作为产品送至罐区，塔釜釜液通过塔釜泵送至二甲苯Ⅱ塔再沸器换热后进入二甲苯Ⅱ塔。

二甲苯Ⅱ塔塔顶气相先通过塔顶预热器降温，然后经塔顶冷凝器进行冷凝冷却进入回流罐，回流罐液相通过回流泵增压后，一部分经塔顶预热器预热后送回塔顶作为回流，一部分作为产品送至罐区，塔釜釜液通过塔釜泵送至三甲苯Ⅱ塔。

三甲苯Ⅱ塔塔顶气相先通过塔顶预热器降温，然后经塔顶冷凝器进行冷凝冷却进入回流罐，回流罐液相通过回流泵增压后，一部分经塔顶预热器预热后送回塔顶作为回流，一部分作为产品送至罐区，塔釜釜液通过塔釜泵送至四甲苯Ⅱ塔。

四甲苯Ⅱ塔塔顶气相先通过塔顶预热器降温，然后经塔顶冷凝器由循环水冷凝冷却进入回流罐，回流罐液相通过回流泵增压后，一部分经塔顶预热器预热后送回塔顶作为回流，一部分作为产品送至罐区，塔釜釜液通过塔釜泵增压后出界区，输送至重苯装置。

2.14.3　技术指标

主要产品质量规格、原料消耗、公用工程消耗分别如表 2.14-2～表 2.14-4 所示。

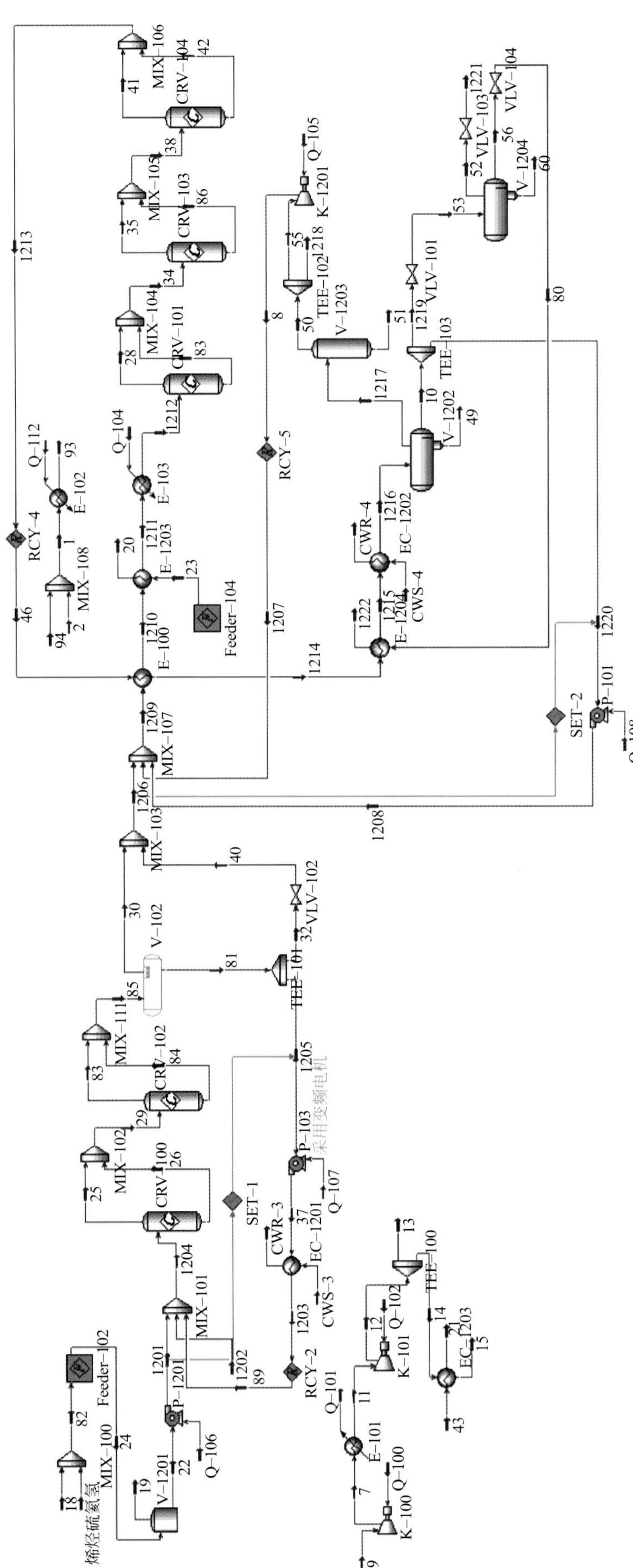

图 2.14-2　重芳加氢反应单元工艺流程模拟

产品质量规格　　表 2.14-2

序号	产品名称	纯度要求
1	萘油	二甲基茚(m/m)≤1%
2	非芳	正辛烷(m/m)≤0.5% 乙苯(m/m)≤0.2%
3	二甲苯	异丙苯(m/m)≤0.1%
4	三甲苯	连三甲苯(m/m)≤0.6%
5	四甲苯	萘(m/m)≤1%
6	重油	连四甲苯(m/m)≤1%

主要原料消耗　　表 2.14-3

序号	原料名称	消耗量(万吨/年)
1	裂解碳九	15
2	裂解萘油	10
3	乙烯焦油	5
4	新鲜氢气	0.43

公用工程消耗一览表　　表 2.14-4

序号	项目	吨产品消耗量
1	循环水	53.78t
2	电	34.28kWh
3	5.0MPa 蒸汽	0.22t
4	2.0MPa 蒸汽	0.74t
5	净化压缩空气	3.20Nm^3
6	氮气	1.07Nm^3

2.15　不饱和聚酯树脂工艺技术

2.15.1　技术简介

环保热固性粉末涂料是以高分子材料制成的一种完全不含有机溶剂的粉末物体，在适当的温度下熔融成膜，是含高挥发份溶剂型涂料的理想替代品。对涂层表面一次形成膜，具有高装饰性、无污染、高效率、耐腐蚀等优点，广泛应用于家用电器、机电设备、汽车、公路及铁路的防护设施。对提升中国涂料的品质，实现产品的升级换代，提高整个中国涂料市场粉末涂料的年销量及国际市场份额，具有重要意义和促进作用，适应了我国正在全面建设小康社会、走新型工业道路、树立科学发展观的内在要求。

该工艺生产聚酯树脂具有以下优点：

由于聚酯树脂产品牌号众多，主原料固体投料量大，辅助原料投料量大小不一，且配比变化多，产品为固体且量大，包装和外供形式多样，给生产管理带来较多不便。本技术引进汉德尔工程有限公司全套装置，包括生产控制工艺、操作系统、反应釜及其附属设备等。该生产系统具有自动化程度高，生产产品质量稳定、可靠，在全球聚酯行业内处于领先地位。

本技术已成功应用于黄山神剑新材料有限公司年产 5 万吨节能环保型粉末涂料专用聚酯树脂项目。

2.15.2 工艺原理及流程

1. 工艺原理

本工艺是以对苯二甲酸、间苯二甲酸、90新戊二醇（90NPG）、己二酸、乙二醇和二乙二醇（又名二甘醇）等为原料，经导热油高温加热后进行催化反应生成聚酯树脂。主要反应方程式如下：

（1）酯化制备低聚合度的聚酯

$$nHOOC—R_1—COOH+（n+1）HO—R_2OH \xrightarrow{常压（加压）、催化} nHOR_2—OOC—R_1—COO—R_2OH+2nH_2O \quad (2.15\text{-}1)$$

（2）缩聚成高聚合度的聚酯

$$nHOR_2—OOC—R_1—COO—R_2OH \xrightarrow{真空} HOR_2—OOC—R_1—CO—[O—R_2—O—R_2—OOC—R_1—CO]_{n-1}O—R_2OH+（n-1）H_2 \quad (2.15\text{-}2)$$

（3）酸解反应

$$—COO—+nHOOC—R—COOH \xrightarrow{\triangle} HOOC—OOC—R—COOH \quad (2.15\text{-}3)$$

2. 工艺流程

聚酯树脂催化合成过程如图2.15-1所示，90NPG、二甲基丙二醇、二乙二醇、乙二醇通过泵经计量后至反应釜中，通过管链系统输送对苯二甲酸（PTA）进行称重计量，然后打入反应釜中，通过计量料仓把己二酸（ADA）和一些固体小料等依次加入到反应釜中，打开反应釜内外盘管导热油开始快速升温至塔顶的温度升至100℃，开始出水，控制升温速度，当釜温升至240℃时进行取样分析，达到控制要求后，投入剩余的IPA，维持1h再进行取样分析，保持釜温240℃，然后向反应釜中投入偏苯三酸酐，开启真空泵进行真空缩聚，约1h降釜温至210℃，再向反应釜中投入助剂和催化剂，保持釜温维持待全程反应结束，将反应液冷却至180℃时由反应釜内排出，通过输送泵，过滤器后打至双面冷却钢带冷却固化，固化后的树脂经粉碎机组粉碎后，用气力输送至成品料仓贮存、混合，成品经包装机包装后去成品仓库。

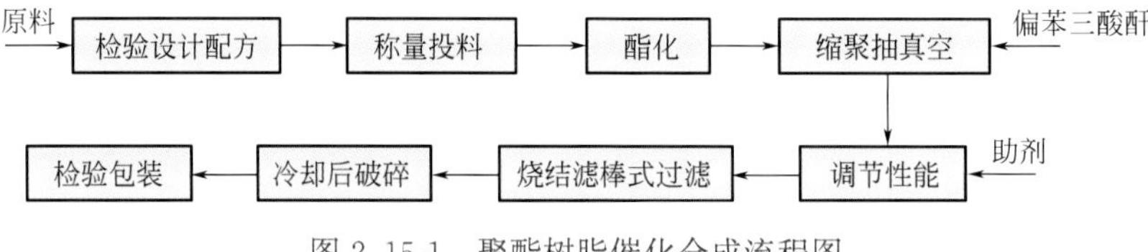

图2.15-1 聚酯树脂催化合成流程图

整个生产过程采用DCS集散控制系统，所有数据收集，运行操作均可远程进行，车间内除小料投料及终点检测外，可达无人操作要求，固体投料还引入了二维码确认系统，尤其是小料的投料对产品的影响，经二维码确认可确保投料的时间以及原料的准确性等因素。

最终产品经冷却钢带冷却粉碎后，由气力输送到包装储存区的包装料仓内，经终检后进行自动包装，包装形式有吨包及小包装，均为自动包装、喷码、复称等流水生产线，小包装再经自动码垛后送入智能高架库。

智能高架库与包装区采用一体化设计全过程机械化操作，自动化控制。包装及码垛后产品经RGV（有轨制导车辆）车自动送入库内；包装用托盘由RGV车根据托盘使用情况自动预供；产品自动入库、出库，并能满足出库时换托盘，散托盘自动码托盘，拆托盘，出库缠膜、套膜等功能。

在各系统满足自身生产操作前提下，将各系统之间全部进行信息通信，并与企业生产、管理、销售等全面对接，形成一旦销售接到订单，确定产品牌号及数量后，从配料到生产各环节均可有序准备，无缝对接，中间过程均以电脑操控为主，人员巡检为辅，形成全流程的统一化、智能化。

3. 技术指标

产品技术指标如表 2.15-1 所示，主要原材料消耗及三废排放情况如表 2.15-2 所示。

产品指标一栏表　　表 2.15-1

序号	产品名称	产品指标	分析方法
1	混合型聚酯	软化点:110±5℃	环球法
		酸值:75±5mgKOH/mol	滴定法
		黏度:3000～6000mPa·s	ICI 锥板
		玻璃化温度≥55℃	差热分析法
		色度<2 号	比色法
2	户外型聚酯	软化点:110±5℃	环球法
		酸值:35±5mgKOH/mol	滴定法
		黏度:3000～7000mPa·s	ICI 锥板
		玻璃化温度≥63℃	差热分析法
		色度<2 号	比色法

主要原材料消耗及三废排放　　表 2.15-2

进料[t/(釜·批)]		出料[t/(釜·批)]	
物料	数量	物料	数量
精对苯二甲酸	13.4968	产品	25
间苯二甲酸	2.5764	G1 投料粉尘	0.0025
90NPG	7.4372	除尘器收集的物料回用	0.002475
NPG	6.6935	粉尘排放量	0.000025
水	0.7437	G2 非甲烷总烃	0.0025
乙二醇	1.6656	G3 破碎粉尘	0.0045
二甘醇	1.3277	除尘器收集的产品回用	0.00445
催化剂	0.0025	粉尘排放量	0.000045
偏苯三酸酐	2.039	W1	4.404
助剂	0.1	S1	0.512
清洗剂	0.00092	S2	0.00125
除尘器收集的物料回用	0.002475	—	—
除尘器收集的产品回用	0.004455	—	—
合计	29.92675	合计	29.92675

2.16　大型农药杀菌剂工艺技术

2.16.1　技术简介

代森锰锌是经特殊工艺形成“络合态”二硫代氨基甲酸酯类化合物，是一种高效、低毒、无公害的理想农作物杀菌剂，代森锰锌分子中的锰离子被锌离子包围，控制锰离子缓慢释放，提高了其对作物幼苗、幼叶、幼果的安全性，同时可以补充作物生长所需的锰、锌微量元素，连续使用可使作物叶色浓绿，果实着色好，果面光洁，增产又增收。传统代森锰锌以代森锰锌为主，辅含少量代森锰、代森锌，络合态代森锰锌（WP）是真正意义上的代森锰锌，WP具有纯度高、防效更强、施用环境污染更小、无药害等优点，对多种植物病害均有显著的防治效果。

代森锰锌生产主要有铵法（代森铵法）和钠法（代森钠法）两种工艺技术，铵法工艺的优点是反应控制简单，原料氨水比氢氧化钠价格低，缺点是产品质量较差，主要表现在颜色差，产品沉淀量多容易堵塞喷嘴，悬浮率低，农作物安全性差。钠法工艺的优点是产品颜色好，悬浮率高，沉淀量少，不堵塞喷嘴，更主要的是农作物安全性高，不产生药害，缺点是对设备和操作要求高。

本技术在传统生产技术的基础上，解决了原料配制、原料预处理、污水预处理和资源综合利用以及设备大型化、全过程自动化控制和安全生产等难题，为农药生产装置大型化、生产过程机械化、过程控制自动化，提升精细化工本质安全水平，起到很好的示范作用，详细技术特点如下所述：

1. 引入喷雾干燥系统

如图2.16-1所示，将传统冷却结晶、过滤、干燥的操作模式，改为直接浆料喷雾干燥，喷干料再经耙式干燥机再次干燥后自动包装，不仅大大提高了干燥效率，极大降低工人的劳动强度，且得到的产品颗粒更细，粒度分布更合理，产品纯度、色度等均有极大的提高，同时也解决了固料在过滤过程中的板结难、物料转料困难等遗留问题。

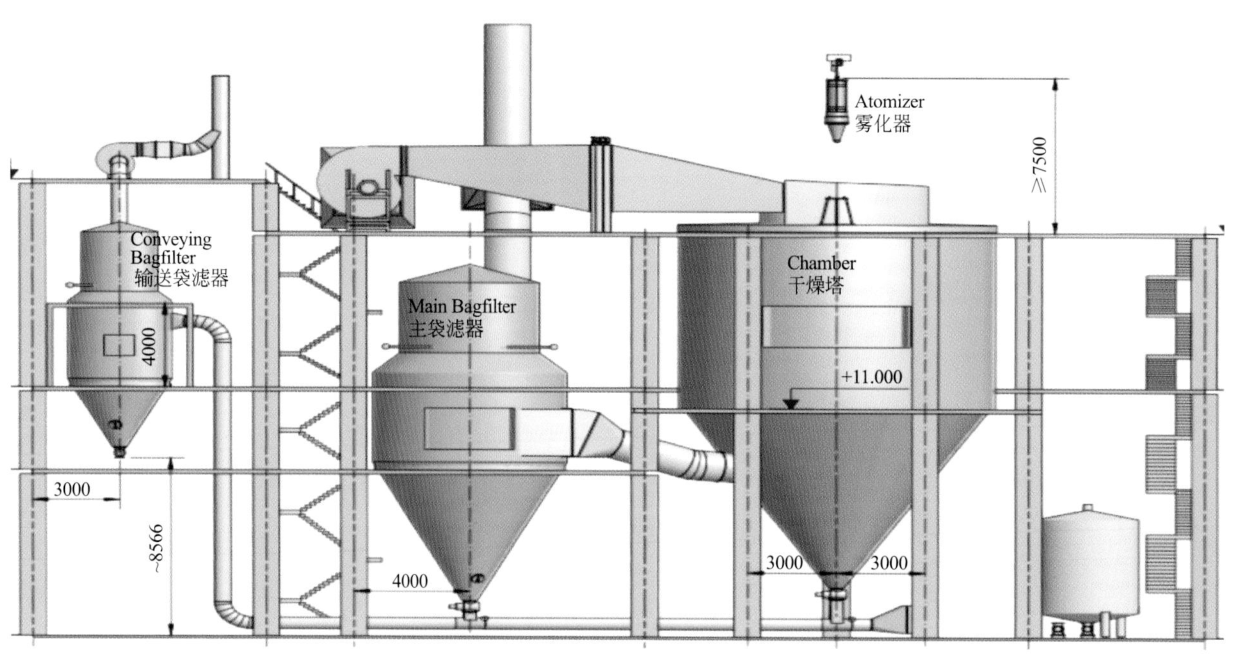

图2.16-1　喷雾干燥系统

2. 实现固体物料自动传输

产品打浆后经泵送入喷雾干燥系统，再经气力输送使固体料均可在密闭管路中进行传送，大大提高了生产效率，同时避免粉体物料散落到外部空间污染工作环境，造成粉尘爆炸的危险。

3. 生产操作采用DCS集散控制系统

每台反应釜的投料计量、温度控制、反应液滴加速度、釜内温度、压力监测、冷热媒切换等均采用DCS控制，并且釜与釜之间，与喷干、耙干用自动包装等系统进行通信关联，减少了现场操作人员，基本实现了装置的远程操控，大大提升了精细化工企业的自动化水平。

本技术应用于新沂利民化工股份有限公司25000吨/年络合态代森锰锌原药及系列制剂技改项目。

2.16.2　工艺原理及流程

1. 工艺原理

本技术主要采用代森钠法合成路线合成络合态代森锰锌和代森锰锌原药，络合态代森锰锌是在代森锰合成后，投入砂磨釜，再向砂磨釜中投入硫酸锌、木质素而得。代森锰锌原药是在代森锰合成后经离心、耙式干燥后制得，代森锰锌制剂是在代森锰合成后，投入配制釜，再向配制釜中投入硫酸锌、木质素配制而得，反应方程见式（2.16-1）～式（2.16-3）。

（1）代森钠的合成

$$C_2H_8N_2+2CS_2 \longrightarrow C_4H_8N_2S_4$$

$$C_4H_8N_2S_4+2NaOH \longrightarrow C_4H_{14}N_2S_4Na_2 \quad (2.16\text{-}1)$$

（2）代森锰的合成

$$C_4H_{14}N_2S_4Na_2+Mn_2SO_4 \longrightarrow C_4H_6N_2S_4Mn+Na_2SO_4\text{（代森锰）} \quad (2.16\text{-}2)$$

（3）代森锰锌原药的合成

$$C_4H_6N_2S_4Mn+ZnCl_2 \longrightarrow [C_4H_6N_2S_4Mn]_xZn_y\text{（代森锰锌）} \quad (2.16\text{-}3)$$

2. 工艺流程

本项目采用如图 2.16-2 所示的工艺流程进行合成代森锰锌，具体流程如下：

（1）代森钠的合成

在代森钠合成釜内依次定量投入水、乙二胺、液碱，控制温度，滴加二硫化碳，滴加结束后保温数小时，合成生成代森钠。

（2）代森锰的合成

向搅拌合成釜中定量投入 $MnSO_4$ 溶液和代森钠料液，控制温度，反应合成代森锰料液，经离心，即得代森锰湿品。

（3）络合态代森锰锌的合成

向络合釜中投入代森锰湿品、硫酸锌、木质素、水，控制一定的反应温度，然后经砂磨、喷雾干燥、耙式干燥即得络合态代森锰锌。

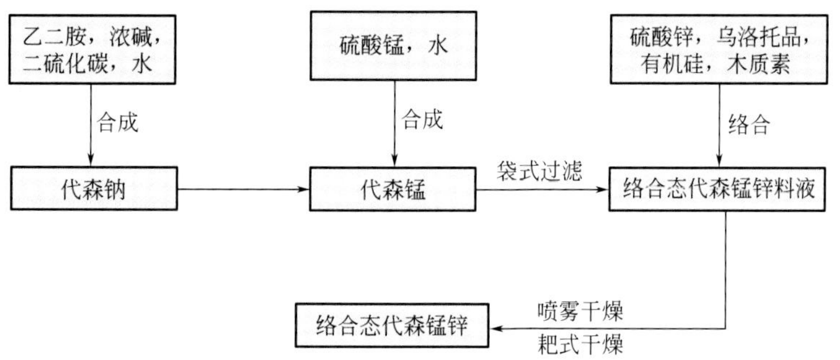

图 2.16-2　代森锰锌的合成工艺简图

2.16.3　技术指标

产品的质量指标符合国家标准《代森锰锌原药》GB 20699—2006 要求，原辅材料消耗、公用工程消耗、废水排放一览表分别如表 2.16-1～表 2.16-3 所示。

原辅材料消耗指标　表 2.16-1

序号	名称	规格	吨产品消耗量(t)
1	乙二胺	98%	0.193
2	二硫化碳	98%	0.502
3	液碱	50%	0.4
4	硫酸锰	98%	0.501
5	硫酸锌	97%	0.067
6	木质素	98%	0.056

公用工程消耗指标　表 2.16-2

序号	名称	规格	吨产品消耗量
1	工艺水	—	4.3t
2	循环水	32℃	7.56t
3	电	220V/380V	600kWh
4	蒸汽	0.6MPa	2.2t
5	冷冻水	−10℃	37.4t
6	压缩空气	0.8MPa	60Nm^3

废水排放一览表　表 2.16-3

序号	排放点	污染物组分	废水 COD(mg/L)	废水量 (t/t 产品)	处理 COD(mg/L)	COD 去除率
1	络合态代森锰锌离心母液水	硫酸钠、代森钠、代森锰锌等	8000	3.00	450	94.4%
2	络合态代森锰锌洗涤水	硫酸钠、代森钠、代森锰锌等	3000	1.88	450	85.0%

第3章

大型设备起重运输关键技术

随着我国国民经济不断发展，石油化工装置不断朝着大型化方向发展，动辄千万吨级生产能力的炼化装置，在我国沿海滩涂地区得到建设；各类装置中千吨级、百米高的大型设备屡见不鲜，其起重运输日益成为石油化工装置工程施工的一大重点与难点。

目前，常见的大型设备起重运输技术有：大型设备整体液压提升吊装技术，大型设备整体单机、双机、三机抬吊技术，大型设备空中组对分段吊装技术等。大型设备无论采取何种吊装技术，其吊装地基处理、设备场内运输都是重要的一个环节，本章节从大型设备吊装软土地基处理、场内运输、整体与分段吊装的典型吊装工艺等方面来阐述大型设备起重运输关键技术。

3.1 大型设备吊装软土地基处理施工技术

1. 技术简介

大型石化项目大多在沿海地区选址建造，地基土中常有较厚的软弱土层存在，地基承载力差；而大型设备吊装对地基承载力要求高，吊装前对地基进行规范处理是实现大型设备吊装安全的前提。

本技术特点为：采用换填法将地表软弱土层用毛石、道砟、级配砂石、三七灰土等材料替代，从而提高设备运输路线、起重机械吊装区域的地基承载力。

本技术成功应用于浙江华泓新材料有限公司 45 万吨/年丙烷脱氢装置，取得了较好的经济效益和社会效益。

2. 技术内容

（1）工艺流程

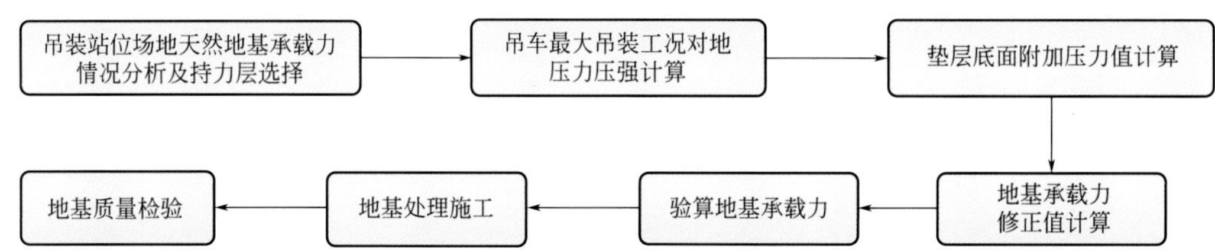

（2）操作要点

1）一般规定

① 换填垫层适用于浅层软弱土层或不均匀土层的地基处理；

② 应根据载荷性质、场地土质条件、施工机械设备等综合分析后，进行换填垫层的设计，并选择施工方法；

③ 对于工程量较大的换填垫层，应按所选用的施工机械、换填材料及场地的土质条件进行现场试验，确定换填垫层压实效果和施工质量控制标准；

④ 换填垫层的厚度应根据置换的深度以及下卧土层的承载力确定，厚度宜为 0.5～3.0m。

2）持力层选择

根据项目地勘报告，对吊装区域的地质状况进行分析，初步选择地基承载力的持力层。

例如，某项目的岩土工程勘察报告为：项目建设场地地层分 15 层，场地地面往下 20m 范围内土层分布如下：第 1-1 层土质为杂填土层，层厚 0.8～3m，全场均布；第 1-2 层土质为素填土层，层厚 0.5～2.4m，全场均布；第 2 层土质为粉质黏土，层厚 0.4～1.9m，全场广泛分布；第 3 层土质为淤泥质粉质黏土，层厚 10.5～13m，全场广泛分布。各层地基承载力特征值（f_{ak}）见表 3.1-1。

各层地基承载力特征值（f_{ak}）　　表 3.1-1

层号	1-2	2	3	3-夹	6-1	6-2	6-3	7	8	8-夹	9	10-1	10-2	12
f_{ak}(kPa)	70	75	60	75	170	150	160	110	180	190	150	170	200	180

由地勘报告可以看出，第 3 层为淤泥质粉质黏土，地基承载力明显较弱，且第 3 层地层较厚，因此第 3 层及下部地层不宜作为换填垫层法的持力层，可以选择第 1-2 和 2 层作为持力层。

3）吊装对地压力计算

$$F=K\times(G_1+G_2+G_3+G_4) \tag{3.1-1}$$

式中　F——吊装对地压力；

K——安全系数，一般取1.2；

G_1——设备重量，包括设备本体、附件（附塔管线、劳动保护、保温）等重量；

G_2——吊装索具重量，包括吊索具、钩头等重量；

G_3——路基板重量；

G_4——吊车自重。

4）吊装对地压强计算

$$P=\frac{F}{A} \tag{3.1-2}$$

式中　P——吊装对地压强；

F——吊装对地压力；

A——路基板总面积。

5）垫层底面处的附加压力值的计算

$$p_z=\frac{bl(p_k-p_c)}{(b+2z\tan\theta)(l+2z\tan\theta)} \tag{3.1-3}$$

式中　p_z——垫层底面处附加压力值；

b——基础底面宽度（m）；

l——基础底面的长度（m）；

p_k——相应于作用的标准组合时，基础底面处的平均压力值（kPa）；

p_c——基础底面处土的自重压力值（kPa）；p_k-p_c，即P（吊车对地压强）；

z——基础底面下垫层的厚度（m）；

θ——垫层（材料）的压力扩散角（°），宜通过实验确定；无试验资料时，可按表3.1-2采用。

土和砂石材料压力扩散角θ（°）　　**表3.1-2**

z/b \ 换填材料	中砂、粗砂、砂砾、圆砾、角砾、石屑、卵石、碎石、矿渣	粉质黏土、粉煤灰	灰土
0.25	20	6	28
≥0.50	30	23	

注：1. 当z/b<0.25时，除粉煤灰取28°外，其他材料均取$\theta=0$，必要时宜由试验确定；
2. 当0.25<z/b<0.5时θ值可以内插。

6）地基承载力修正值计算

当基础宽度大于3m时，从载荷试验或其他原位测试、经验值等方法确定的地基承载力特征值，尚应按下式修正：

$$f_a=f_{ak}+\eta_b\gamma(b-3)+\eta_d\gamma_m(d-0.5) \tag{3.1-4}$$

式中　f_a——修正后的地基承载力特征值（kPa）；

f_{ak}——地基承载力特征值（kPa）；

η_b，η_d——基础面宽度和埋置深度的地基承载力修正系数；按基础底下土的类别，查表3.1-3取值；

b——基础底面宽度（m），当基础底面宽度小于3m时按3m取值，大于6m时按6m取值；

d——基础埋置深度；

γ——基础底面以下土的重度（kN/m³），地下水位以下取浮重度；

γ_m——基础底面以上土的加权平均重度（kN/m³）；位于地下水位以下的土层取有效重度。

承载力修正系数　　　　表 3.1-3

土的类别		η_b	η_d
淤泥和淤泥质土		0	1.0
人工填土 e 或 $I_L \geqslant 0.85$ 的黏性土		0	1.0
红黏土	含水比 $a_w > 0.8$	0	1.2
	含水比 $a_w \leqslant 0.8$	0.15	1.4
大面积压实填土	压实系数大于 0.95、黏粒含量 $\rho_c \geqslant 10\%$ 的粉土	0	1.5
	最大干密度大于 $2.1t/m^3$ 的级配砂石	0	2.0
粉土	黏粒含量 $\rho_c \geqslant 10\%$ 的粉土	0.3	1.5
	黏粒含量 $\rho_c < 10\%$ 的粉土	0.5	2.0
e 或 I_L 均小于 0.85 的黏性土		0.3	1.6
粉砂、细砂（不包括很湿与饱和时的稍密状态）		2.0	3.0
中砂、粗砂、砾砂和碎石		3.0	4.4

7）验算地基承载力

应按下式验算地基承载力：

$$p_z + p_{cz} \leqslant f_a \tag{3.1-5}$$

式中　p_z——垫层底面处的附加压力值；

p_{cz}——垫层底面处土的自重压力值；

f_a——修正后的地基承载力特征值。

若满足式（3.1-5），则满足吊装要求。

8）垫层换填及压实要求

① 垫层底面宽度应满足基础底面应力扩散的要求，可按下式确定：

$$b' \geqslant b + 2z\tan\theta \tag{3.1-6}$$

式中　b'——垫层宽度（m）；

θ——压力扩散角，可按表 3.1-2 取值；当 $z/b < 0.25$ 时，按表中 $z/b = 0.25$ 取值。

② 垫层顶面每边超出基础边缘不应小于 300mm，且从垫层底面两侧向上，按当地基坑开挖的经验及要求放坡。

③ 整个垫层底面的宽度可根据施工的要求适当加宽。

④ 垫层的压实标准可按表 3.1-4 选用。

各种垫层的压实标准　　　　表 3.1-4

施工方法	换填材料类别	压实系数 λ_c
碾压、振密或夯实	碎石卵石	0.94～0.97
	砂夹石（其中碎石、卵石占全重的 30%～50%）	
	土夹石（其中碎石、卵石占全重的 30%～50%）	
	中砂、粗砂、砾砂、角砾、圆砾、石屑	
	粉质黏土	
	灰土	0.95
	粉煤灰	0.90～0.95

注：1. 压实系数 λ_c 为土的控制干密度 ρ_d 与最大干密度 ρ_{dmax} 的比值；土的最大干密度宜采用击实试验确定；碎石或卵石的最大干密度可取 $2.1\sim2.2t/m^3$；

2. 表中压实系数 λ_c 系使用轻型击实试验测定土的最大干密度 ρ_{dmax} 时给出的压实控制标准，采用重击实试验时，对粉质黏土、灰土、粉煤灰及其他材料压实标准应为压实系数 $\lambda_c \geqslant 0.94$。

9）地基换填处理施工

吊装区域以现场场地平面为参考基准，向下开挖换填深度的基槽，基槽开挖时严格按照要求放坡开挖，开挖完成后用将基槽底部夯实。回填时先在最底层铺设200mm厚级配砂石垫层，然后分层回填以粒径300～500mm的块石，块石打掉尖角，大面朝下，块石间用碎石填满，每层用25t压路机反复碾压压实后再回填下一层；面层回填100mm厚级配砂石找平处理，最后使用25t振动式压路机反复慢速碾压压实，碾压后的地基标高略高于周边场地地坪。地基处理施工完成后在站位区域附近四周设置排水沟和污水收集池，将雨水引流到污水收集池并准备两台污水泵将污水引流到厂区排水沟排放，防止阴雨天气基础遭浸泡。

10）质量检验

① 对粉质黏土、灰土、砂石、粉煤灰垫层的施工质量可选用环刀取样、静力触探、轻型动力触探或标准贯入试验等方法进行检验；对碎石、矿渣垫层的施工质量可采用重型动力触探试验等进行检验。压实系数可采用灌砂法、灌水法或其他方法进行检验。

② 换填垫层的施工质量检验应分层进行，并应在每层的压实系数符合设计要求后铺填上层。

③ 采用环刀法检验垫层的施工质量时，取样点应选择位于每层垫层厚度的2/3深度处。检验点数量，条形基础下垫层每10～20m不应少于1个点，独立柱基、单个基础下垫层不应少于1个点，其他基础下垫层每50～100m^{2}不应少于1个点。采用标准贯入试验或动力触探法检验垫层的施工质量时，每分层平面上检验点的间距不应大于4m。

④ 竣工验收应采用静载荷试验检验垫层承载力，且每个单体工程不宜少于3个点；对于大型工程应按单体工程的数量或工程划分的面积确定检验点数。

3.2　大型超限设备短倒运输技术

1. 技术简介

化工装置超限设备的短倒运输一般是指超限设备从施工现场附近的制造、堆放场地或码头运输到吊装场地。大型设备短倒运输采用的运输运输工具有全（半）多轴线液压挂车、低平板半挂车、自行式模块运输车等。

本节主要介绍采用自行式模块运输车（图3.2-1）短倒运输技术。此技术能够通过其液压顶升系统实现设备自装、自卸工作，顶升过程中多台液压千斤顶同步顶升，确保顶升过程中设备整体的稳定性；大型设备装卸车无需大型吊车辅助吊装，能够节约大量机械费；运输过程能实现毫米级精确转向和定位，确保运输卸车就位位置能够满足吊装需求。

图3.2-1　自行式模块运输车（SPMT）实物图

此项技术适用于石油化工行业大型塔器、反应器、模块等超限设备的短倒运输，其自装自卸功能优势明显，尤其对于超大型设备的整体运输工作优势更为突出，在当前石油化工行业设备制造趋于模块化、大型化的发展趋势下，其应用效果和前景很好。

2. 技术内容

（1）工艺流程

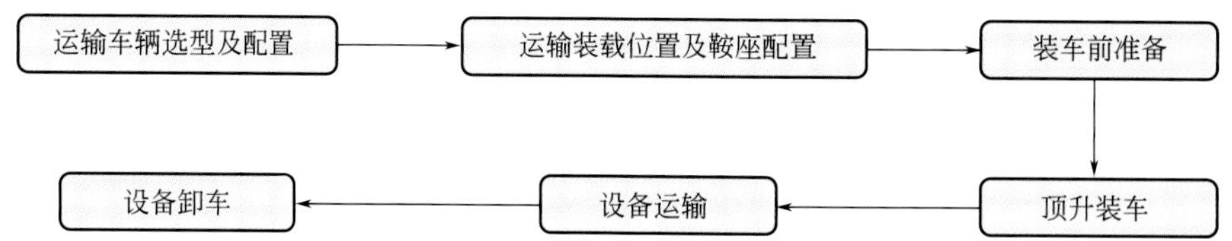

（2）操作要点

1）运输车辆选型及配置

根据设备的运输重量、长度、宽度或直径以及拟选用的自行式模块运输车的性能参数，确定自行式模块运输车的配置。

例如，某品牌自行式模块运输车技术参数如表 3.2-1 所示。

某品牌自行式模块运输车技术参数 **表 3.2-1**

序号	参数名称	配置计算
1	单轴承载能力	48t/轴
2	单个模块规格	2.5×8.4m(2 纵列 6 轴)
3	单个模块承载	288t

通过各个模块横向并联式和纵向串联式拼装组合，实现对不同吨位和形状的大型设备或不规则设备的运输。

2）运输装载位置及鞍座配置

根据设备直径、长度、重量、重心及选定的运输车模块长度、宽度等参数，运输装载时确保设备重心在运输车模块中心。

设备处厂前应与运输单位提前沟通，确认运输鞍座位置，一般由运输单位将运输鞍座布置图纸提交给设备制造厂家，设备制造时或出厂时鞍座按照运输单位提供的图纸要求设置。

3）运输地基处理

根据运输各项参数，计算出所需的地基承载力。具体可参照 3.1 节内容，此处不再赘述。

4）设备装车

① 运输车辆提前进入场地进行车辆拼接工作；装车所用机具按照使用先后顺序依次摆放在设备周边，以备取用；所有参与作业人员必须对装车流程及各自分工清楚、明确，装车前必须开技术交底会。

② 车辆拼装工作就绪后，车辆进入设备下方，调整车辆位置，确保设备重心在车辆的中心。不规则设备运输时，应提前在车辆上标记好准备摆放位置。

③ 车辆调整好位置后，逐级加载顶升，每次加载完，观察车辆有无异常。如发现异常，立即停止加载，车辆卸载将设备落回鞍座。如未发现异常，继续加载直至设备离开支墩。设备全部离开支墩，立即停止顶升，静止观察，未发现异常，则对设备进行捆扎后，缓慢将车辆开出。

④ 车辆开出整个过程中，车辆前后左右必须安排人员进行监督，不得出现擦、碰、挂等现象。

⑤ 装车区域应设置警戒线，整个运输过程不得无关人员进入。作业人员应配备对讲机，发现问题立即沟通。

设备装车作业流程如图 3.2-2 所示。

5）设备运输

设备运输前应提前规划运输路线，对整个运输路线进行障碍排查，运输路线上所有障碍清除后，方

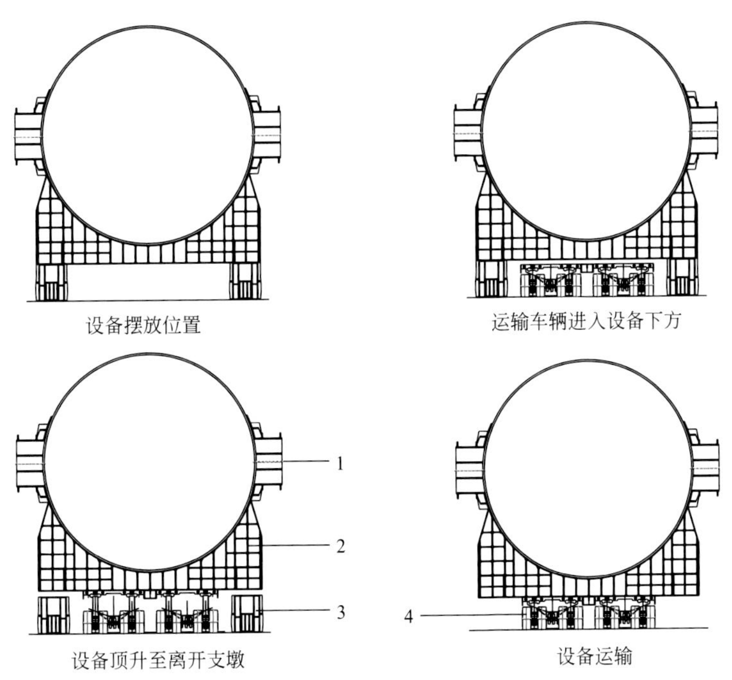

图 3.2-2　装车作业流程示意图

1—设备本体；2—设备鞍座；3—设备支墩；4—自行式模块运输车

可开始运输。清障包括：净高的清障、净宽的清障、弯道的拓宽、道路载荷强度的提高等。

运输时，应派专人提前在车辆运输即将到达的区域进行警戒，无关人员、车辆等一律不得进入。

6）设备卸车

① 根据现场实际情况，如现场场地较大，设备支墩提前摆放完毕后，不影响设备运输，则可提前按要求将支墩摆放到位，以减少整个运输时长；若现场空间比较紧张，可提前摆放半边支墩或待设备运至指定位置后再摆放支墩。必要时支墩下方可铺设钢板，以减小对地压强。

② 设备运至指定位置，且支墩摆放完成后，车辆分级卸载，每次卸载完成要对每个支墩及地基进行检查，支墩不得出现变形等不利承载的状况发生，各个支墩不得出现较大的不均匀沉降，若支墩或地基出现问题，立即停止卸载，车辆将设备顶升离开支墩，问题处理完成后，再进行卸车。若每次卸载，未发现任何问题，则继续卸载直至车辆与鞍座脱开。

③ 车辆与鞍座脱开后，车辆停止下降，静止观察，未发现异常，车辆缓慢从设备下发开出，整个过程不得出现擦、碰、挂等现象。

④ 根据实际情况，待车辆开出后，可在每个鞍座中间增加支墩，减小对地压强，防止设备摆放期间，地基承载出现变化。

设备卸车流程如图 3.2-3 所示。

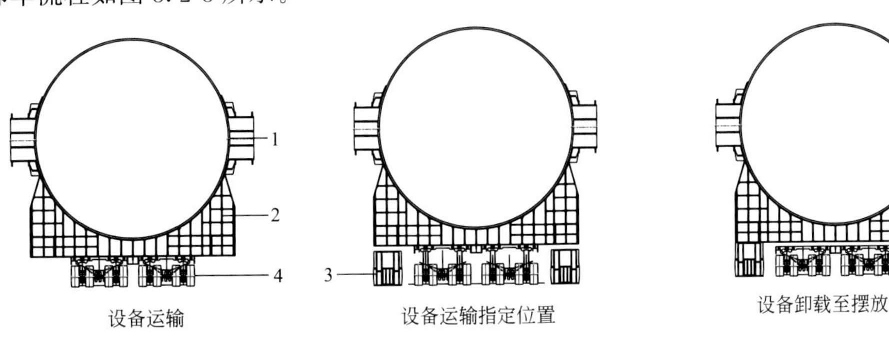

图 3.2-3　卸车作业流程示意图（一）

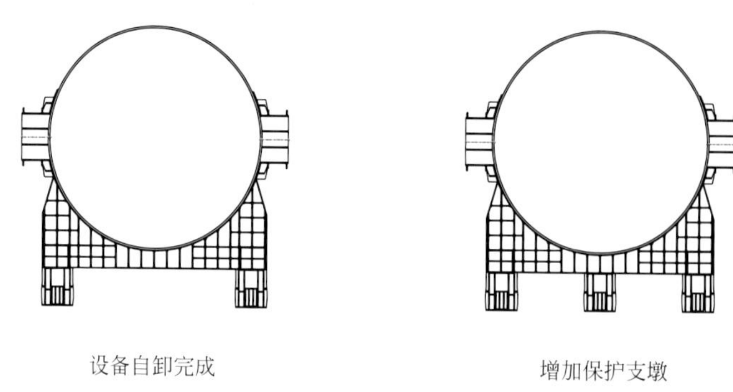

图 3.2-3 卸车作业流程示意图（二）
1—设备本体；2—设备鞍座；3—设备支墩；4—自行式模块运输车

3.3 大型设备液压门吊整体吊装技术

1. 技术简介

液压门吊吊装技术主要工作原理为：设置门式桅杆，通过提升梁连接构成主承载框架。设置在提升梁上的数个液压千斤顶、钢绞线、锚具、吊具和设备吊点构成主提升系统，通过计算机同步控制系统，控制各个液压千斤顶的提升速度，以保持设备提升过程的平稳性。整个液压提升门吊的稳定性通过设置缆风绳加以固定。见图 3.3-1。

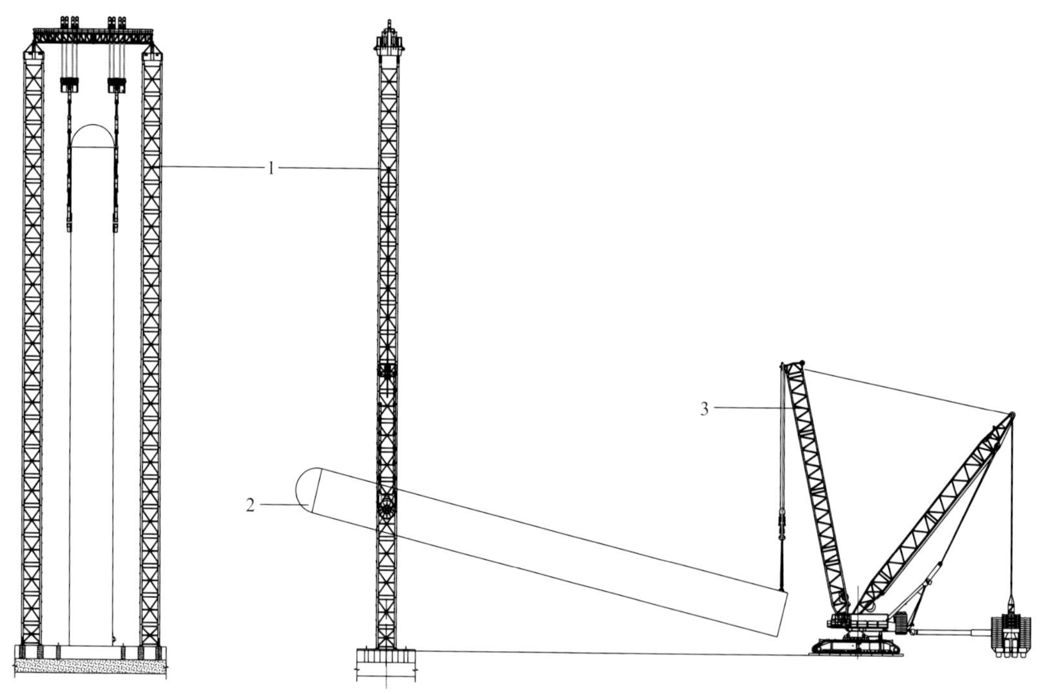

图 3.3-1 大型设备液压门吊整体吊装示意图（一）

图 3.3-1　大型设备液压门吊整体吊装示意图（二）

1—液压门吊；2—设备；3—溜尾吊车

液压门吊系统具有以下特点：

① 能够满足超重、超高、高基础的大型设备吊装作业的需要，具有超强的安全性能，并且安装简单快捷；

② 地基可结合设备基础共同设计，成本较低，且设备进场费和使用费用低；

③ 具有广泛的用途和很强的适应性，尤其在超高超大型设备、超高超大型结构的吊装上，具有独特的吊装技术优势和能力；

④ 具有良好的吊装能力拓展功能，在市场需要的情况下，可以将吊装能力进行大幅提升；

⑤ 吊装周期较长，对现场空间要求较高。

2. 技术内容

（1）工艺流程

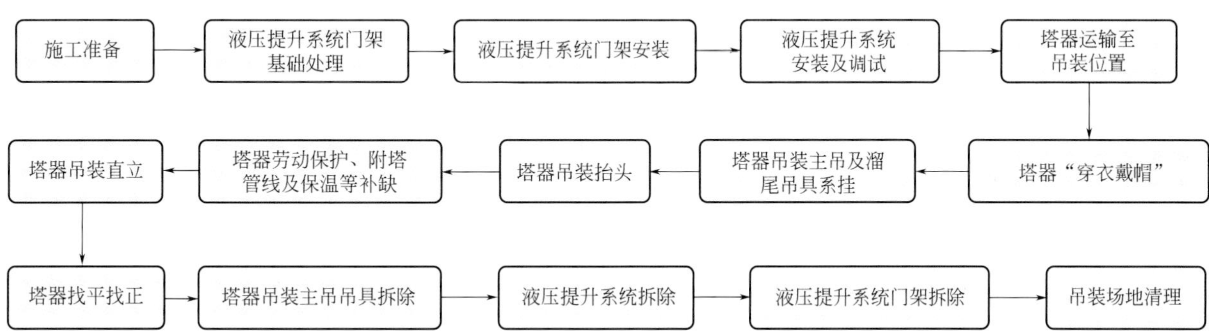

（2）操作要点

1）门架基础

门架基础一般结合设备基础一起进行设计和施工。根据门架对地压力及门架平面布置图，对设备基础与塔架基础所形成的联合基础进行设计，设计须满足吊装要求。

2）门式液压提升系统的选择及安拆方法

门架安装工艺流程如图 3.3-2 所示。门式液压提升系统安装及拆除可利用场内现有履带吊分模块进行吊装，将塔架标准节、大梁、吊具等在保证吊车负载率及模块结构稳定性的前提下拼成一个吊装模块，减少大型吊装次数及高空作业组对次数，同时能够有效保证工期。也可采用带有自提升系统的液压提升结构，这样整个安装周期较长、高处作业较多，但安装机械成本较低。具体采用何种方式，可根据现场实际情况，综合考虑。

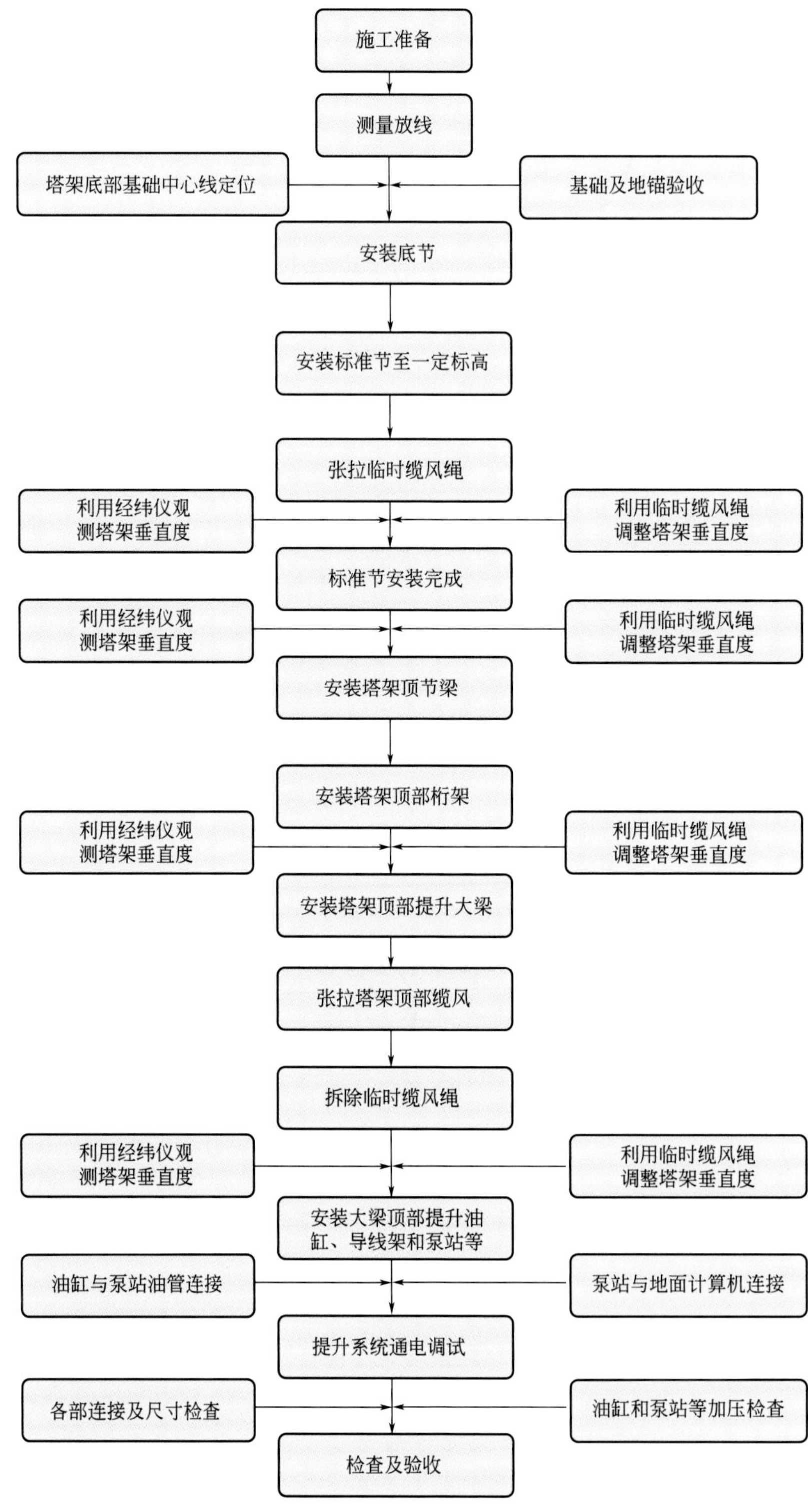

图 3.3-2　门式液压提升系统安装工艺流程图

3）门式液压提升系统的结构形式

液压提升系统基本构成包括门式桅杆系统、液压主提升系统、牵引系统（即缆风，包括地锚等）和自动控制系统等，如图 3.3-3 所示。

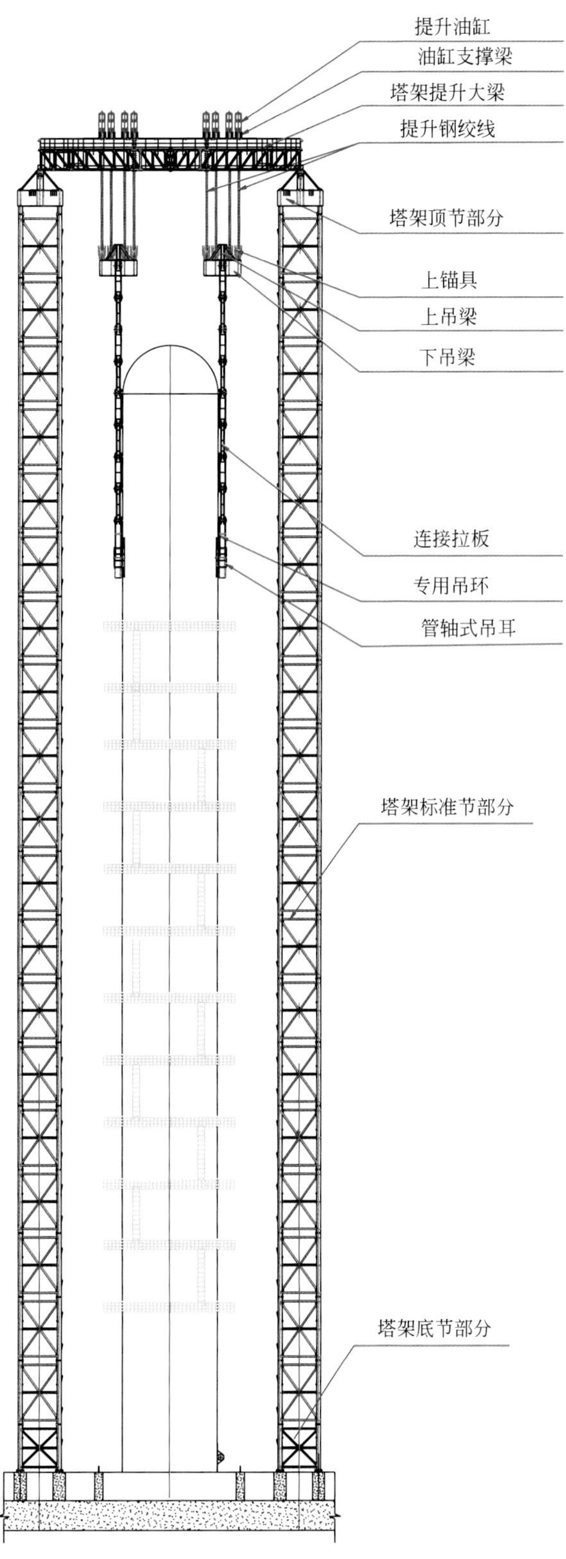

图 3.3-3　某型号门式液压提升系统结构示意图

4）缆风系统的整体布置

由于液压门吊在化工行业应用于超重、超高的设备吊装，液压门吊较高，因此其缆风系统的设置影响范围较大，应根据现场平面布置，优化设置缆风系统，尽可能减少预留，以减少对整个项目施工总体进度的影响。针对必须预留的基础和设施须在吊装总平面布置图中进行详细的标识，且与土建、安装专业进行充分的沟通和协调，确保设备吊装工作的顺利进行。

缆风系统中地锚一般用钢丝绳、钢管、钢筋混凝土预制件或预制结构件等做埋件埋入地下，配以一定重量的压重，提高地锚的抗拔能力，具体根据现场的地质情况确定。

5）设备吊装

吊装前的准备工作，主要包括以下几个方面：

① 液压门吊系统吊装，需用一台吊装能力足够的履带吊进行抬尾作业；

② 检查桅杆垂直度（小于100mm）、牵引预拉力、抬尾吊车位置、吊车前进的轨迹线标识等；

③ 吊装系统和抬尾吊车受力至少应承受载荷的10%时，再检查桅杆的垂直度，如超出范围应进行调整；

④ 气象预报至少3天风速在允许的吊装作业范围内。

设备吊装控制要点：

① 主吊千斤顶和抬尾吊车逐渐增加载荷，随着载荷的逐渐增加，应随时调整桅杆垂直度，控制在100mm以内，并相应调整抬尾绳索的垂直度；

② 吊装系统和抬尾吊车同步起吊，并移走支撑；

③ 设备尾部降低至底部距地面500mm，进行全面检查，确认全部正常后，继续起吊；

④ 随着吊装的进行，抬尾吊车前移或转杆，配合设备吊升至设备至垂直状态，用手拉葫芦施力调整设备至正确位置后就位；

⑤ 落下设备并调整垂直度后拧紧地脚螺栓。

6）吊装过程的监测监控

吊装工程要进行严格的监测监控，检测项目及方法等要求如表3.3-1所示。

吊装过程监控项目及方法 **表3.3-1**

监测项目		监测控制范围	监测方法	监测信息传递
缆风系统	地锚监测	地锚无向前滑动或向上拔出现象	专人目测	对讲机
	锚点液压千斤顶监测	预紧力满足要求，提升受力后钢绞线与锚片之间无滑动	专业人员检测目测	对讲机
塔架系统	塔架垂直度监测	塔架纵横两个方向架设两台经纬仪，实时监测塔架垂直度，偏斜不得超过50mm	经纬仪	对讲机
液压提升系统	钢绞线垂直度监测	塔架纵横两个方向架设两台经纬仪，实时监测钢绞线垂直度，偏斜不得超过200mm	经纬仪	对讲机
	钢绞线下垂部分与塔体干涉监测	钢绞线过导线架后不与设备及塔架相碰	目测加望远镜	对讲机
	两组油缸提升的同步性监测	观测两组提升主吊耳或者提升上吊梁的水平高差，高差不超过50mm	水准仪/经纬仪观测	对讲机
	提升液压千斤顶监测	检查油缸锚片咬合是否正常，钢绞线与油缸是否有松脱现象	目测	对讲机
	液压泵站及油管监测	检查泵站电机工作是否正常，油管是否有漏油现象	专业人员巡回检测	对讲机

续表

监测项目		监测控制范围	监测方法	监测信息传递
地基部分	抬尾吊车行走路线监测	地基无明显下沉或不均匀沉降现象	专人观测或用红外线水准仪观测	对讲机
溜尾系统	抬尾吊车行走方向监测	履带吊沿线用白灰在路基箱上划定履带行走边缘线	目测	对讲机
其他部分	吊索具与平台、管线、人孔盖等附件干涉监测	吊索具不与平台、管线、人孔盖等附件产生干涉现象	望远镜	对讲机
	吊环与主吊耳内外挡圈距离监测	吊环与主吊耳内外挡圈有空间，不出现偏斜卡死现象	望远镜	对讲机

7）吊装系统的拆除

拆除桅杆系统按安装反向进行。

3.4 大型设备分段吊装技术

1. 技术简介

由于吊装机械设备规格和资源的限制，导致部分大型设备采用大型吊车整体吊装无法实现，采用液压门吊整体吊装亦不具备布置条件等情况时有发生，因此，大型设备分段吊装技术实际应用仍比较广泛。大型设备分段吊装与整体吊装相比，对吊装机械起重能力要求偏低，吊车资源更丰富，对相关区域施工影响偏低，施工策划过程中可以根据安全管理、进度管理、质量控制、成本控制方面等综合考虑选择此吊装方法。

2. 技术内容

（1）工艺流程

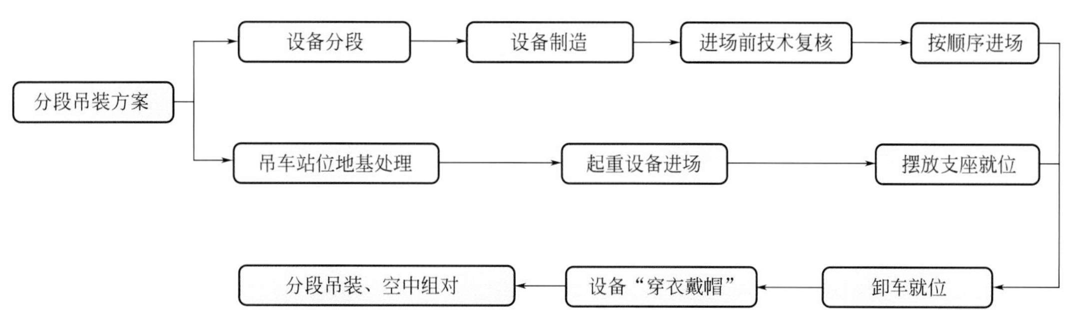

（2）操作要点

1）设备分段

设备分段数量一般由业主和制造厂根据设备制造特点、运输环境等综合确定，然后吊装单位根据设备分段进行吊车选型；或由吊装单位根据吊车选型、工期等确定后，将分段图交设备制造厂家进行排版制造。

设备分段要明确每段的长度、重量及吊耳形式方位，塔体分断点需避开人孔、设备管口等，分段以“下段大、上段小”为原则，分段位置尽量靠近平台位置，便于空中组对焊接，另外还需考虑工程周边是否有能够满足吊装需要的吊车资源。

设备分段明确后方能准确地根据设备规格参数制定分段吊装施工方案，明确每段吊装工艺及吊车工况，经监理、建设单位审批后再实施。

2）吊装地基处理

根据施工现场地质条件、地勘报告及吊装地基承载力需求，设备进场前提前进行地基处理，为大件设备吊装做好施工准备，地基处理可参考 3.1 节。

3）设备出场前技术复核

设备制造过程中，要时刻关注设备实际分段情况，以免发生实际分段与拟定的分段方案不符，造成现场吊装机械不能满足吊装需求，造成不必要的损失。

设备出厂前组织监理单位、建设单位对设备进行技术复核，重点复核每段吊耳形式及方位是否与设计一致，吊耳焊接质量是否合格。

设备装车前，吊装单位应向设备制造厂家明确设备装车方位，避免设备运抵现场后，还要对设备进行翻身。

4）设备摆放及梯子平台、附塔管线、保温施工

依据吊装计划及现场吊装场地，对分段设备进场次序、卸车、摆放提前进行规划。设备进场前吊车需就位，钢板、支撑底座、滚轮架等需提前准备就绪。待设备摆放满足要求后进行相应梯子平台和保温施工。验收合格后，即可进行分段吊装。设备摆放支撑底座、滚轮架等施工见图 3.4-1 所示。

图 3.4-1　设备分段摆放滚轮架支垫

在设备穿衣戴帽前，吊装工程师针对吊装需预留的梯子平台、附塔管线保温等，向安装人员做专项交底，避免安装人员重复施工。

5）分段吊装空中组对

在设备分段时应尽可能将分段位置设在设备自身平台上方，如分段确实无法设置在设备自身平台上方，吊装前应在组对口以下约 1.2m 处设置临时作业平台，用于对口、焊接、热处理及无损检测等工作，分段吊装如图 3.4-2 所示。

图 3.4-2　设备分段吊装图

6）分段吊装注意事项

① 尽早确定设备分段方案，分段是吊装方案的基础，吊装单位应组织建设单位、监理、设备制造厂家专题讨论，尽早确定设备分段，对提前锁定吊车资源、地基处理等后续一系列施工有着积极的

推动。

② 分段法吊装与整体吊装相比，加大了现场组装的工作量，这对提高制造质量、加快工程进度、减少高空作业等均不利，因此应尽可能的减少分段。

③ 分段吊装周期较长，吊装平面布置应纳入总图进行规划，尤其是设备摆放位置应尽可能减少对其他专业的影响。

④ 吊装单位与设备厂家要充分沟通，掌握设备到场时间、组对时间等，合理安排吊装机械，最大限度地提高吊装机械的利用率。

3.5　大型塔器捆绑吊装技术

1. 技术简介

在石化工程大型塔器吊装过程中，有时会遇到塔壁厚度比较薄的情况，尤其是经过整体热处理的设备，无法满足吊耳焊接条件。经市场调查及现场情况分析，采用吊装带进行捆绑式吊装，可有效解决这一难题，该技术与利用钢丝绳捆绑相比，吊装带的捆绑吊装技术有效地保护了塔体表面，且捆绑工作效率高。

该技术在浙江信汇 5 万吨/年丁基橡胶工程中得到成功应用，保证了该工程 17 台塔设备顺利完成吊装，该吊装技术经济、安全、高效，赢得了业主的高度赞扬。

2. 技术内容

（1）吊点选择及受力分析

1）通过计算绘制塔器受力分析简图及其剪力、弯矩图（图 3.5-1），获得最佳吊点位置。

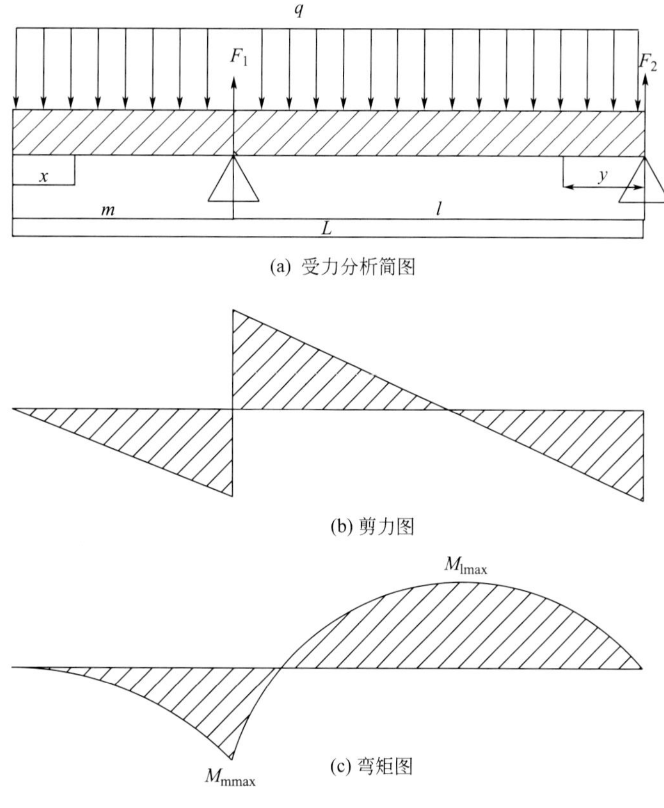

(a) 受力分析简图

(b) 剪力图

(c) 弯矩图

图 3.5-1　塔器吊点选择受力分析图

2）吊点应力分析计算

根据力学平衡方程$\sum F_t=0$，得：

$$2(\sigma_t \cdot \delta)-p \cdot D=0 \tag{3.5-1}$$

$$\sigma_t=\frac{pD}{2\delta}$$

式中 σ_t——直径截面上的应力；

D——塔的直径；

δ——塔壁的厚度。

以本装置中最重塔设备 DA1005（ϕ2600×44000，43t）为例进行受力分析，DA1004 壁板材质为 Q345R，其在 20℃以下、10mm 板厚的情况下的许用应力为 170MPa，选用 220mm ×45mm R01 环形吊装带捆绑，环形吊装带共计 4 圈，捆绑处所受力总面积为：

$$A=\pi D\times 220\times 4=3.14\times 2600\times 220\times 4=7184320\mathrm{mm}^2 \tag{3.5-2}$$

$$p=T/A=430000\mathrm{N}/7184320\mathrm{mm}^2=0.060\mathrm{N/mm}^2$$

$$\sigma_t=\frac{pD}{2\delta}=\frac{0.060\times 2600}{2\times 10\mathrm{mm}}=7.8\mathrm{N/mm}^2<[\sigma]=170\mathrm{MPa}$$

满足要求，故利用 50t 吊装带捆绑吊装满足捆绑要求。

3）捆绑点处稳定性分析

要保证圆筒径向工作稳定而不失稳，其实际压力应小于需用压力，即：

$$P\leqslant\frac{P_{1j}}{m} \tag{3.5-3}$$

式中 P——塔壳体实际径向外压力，MPa；

P_{1j}——圆筒壳体径向临界外压力，MPa；

m——稳定安全系数，简称稳定系数，一般取 3。

对于长圆筒，可得：

$$P_{1j}=2E\left(\frac{\delta}{D}\right)^3 \tag{3.5-4}$$

式中 E——为弹性模量；

D——塔的直径；

δ——塔壁的厚度。

当 $P=T/A<P_{1j}/3$ 时，塔体在吊装时的稳定性满足吊装条件。

（2）吊装带选择及受力分析

在安全系数为 5 的条件下，吊装带的许用荷载大于吊装荷载时，满足吊装要求。

（3）吊点捆绑

采用吊装带对吊点进行捆绑吊装，捆绑时要求提升点两端处于平衡位置，防止吊装倾斜，根据现场条件，利用平台牛腿作为障碍，防止吊装时吊装带上滑，利用牛腿挡板作为障碍时，要利用半圆钢管对吊装带进行保护。

同时，利用吊装带及钢丝绳在水平位置对受力点进行捆绑，防止起吊时滑动，导致吊装失衡，见图 3.5-2。

（4）试吊

试吊的目的是检查准备工作是否做得充分安全，如不当之处，应及时妥善处理。试吊时，首先启动吊车，直到钢丝绳拉紧为止，然后仔细检查吊索连接是否可靠，吊点捆绑的强度是否能符合要求，塔体设备本体能否满足吊装要求，待一切都正常时，再一次启动吊车，将塔体的前部吊起，当距离地面

图 3.5-2　吊点捆绑图

0.5m 左右时，停止起吊，检查塔体有无变形或发生其他不良现象，如一切正常，就可正式起吊。见图 3.5-3。

图 3.5-3　设备试吊图

（5）设备就位

塔体安装完毕后（图 3.5-4），用另一台汽车吊的小钩吊吊篮，将操作人员吊至捆绑绳索处卸除卸扣和绳索。吊篮在使用前严格检查安全情况。

图 3.5-4　设备就位图

第4章

石化设备安装关键技术

石化设备是化工装置的重要组成部分，是石化装置运行生产的基础和工具。随着先进石化工艺的广泛推广应用，石化设备也逐渐向多样化、精密化和大型化等方向发展，安装技术要求和难度也与日俱增，石化设备安装质量的好坏直接影响到装置的平稳运行及生产产品的效率与质量。

从目前石化工程建设情况来看，石化设备安装技术集中体现在炉窑设备、反应器（釜）、塔器、电解槽、压缩机、过滤分离设备、切粒设备以及烟囱、料仓、气柜非标类设备等方面。本章主要从以上几个方面选取一些典型设备，就其安装关键技术加以阐述。

4.1 加热炉模块化安装技术

1. 技术简介

加热炉作为化工装置核心设备之一，一般由辐射段、对流段、烟囱及烟风道组成。通常加热炉外观有圆筒形与方形两种型式，其结构包括：炉体钢结构、炉管、炉衬、燃烧器、看火门及其他炉配件（常减压装置加热炉实体如图 4.1-1 所示）。随着化工装置生产规模的扩大，装置中加热炉的数量与规格尺寸也在不断增大。传统的现场制作安装加热炉的方式，已不能满足工程工期要求，加热炉工厂制作、现场模块化安装技术占据越来越重要的地位。

本技术按照加热炉的具体结构，将辐射段炉体钢结构、辐射段炉管、对流段、烟囱、烟风道、梯子平台分成若干模块，在工厂完成模块的制作及相关检验，合格之后运输至现场，按照一定的方式进行模块与模块的组装，实现加热炉搭积木式安装。与施工现场环境多变的条件相比，这种模式在很大程度上减少了加热炉现场制作及高空检验的工作量。圆筒形加热炉辐射段炉墙钢结构模块采用胎具卷制加工方式，方形炉辐射段炉体钢结构模块加工采用压重反变形法加工方式，有效提高制作功效和保证制作质量；加热炉的衬里施工随模块在工厂完成，有效保证衬里施工质量，缩短加热炉现场衬里施工时间。

此项技术成功应用于青岛丽东化工项目、鄂尔多斯神华煤直接液化项目、恒逸（文莱）PMB 石化项目 800 万吨/年常减压联合装置等项目中（图 4.1-1）。

图 4.1-1 常减压装置加热炉实体图

2. 技术内容

（1）工艺流程

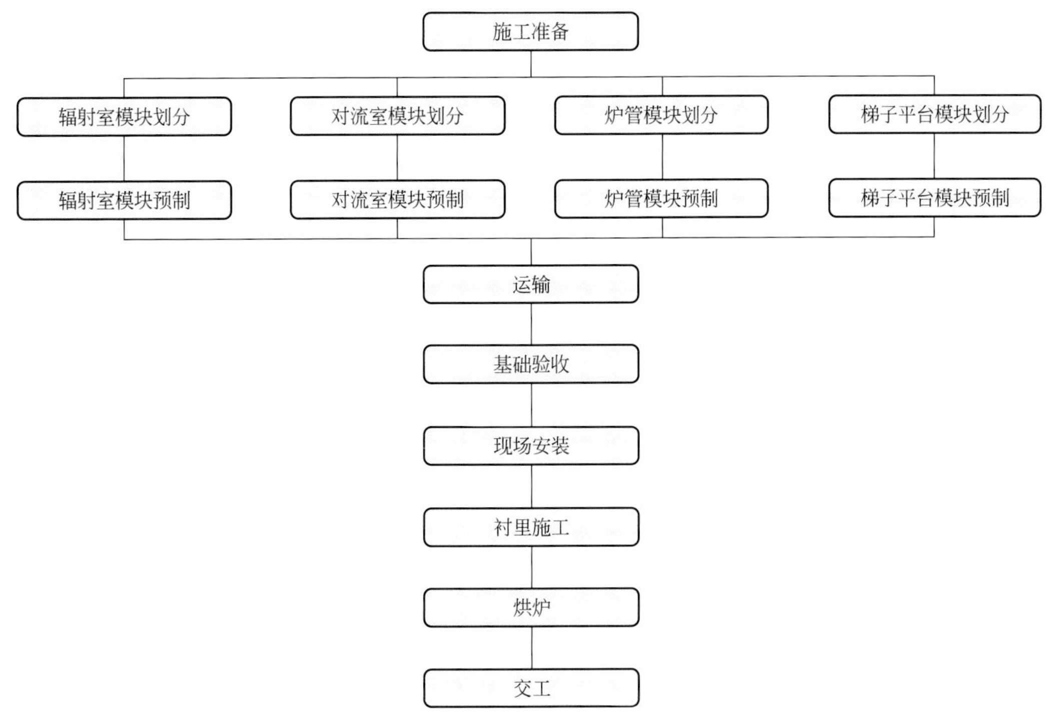

（2）操作要求

1）加热炉炉体模块划分

以恒逸（文莱）800万吨/年常减压联合装置中加热炉为例，其炉体模块划分方案如表4.1-1所示。

加热炉模块划分方案　　**表4.1-1**

序号	部位	外形尺寸(约)mm	模块数量
一、常压炉			
1	辐射段炉管模块	25000×4200×500	6
2	辐射段炉底模块	27000×4400×1000	2
3	辐射段炉墙模块	17000×4400×1000	12
4	辐射段炉顶模块	27000×4400×1000	2
5	辐射炉顶支撑或连接件		小构件
6	对流段模块	29000×4000×4500	3
7	辐射转对流烟道短节		12
8	对流段副框架		散件
9	平台模块(含支架)	按运输限制分段	若干
10	其余炉配件		若干
二、减压炉			
1	辐射段炉管模块	12000×3500×1500	8
2	辐射段炉底模块	8700×4300×600	4
3	辐射段炉墙模块	14000×4300×1000	12
4	辐射段炉顶模块	8700×4300×600	4
5	辐射炉顶支撑或连接件		小构件

续表

序号	部位	外形尺寸(约)mm	模块数量
6	对流段模块	20000×2800×4500	2
7	平台模块(含支架)		若干
8	其余炉配件		若干

2）加热炉辐射段炉体钢结构模块制作

① 加热炉辐射段炉体钢结构模块均在钢平台上进行组装，且必须按 1∶1 的大样放线，并考虑焊接收缩余量。

② 圆筒炉筒体模块预制时，先在钢平台上将其组成大片，然后再将其放置胎具上进行卷制。方形炉炉体模块在组装焊接时采用压重法防变形措施，如加压配重块、重叠组装等。组合件中相邻零件上的拼接焊缝应错开，错开距离不小于 200mm；梁翼板和腹板上的拼接焊缝应错开，错开距离不小于 200mm。钢板的炉内侧焊缝为连续焊、外侧焊缝为间断焊；炉体横梁或水平角钢与钢板焊接时，其上部焊缝为连续焊，下部焊缝为间断焊。焊接方式可采用手工电弧焊或 CO_2 气体保护焊。柱、梁对接焊缝需经超声波检测合格。

③ 加热炉炉体钢结构模块预制结束经检验合格后，按照相应技术要求进行衬里保温钉焊接。

④ 圆筒形辐射段炉体模块浇筑料衬里施工采用手工捣制，方形炉辐射段炉体模块浇筑料衬里施工采用支模浇筑。方形炉炉体模块衬里浇筑施工见图 4.1-2，成型后的方形炉炉体模块见图 4.1-3。

图 4.1-2 炉体模块衬里浇筑施工图

图 4.1-3 成型后的炉体模块图

3）辐射段炉管模块制作

辐射段炉管模块根据其相应的尺寸，在特制的胎具上进行组装焊接。炉管是加热炉中最核心的部件，炉管的焊接必须严格执行相应材质的焊接工艺评定文件，以确保炉管使用安全。炉管模块上胎架组装见图 4.1-4，成型后的圆筒炉辐射段炉管模块见图 4.1-5。

图 4.1-4 炉管模块上胎架组装图

图 4.1-5 成型的圆筒炉辐射段炉管模块图

4）对流段及烟风道模块制作

先组装焊接对流段框架及墙板，合格后进行保温钉焊接及衬里施工，再进行管板及对流段炉管的安装。对流段炉管弯管焊接时，必须按照一定的顺序进行焊接，以保证焊接质量。成型后的对流段模块见图 4.1-6，烟风道模块见图 4.1-7。

图 4.1-6　成型的对流段模块图

图 4.1-7　烟风道模块图

5）模块出厂预拼装

加热炉炉体各模块之间采用高强度螺栓连接，模块拼装采用 $N+1$ 模式。各模块在工厂预拼装时，在每个模块上设置安装定位孔及对齐标记。待模块预拼装验收合格后，进行模块的包装运输。

6）加热炉现场模块安装

加热炉模块现场安装仅需要按照定位孔组装就位后，完成模块间的螺栓的连接以及密封焊接即可。圆筒炉辐射室钢结构模块现场安装见图 4.1-8。

图 4.1-8　辐射室钢结构模块现场安装

7）模块的衬里填补及修复

加热炉模块安装结束后必须进行模块间衬里填补与修补，修补部位的衬里凿到坚硬面或钢板面，并至少露出两个以上的保温钉，凿去的衬里应呈外小内大的形状。修补时应将修补处清理干净，并洒水湿润。接口处填补和修补工艺采用手工捣制。

① 模块衬里施工浇筑料使用要求

a. 搅拌时在满足和易性的条件下，应尽量减少用水量，控制好水料比，水料比应由生产厂提供。配合比：混合料与胶粘剂、外加剂按 1∶1∶1 袋配用。

b. 搅拌应用强制式搅拌机，每次搅拌量应根据搅拌机大小和施工情况定量，每次搅拌量不得超过 100kg，在保证施工和易性的情况下，尽量减少加水量。

c. 将混合料与掺合料按配比倒入搅拌机干混 3min，然后按总重量 45％～50％的加水量加入清洁的自来水，搅拌均匀即可，搅拌时间不能太长。

d. 搅拌好的浇筑料应迅速进行浇筑，并必须在 30min 内使用完毕。

e. 采用手工涂抹时，一般用拳握湿料，指缝中挤出水珠，但不下滴为宜。

f. 已经超过初凝时间的湿料，不能二次加水搅拌和重复使用，要坚决弃去。

g. 搅拌用水在夏季不得超过 30℃；在冬季，当物料温度和施工现场环境温度过低时，可适当增加水温，但应以不引起快凝为极限，施工环境温度，应力求在 10～35℃之间，并避免日晒、雨淋、受冻，否则应采取相关措施。

h. 要及时清理搅拌机残留的浇筑料，暂停使用时，要用水清洗干净。

② 衬里养护

衬里施工完毕后，用乙烯塑料薄膜盖住表面，以防止水分蒸发；已施工好的部件应防止敲打振动，根据硬化情况，一般24h后可脱模，脱模后要继续养护3d，自然干燥3d，若缩短养护周期会影响使用效果；养护环境温度应在15～30℃之间，当环境温度低于15℃，应采取提高温度措施，当环境温度高于30℃时，应采取降温措施。

4.2 循环流化床锅炉现场模块化安装技术

1. 技术内容

循环流化床锅炉（CFB）技术作为一项高效低污染的新型技术，具有燃烧效率高、启动方便、炉膛内无沉浸受热面等优点，已成为高效低污染的新型燃烧技术首选锅炉（其结构外观如图4.2-1所示）。石化企业使用CFB锅炉既可得到生产所需的蒸汽，又可利用多余的蒸汽发电，CFB锅炉的应用进一步提高了企业的经济效益。CFB锅炉结构复杂，通过对锅炉钢架、汽包、受热面等主要构件的安装条件进行分析，对比不同安装方法的安全可靠性和经济性，逐渐形成一套循环流化床锅炉现场模块化安装工艺。

本技术中钢框架安装采用地面预制成片，分段边安装、边找正的方法，速度快、质量好且易于控制；由于CFB锅炉结构的特殊性，汽包和水冷壁吊装采用滑轮组和卷扬机，易于操作；在锅炉受热面（水冷壁管）的焊接方法上，采用双人双面氩弧间隔焊的焊接方法，解决了水冷壁组焊后易变形的问题，采用集中供气方式，减少气瓶的上下吊装，降低安全风险。

此项技术在新疆巴州东辰30万吨/年煤制甲醇项目150吨三台CFB锅炉安装中到成功应用（图4.2-1）。

图4.2-1　CFB锅炉外观图

2. 技术内容

（1）工艺流程

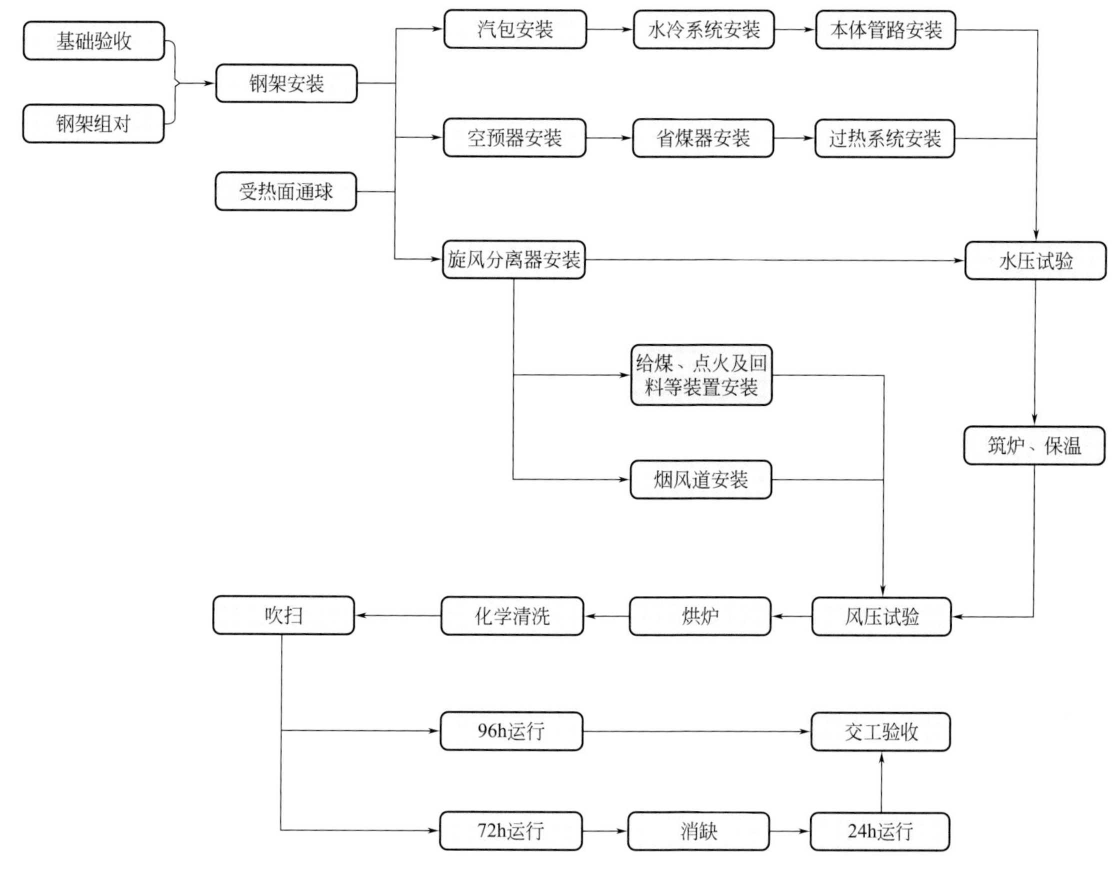

（2）操作要点

1）钢架模块化安装

锅炉钢架采用地面组装的方式施工，在地面组合场区内设置好组对支墩，然后在支墩上将分段到货的锅炉立柱及其间连接的水平梁、斜拉条组对成一个整片，形成一个构件模块。按照预先划分的层数，用吊车将各构件模块依次吊装就位，待每一层构件模块安装找正、高强度螺栓紧固、梯子平台等附属结构全部完成后，进行下层框架的构件模块安装，见图 4.2-2。

图 4.2-2　钢框架分层模块安装图

2）水冷壁、水冷屏、屏式过热器模块化安装

在预先设置好的型钢支架上将水冷壁、水冷屏、屏式过热器分别进行通球试验并按吊装顺序组对焊接成片。水冷壁组对支架（图 4.2-3）各部水冷壁、水冷屏、屏式过热器组合时，在横向上均分别各自全部组合成一体。在竖向上，对于前后左右四侧水冷壁分别组合成上下两个组件；对于水冷屏、屏式过热器分别将中部及出口集箱组合成上部组件，下部弯管单独安装。各水冷壁组合时连同刚性梁和门类金属构件一起组合。当组合件组对、焊接、检验合格后，将其按照一定的顺序临时存放在钢框架内，然后利用炉体结构的特殊性，采用卷扬机、滑轮组先吊装汽包，再吊装水冷壁等组合件。该吊装工艺可以实现锅炉水冷壁的安全、平稳施工。卷扬机、滑轮组吊装工艺见图 4.2-4、图 4.2-5。水冷壁管的对接采用钨极氩弧焊打底，氩弧盖面的焊接方法。水冷壁管水平组对焊接采用双人双面间隔焊，以防止产生焊接变形。焊接顺序见图 4.2-6。

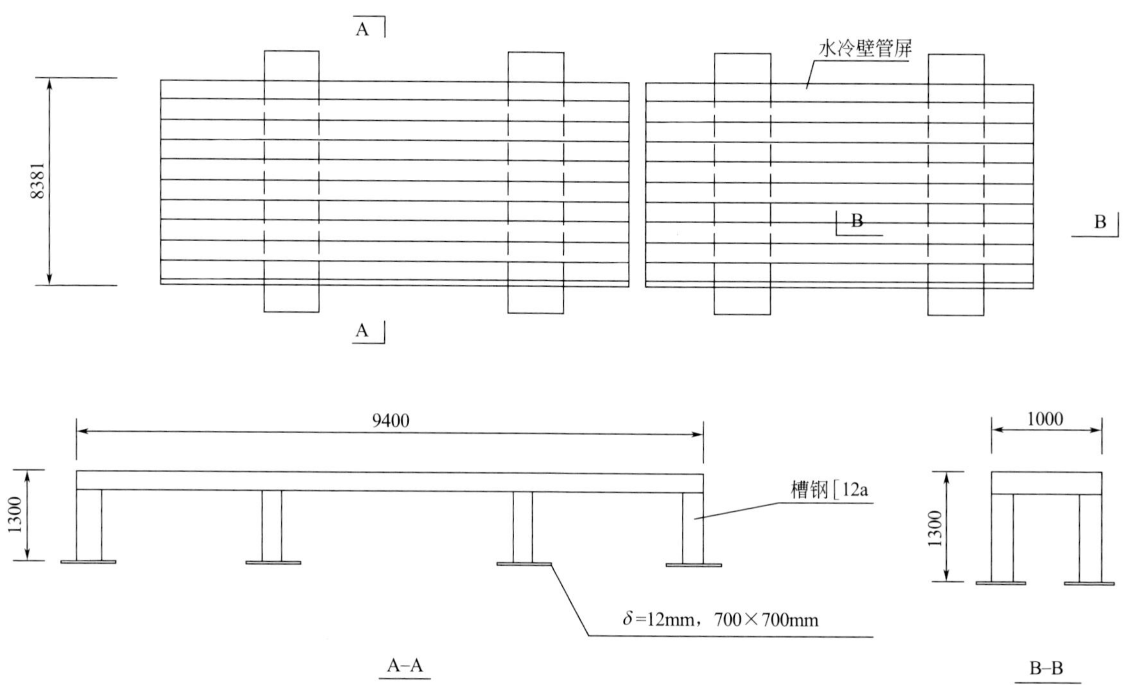

图 4.2-3　水冷壁组装平台

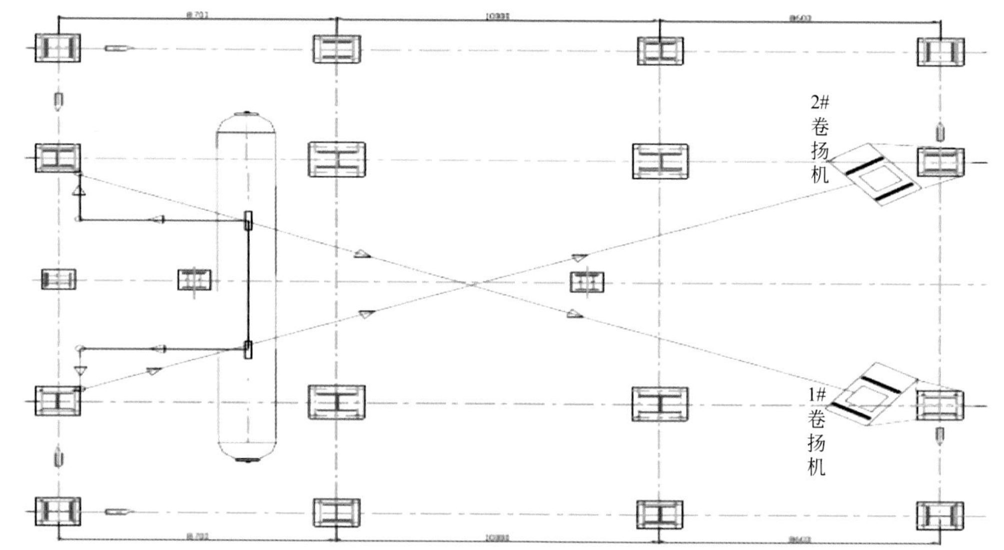

图 4.2-4　卷扬机布置示意图

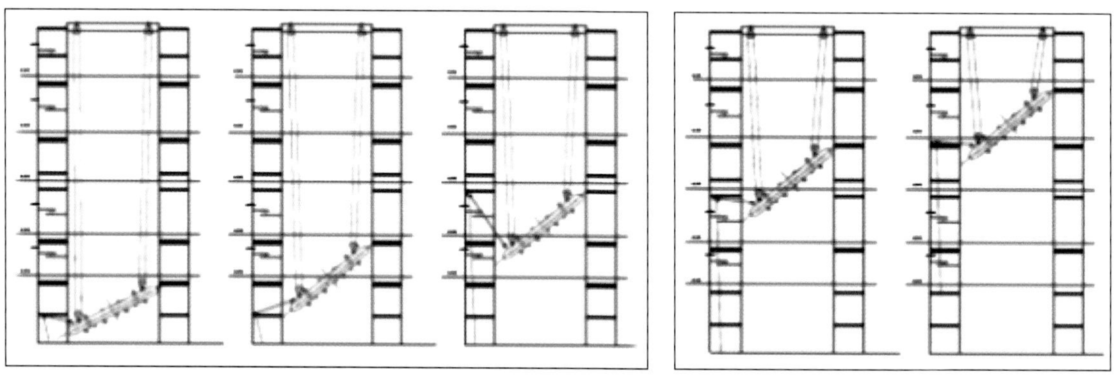

图 4.2-5　锅炉汽包吊装示意图

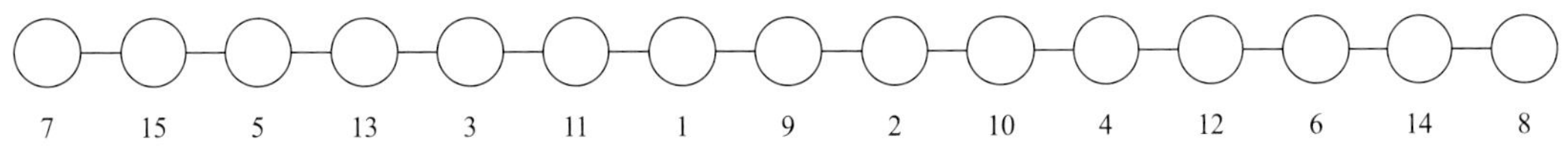

图 4.2-6　水冷壁管焊接顺序图

3）旋风分离器及其出入口烟道模块化安装

在预制场内对旋风分离器预制片进行分段组对，然后将其运至安装现场用吊车自下而上依次逐段吊装就位。每吊装一段，组对焊接一段。段旋风分离器的出入口烟道也在地面完成组对。需要注意的是旋风分离器出口烟道在预制安装时上盖暂不封板，其上盖板必须在耐磨耐火材料施工结束后再进行安装。

4）省煤器及尾部护板模块化安装

将省煤器管屏在竖向上组合成若干个整片进行吊装，在预先设置的支架上将管屏在竖向上属同一片编号的上、中、下三片组合成整片，管屏整片安装时按照从里向外的顺序依次逐片吊装组对、焊接。在各个管屏整片水平起吊前，为防止产生变形，采用可拆卸的型钢排架进行加固。外护板采用在地面分片组合的方式，当空气预热器安装完毕后，将其分别吊挂在尾部构件组片上，待省煤器安装结束后，再将各护板片吊装就位、组对焊接。

5）集中供气管理

为减少气瓶的上下吊装，现场采用气体汇流排（图 4.2-7），将一定数量的气瓶同时连接在一起，统一进行汇流、减压，然后以一定的压力输送到每层作业平台，再通过分支安装减压阀管理模式，有效地保证了现场用气安全。

图 4.2-7　氧乙炔气体汇流排图

4.3　石灰窑安装关键技术

1. 技术简介

石灰窑是化学工业的重要设备，石灰窑窑型按其结构划分为竖窑和回转窑两种型式。对于竖窑来说，窑底装置作为竖窑的卸料装备，其结构形式见图 4.3-1。其安装精度的控制是石灰窑安装的重难点。对于回转窑来说，其窑身良好的绝热保温效果一方面能抑制高温窑体的热辐射和热量损失，另一方面也能防止窑身产生腐蚀，因此绝热保温施工日益成为回转窑安装的关键环节。为保证石灰窑施工质量，竖窑窑底装置安装分单元组装、模块化安装工艺和回转窑海泡石保温施工工艺渐渐成为石灰窑施工主流。本技术采用竖窑窑底装置分单元组装和模块化安装工艺，与传统的施工工艺相比，更便于质量控制；采用海泡石保温工艺技术，材料对人体无害，施工快捷，保温绝热效果更佳。

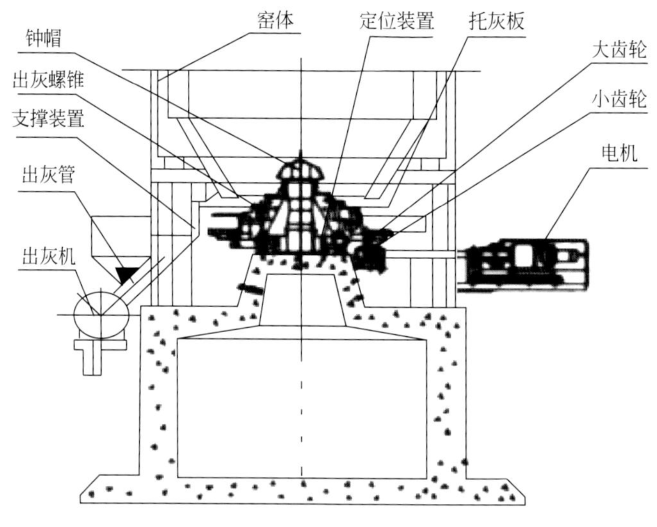

图 4.3-1　石灰窑窑底示意图

此技术应用于江西省岩盐资源综合利用 100 万吨/年纯碱项目（一期 60 万吨/年井下循环盐钙联产制碱工程）中的石灰窑施工。

2. 技术内容

（1）竖窑窑底装置安装工艺操作要点

1）定位装置与抗偏装置组装

① 定位装置预埋在石灰窑基础中，通过垫铁调整定位装置的水平度。

② 将自制测量转盘固定在定位装置上，自制测量转盘见图 4.3-2。安装两块百分表，一块表安装在抗偏装置的外边缘找同心度，一块表安装在抗偏装置的上边缘找水平度，旋转定位装置转盘至 0°、90°、180°、270°并读数，通过读数来调整安装偏差，直至调整至设备技术要求值，如图 4.3-3 所示。

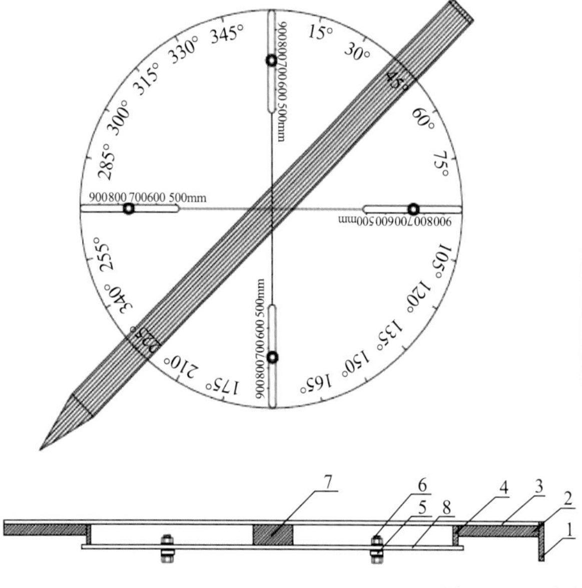

材料表				
件号	名称	规格型号	数量	备注
1	钢板	100×80×12	1	
2	钢板	200×30×12	2	
3	钢板	1400×80×12	1	
4	钢板	80×50×12	2	
5	滚动轴承	6202-2z	4	内径16，外径35
6	外六角螺栓	M16×60	4	
7	钢板	100×50×12	1	
8	钢板	ϕ1000×12	1	

图 4.3-2　自制工具图纸

③ 调整完成后进行灌浆固定。

2）轨道支撑座安装

用同种方法先分片组装轨道座，待其同心度、水平度满足要求后，再与定位装置进行固定连接，见图4.3-4。

图4.3-3　窑底定位装置与抗偏装置组装同心度测量

图4.3-4　轨道支撑座安装图

3）主风套管与出灰螺锥组装

先进行出灰螺锥与齿圈的组装，然后将主风套管安装在出灰螺锥上，并加以固定。将自制转盘固定在主风套管上，安装两块百分表，一块表安装在出灰螺锥滚圈的内边缘找出灰螺锥同心度，一块表安装在齿圈的内边缘找齿圈安装同心度，旋转自制转盘至0°、90°、180°、270°并读数，通过读数来调整安装偏差，直至调整至设备技术要求值，见图4.3-5。

图4.3-5　出灰螺锥组装

4）设备组装

用吊车配合先对出灰螺锥进行空中翻身（图4.3-6），对主风套管表面与定位装置内表面涂抹润滑油脂（图4.3-7），然后将出灰螺锥上的主风套管缓慢插进窑底定位装置中。

图4.3-6　出灰螺锥空中翻身

图4.3-7　涂抹润滑油脂

（2）回转窑海泡石保温工艺操作要点

1）设备筒体表面清理

设备筒体表面基层清理，用电动除锈工具清除设备表面尘土、浮锈及油污等污垢，并擦拭干净后，方可涂抹海泡石。

2）海泡石拌成膏状

海泡石保温材料分干料与湿料，进场后施工前，均要加入适量的清洁水搅拌成膏状，常温下，间隔

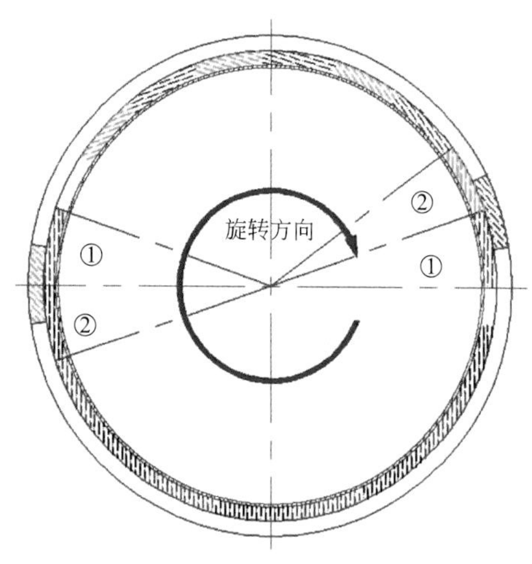

图 4.3-8　回转窑海泡石保温绝热施工技术工艺

性搅动海泡石膏料，一般 10h 内不会结块固化。

3）第一层 10mm 厚海泡石涂抹

涂抹前，通过设备内部加热管通蒸汽将设备筒体表面温度升至 40℃左右。回转窑海泡石保温绝热施工技术工艺如图 4.3-8 所示，在设备两侧，分组同时在区域①范围内，自下而上纵向涂上海泡石膏料，横向来回用力抹平，涂抹成毛面，无需压光，一直延伸到收缩缝法兰处（因设备筒体分为两段，故分段处变成收缩缝）。待第①区域施工完后，分组同时在第②区域范围内，沿着旋转方向施工，直至筒体圆周均涂抹完成。第一段涂抹完后，涂抹第二段。

4）分层 20mm 厚海泡石涂抹

待第一段第一层 10mm 厚海泡石九成干后，进行第一段第二层 20mm 后海泡石膏料涂抹，涂抹起始点应在第一层第一次涂抹区域逆着旋转方向的中间开始，与第一次涂抹相反，自下而上横向涂上海泡石膏料，纵向来回用力抹平，涂抹成毛面，无需压光，一直延伸到收缩缝法兰处。依次类推，按第一层的先后顺序，涂抹完第二层。其他各分层海泡石涂抹，仿照此法，类推按顺序逐一施工。质量检查方法与第一层相同。

5）安装加固镀锌铁丝网

待海泡石分层涂抹厚度达到 30mm 厚和 70mm 厚且保温层九成干后安装镀锌铁丝网（规格：0.5mm），用铁丝将镀锌铁丝网固定在保温层上，铁丝网必须与海泡石保温层接触密实，保证铁丝表面平整不得起鼓。加固镀锌铁丝网效果如图 4.3-9 所示。

图 4.3-9　镀锌铁丝网加固效果图

6）最后层海泡石表面压光

镀锌铁丝网安装完毕验收合格后，涂抹海泡石膏料 10mm 厚，按分层施工技术施工完成后，进行最后层海泡石抹面施工（抹面厚度为 10mm），表面压光，达到外形美观。

7）缠绕玻璃丝布，涂刷白色高聚氯乙烯面漆

玻璃丝布的缠绕方向应与设备筒体旋转方向一致，按设计要求涂刷高聚氯乙烯面漆（白色和灰色），施工完后成品如图 4.3-10 所示。

图 4.3-10　轻灰蒸汽煅烧炉海泡石保温绝热效果图

4.4　Oleflex 工艺脱氢反应器安装技术

1. 技术简介

美国 UOP 公司 Oleflex 工艺是目前丙烷脱氢装置常用的工艺路线之一，Oleflex 工艺脱氢反应器作为该装置的核心设备，其安装质量直接影响产品的转化和收率。鉴于 Oleflex 工艺脱氢反应器的结构型式为径向移动床型，其结构复杂（内部结构见图 4.4-1），内件安装精度要求高，先进可靠的安装技术对于 Oleflex 工艺脱氢反应器运行至关重要。

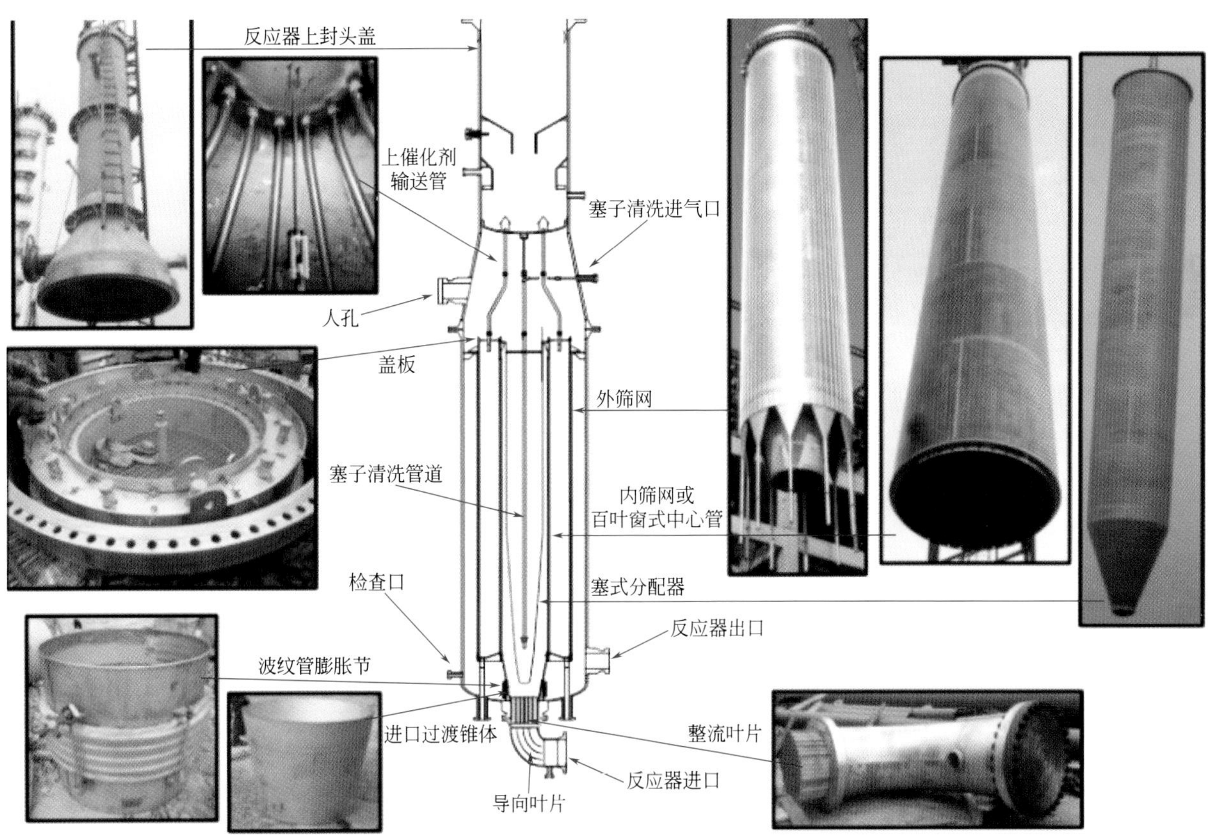

图 4.4-1　Oleflex 工艺反应器结构示意图

Oleflex 工艺脱氢反应器安装技术特点包括：

（1）外网篮通过每隔 60°的旋转试装，找到合适的固定位置，既能保证外网篮的垂直度，又能保证外网篮的水平度；

（2）利用机器人在均设的 16 个测量点位自上而下对内外网环形间隙进行测距，通过数据分析，以推算、验证物料分布通过催化剂移动床情况，为装置生产提供依据。

该技术在山东桦超化工有限公司 20 万吨/年异丁烷脱氢项目以及浙江华泓有限公司 45 万吨/年丙烷脱氢项目中得到成功应用。

2. 技术内容

（1）工艺流程

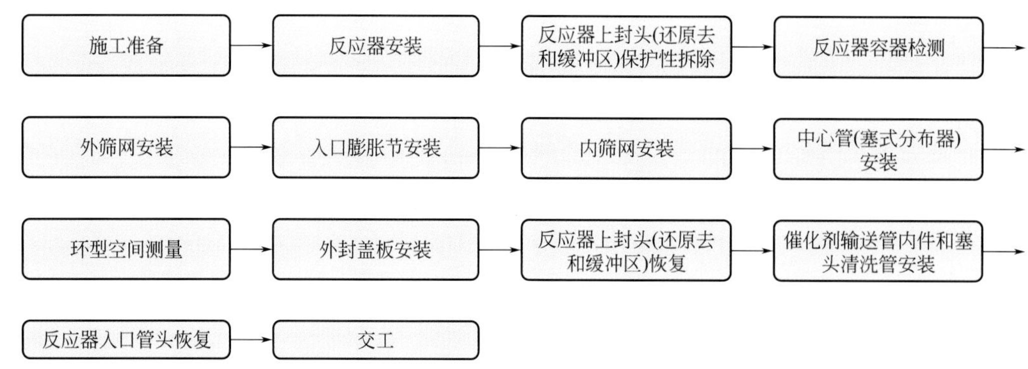

（2）操作要点

1）反应器安装

在反应器吊装就位后，首先对其垂直度进行测量控制，合格后初步用手拧紧地脚螺栓螺母。拆除反应器的上封头，将反应器筒体法兰进行16等分，做好标识并以此作为测量点位。用带标尺的U型透明软管分别在这16个测量点位处对反应器筒体外筛网支撑法兰的水平度进行测量，通过调整反应器底座垫铁，使其水平度高低差控制在2mm以内。拧紧地脚螺栓，用四氟板将反应器筒体法兰密封面覆盖保护。拆除反应器入口弯头。

2）外筛网试装

进入反应器内部对容器内壁、筒体外筛网主支撑法兰下部螺母点焊固定质量进行检查，合格后安装外筛网支撑法兰临时垫片。临时垫片的厚度应与正式垫片厚度一致。

在滚胎架上对外筛网进行检查，合格后将其吊装就位。在吊装就位过程中，可采用平衡梁、滑轮组，确保外筛网能自由保持垂直状态，当外筛网支撑环与反应器筒体上外筛网支撑法兰的所有螺栓孔洞均处于同心状态时，开始安装螺栓和垫片，同时保证每根螺栓上均涂抹耐高温润滑脂，手动紧固螺栓。

在筒体法兰16个等分点位中，间隔选出8个测量点位，然后用8根铅垂线同时检查外筛网的垂直度（图4.4-2），必须确保八个方位中任何一个方位垂直度不超过10mm。

图4.4-2　外筛网垂直度检查

鉴于外筛网和设备筒体可能在平直度和垂直度上存在微小偏差，由外筛网支撑面法兰螺栓孔数及催化剂输送管数得知，外筛网支撑法兰面的螺栓孔和催化剂输送管每旋转60°才会对齐。因此，当某一安装位置外筛网的垂直度和水平度无法同时满足要求时，可使外筛网旋转60°进行试装，直至找到合适的固定位置。

测量确定底部膨胀节波纹管安装长度，并进行切割打磨。对外筛网和反应器筒体上口进行标记，以便后续外筛网正式安装。然后将外筛网吊出，完成试装工作。

3）外筛网正式安装及入口处膨胀节安装

确认膨胀节的膨胀方向，先将膨胀节吊至反应器底部安装位置，再将外筛网支撑法兰上的临时垫片更换成正式垫片，准备好六角螺栓、平板垫圈和带胶粘剂的陶瓷垫圈，然后将外筛网吊装就位完成其正式安装。

调整膨胀节与外筛网、反应器底部接口的间隙，对膨胀节波纹管采用覆盖保护，之后完成膨胀节的焊接。焊缝外观检查合格后，采用渗透法对焊缝进行检测。

4）入口锥段安装

根据反应器进口尺寸将其切割至合适的长度，并进行坡口加工。在入口锥段内部焊接临时吊耳以用于吊装。入口锥段安装在膨胀节内，调节入口锥段顶部边缘与膨胀节间的间隙；合格后焊接入口锥段与反应器釜底的连接焊缝，焊缝外观检查合格后，采用渗透法对焊缝进行检测。

5）催化剂输送管膨胀节安装

待将催化剂输送管调节到中心后，试装其中一个喷嘴口膨胀节，标识好其输送管多余尺寸，用手持切割机切割掉多余尺寸部分，并对催化剂输送管伸出端进行坡口加工。正式安装喷嘴膨胀节，将其套筒与催化剂输送管伸出端进行焊接。

6）内筛网安装

对内筛网底部与外筛网接触面涂抹陶瓷胶粘剂，在安装过程中旋转内筛网，使其上端口标记的 0°与外筛网的 0°对齐。检测内外网的同心度以及内网垂直度，合格后即可进行内外网连接螺栓的紧固。螺栓紧固过程中，需设置临时支撑以保证内筛网居中。

7）中心管安装

按中心管上口 0°标记，使其与内筛网匹配安装。测量中心管底部尖端到膨胀节内壁的 4 个方位间距，保证其处于膨胀节的中心位置。

中心管安装后，安装吹扫清洗管，并使其插入中心管底部的导环中。

中心管安装完成后，后续施工过程应严防任何物体掉入内外筛网的环形空间里。

8）环型空间测量

① 用测量机器人对反应器内外筛网的环型空间进行测量，如图 4.4-3 所示；

② 通过数据分析，以推算、验证适量的物料分布通过催化剂移动床。

9）外封盖板安装

所有手持工器具均须设置防掉落绳扣。工器具操作时，绳扣固定在手腕处，注意不得有任何物品掉入反应器内；如有物品掉入内部，在装载催化剂前则须清除干净。做好外封盖板安装前各项准备工作，如在盖板和催化剂输送管上标记催化剂收集器的正确方向等，然后按相关要求完成外封盖板的安装。

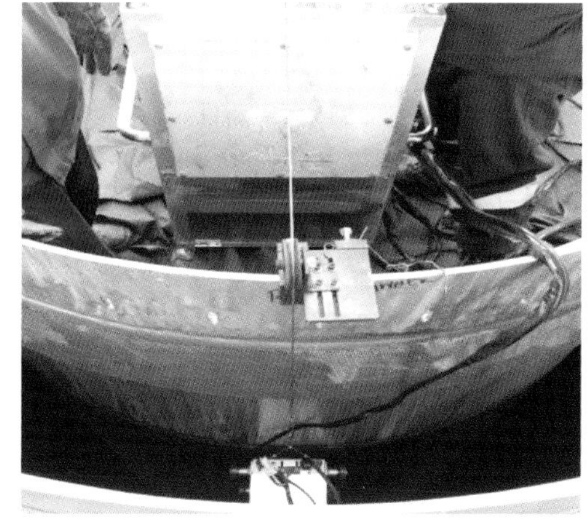

图 4.4-3　环形空间检测

10）上封头安装

拆除反应器主体法兰密封面硬质保护，检查清理法兰面并安装正式垫片；上封头吊装复位，紧固法兰螺栓后，拆除其顶部人孔法兰盖，然后进入内部安装催化剂输送管。

11）催化剂输送管内件和中心管清洗管安装

上封头内部催化剂输送管装配前，须将中心管顶部格栅处铺设防火布覆盖保护，使用内六角扳手拆除 Dur-O-Lock 管接头锁紧螺栓，将预制好的催化剂输送管连通上部缓冲管段与盖板上催化剂收集器。

初次连接时，首先对 Dur-O-Lock 管接头进行试装，试装时管接头内石墨垫片不得安装。试装过程中需微调收集管上的抱卡，以满足管接头安装质量。试装无误后，加设石墨垫片最终完成 Dur-O-Lock 管接头安装，用内六角扳手紧固管接头上扣环锁紧螺栓。拆除盖板上催化剂收集器的临时抱卡。Dur-O-Lock 管接头型式见图 4.4-4。

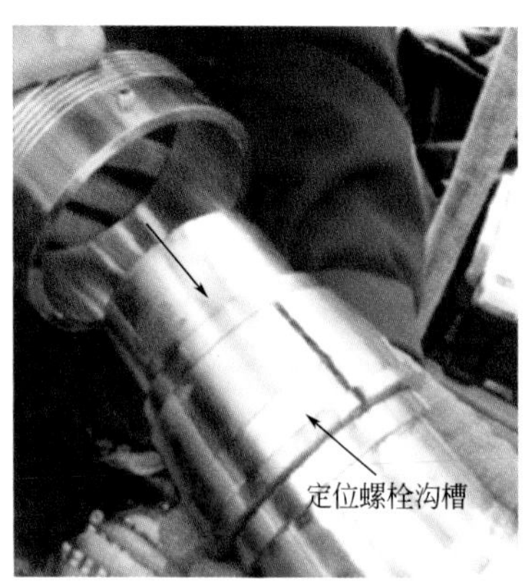

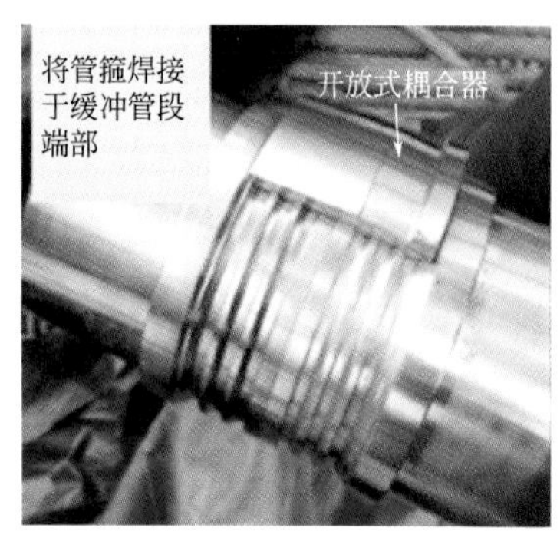

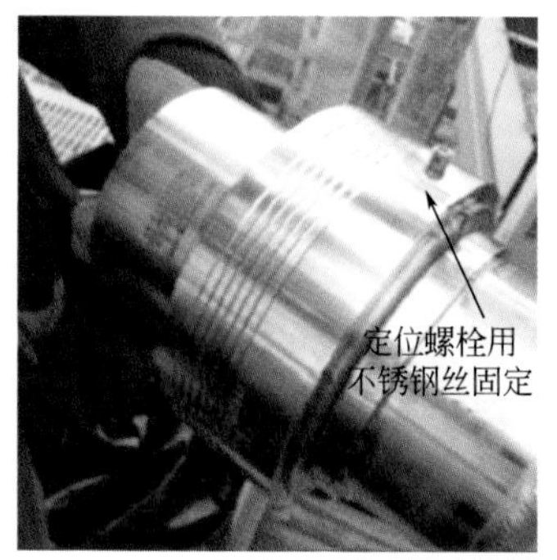

图 4.4-4 Dur-O-Lock 管接头安装示意图

调节清洗吹扫管的垂直段，并将其与连通上封头入口法兰的水平管道进行组对焊接。水平管须根据现场情况适配，否则易出现与催化剂输送管碰撞的现象；最后用吊杆固定清洗吹扫管。

12）反应器入口弯头恢复

入口弯头确认合格后，法兰密封面加设正式垫片。使用手拉葫芦配合安装反应器入口弯头。

13）人孔封闭

在上封头内部对反应器筒体法兰间采用唇焊，并进行渗透检测与氨泄漏检测，以保证封头内部空间严密性。清理内部卫生，封闭人孔。此时封闭人孔暂时采用普通垫片，后续经过反应器整体严密性检查，以及高温干燥后安装正式高温垫片。

4.5 再生器旋分系统安装技术

1. 技术简介

反应再生器的安装是催化裂化装置的施工重点，尤其是再生器的旋分系统（图 4.5-1），其规格尺寸大，施工区域狭小，安装难度大。目前两器内旋风分离器的安装施工是将多台旋风分离器临时悬挂在两器筒体壁板上临时设置的吊耳和三角临时挂架上，需搭设满堂脚手架配合安装，费工费时，高空作业安全性差。

再生器旋分系统安装过程中，将环形临时支撑平台固定于再生器壳体内壁，临时支撑平台上均匀开设预留孔；将旋风分离器吊入预留孔，待再生器上过渡段就位并焊接完成后，进行旋风分离器的安装就位，相比传统的施工方法，本安装技术更加安全便捷。

此技术应用于山东石大科技石化有限公司100万吨/年含硫含酸重质油综合利用装置中同轴式沉降-再生器上。

图4.5-1　再生器旋风分离器图

2. 技术内容

（1）工艺流程

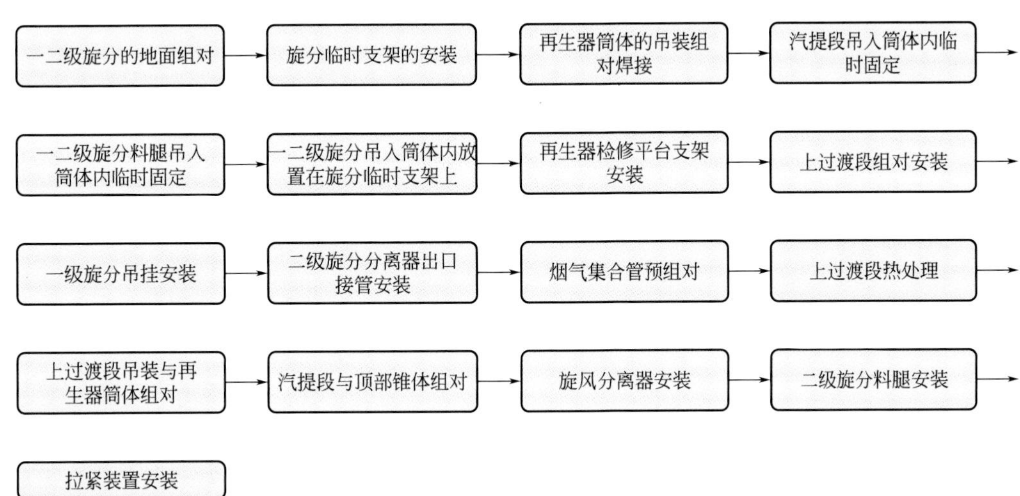

（2）操作要点

1）一、二级旋风分离器组对

一、二级旋风分离器吊装前先在地面组对焊接。组对时将旋风分离器安放在型钢支架上，在型钢上弹出一、二级旋风分离器轴线，组对过程中注意控制旋风分离器直线度，控制一、二级旋风分离器轴线中心距偏差在 2mm 以内。一、二级旋风分离器对口焊接完成后，接口部位进行煤油渗漏检测。下部采用型钢焊接固定住，确保安装时有利于调整旋风分离器的垂直度。

在一、二级旋风分离器同一标高处安装抱箍。抱箍的制作选用 20mm 钢板，在二级旋风分离器出口处设置三根槽钢与抱箍相连，防止抱箍滑动。旋风分离器组对情况见图 4.5-2，抱箍设置见图 4.5-3。

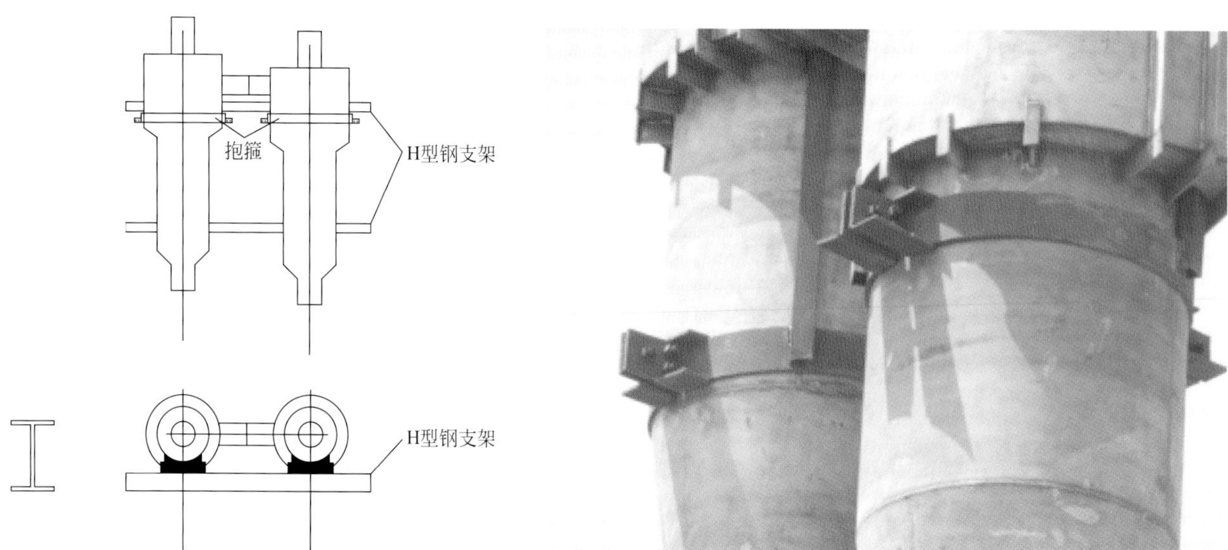

图 4.5-2　一、二级旋风分离器组对示意

图 4.5-3　旋风分离器抱箍设置示意图

2）临时旋风分离器支撑平台设置

根据旋风分离器安装标高，在再生器筒体内设置一种环形临时支撑平台，见图 4.5-4。平台上根据旋风分离器的数量设置相应的预留孔洞，用以临时固定一、二级旋风分离器。

图 4.5-4　旋风分离器环形临时支撑平台

3）一、二级旋风分离器的吊装

在旋风分离器吊装前首先将料腿吊进再生器筒体内并临时吊挂在临时支撑平台下方。一、二级旋风分离器组合体吊装时，为避免主吊索挤压损坏旋风分离器，吊装使用平衡梁，其简图和吊装示意图如图 4.5-5、图 4.5-6 所示。旋风分离器通过抱箍的连接板固定在旋风分离器临时支架上。

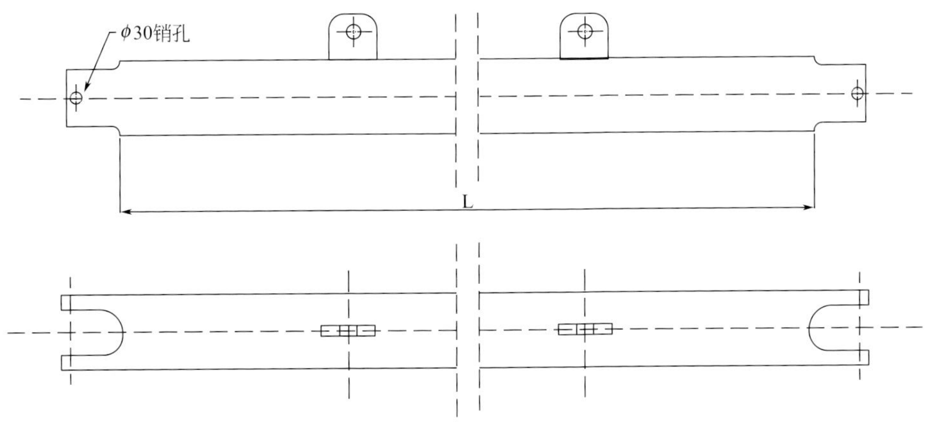

图 4.5-5 平衡梁简图

图 4.5-6 平衡梁吊装示意图

4）一级旋风分离器吊挂安装

为保证吊挂与烟气接管开孔的中心距，在烟气接管开孔复测后，制作一个组对胎具，配合安装旋风分离器吊挂，吊挂的组对胎具见图 4.5-7。此胎具用 300×300H 型钢制作，胎具焊接过程中严格控制焊接变形，以确保吊挂安放位置处于同一水平面。

确定胎具上吊挂的位置，待吊挂调整好后将其点焊固定在型钢上。起吊胎具完成吊挂与再生器过渡段的组焊，如图 4.5-8 所示。

5）再生器上过渡段安装

待再生器上过渡段内烟气接管及内椎体安装完成后，将其与上过渡段一起做整体热处理。上过渡段吊装与再生器筒体组对完成后，开始再生器旋风分离器的安装。

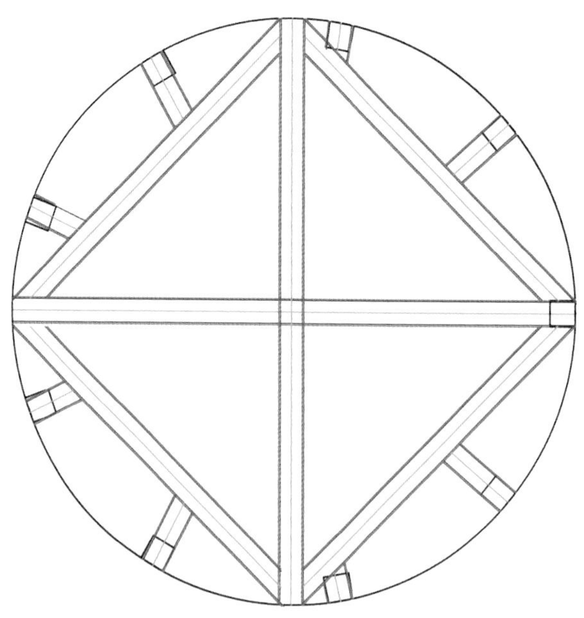

图 4.5-7　吊挂安装组对胎具

图 4.5-8　吊挂与过渡段内壁组焊

6）再生器旋风分离器系统安装

① 旋风分离器安装

一、二级旋风分离器安装时在烟气出口管管壁上焊接两个吊耳，用于旋风分离器的吊装。首先临时固定一级旋风分离器，调整一级旋风分离器催化剂入口角度，满足设计要求后，组对二级旋风分离器出口与烟气接管，同时调整一、二级旋风分离器垂直度，保证其垂直度偏差不大于 5mm。二级旋风分离器与烟气接管焊接完成后，安装一级旋风分离器吊挂，一级旋风分离器吊挂吊杆垂直度偏差控制在 1mm 以内，吊杆与旋风分离器轴线偏差不大于 3mm，合格后，锁紧吊杆螺母，进行料腿安装。

② 料腿拉杆安装

料腿安装后，可以先用水平管测出料腿上拉杆安装的位置，做好标记，然后将料腿拉杆进行点焊固定，测量拉杆水平度，每层拉杆中心线要控制在同一水平面上。料腿拉杆安装过程中不能强力组对，每根拉杆水平度偏差要小于 2mm/m，拉杆焊接时应避免其焊接变形造成料腿垂直度发生变化，拉杆焊接时采用逐层间隔焊接。

4.6　高塔塔盘分段安装技术

1. 技术简介

百米高塔器设备经常出现在大型石化工程中，其塔盘安装工作量巨大，施工周期长。高塔塔盘分段安装技术将高塔分为几个独立空间（高塔塔盘分段安装示意见图4.6-1），塔盘安装时各空间可以同时施工，互不影响；与采用由下而上按序施工的方法相比，高塔塔盘分段安装方法能有效地缩短高塔塔盘安装周期，提高塔盘安装质量。

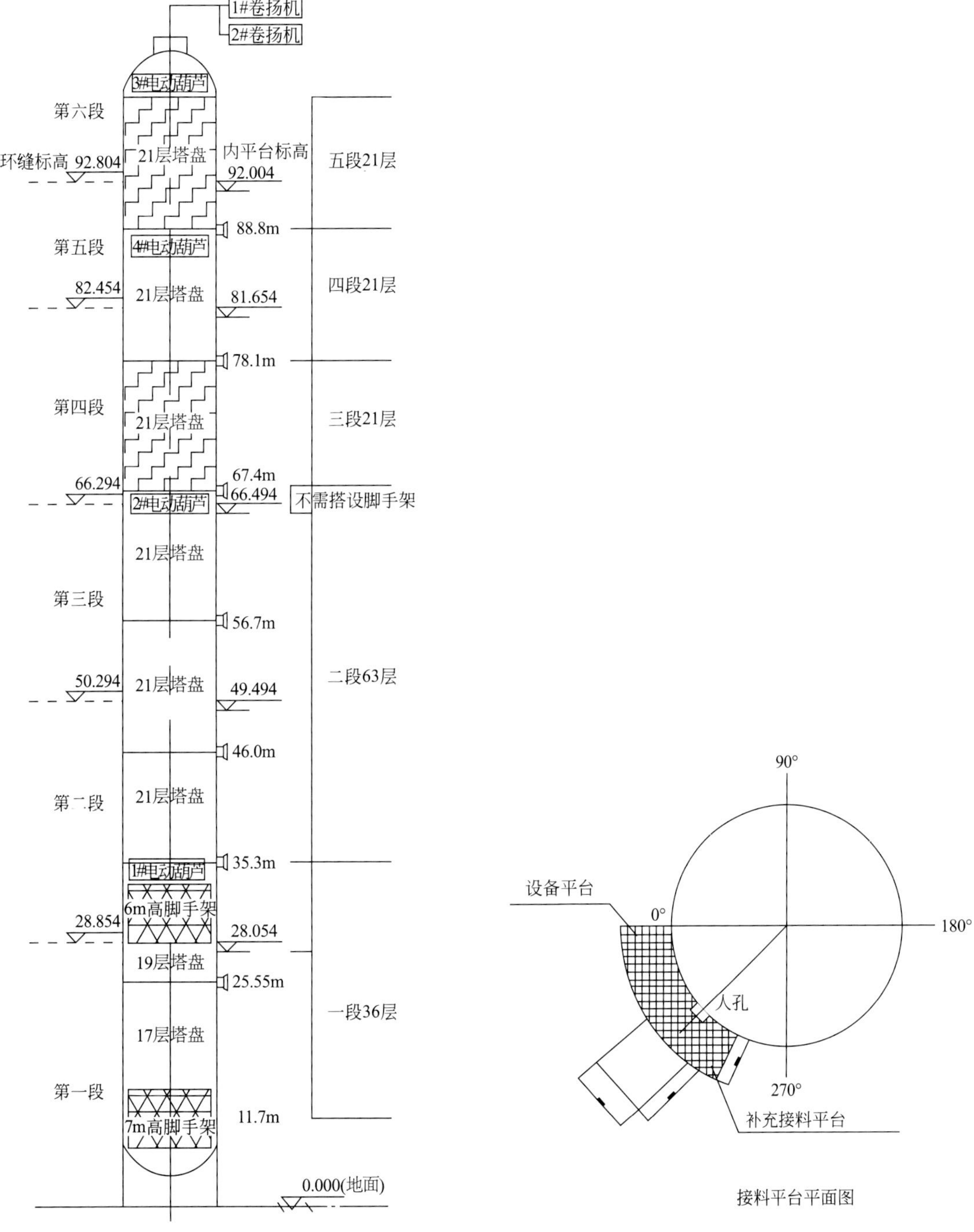

图4.6-1　塔盘分段安装示意图

此技术应用于浙江台化20万吨/年精间苯二甲酸（PIA）项目、浙江禾元180万吨/年DMTO联合装置、内蒙古新能能源20万吨/年稳定轻烃项目、恒逸（文莱）PMB项目800万吨/年常减压联合装置等项目中，取得了良好的经济效益和社会效益。

2. 技术内容

（1）工艺流程

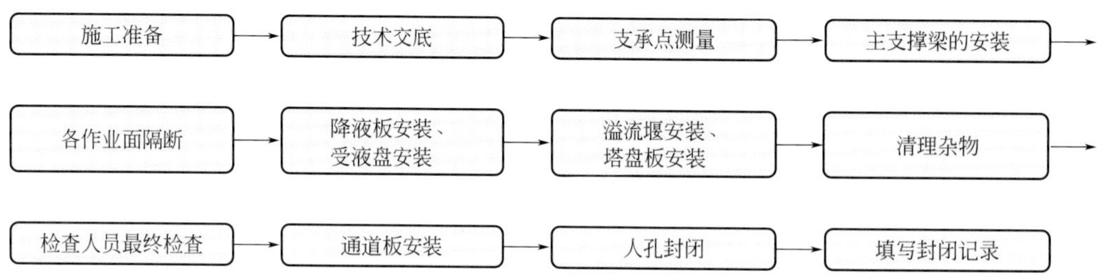

（2）操作要点

1）塔盘支撑圈验收

在安装塔盘之前对塔盘支撑圈、受液板等进行检查，测量支撑圈水平度，对于超差的部位及时处理，水平度允许偏差控制在2mm。

2）塔内件验收预组装

塔内件经验收合格后，由厂家现场指导在地面进行预组装，确认无误后，按照层号、件号做好标识，并将连接件保管好，以防现场丢失。

3）塔内隔断层的施工

根据塔体高度及人孔数量进行塔盘安装分段设置，以某装置丙烯精馏塔塔盘安装为例，塔盘分段安装情况见表4.6-1。塔内隔断层采用脚手管搭设，上面满铺木挑板。在每个隔断层的塔体外侧人孔处设置接料平台，以便塔盘向塔内运输。

人孔及内平台位置分布表　　**表4.6-1**

序号	人孔标高、方位	内平台标高
第三段	88.8m、315°	89.78m层
	78.1m、315°	
	67.4m、315°	68.49m层
第二段	56.7m、315°	
	46m、315°	
	35.3m、315°	36.25m层
第一段	25.55m、315°	
	11.7m、315°	

4）塔盘安装

在塔身周围设置1台卷扬机，用于塔内件垂直运输。卷扬机吊点设置在塔顶吊柱上，根据之前的预组装编号，按照层号、件号将塔内件分别运输至对应人孔处的脚手架接料平台。然后利用塔顶及隔断层上设置的电动葫芦将其安装就位，如图4.6-2所示。

塔内件安装时，首先安装钢支撑梁，然后安装塔盘、降液板等。塔盘安装时，先临时固定，待各部位尺寸与间隙调整符合要求后，再用卡子，螺栓予以紧固；每组装一层塔盘，即用水平仪校准塔盘水平度，水平度合格后拆除通道板放在塔板上。

塔盘、受液盘的局部水平度300mm长度内不得超过2mm。整个受液盘的弯曲度：当受液盘长度小

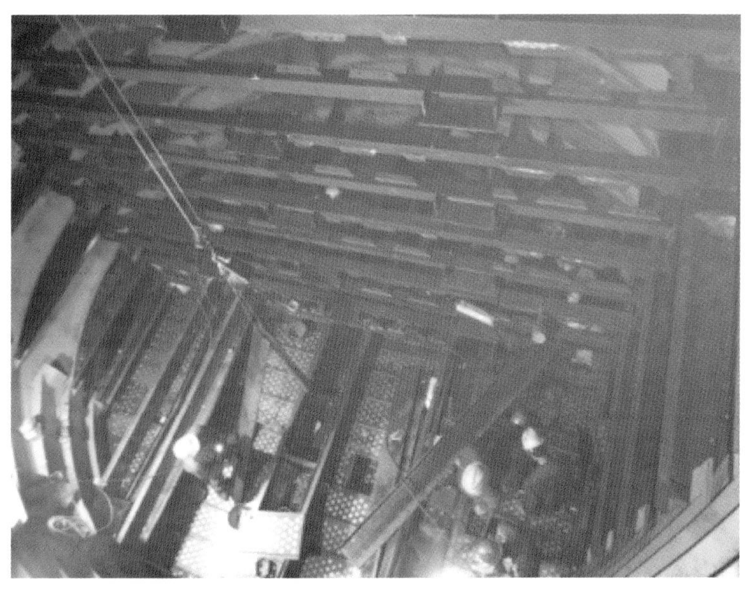

图 4.6-2 2号丙烯精馏塔塔盘分段安装

于或等于 4m 时不得超过 3mm，长度大于 4m 时不得超过其长度的 1/1000，且不得大于 7mm；降液板底端与受液盘上表面的垂直距离 F 允许偏差为±3mm，降液板底部立边与受液盘立边的距离 W 允许偏差为−3～+5mm，见图 4.6-3。

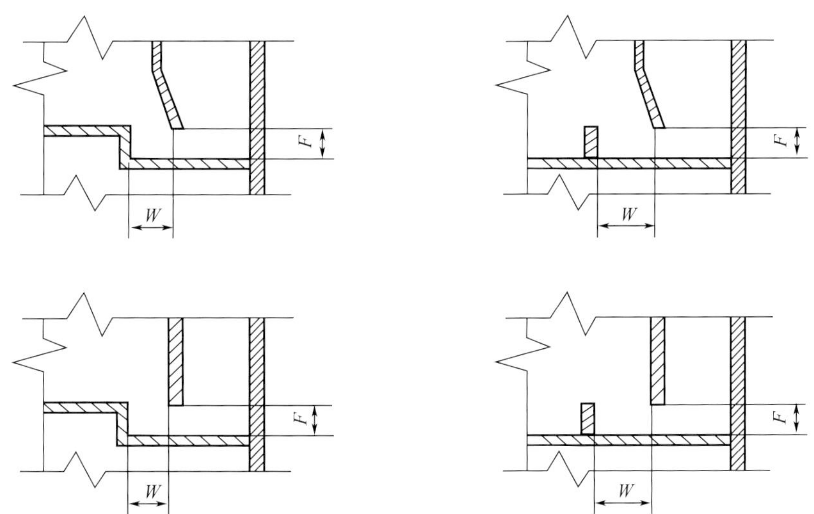

图 4.6-3 降液板安装质量检查示意图

F—降液板底端与受液盘上表面的垂直距离；W—降液板底部立边与受液盘立边的距离

4.7 模拟移动床分子筛吸附室安装技术

1. 技术简介

模拟移动床吸附室技术具有固定床良好装填性和移动床可连续操作的优点，其分离产物纯度高、收率高，是世界上比较先进的分离技术。模拟移动床吸附室结构复杂（吸附室结构如图 4.7-1 所示），安装要求高，本技术采用由下至上的安装顺序，通过严格控制安装精度并开展各项检验试验，满足了移动床分子筛吸附室安装要求。

此技术应用于南京某烷基苯联合装置工程中，吸附与分离单元开车一次性成功，工艺吸附率满足工艺设计要求。

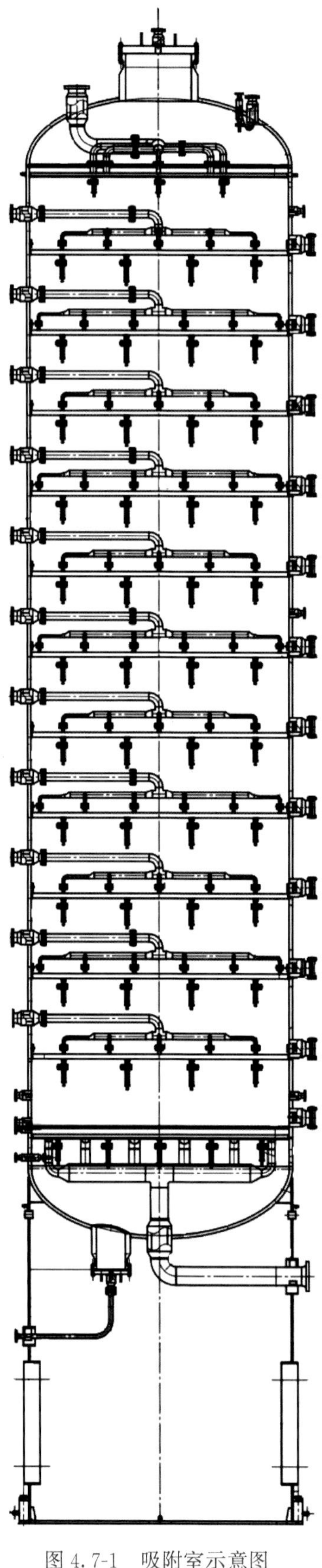

图 4.7-1 吸附室示意图

2. 技术内容

（1）工艺流程

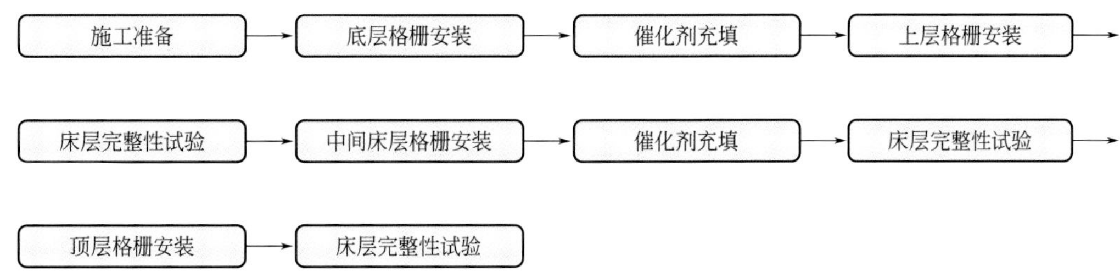

（2）操作要点

1）底层格栅安装及验收

带有三合板防护的底层格栅按分布位置就位后，用撬棍对格栅的间隙进行调整，相邻两块格栅的侧面肋板之间要保证一定的间隙，将格栅间的间距调整均匀，满足验收要求。

安装过程中若格栅不平，需通过调整格栅支撑梁来对格栅找平；若无法找平，则在格栅的肋板下缘与格栅支撑圈间加塞不同厚度的金属垫片进行格栅的找平，并用龙门卡点焊或楔形块填塞间隙等手段将底层格栅进行固定。

底部格栅陶瓷纤维填塞结束后，底层格栅肋板的上表面用“T”形密封条进行焊接密封，焊接方法采用氩弧焊，从中心位置开始进行，采用分段退焊方法进行焊接，以避免密封条产生翘曲变形。在对密封条焊接的过程中，格栅网丝的防护的三合板不得拆除。

“T”形密封条进行焊接结束后，进行渗透检测。底层格栅分配管现场无应力组焊，底层格栅与吸附室内壁间的间隙用环形角钢件进行密封，焊接方法与“T”形密封条的焊接方法相同，并进行渗透检测。进行底部格栅的严密性试验。

用盲板将通气管法兰密封，同时封闭下封头上的接管及人孔，通入 35～50kPa 的洁净空气，用肥皂水对底层格栅的“T”形密封条、环形角钢密封条焊缝进行严密性检验。合格后进行底格栅分配管安装。

2）分子筛装填及验收

分子筛装填前的准备：搭设分子筛上料平台，并用防雨布覆盖。用工业吸尘器清除吸附室内任何碎屑及粉尘，拆除即将装填分子筛的床层范围内的接管盲板及格栅上防护三合板。安装分子筛卸料漏斗、卸料帆布管及接地线，以防分子筛充填过程中产生静电。

分子筛装填过程质量控制：粗、细分子筛的装填及整平（图 4.7-2）。每分钟单根装填管（帆布管）的分子筛流量控制在 150kg 左右。分子筛装填时先装填 1000kg 左右的粗分子筛，此时设备内安排作业人员分布站立，均匀摆动装填专用的帆布管，将分子筛均匀地撒在格栅表面上，检查是否将格栅表面完全覆盖，并找平；进而装填约 5000kg 的细分子筛，此时设备内作业人员，仍需均匀摆动装填专用的帆布管，将细分子筛均匀地撒在底层粗的表面上，装填后略找平后，在分子筛表面上踩踏压实。在分子筛装填过程中输送用的帆布管管口与格栅之间保持在 300mm 以内，避免因较大的高差造成分子筛的破碎与粉化。

图 4.7-2　分子筛装填

在分子筛填装过程中，要注意格栅和分子筛的保护。分子筛装填人员穿着软底胶鞋，避免直接踩踏约翰逊网，同时装填人员在作业中须将工器具与身体使用绳索连接，避免其掉落于格栅表面或遗落在分子筛床层内。

完成每个床层的分子筛装填后，通过给吸附室加压的方式检测约翰逊网的完整性，并检查捕集篮筐内的排出物，以无分子筛为合格，如图 4.7-3 所示。

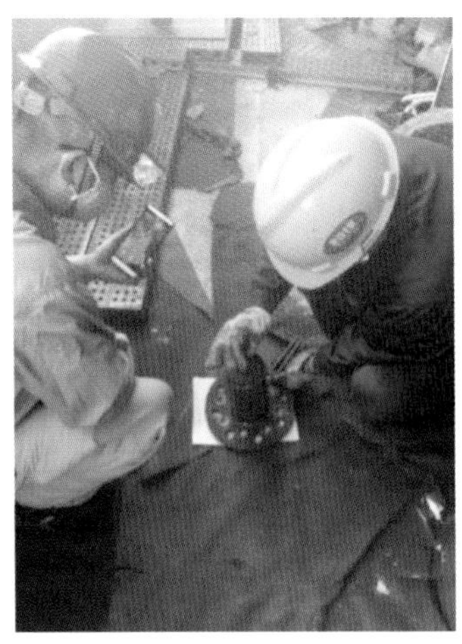

图 4.7-3　捕集篮筐检查

3）中间层、顶层格栅安装

中间层、顶层格栅的安装、间隙调整、找平方法同底层格栅基本相同，不同点在于中间格栅、顶层格栅没有“T”形密封条、环形角钢密封条。在中间层、顶层格栅间隙填充陶瓷纤维绳后完成相应各层格栅分配管的安装。

图 4.7-4　分配管无应力组装

4）分配管现场组焊

用金属支架在格栅分配管下方进行支撑，并在完全自由状态下检查分配管各口的对口间隙及对口错边量，合格后进行分配管无应力组焊，如图 4.7-4 所示。

5）旋转阀安装

用旋转阀底板边缘的吊耳吊装旋转阀，将其安装在构架的平台上，就位时调整好方位，然后进行找平固定。旋转阀固定后，将工艺管线和密封液出入口接到吸附室、旋转阀及液压油站上。然后进行旋转阀转子板安装。

首先将旋转阀顶部封头的法兰螺栓全部拆卸，做好顶封头方位标识时，卸下旋转阀顶部封头。将厂家提供的实位杆放于转子板毂内，以保证转子板落座时对中正确。为防止底槽板损坏，在保持水平的条件下将转子板吊放到底槽板上。然后吊装顶部封头，并按原方位进行就位紧固。

在旋转阀安装完后，需对旋转阀的液压系统进行蓄能器充压，利用随旋转阀佩带的充氮工具，用清洁、干燥的氮气，向蓄能器充压，观察充氮压力，使蓄能器压力达到要求。

4.8　NCH 型离子膜电解槽安装技术

1. 技术简介

电解槽作为氯碱装置的关键设备，槽型非常多，NCH 型电解槽就是其中之一，其电解槽板框为压滤机型，属于复极室离子膜电解槽（结构形式见图 4.8-1）。

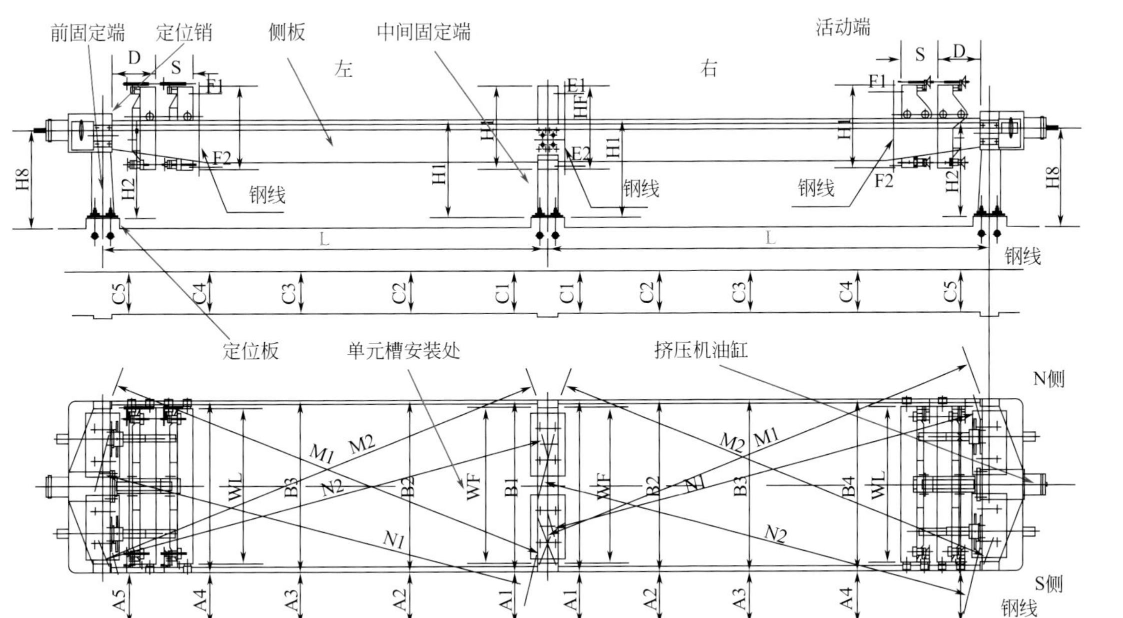

图 4.8-1　NCH 型电解槽结构

NCH 型离子膜对任何阳离子都极为敏感，其安装环境清洁度要求高；电解槽设备安装每一道工序都将影响电解槽组装质量，本技术采用挤压机框架安装精度控制和单元槽垫片粘贴技术，有效降低设备安装累计误差和质量通病的发生，有效提高安装质量与工效。

此项技术应用于重庆飞华环保科技有限责任公司 23 万吨/年废氯化氢回收项目中，取得较好的社会效益和经济效益。

2. 技术内容

（1）工艺流程

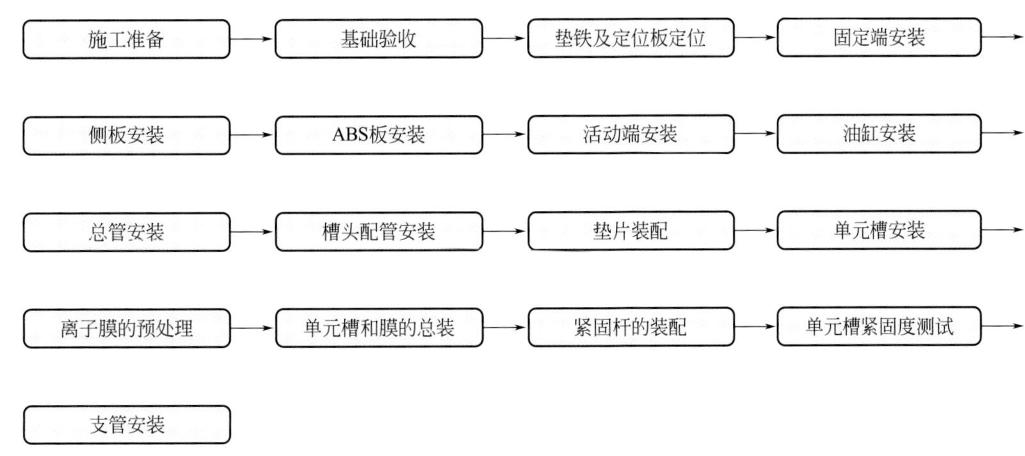

（2）操作要点

1）离子膜电解槽基础检查和定位板安装

① 确认基础标高，基础上表面平整度要求在±2mm 范围之内。

② 在基础上作中心线，对角线误差小于 3mm。

③ 将定位板安装在基础上，定位板与基础之间设置垫铁。将定位板的中心线与基础上面所作中心线对正后，测量各定位板的标高误差应在 0.5mm 范围之内。检查定位板上各中心线及对角线是否在规

定的范围内，对角线误差小于3mm，见图4.8-2。

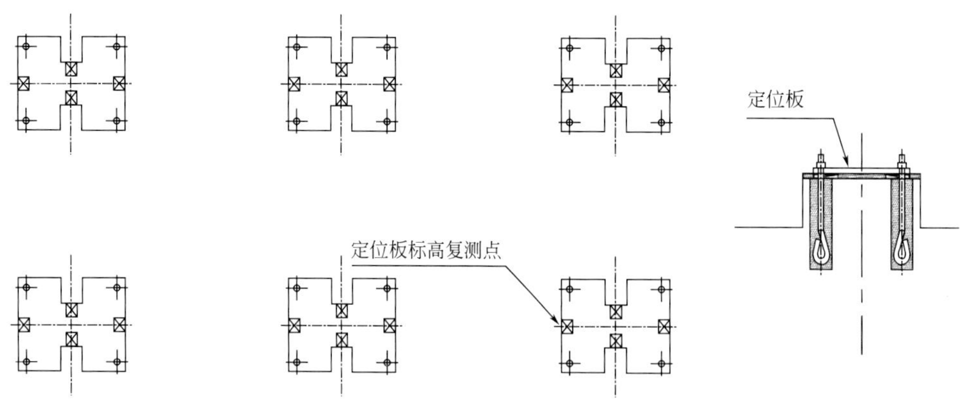

图4.8-2　定位板布置图

④ 定位板调整完成后，对地脚螺栓进行一次灌浆。

2）安装前后固定端头

① 将前后固定端头按照设计的位置和方向放在基础上，并将前后固定端头的中心线与定位板的中心线保持一致，紧固螺栓；清理与侧板装配的嵌合部，保证没有异物。

② 测量前后固定端头上的侧板安装孔的距离，并确认与侧板实际测量的尺寸相同，误差在±0.25mm范围之内。

③ 测量前后固定端头，其插销孔中心标高误差应在±0.25mm之内，检测前后固定端头垂直度是否在±0.5mm之内，检查合格后，紧固基础螺栓。

3）侧板的安装

① 使用专用吊具进行侧板安装吊装。

② 清洗侧板与端头连接的嵌合部。

③ 将侧板对准前后固定端头插销孔部，插入销子，紧固连接螺栓。

④ 测量侧板上平面标高差是否符合设备厂家手册要求，见图4.8-3。

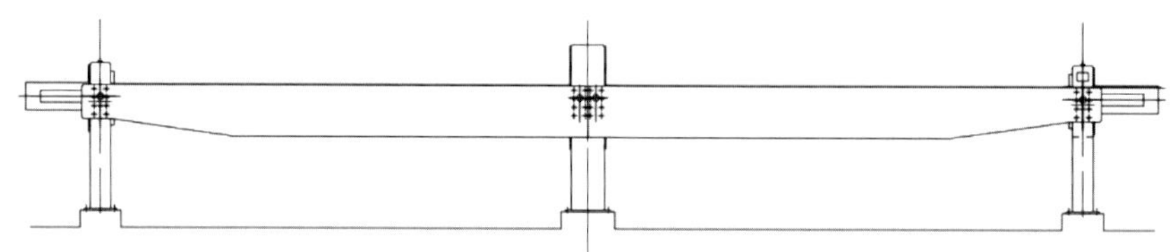

图4.8-3　侧板安装示意图

⑤ 检查左右侧板基准面的直线度是否在±1.0mm以内，若超差，则对侧板进行校直。

⑥ 确认地脚螺栓是否紧固，点焊基础上垫铁。

⑦ 安装侧板上的ABS板，ABS板的直线度控制在±1.0mm以内，左右侧板上的ABS板平行度控制在±1.5mm以内，如果不在范围内，微调ABS板上的紧固螺栓。将ABS板的螺栓孔及接缝处填充AB胶并修平磨光。

4）安装油缸及导杆

① 将油缸及后固定端头法兰处理干净后，把油缸放入支撑孔内，油缸的回油口垂直向下，紧固螺栓，检查活塞杆上的顶块及螺母是否到位及紧固。

②将导杆放入后固定端头两侧支撑孔内，锁紧螺母放在导杆无螺纹处，待装。

5）安装活动端头

① 油缸接通油路后，确认活塞杆全部伸出时的水平度、标高，将活动端头放在侧板上。复核活动端头孔深及顶块长度，使活塞杆上顶块进入活动端头孔内，调节活动端头的偏心轮，使顶块与孔的间隙合适，活动端头部件见安装示意见图 4.8-4。

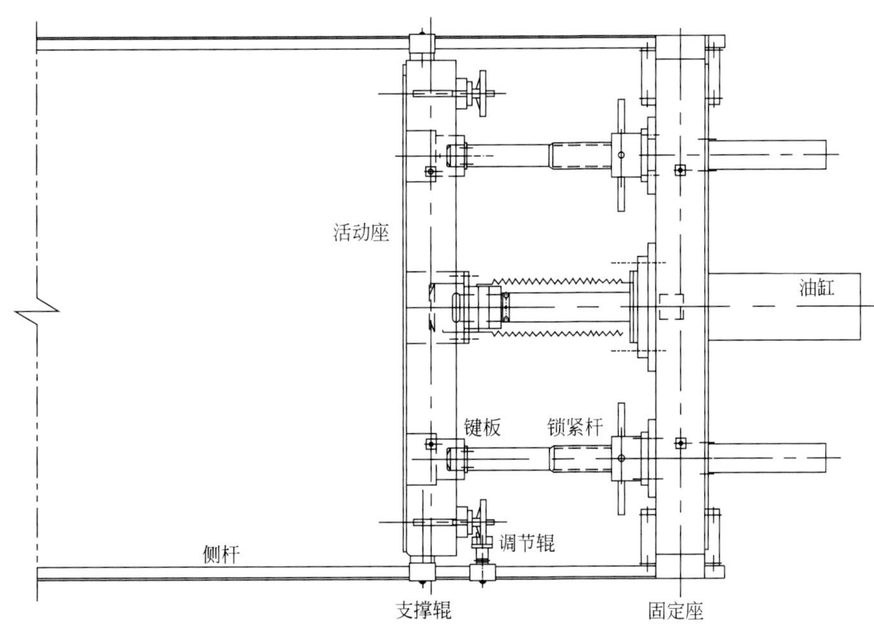

图 4.8-4　活动端头部件示意图

② 活动端头仰角调整时，用垂线和内径千分尺测定，旋转偏心轮调整活动端头的仰角，使其满足设备技术要求。

③ 安装活动端头及前固定端头的附件，紧固活塞杆上顶块和活动端头的螺栓，将导杆放入活动端头导杆孔内，用卡板卡好后，紧固螺栓，安装用于槽框移动的丝杠、丝母和手轮等，要保证手轮转动灵活。

6）电解槽框架固定底座接地

电解槽前后固定座、中间固定座均设置接地板，按设计要求进行设备接地连接。底座接地板见图 4.8-5。检查合格后对底座进行二次灌浆。

图 4.8-5　电解槽框架底座接地板安装

7）固定端头和活动端头的绝缘板安装

两层绝缘板（CR+PTFE）安装在固定端头和活动端头前面，使端框单元槽与固定端头或活动端头绝缘。

8）总管安装

①将总管按布置图（图 4.8-6）要求，安装在电解槽的两侧。测量总管的跨度、标高等数据，如有偏差，通过调节总管固定架来满足设计要求。

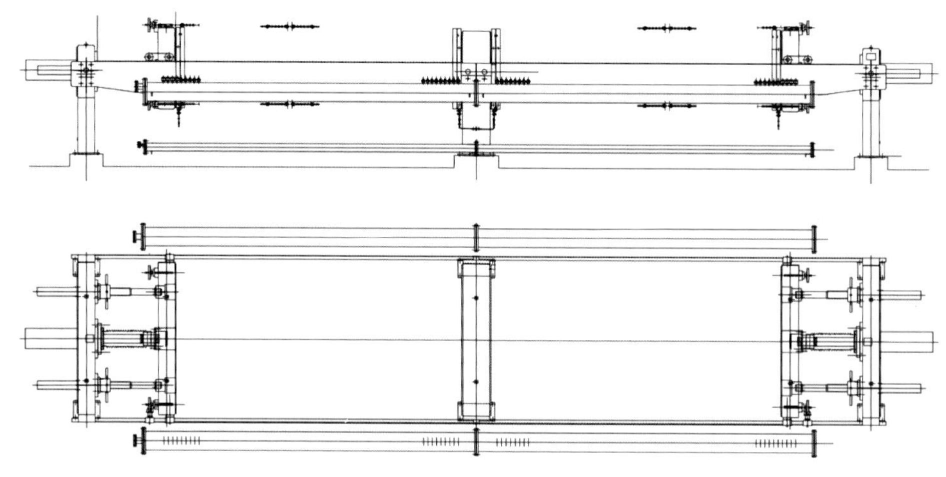

图 4.8-6　总管安装布置图

② 安装总管时，阴阳极出口总管的接管管口垂直向上，阴阳极入口总管的接管管口水平朝向电槽一侧，如图 4.8-7 所示。

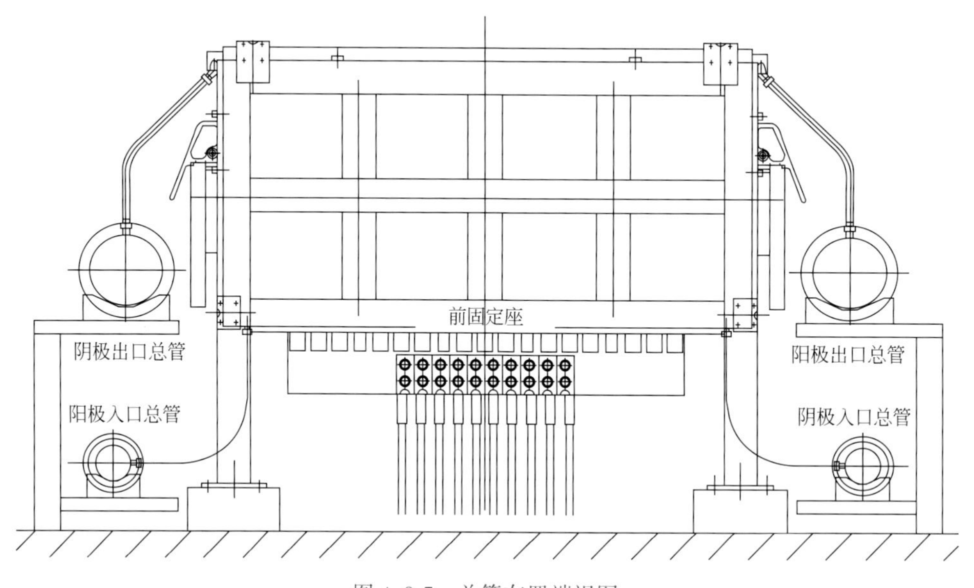

图 4.8-7　总管布置端视图

③ 总管与安装底架之间采用绝缘橡胶板隔开，以避免总管泄漏电流传导至支撑架上；总管安装如图 4.8-8 所示。

④ 为避免泄漏电流腐蚀阴阳极总管及电槽，阴阳极进出口总管上均须按接地要求进行接地连接。

9）液压系统安装

液压泵站宜安装在电解槽附近，便于操作与控制。阀组安装在电槽槽侧钢架上，且使手柄进退方向与活动端头进退方向一致，压力表安装在易于观察处。管道采用氩弧焊接方式，并进行清洗，管内应无毛刺、油污等，管路及管件应规格、材质相匹配。

10）单元槽垫片粘贴

图 4.8-8　总管安装示意图

① 从运输槽中将单元槽吊装倒运到翻转架上，并使翻转架单元槽水平，翻转架结构如图 4.8-9 所示。

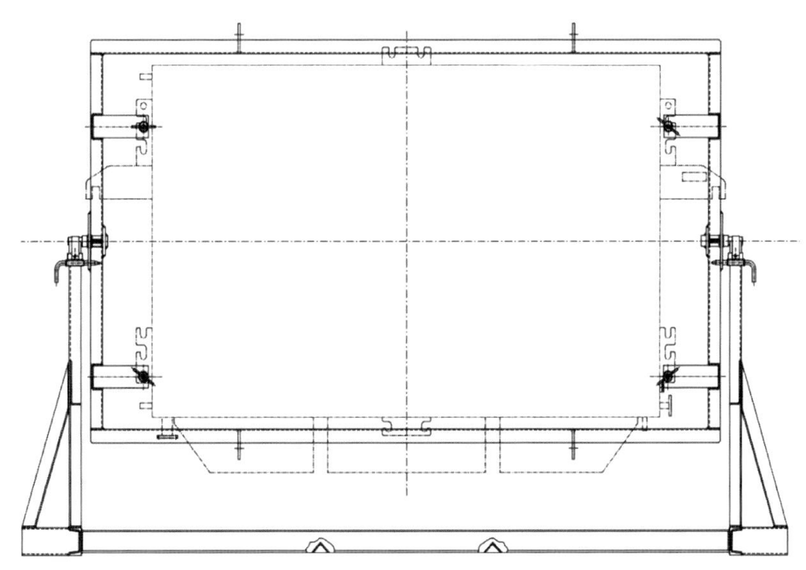

图 4.8-9　翻转架结构

② 将活动端头退回至最外侧，并保证油压分配台在后退档位上。拆开垫片，确认垫片表面上没有变形。在工作台上将垫片环绕木制框架放置平整，用刷子给垫片刷胶侧均匀涂上胶粘剂。

③ 清理并擦干单元槽密封面，除去单元槽密封面上的机油、灰尘和粘固胶残留，并确保单元槽密封面干燥，避免在挤压时垫片被挤出。在单元槽密封面上均匀刷上胶粘剂，严禁把胶粘剂粘到电极上。

④ 涂完胶粘剂后，将垫片粘到单元槽框密封面的正确位置。用手动工具均匀碾压垫片表面，以使其与单元槽密封面粘接良好。

⑤ 用塑料薄膜覆盖在单元槽上，抽出插销，转动旋转架使单元槽面垂直地面。拆除固定螺栓，吊装起单元槽，然后用透明胶布将塑料薄膜除吊耳预留口外进行密封，见图 4.8-10。

图 4.8-10　塑料薄膜覆盖单元槽

11）单元槽安装

核对单元槽数量，确认阳极和阴极表面没有尖点和棱角；确认阳极和阴极部分无外来杂质，特别是金属杂质；单元槽间放置隔垫，注意保护进口接管和阴极。检查单元槽托架安装是否正确，排列整齐划一；拧紧单元槽顶部吊环螺栓，确认电极表面方向后专用吊具将单元槽吊放在侧杆上，见图 4.8-11。

图 4.8-11　单元槽专用吊具现场图

12）离子膜安装

① 离子膜安装前，需要将其浸泡在平衡液槽中，平衡液配方及操作要求以离子膜生产商提供的技术要求为准；调节液压泵站油压至 $10kg/cm^2$；确认所有单元槽正确安装在侧杆上；确认侧杆上已涂抹润滑油；除阴极端框外把全部单元槽向活动端头移动；分别用快速连接器连接阳极端框和活动端头、连

接阴极端框和固定端头。

② 将离子膜沿长边方向取出并卷到辊轴上，避免离子膜发生弯折和压痕，两人用恒力将膜提起，缓慢取出膜槽，见图 4.8-12。离子膜的阳极和阴极侧，用纯水轻轻地淋洗以避免膜干燥。

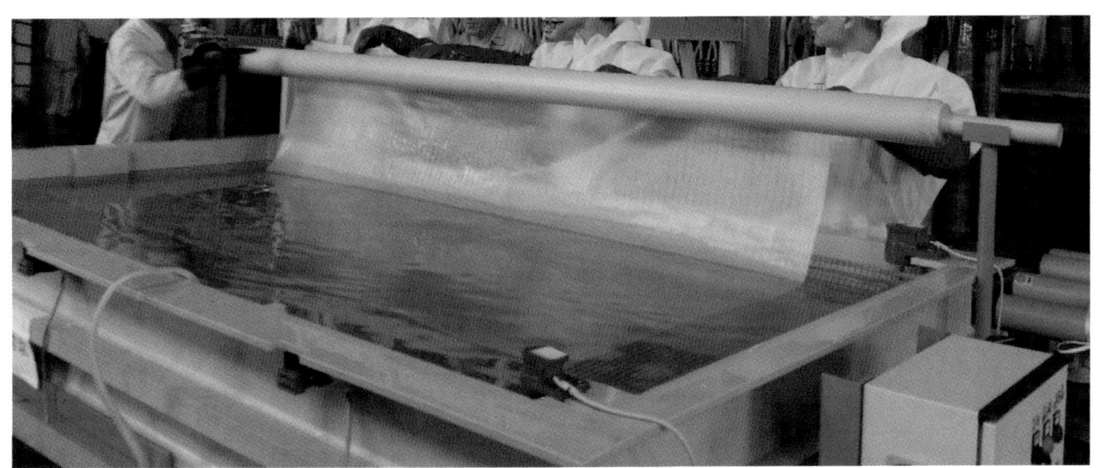

图 4.8-12　离子膜取出膜槽

③ 在阳极侧调节膜位置，使得它的每一个边缘突出单元槽框尺寸均匀一致。轻轻拉动膜下边缘两侧，贴向阳极表面。小心勿使膜皱褶，不要使膜夹在定位销与单元槽托架孔内。离子膜安装见图 4.8-13。

图 4.8-13　离子膜安装

④ 向固定端头滑动单元槽框，使其托架定位块紧靠到侧杠上，用单元槽框压紧膜；启动油压泵站，单元槽在活动端头推动下慢慢移动，使膜承受压力至 $10kg/cm^2$；拆卸全部快速连接器，继续推动活动端头使膜承受压力至 $70kg/cm^2$。

13）电解槽软管的安装

安装软管时，先用手均匀平滑旋紧螺母，然后使用扭矩软管扳手紧固软管螺母。剩余的预留接管用盲板封闭，软管安装见图 4.8-14。

图 4.8-14 电解槽软管安装

4.9 大型三缸离心压缩机组安装技术

1. 技术简介

压缩机组是化工装置核心设备，机型通常分往复式和离心式，驱动方式有高压电机驱动、燃气透平驱动和蒸汽透平驱动。压缩机组安装技术要求高，施工难度大。尤其是蒸汽透平驱动大型三缸离心压缩机组的安装，每一个环节必须做到精准控制、质量优良，以确保装置长周期安全可靠运行。蒸汽透平驱动大型三缸离心压缩机组布置见图 4.9-1。

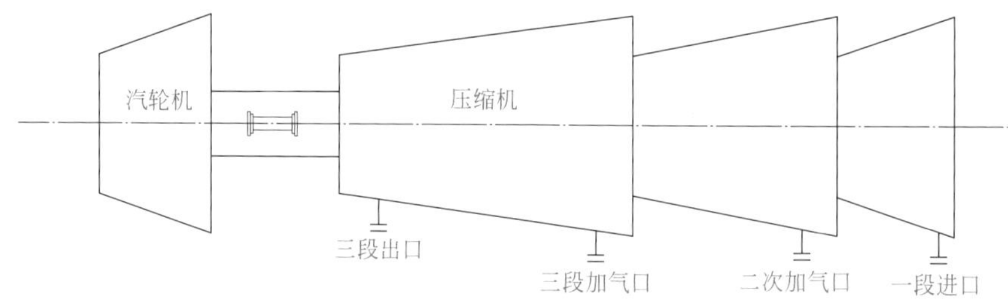

图 4.9-1 大型三缸离心压缩机组布置图

大型三缸离心压缩机组在安装过程中以汽轮机为基准，来确定压缩机安装位置，并通过采用无垫铁法安装工艺和三表找正法，有效的提高了压缩机组安装精度。

此技术应用于宁波禾元化学有限公司 30 万吨/年聚丙烯项目、山东桦超化工有限责任公司 24 万吨/年工业异辛烷项目、恒逸（文莱）PMB 项目 800 万吨/年常减压联合装置、大连恒力 130 万吨/年 C3/IC4 混合脱氢等项目中，取得了良好的经济效益。

2. 技术内容

（1）工艺流程

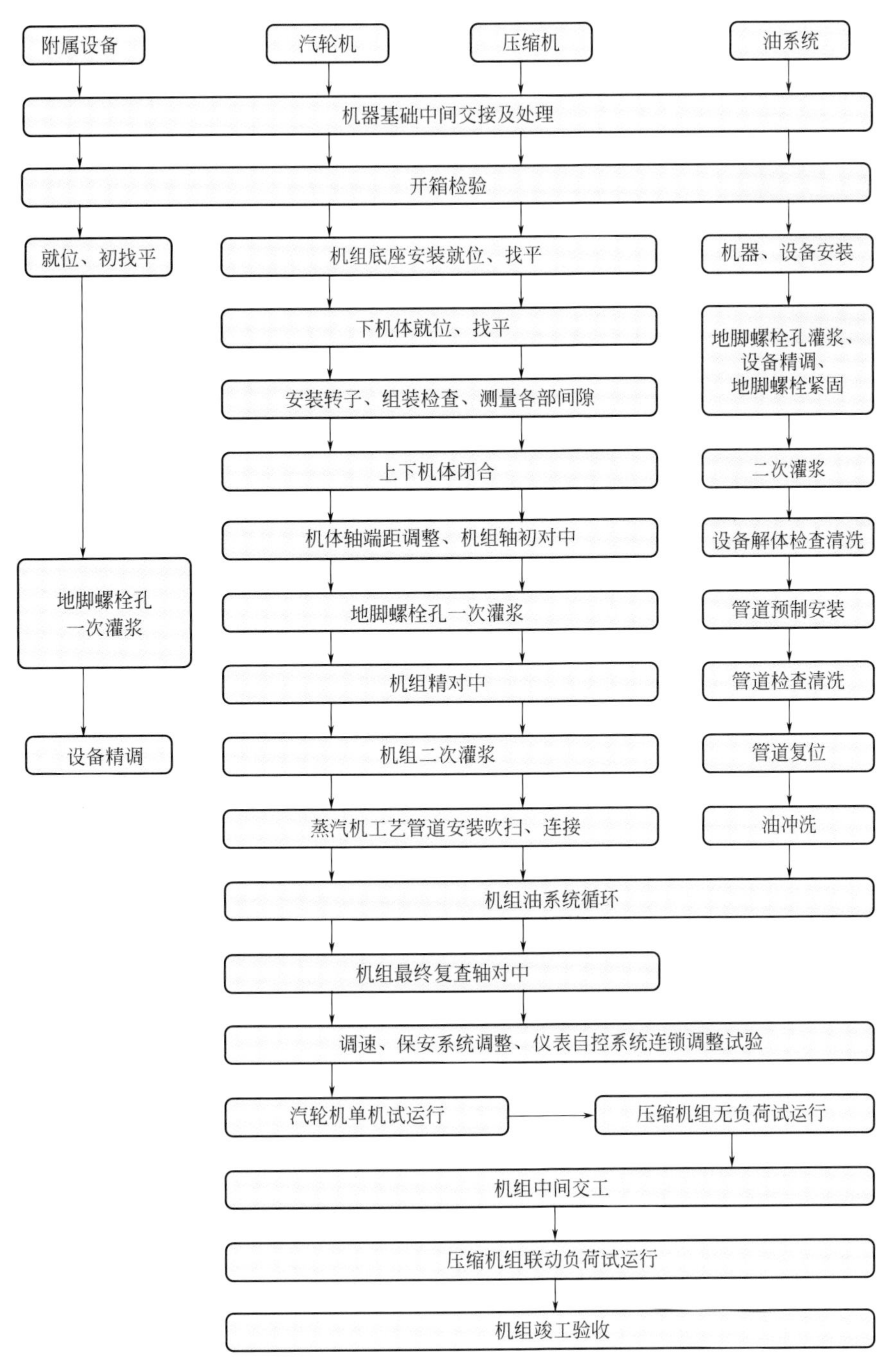

(2）操作要点

1）压缩机组底座无垫铁法安装

压缩机组底座无垫铁法安装见图 4.9-2。首先正确将支撑块置于基础上，并设置临时垫铁，将机组底座缓慢安放在基础上。调整机组底座轴线，合格后将调整螺栓顶到支撑块上，用调整螺栓使机组底座标高、水平度达到设计要求。通过地脚螺栓将其固定。地脚螺栓螺母与垫片、垫片与机组底座间接触均应良好，拧紧后螺栓露出螺母 1.5～3 个螺距。

拆除临时垫铁，用连接螺栓将底脚板与底座平板固定在一起，并检查两个面的接触情况。在两个接触面之间加入 2～3mm 的调整垫片，便于以后水平度调整。在底脚板四周支模，通过坐浆将底脚板固定基础上。

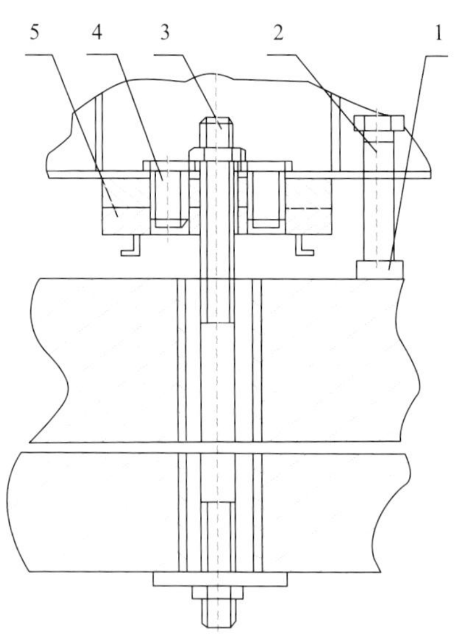

图 4.9-2　底座无垫铁法安装示意图

1—支撑块；2—调整螺栓；3—地脚螺栓；4—连接螺栓；5—底脚板

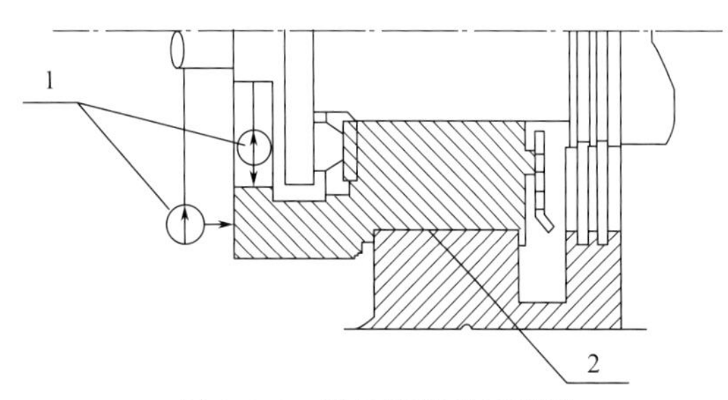

图 4.9-3　轴承座测量示意图

1—百分表；2—轴承座孔

2）汽轮机的安装

安装调整汽轮机下机体，在下机壳水平剖分面上的轴承座孔两侧测量纵横向水平度，横向允许偏差为 0.10mm/m，纵向允许偏差为 0.05mm/m。

按图 4.9-3 所示，用百分表测量轴承座孔侧向端面与转子轴线之间的垂直度偏差及轴承座孔与转子轴线之间的对中偏差，允许偏差值均为 0.03mm；可倾瓦块径向轴承结构见图 4.9-4，径向推力轴承结构见图 4.9-5。

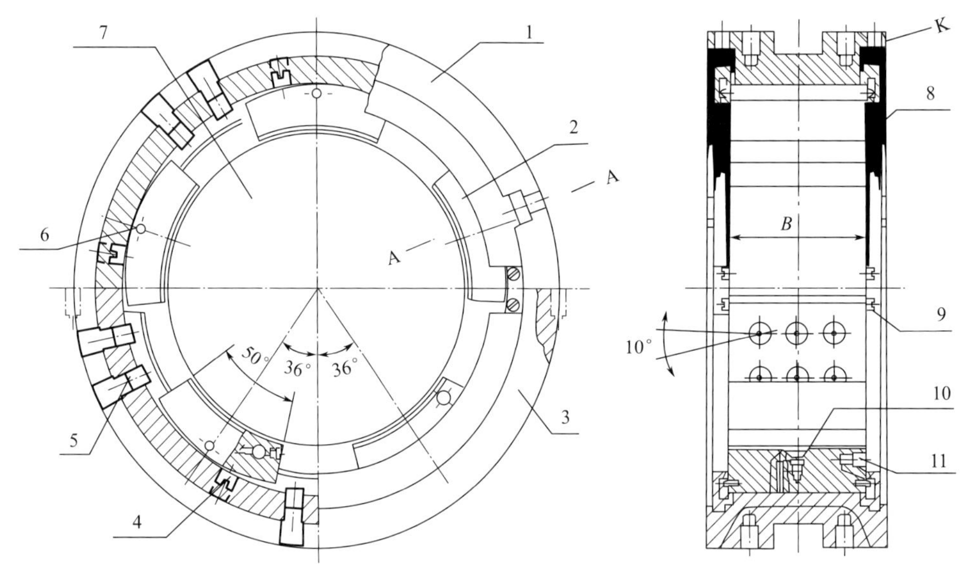

图 4.9-4　可倾瓦块径向轴承

1—轴承环上半；2—扇形挖块；3—轴承环下半；4—定位螺钉；5—喷嘴；6—圆柱销

7—转子；8—侧环；9—螺栓；10—顶油油腔；11—轴瓦温度测量孔

汽轮机挡油环水平剖分面应严密，其间隙不得超过 0.1mm，并不允许有错口现象；隔板应按匹配标识装入机壳，且上、下隔板配合面上应涂密封胶；上、下隔板水平剖分面应结合严密，且下隔板的水

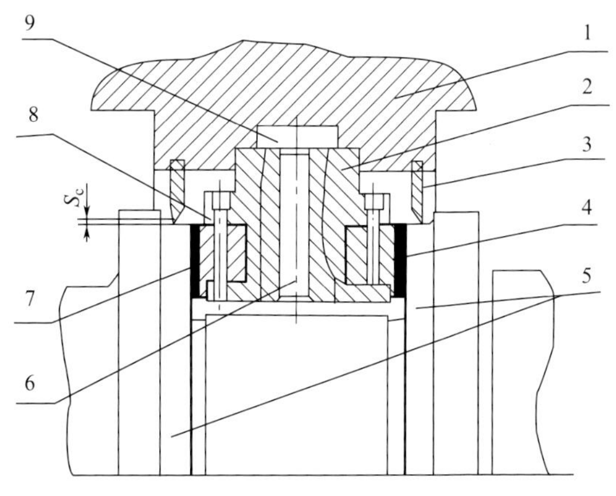

图 4.9-5　径向推力轴承

1—推力轴承支座；2—轴承壳体；3—封油齿；4—副推力瓦块；5—转子推力盘；6—进油孔；7—主推力瓦块；8—圆柱销；9—进油环槽

平剖分面应低于汽缸的水平剖分面，其值应小于 0.05mm。

转子就位后，组装轴承瓦块。通过着色和压铅法测量轴承间隙，可倾瓦块径向轴承、径向推力轴承的间隙应符合设备技术文件的规定。用手盘动转子，机体内部不得有摩擦声；平衡盘轴向跳动量小于 0.01mm，叶轮径向跳动小于 0.1mm，轴向跳动小于 0.04mm，轴颈处径向跳动小于 0.01mm。汽封与转子间应有均匀的径向间隙，间隙大小应在 0.3～0.45mm 之间。

上下机体闭合时，先拧紧均布的 1/3 机体螺栓，用 0.05mm 塞尺检查上、下机体水平剖分面间隙，塞入部分不得超过水平剖分面上有效密封面宽度的 1/3。拧紧机体螺栓后，转子与机体间的轴向和径向装配间隙符合产品合格证上的要求，手动盘车检查应无异常声响。

3）压缩机安装

以汽轮机为基准将离心压缩机的三个缸体依次安装就位，并利用底座底脚板上的垫片进行机组的找平、找正。机组在调整轴间距时，汽轮机、压缩机转子的止推盘应紧靠在主推力轴承一侧。机组调整合格后对机组用环氧树脂灌浆料对机组进行二次灌浆。

4）联轴器对中

在机组底座二次灌浆完成后，对联轴器进行对中，联轴器对中从汽轮机侧开始依次进行。采用三表法对联轴器进行初步找正，一块设置于径向位置用以测量轴的径向偏差，其他两块设置于轴向位置用以测量轴的轴向偏差，见图 4.9-6。

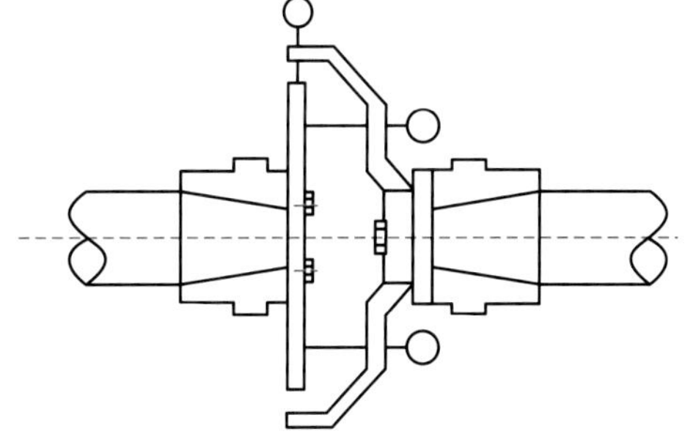
图 4.9-6　联轴器三表法对中

两轴径向位移量计算公式：

$$a=\sqrt{a_x^2+a_y^2} \tag{4.9-1}$$

$$a_x=\frac{a_2-a_4}{2} \tag{4.9-2}$$

$$a_y=\frac{a_1-a_3}{2} \tag{4.9-3}$$

式中　a——两轴线的实际径向位移（mm）；

a_1～a_4——百分表分别在 0°、90°、180°、270°四个位置上测得的径向表读数（mm）；

a_x——两轴线沿 X 轴径向位移（mm）；

a_y——两轴线沿 Y 轴径向位移（mm）。

两轴轴向倾斜计算公式：

$$\theta=\sqrt{\theta_x^2+\theta_y^2} \tag{4.9-4}$$

$$\theta_x=\frac{b_1-b_3}{d_0} \tag{4.9-5}$$

$$\theta_y=\frac{b_2-b_4}{d_0} \tag{4.9-6}$$

式中 θ——两轴线的实际轴向倾斜度；

θ_x——两轴线沿 X 轴的轴向倾斜度；

θ_y——两轴线沿 Y 轴的轴向倾斜度；

$b_1 \sim b_4$——百分表分别在 0°、90°、180°、270°位置上测得的轴向读数（mm）；

d_0——联轴器的外径（mm）。

按照机组冷态安装曲线，联轴器对中偏差调整顺序为先调整轴向偏差，再调整径向偏差。轴向偏差调整时，通过计算改变压缩机外侧支腿下面的垫片厚度来实现，如图 4.9-7 所示。径向偏差调整时，先调整垂直方向的偏差，然后调整水平方向的偏差。垂直方向径向偏差调整时，不能改变压缩机的角位置，通过同时在压缩机支脚下面加入或抽出垫片来实现。水平方向径向偏差调整时，只要拧动压缩机支腿上的固定螺钉，水平移动压缩机即可。

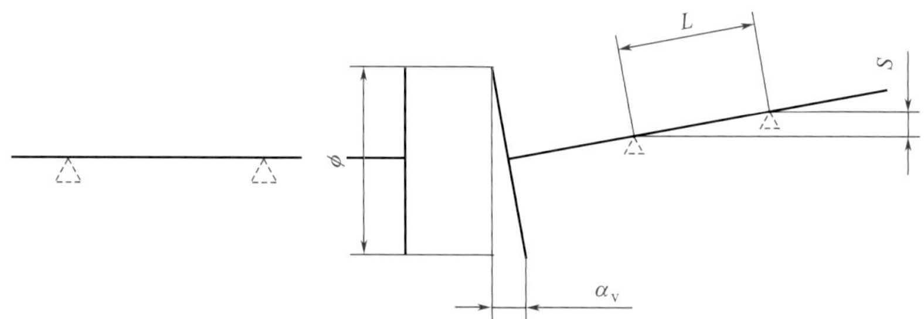

其中：$S=\frac{a_v \cdot L}{\phi}$，$S$——压缩机外侧支腿下增减垫片厚度；

L——压缩机前后支腿的距离；a_v——联轴器轴向偏差；ϕ——联轴器外径

图 4.9-7 轴向偏差校准示意图

5）循环油系统冲洗

为提高冲洗效率，缩短冲洗时间，除加大冲洗油量外，还应进行油温冷、热交替变化，温度与时间关系如图 4.9-8 所示，以 8h 为一个循环周期，其间低温约 25℃，高温约 75℃，油加热时注意：油温不得超过 80℃，以免油变质。

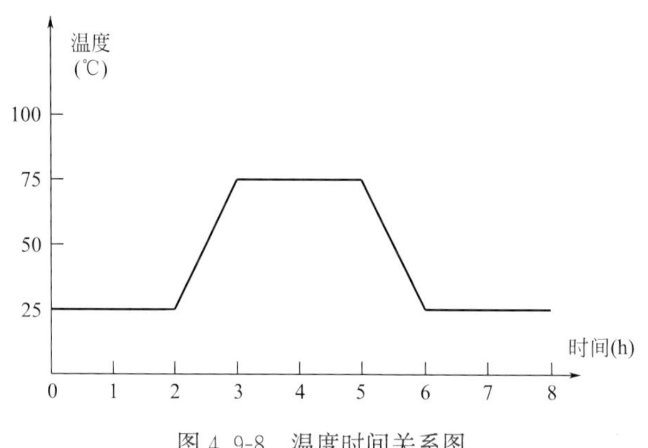

图 4.9-8 温度时间关系图

冲洗过程中应不时用木锤敲打焊口位置，以易于杂质脱落。每个循环周期应至少清洗一次临时滤网。过滤器如装入滤芯，应随时检查过滤器前后压差的变化并定期清洗滤网，即使规定时间未到但进出口油压差接近允许上限时，亦应立即对过滤器进行切换清洗。油冲洗循环 4～8 个周期后，临时过滤网运行 4h 后拆下检查，临时过滤网上无焊渣、铁锈等杂物，每平方厘米滤网上肉眼可见软质颗粒不超过 3 点（允许有微量纤维杂质存在），即为油冲洗合格。

油冲洗合格后，可放掉全部污油，再次清洗机身油池及油系统元件，并注入合格的润滑油。

6）蒸汽管线的吹扫

拆出速关阀，装上专用的冲管工具以封堵蒸汽进入流通部分的通路；增设临时排气管线，并应牢固固定排气管线。

冲管前应先进行暖管，并在所有法兰螺栓热紧后再进行管路吹扫。

吹扫分多次进行，次数要视管路清洁状况而定，每次吹扫持续时间约 10min，每次吹扫完后要等管道温度降至低于 100℃才可以进行下一次吹扫。

当连续两次检验板上的杂物冲击斑痕颗粒≤0.8mm，且斑痕不多于 8 点即认为吹扫合格。

吹扫合格后，管路冷却到接近室温后拆除临时排气管，仔细清理速关阀阀壳，拆出冲管工具，确认进汽腔室无杂质后装入速关阀。

7）机组单机试车

对机组配管进行无应力检查，同时检查与机组运行有关的电、气（汽）等公用工程及仪表系统是否具备使用条件，蒸汽透平的单体试车和压缩机系统的联动试车均应严格按照试车方案执行，大型三缸离心压缩机组汽轮机单机试车见图 4.9-9。压缩机组单机试运行结束后及时对其联轴器对中进行热态校验，以满足设备技术要求为合格。

图 4.9-9 离心式压缩机组汽轮机单机试车

4.10 大型往复式压缩机组安装技术

1. 技术简介

大型往复式压缩机组因其体积巨大，基本为散件供货，现场安装，鉴于其安装精度要求极高，故本技术针对大型对称平衡型往复式压缩机的安装要点进行分析，以期望进一步巩固完善大型往复式压缩机组的安装工艺。

本技术在浙江信汇 5 万吨/年合成橡胶项目中成功应用于 2D16-110/2-4 型往复式压缩机安装，取得了显著的成效。

2. 技术内容

(1) 工艺流程

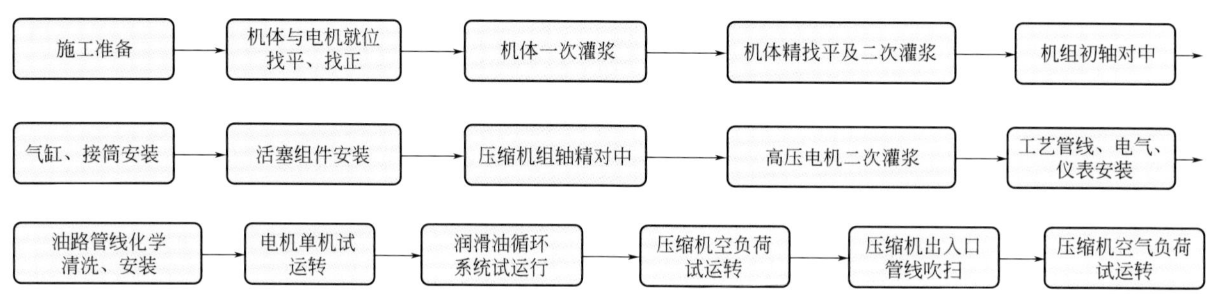

(2) 操作要点

1) 施工准备

① 安装前应对周围环境进行清理，必须保持安装环境清洁、干燥，预留设备的吊装和中转用地，便于设备的开箱验收、中转运输和吊装就位。

② 设备开箱验收时，按设备装箱清单进行清点、分类和检验。要求设备的随机资料、合格证和产品质量证明书等各项相关证件齐全；所有设备、零部件、备品配件、仪表元器件等都应齐全，无损伤、锈蚀和缺陷。

③ 对基础进行验收和办理中间交接手续，并对基础进行处理，应铲掉表面疏松层并产出麻面，麻点深度大于 10mm，以每平方分米不超过 3～5 个麻点为宜，基础表面不得有油污和灰土，地脚螺栓孔内清理干净。

2) 机体与电机就位、找平、找正

① 机体由机身、中体组成，机体与电机就位前，应将其底面上的油污、泥土等杂物清除净。

② 设备就位后用自制专用工具和液压千斤顶调整设备中心对准基础中心线，并对机体和电机进行水平调节，首先是机体的初找平，曲轴箱主轴孔座上放置水平仪，调整机身纵向的水平度不大于 0.05/1000mm，在两边滑道中各放置水平仪，调整机身横向的水平度不大于 0.05/1000mm，然后以机体为基准对电机进行初找正（图 4.10-1）。

图 4.10-1 机身纵横向水平度测量

③ 机体与电机的垫铁，安装后用 0.05mm 塞尺检查时，塞尺插入深度不得超过垫铁长度（宽）1/3。

④ 垫铁与基础应均匀接触，接触面积应达50%以上，各垫铁组上平面应保证水平度和同标高。

3）机体二次灌浆

① 机体二次灌浆前首先进行地脚螺栓孔的一次灌浆，待强度满足要求后进行二次灌浆。一、二次灌浆采用H-X型灌浆料，二次灌浆前清理干净基础表面，在24h前进行充分湿润。

② 二次灌浆时按产品合格证上推荐的水料比确定加水量，采用机械充分搅拌均匀，搅拌时间为4min左右。灌浆时浆体从一侧灌入，至另一侧溢出，灌浆必须连续进行，一次完成。

4）机组联轴器初对中

① 检查联轴器与转轴的轴线应重合，轴颈与联轴器外圆圆柱度合格，联轴器端面与轴线垂直。为了获得正确的测量结果，必须使两个转轴同步旋转，保持测点在两联轴器上的相对位置不变，这样可以消除联轴器形位误差的影响。

② 联轴器用“三表法”初对中后，校核轴端距，合格后进行电机地脚螺栓孔灌浆（图4.10-2）。

图4.10-2　利用三表法进行对中找正

5）气缸、接筒的安装

① 用吊装机械对气缸、接筒进行吊装，为找平、找正方便，吊装用的吊钩上须先挂手拉葫芦，以实现部件调平。

② 认真检查清理接筒与中体贴合面情况，确保贴合面的干净、光滑、无毛刺。

③ 将气缸、接筒结合体缓慢就位到合适位置，均匀、对称地带上连接螺栓，接筒与中体进行定位，接筒与中体之间涂密封胶，紧固连接螺栓后，应使中体与接筒贴合面全部接触无间隙，并按要求的力矩进行紧固。

④ 对气缸进行找平、找正，在气缸镜面上用水平仪进行测量，其水平度偏差不得超过0.05mm/m，其倾斜方向应与十字头滑道倾斜方向一致，如超差时，应使气缸做水平或垂直方向径向位移、或刮研接筒与气缸贴合面进行调整，不得采用加垫或施加外力的办法来强制调整。

6）缓冲罐、稀油站、集液罐的安装

① 利用气缸支撑装置一次灌浆养护的这段时间，对压缩机的进排气缓冲罐、稀油站、集液罐进行安装就位。

② 将进气缓冲罐与缓冲罐支架固定在一起，整体吊装就位，将排气缓冲罐按要求固定，并对进、排气缓冲罐按要求标高找平、找正。

③ 将稀油站、集液罐安装就位，找平、找正。

④ 复测缓冲罐、稀油站、集液罐的水平度及管口方位，对其地脚螺栓孔进行一次灌浆。

7）活塞组件的安装

① 活塞组件由活塞杆、活塞体、活塞环、支承环等组成。制造厂出厂时，活塞体与活塞杆已按规定进行连接紧固成一体，现场安装时，不需解体和重新组装（图4.10-3）。

图4.10-3　活塞组件的安装

② 活塞环、支承环在安装上活塞前应做外观检查，不应有机械损伤，楞角应平直，不应有缺角或毛刺，活塞环、支承环在槽内应自由活动，活塞环不同切口应交叉装配，安装前沿活塞环槽移动一周，应无卡涩现象。检查活塞环与活塞环槽轴向间隙、活塞体与气缸径向间隙、活塞环开口间隙、

支承环的轴向间隙，允许值如表 4.10-1。

活塞环、支承环装配间隙 **表 4.10-1**

配合部位	装配间隙(mm)
活塞体与气缸径向间隙	7～7.25
活塞环与环槽轴向间隙	0.24～0.367
活塞环开口间隙	13±0.38
支承环的轴向间隙	0.75～0.946

③ 用专用的吊装带将活塞送入气缸内，严禁用手触摸或与酸性物质接触，装活塞部件时，活塞杆尾部应涂润滑油并装上填料护套。注意活塞杆上的活塞环、支承环的适时安放；做好穿越填料盒、刮油装置等时零件表面的保护。

④ 活塞杆与十字头采用液压连接，其安装紧固程序如下：

a. 将压力体、密封圈、环形活塞、锁紧螺母组装后装入活塞杆尾部与活塞杆台肩靠紧，并将锁紧螺母退至与环形活塞平齐位置。

b. 将调节圈旋入内螺母上，使其径向孔对准内螺母上任一螺孔，并拧入螺钉装于活塞杆尾部。

图 4.10-4　活塞杆与十字头的连接

c. 将止推环（两半）装在活塞杆尾部外端，用拉紧弹簧箍住。

d. 盘车使十字头移动将活塞杆尾部引入十字头颈部内，用棒扳手拧动调节圈使内螺母旋入十字头螺纹孔内，直至调节圈与十字头颈部端面接触，然后将紧固螺帽旋紧至十字头颈部端面。连接过程中应防止活塞转动（图 4.10-4）。

e. 打开靠近气缸盖侧和轴侧各两个气阀，盘动压缩机，分别用压铅法测量前后止点间隙，其数值应符合“压缩机主要配合部位装配间隙表”中的规定。

f. 当前后止点间隙偏差较大时，应重新进行调整，旋松紧固螺帽，旋出内螺母，拆卸内螺母上的螺钉，按需要的调整方向调整调节圈，使其开口对准另一螺孔重新拧入螺钉，再次将内螺母及紧固螺帽旋紧，并测量活塞止点间隙，可重复调整直至止点间隙符合规定。

g. 活塞前后止点间隙合格后，应退出紧固螺帽，将内螺母上螺钉拆卸涂上厌氧胶后拧入，最后旋紧螺帽。

h. 将手动超高压油泵的软管与压力体上接口相连。操作油泵手柄，使油泵压力升至 150MPa，在油压作用下环形活塞和压力体分别压向内螺母和活塞杆肩部，迫使活塞杆尾部发生弹性伸长变形，此时紧固螺帽与十字头颈部分开，再次用棒扳手旋紧紧固螺帽，紧固时可用小锤轻轻敲击棒扳手，以保证紧固螺帽与十字头颈部端面接触贴实，然后卸压，即完成第一次液压紧固。

i. 第一次液压紧固完成后，活塞杆尾部应在初始伸长状态下保持 1h，再进行第二次液压紧固。仍以 150MPa 压力与第一次相同方法进行。

j. 第二次液压紧固完成后，活塞杆在继续伸长状态下保持 1h 后，再进行第三次液压紧固。仍以 150MPa 压力与第一次相同方法进行。卸压后即完成液压紧固工作。

k. 活塞杆与十字头连接完毕后，测量活塞杆与十字头垂直同心度误差并进行调整：在接筒内放置磁性表座，安装百分表（图 4.10-5）。盘车使活塞杆经过一个行程的运动，记录百分表的径向跳动值，对压缩机气缸支撑装置用调整螺栓或垫铁调整，从而满足活塞杆与十字头的同心度要求。活塞杆跳动允许值：水平方向≤0.064，垂直方向≤0.084。活塞杆的水平度允许值为≤0.05/1000，其倾斜方向应与中体滑道的倾斜方向一致。

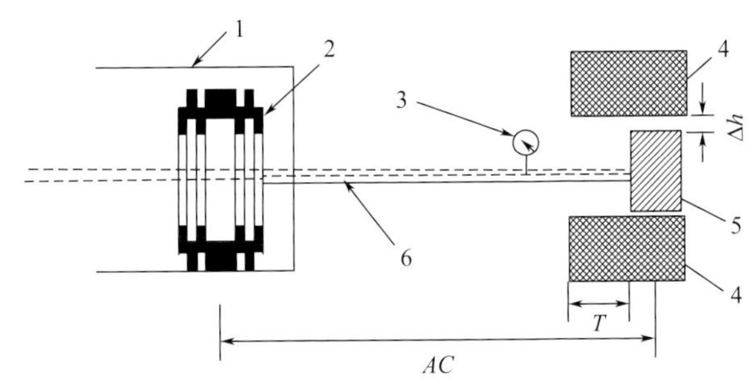

图 4.10-5　活塞杆跳动检测

1—气缸；2—活塞；3—百分表；4—十字头滑道；5—十字头；6—活塞杆

8）压缩机组的联轴器最终对中

最终对中时，将机组支座螺栓对称、均匀、依次紧固，并随时检查联轴器对中的变化。支座紧固后复测轴对中，应符合机组联轴器对中要求。

9）电机的二次灌浆

① 电机的二次灌浆应在联轴器最终对中后 24h 内进行，灌浆部位用水冲洗干净，并保持 12h 以上湿润时间。

② 在电机底座内侧支好模板，二次灌浆采用 H-X 型灌浆料，灌浆方法同一次灌浆方法。

③ 灌浆完毕后要精心养护，24h 内不使机组受到振动和碰撞。

10）油路管线化学清洗

为了获得更好的洁净度以及更短的工期，拆除压缩机组润滑油循环系统管线送至专业化学清洗厂家进行脱脂、酸洗、中和以及钝化处理，经过业主、监理的检查确认清洗合格后，立即用压缩空气吹干。

11）电机单独试运转

① 脱开电机轴与曲轴之间连接，复查电动机转子与定子间沿圆周的空气间隙和其他有关项目，并应符合电动机随机技术资料中的规定。

② 电动机试运转时，应检测电动机的转向、电压、电流、温度等项目，试运转时间为 2h。

12）压缩机组的空负荷运转

① 确认压缩机组试车条件是否满足。包括确认润滑油系统、循环水系统是否运行正常。

② 拆下吸气阀和排气阀，并用彩条布包好，连接电机与曲轴的联轴器。

③ 打开冷却水管阀门，调整各冷却支管的流量，并通过视水器观察各水路水流是否畅通，检查指示仪表是否正常。

④ 启动稀油站油泵，调整压力达到规定要求。

⑤ 手动盘车 2～3 转，如无异常，瞬间启动电动机压缩机，检查压缩机曲轴转向是否正确，停机后检查压缩机各部位情况，如无异常现象后，可进行第二次启动。

⑥ 第二次启动后运转 5min，应检查各部位有无过热，振动异常等现象，发现问题停机后应查明原因，及时排除。

⑦ 第三次启动后进行压缩机空负荷运转，在润滑油压力≥0.45MPa，手动停辅助油泵，开关置于自动位置。

⑧ 空负荷运转 2h，检查各部位温度、振动、压力。

⑨ 压缩机组停车，并进行润滑油系统的联锁自启动试验。

⑩ 压缩机组空负荷运转中进行以下各个项目：

a. 检查机体、基础、各气缸振动数据，基础螺栓是否松动；

b. 检查运动机构是否正常，有无异常声响；

c. 检查各运动部件润滑状况，供油情况，润滑油温度及冷却器出口水温，以及填料函、活塞杆的温度不超过 120℃；

d. 检查各级冷却器与气缸水夹套进出口水温及水量；

e. 主轴承、连杆大小头瓦温度不超过 65℃；

f. 检查电机的电流及温升情况。

g. 每隔 30min 做一次试运转记录，记录表格为《石油化工建设工程项目交工技术文件规定》SH/T 3503 中的《往复式压缩机试车记录》。

13）压缩机空气负荷试运转

① 压缩机组入口管线及缓冲罐吹扫完毕后，可进行压缩机空气负荷试运转。

② 打开冷却水管阀门，调整各冷却支管的流量，并通过视水器观察各水水流是否畅通，检查指示仪表是否正常。

③ 启动辅助油泵，调整压力达到规定要求，检查各注油点滴油情况。

④ 压缩机盘车数转，确认运动部件无不正常声响及松动现象。

⑤ 打开出口阀门及气量调节阀门和各级容器上的排污阀门。

⑥ 启动压缩机空运转 30min，一切正常后可进行压缩机负荷运转。

⑦ 缓慢关闭各级容器上的排污阀门，缓慢关闭出口阀门及气量调节阀，使末级排气压力至规定值。

⑧ 负荷试运转中由空负荷升至正常工况下的压力过程应采取 3～4 段进行，每升至一段压力后应稳定运转 15～30min 后，再继续升压，最终达到额定压力。

⑨ 压缩机负荷试运转时间为 4h 以上，空气试车参数如表 4.10-2 所示。

空气试车参数表 **表 4.10-2**

指标	Ⅰ级
进气压力，MPa(G)	大气压
排气压力，MPa(G)	0.16
进气温度，℃	20
排气温度，℃	126
轴功率，kW	248

⑩ 压缩机负荷运转的检查

a. 各级进、排气压力、温度应符合表 4.10-2 的规定；

b. 各冷却水进水压力、温度、各回水温度应符合上述规定；

c. 润滑油供油压力、温度应符合上述规定；

d. 机身主轴承温度宜为≤65℃，其最高温度不得超过 70℃；

e. 填料法兰外活塞杆摩擦表面温度≤120℃；

f. 运转中有无撞击声、杂声或振动等异常现象；

g. 各连接法兰、油封、缸盖、阀孔盖和水套等不得渗漏；

h. 进排气阀工作应正常；

i. 各排气缓冲器、冷却器的排油水情况；

g. 电动机电流变化及温升情况；

k. 各处仪表及自动监控装置的灵敏度及动作准确可靠性；

l. 负荷运转中应每隔 30min 做一次运转情况记录。

14）压缩机组正常停机

① 开启气量调节及出口阀门，使压缩机处于空载状态；

② 依次打开各级缓冲器，冷却器上的排污阀门；

③ 关闭压缩机进气和排气总管截止阀使压缩机与系统脱离；

④ 切断主电机电源；

⑤ 关闭进水阀门和总排水阀门，若停车时间较长或环境温度较低时应排净机组及气、水、油和仪表管路中的存液，防止冻坏；

⑥ 在负荷运转中，不得带压停机。当发生紧急事故和危险工况时，可进行紧急带压停机，但停机后必须立即卸压。

15）压缩机组紧急停机

当压缩机出现危险状况时，应对压缩机紧急停车，直接将主电机电源切断，并及时关闭总进、排气阀门，使压缩机脱离系统，停止冷却水和润滑油的供给，打开放空阀门和缓冲器、冷却器上的放油水阀门卸掉系统压力。

4.11 真空水平带式滤碱机安装技术

1. 技术简介

滤过工序作为纯碱生产工艺中的关键工序之一，其设备性能和操作的好坏，对产量、质量、物耗、能耗均具有较大影响。在较长一段时间内，真空转鼓滤机是国内纯碱厂首选的主力装备。但随着真空水平带式滤碱机（结构形式见图 4.11-1）的出现，因其出色的使用效果，真空水平带式滤碱机逐渐取代真空转鼓滤碱机成为纯碱行业的主流。

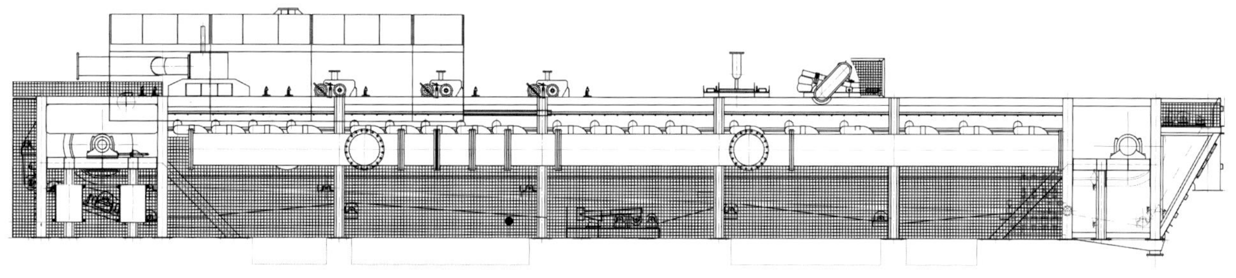

图 4.11-1 真空水平带式滤碱机

本技术将真空水平带式滤碱机按照其结构特点和系统功能，划分为四个三维空间结构，选择四个三维空间结构中的某一共用面（上部皮带支撑平台）作为组装精度控制的基准面，以达到水平真空带式滤碱机的组装精度要求。

此技术在江西省岩盐资源综合利用 100 万吨/年纯碱项目一期 60 万吨/年井下循环盐钙联产制碱工程中得到成功应用。

2. 技术内容

（1）工艺流程

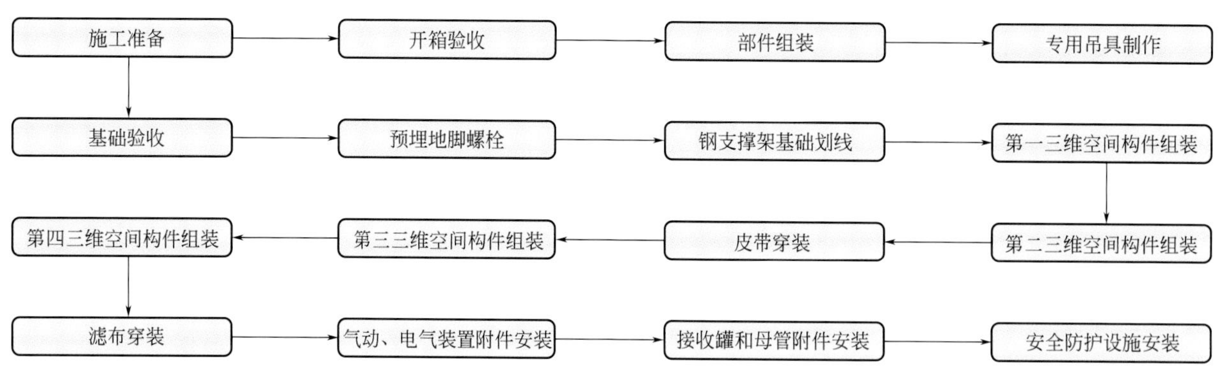

（2）操作要点

1）四个三维空间结构划分及组装的基准面设置

第一个三维空间：以滤碱机的尾辊两个轴承座钢结构支撑架、头辊两个轴承座钢结构支撑架、中间4组钢结构支撑架和上部皮带支撑平台组成的三维空间结构。

第二个三维空间：以滤布的头尾滤布提升装置、下部滤布托辊和张紧装置、上部皮带支撑平台组成的三维空间结构。

第三个三维空间：以滤碱机的尾辊、头辊、皮带托辊、上部皮带支撑平台组成的三维空间结构。

第四个三维空间：以上部皮带支撑平台、真空盒、排气罩、滤布冲洗装置架、滤饼整平装置架组成三维空间结构。

将四个三维空间共用的上部皮带支撑平台面设置为真空水平带式滤碱机组装测量控制基准面。

2）滤碱机钢支撑架基础划线

设备基础进行验收合格后，按定位板尺寸图制作永久性定位板（其中P1板22件、P2板4件、P3板4件、P4板6件），见图4.11-2。对设备地脚螺栓进行预埋，采用无收缩灌浆料进行灌浆。达到设计强度要求后，在定位板上按各支撑架的位置尺寸进行划线（图4.11-3），复核测量各支架基础的纵横中心线和对角线尺寸，并复核测量基础的整体尺寸及对角线尺寸，精度要求允许偏差±1mm。

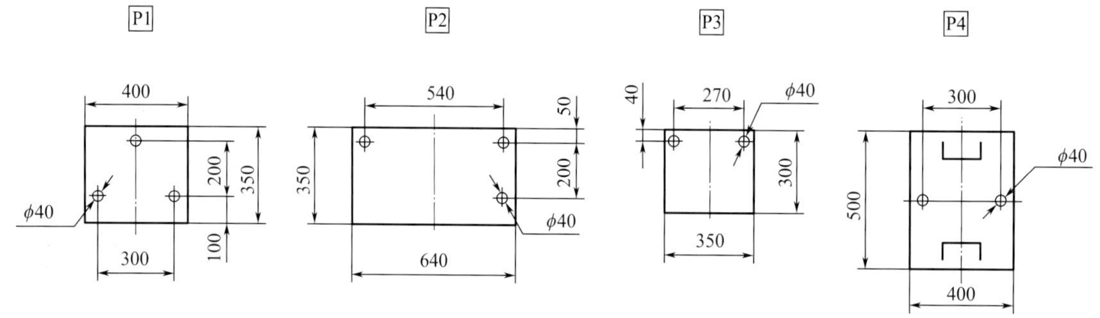

图4.11-2　定位板加工示意图

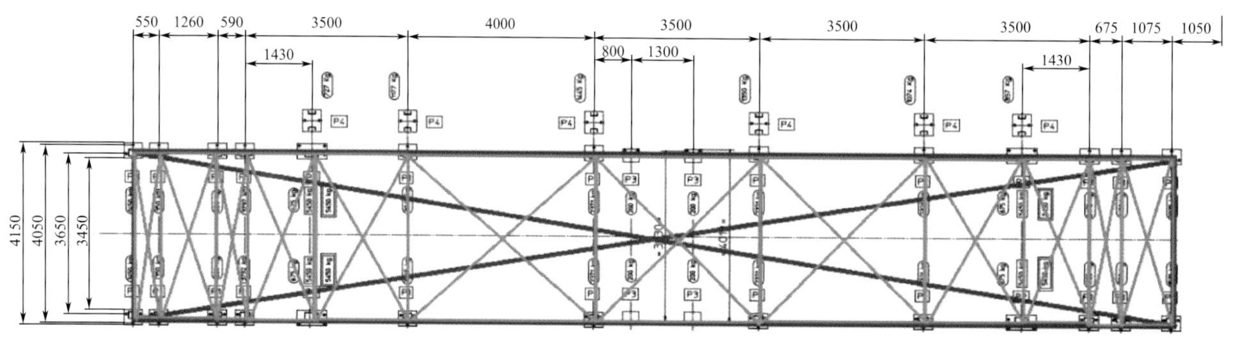

图4.11-3　钢支撑架基础划线示意图

3）第一个三维空间构件组装

第一个三维空间结构构件组装如图 4.11-4 所示。组装时，按照设备总体尺寸，先安装尾辊两个轴承座钢结构支撑架，后组装头辊两个轴承座钢结构支撑架、中间 4 组钢结构支撑架和上部皮带支撑平台的横梁。选择上部皮带支撑平台面作为组装精度控制的基准面，按图中红色线复核测量各构件的水平度、垂直度、平面度、空间对角线尺寸偏差，允许偏差为±1mm。

图 4.11-4　第一个三维空间结构构件组装示意图

4）第二个三维空间构件组装

第二个三维空间结构构件组装如图 4.11-5 所示。组装时，选择上部皮带支撑平台面作为组装精度控制的基准面，按图中红色线复核测量各部件的水平度、平面度、空间对角线尺寸偏差，允许偏差为±1mm。

图 4.11-5　第二个三维空间结构构件组装示意图

5）辊筒安装及吊装

因皮带为环形带，辊筒安装时与皮带一起吊装就位。用 2 根长 4m 型号为 H200 的 H 型钢和 10 根长 800mm 型号 DN40 的管子制作滑道。将辊筒穿入皮带中（图 4.11-6），然后制作平衡梁（图 4.11-7），用捯链将其吊装就位。

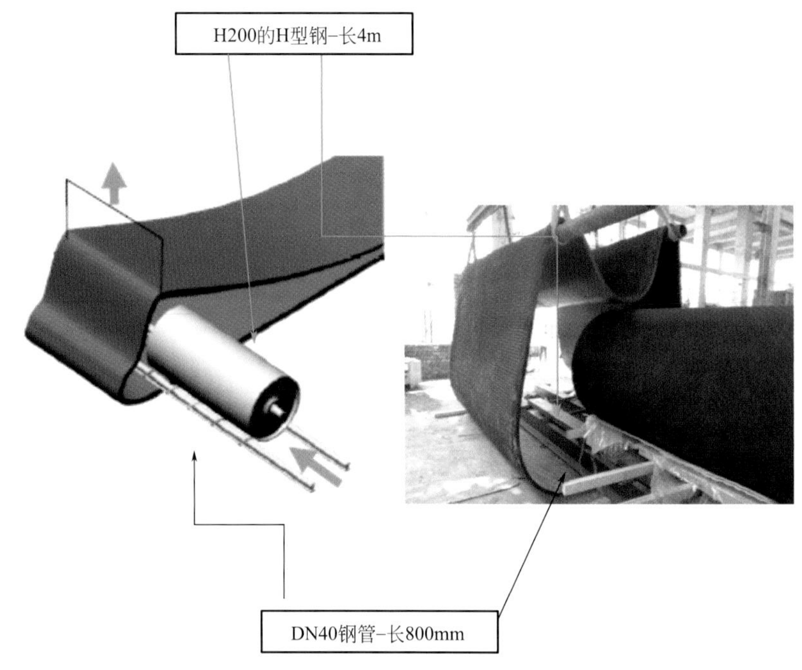

图 4.11-6　滚筒穿装示意图

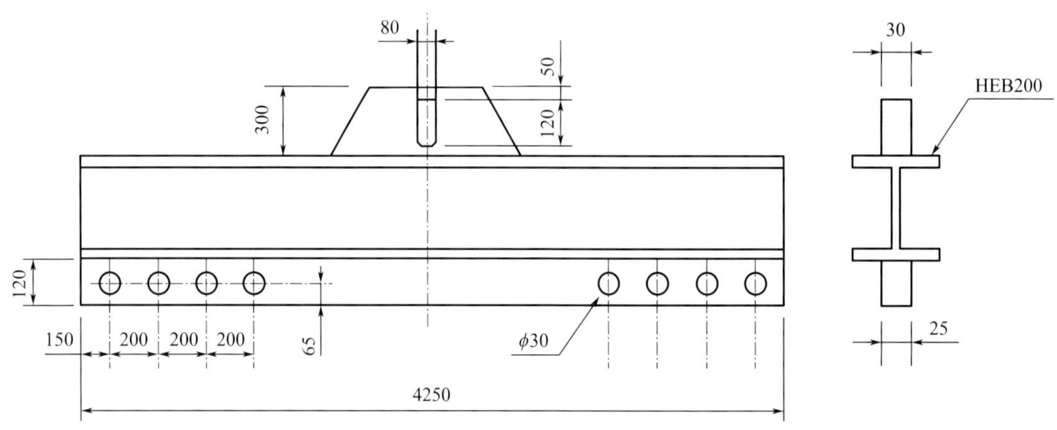

图 4.11-7　皮带及辊筒吊装平衡梁示意图

6）第三个三维空间构件组装

第三个三维空间结构由滤碱机的尾辊、头辊、皮带托辊、上部皮带支撑平台组成（图 4.11-8）。组装时，选择上部皮带支撑平台面作为组装精度控制的基准面，按图中红色线复核测量各部件的水平度、平面度、空间对角线尺寸偏差，允许偏差为±1mm。

7）第四个三维空间构件组装

第四个三维维空间结构由上部皮带支撑平台、真空盒、排气罩、滤布冲洗装置架、滤饼整平装置架组成（图 4.11-9）。组装时，选择上部皮带支撑平台面作为组装精度控制的基准面，按图中红色线复核

图4.11-8　第三个三维空间结构构件组装示意图

测量各部件的水平度、平面度、空间对角线尺寸偏差，允许偏差为±1mm。

图4.11-9　第四个三维空间结构构件组装示意图

8）其他附件组装

有关气动、电气装置、母管、安全防护等附件的安装，随主体三维空间结构的安装同步进行，见图4.11-10。

图 4.11-10　真空水平带式滤碱机附件安装图

4.12　隔膜式压滤机安装技术

1. 技术简介

隔膜式压滤机具有压榨压力高，操作简单、维护方便、安全可靠等优点，是精细化工实现固液分离的首选设备。隔膜式压滤机结构见图 4.12-1。本技术制定了隔膜式压滤机设备安装工序流程，并对主梁、滤板和液压系统安装调试等关键工序安装制定专项措施，为保证设备固液分离效果奠定了基础。

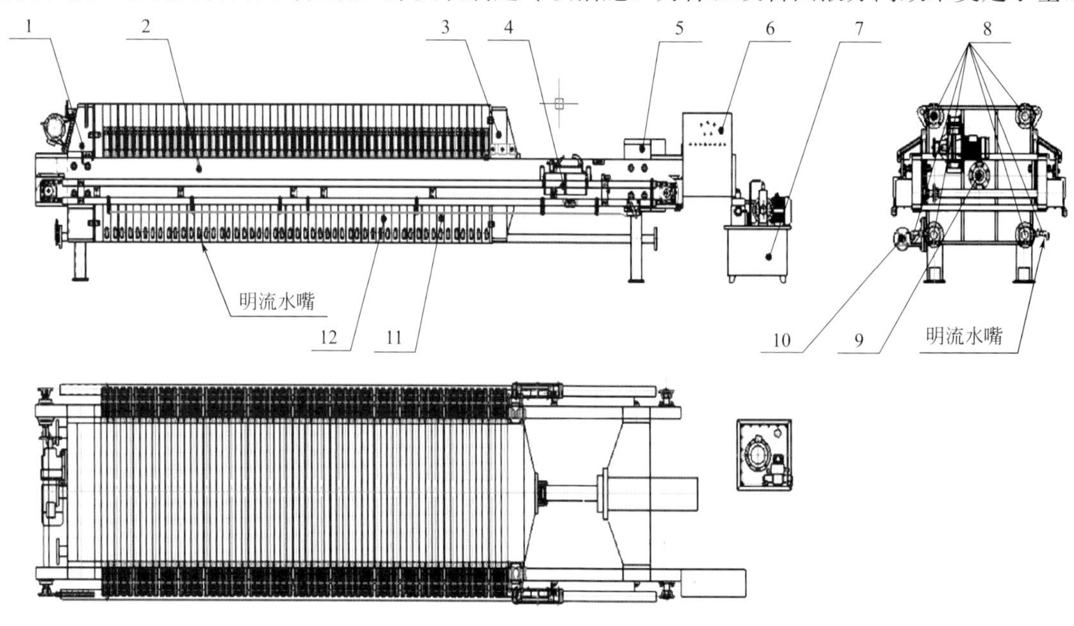

图 4.12-1　压滤机结构图

1—止推板；2—主梁；3—压紧板；4—自动拉板系统；5—机座；6—电控柜；7—液压系统；8—滤液排放；9—料浆进口连接；10—隔膜压榨连接；11—滤板组；12—滤布

此技术在某12吨/年离子膜烧碱技改转移项目中得到成功应用。

2. 技术内容

（1）工艺流程

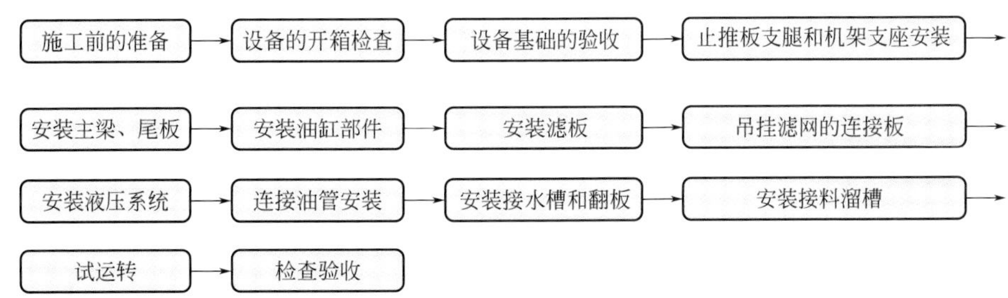

（2）操作要点

1）止推板支腿和机架支座安装

① 在主梁支座安装前，要对基础再次进行检测，人行通道要求畅通，压滤机周围需留宽度1.5m左右的安全通道，以确保操作安全。

② 临时定位止推支腿和机架支座，并调整其位置，使尺寸满足主梁安装要求。止推支腿的地脚螺栓应预先装入地脚螺栓孔内，机座支腿侧严禁固定，以保证其在受力状态下保持一定的自由位移，见图4.12-2。

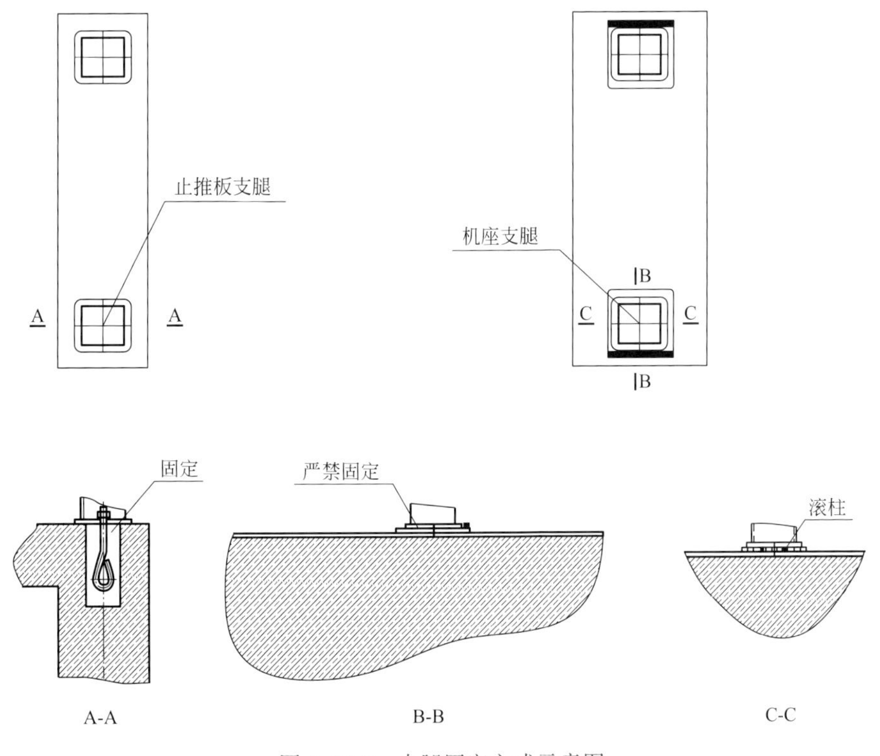

图4.12-2　支腿固定方式示意图

2）主梁与止推板、压紧板的安装

在安装前，先把主梁里侧的夹板装上，再将主梁稳装在各支座上，用相应厚度的垫板对其平行度和水平度进行调整，直至检查合格。进行地脚螺栓灌浆，待强度达到后，旋紧止推支腿地脚螺栓，固定主梁外侧的夹板，以防横向窜动。安装后的主梁，其平行度每米不应超过0.2mm，水平度每米不大于0.15mm。

将止推板固定在大梁。压紧板安装时，应预防其左右窜动。安装后的压紧板移动应灵活可靠。

3）油缸部件的安装

油缸安装时，首先把缸体安装在机座支架上，再用垫板找正，使缸体与压紧板的中心保持一致，然后将缸体与主梁固定在一起。

4）滤板安装

滤板是压滤机的核心部件，滤板安装时，首先安装滤板两侧的定位耳座，再在滤板周边的凹槽内镶嵌密封胶垫，最后按顺序把所有滤板吊装到主梁上。滤板装好压紧时，其相邻边缘最大错位不应超过 2mm。

滤板外形图和剖面见图 4.12-3。

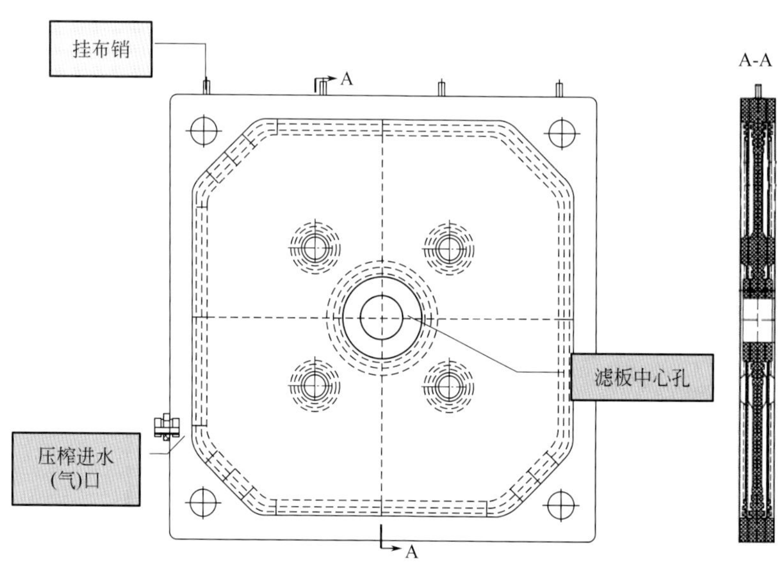

图 4.12-3　滤板外形图和剖面图

5）吊挂滤网连接板的安装

按顺序连接所有吊挂滤网的连接板，其下端与滤板固定，上端则由丝杆相互连接。将滤网穿入串条，并将其吊挂在连接板的斜槽内。安装后的连接板，其两侧排列顺序必须一致，滤网应平整、无褶皱，边带与滤板应拴牢靠。

6）液压系统的安装

安装液压系统中的高、低压油泵和各种阀类前，所有泵和阀类均必须用柴油清洗干净；在安装油泵时，应特别注意其运转方向，高压油泵是逆时针运转，而低压油泵为顺时针方向；安装各类阀时，其进、出口位置必须正确无误；油箱内加注 10 号机械油，并用 100 网目滤布进行过滤，以防杂质进入液压系统影响工作；液压系统安装后，必须进行空转试车，检查和调试各油路的压力显示是否符合要求，各类阀接点和油管接头等均不得有漏油现象。液压系统示意图见图 4.12-4。

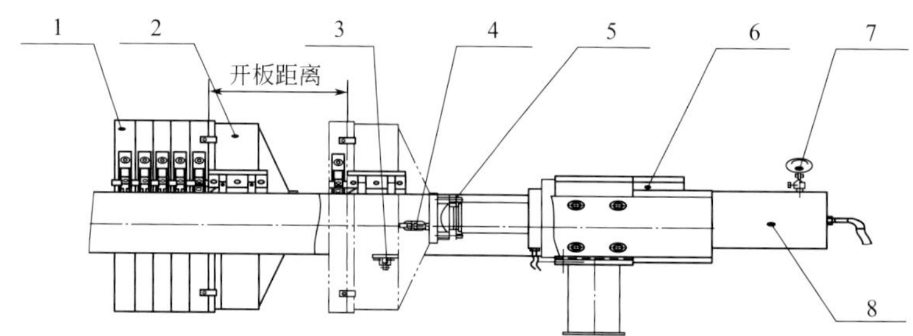

图 4.12-4　液压系统示意图

1—滤板；2—压紧板；3—松开限位；4—压紧板调整螺栓；5—半片法兰；6—机座 ；7—压力表；8—液压油缸

7）压滤机两侧的接水槽和翻板的安装

压滤机两侧的接水槽和翻板安装后的翻板应灵活，角度和位置应达到当压滤泄水时，水能流入接水槽；卸饼时，滤饼能通过翻板掉入溜槽。

8）压滤机的试运行

① 在试运行前要对整机进行检查，将液压站、电控柜擦干净，检查电控柜接线是否正确，以及所有电气接线是否正确。

② 将油箱内充满液压油，启动后有一部分液压油留在液压缸内，使液位下降，这时要求再补充一些液压油。

③ 将机架、滤板、隔膜板、活塞杆擦干净，检查滤板排列是否整齐、正确；检查隔膜板和滤布安装有无错误和折叠现象，如有则需要更换和展平。

④ 液压系统的调试

a. 点动电机，时间不允许超过 3s，观察转向是否与柱塞泵所标注转向一致。

b. 在设备未进料的情况下，首先将油缸上的电接点压力表的上限调至 5MPa，下限调至 2MPa，并将油缸高压腔的排气阀打开，进行排气直到流出液压油后关闭。压紧和松开压紧板，在压紧板到达限位后再反复进行几次，待活塞杆运行平稳，无爬行状态为止，证明油缸内的空气已排尽。

c. 检查滤板的排放，滤板的偏移量不可超过 5mm，否则将因滤板的密封面减小，引起滤板的损坏和滤液泄漏等现象。再将油缸上的电接点压力表的上限调至 10MPa，下限调至 7MPa，进行压紧，检查压滤机各受力点情况，主梁两侧有无异常情况，最后将油缸上的电接点压力表的上限调至 14MPa，下限调至 12MPa，进行压紧，如无其他异常情况就可进料。

⑤ 过滤部分调试

打开所有出液阀门，关闭吹气阀门，进料阀门打开四分之一左右，启动进料泵，观察滤液及进料压力变化，如压力超高，需打开回流管上的阀门进行调节。由于滤布的毛细现象，刚开始过滤时，滤液有少许混浊，一般明流机型过滤 3～5min 后方可正常，将进料阀门缓慢开大，并打开溢流阀，当进料压力上升至设定压力，滤液流出很少时，停止进料。然后打开充气（水）阀，向隔膜板的腔室内进行充气（水），充气（水）压力不可超过设定压力，这样可以压榨出滤室中滤饼的一部分水分，一般隔膜压榨时间为 1～3min。当压榨出的滤液流量比较小时，关闭充气（水）阀打开卸压阀，将隔膜的腔室内的气（水）压力卸掉，然后打开压紧板上进料孔的中间吹气阀门，进行瞬间中间高压空气穿流，可大大降低滤饼含水量。

4.13　水中切粒机安装技术

1. 技术简介

切粒机是比较复杂的机组，切粒机的安装包含模头、导流槽、切粒头、后冷却管路、粒子干燥器、振动筛等部件的安装（图 4.13-1）。从聚合反应器流出的聚合物熔体经过滤后由齿轮泵送往水中切粒机在水中造粒。在切粒机的模头，熔融的聚合物从铸带上的小孔成细条状压出，进入水下切粒机的导丝板，丝带条被喷出的循环水冷却，冷却固化的丝带条引入切粒机被切成一定规格的切片，该切片随后经过震动筛分和离心干燥等流程后进入下个工段。

切粒机安装要求高，一旦安装水平度及其他指标达不到要求，将造成产品不达标，甚至机器过热损坏。水中切粒机安装过程中，拉条连铸机安装必须在加热状态下完成，若无法实现，在其安装时则必须考虑拉条连铸机的热膨胀问题，拉条连铸机的位置偏差必须满足设计要求；切粒机成套设备的每两只支

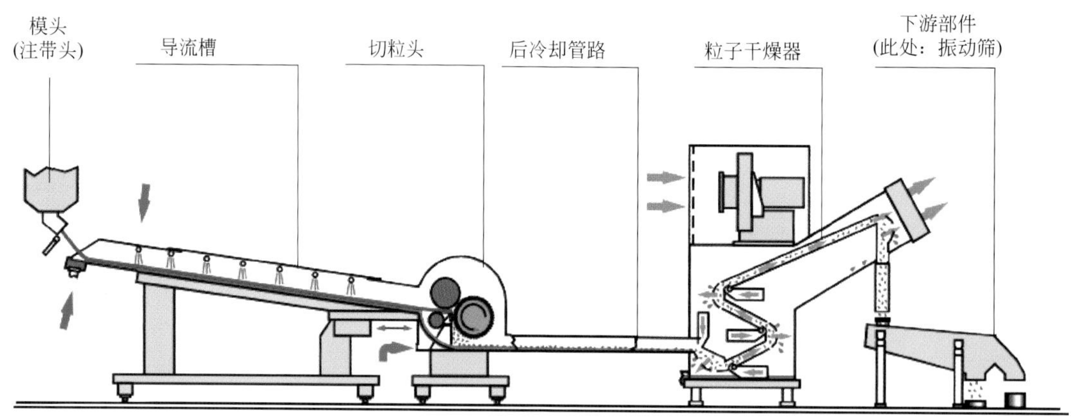

图 4.13-1 切粒机系统示意图

腿支撑板的高差控制在 0.5mm 以内，且在安装之后不能立即进行灌浆，需等到物料粒子通过时，机组充分热膨胀后再灌浆固定。

此技术应用在江苏威名石化 10 万吨/年尼龙 6 切片项目上，取得了良好的经济效益和社会效益。

2. 技术内容

（1）工艺流程

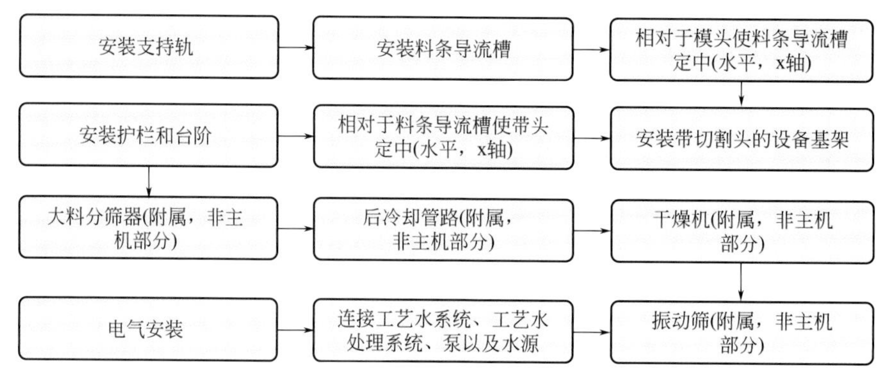

（2）操作要点

1）基础要求

对切粒机的基础进行处理，安装机组支腿支撑板。成套设备每两只支腿支撑板的高差控制在±0.5mm 以内，如图 4.13-2 所示。

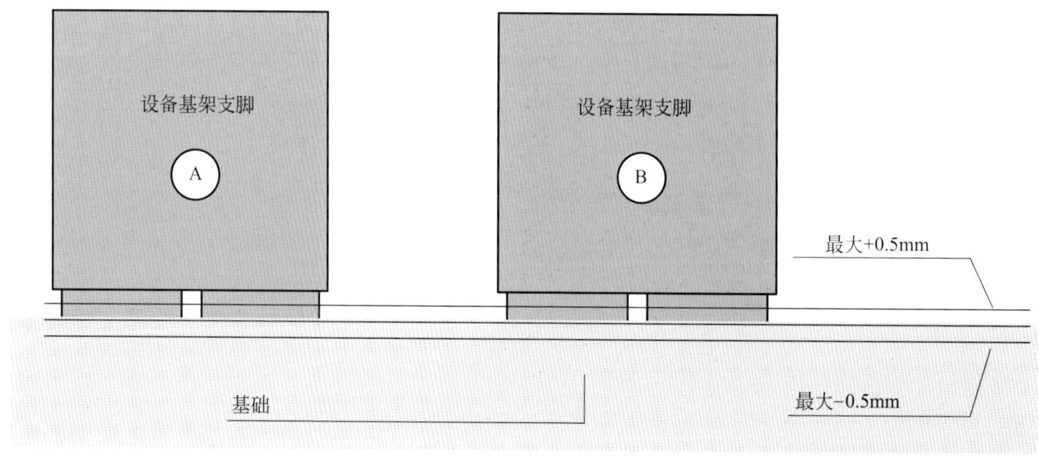

图 4.13-2 设备支腿支撑板高差控制示意图

2）模头安装

模头构件主要包含：三通换向溶液阀、拉条连铸机、卸料站、压缩空气接头、氮气接头、安全隔板和喷嘴等部件。

① 三通换向溶液阀安装

三通换向溶液阀安装模型见图 4.13-3，安装时必须注意以下几点：液压供给装置管道长度不允许超过 5m；闭合压力为 13000～15000kPa；用氮气填充蓄能器，达到工作压力的 85%即可；切断泵时需要在“阀门打开”位置。

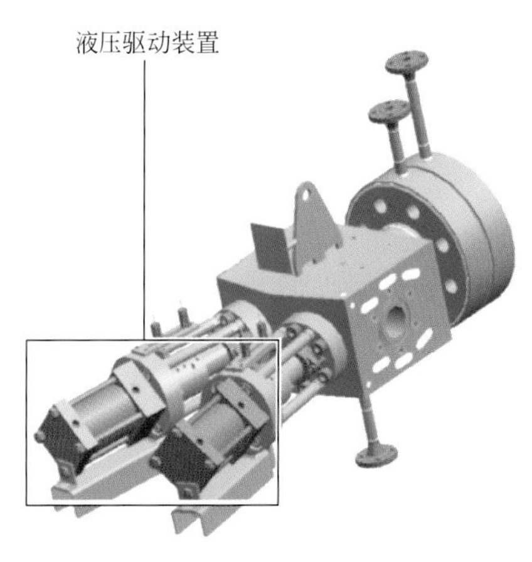

图 4.13-3 三通换向阀原理示意图

② 拉条连铸机安装

拉条连铸机安装必须在加热状态下完成，如果无法实现，则必须在安装时考虑拉条连铸机的热膨胀问题。

按图示尺寸将拉条连铸机安装就位，其安装示意图见图 4.13-4。图中 X、Y、Z 数值偏差应符合下列要求：X 值偏差控制在±5mm 以内，Y 值偏差控制在±2mm 以内，Z 值偏差控制在±5mm 以内。

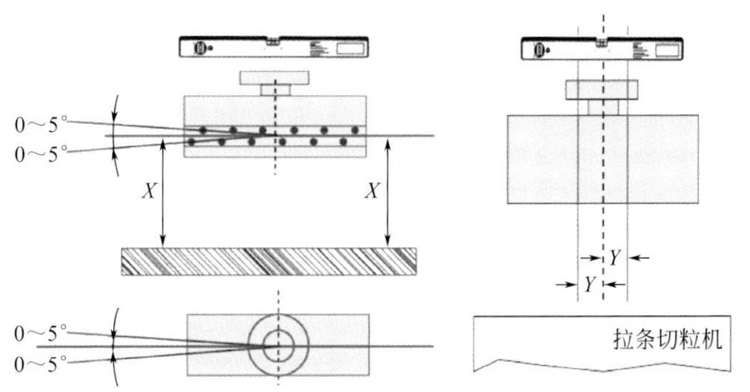

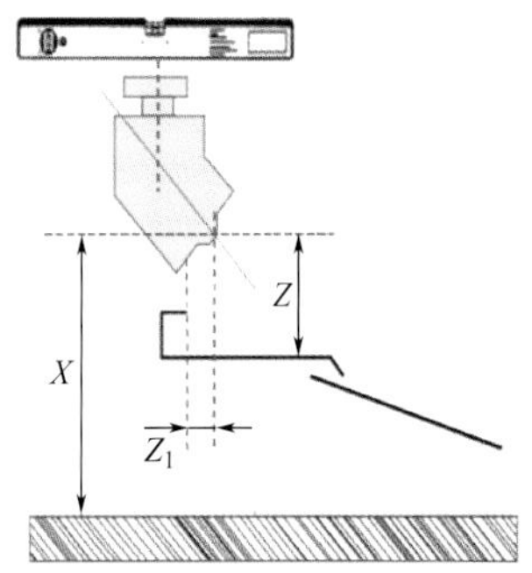

图 4.13-4 拉条连铸机安装示意图

③ 固定卸料站安装

固定卸料站采用可拆卸形式，挂在拉条连铸机的机架上，用两个定心销和一个梁柱连接板固定，卸料站模型见图 4.13-5。

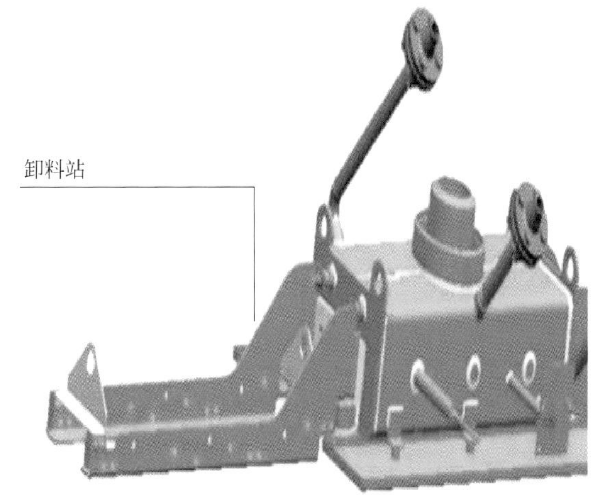

图 4.13-5 固定卸料站安装图

④ 压缩空气接头、氮气接头等附件安装

隔热板、移动喷嘴板、摆动板（可冻结的溶液排除喷嘴）启动单元的压缩空气接头安装在拉条连铸机的外侧构架，结构见图 4.13-6。

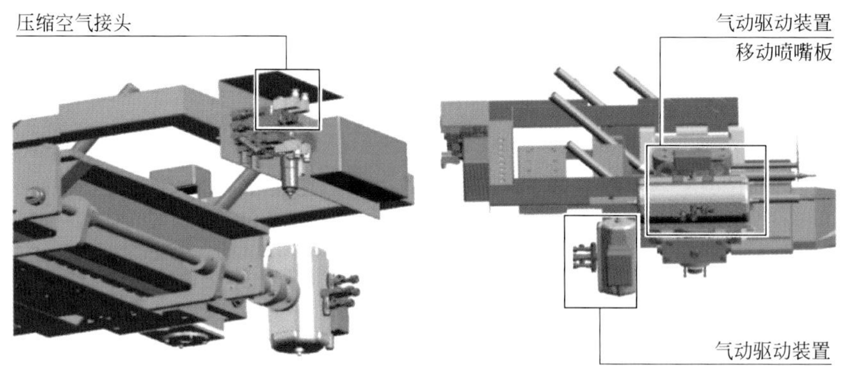

图 4.13-6 压缩空气接头安装示意图

氮气接头安装在拉条连铸机的移动喷嘴上，见图 4.13-7。

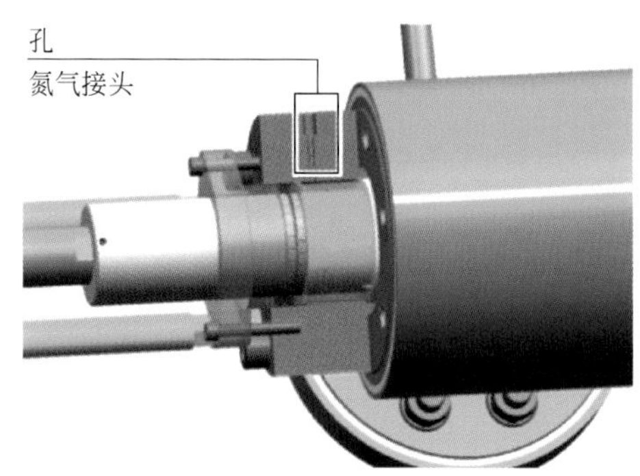

图 4.13-7 氮气接头安装示意图

摆动板进水口和回流口接头安装在拉条连铸机的机架上。溶液排出喷嘴的两块盖板分别从连铸机的前端和后端移向喷嘴板，并用螺丝固定，借助两个双头螺柱校准盖板与拉条连铸机本体间的距离，将摆动板与喷嘴间的间隙控制在 0.2mm 以内，安装如图 4.13-8、图 4.13-9 所示。

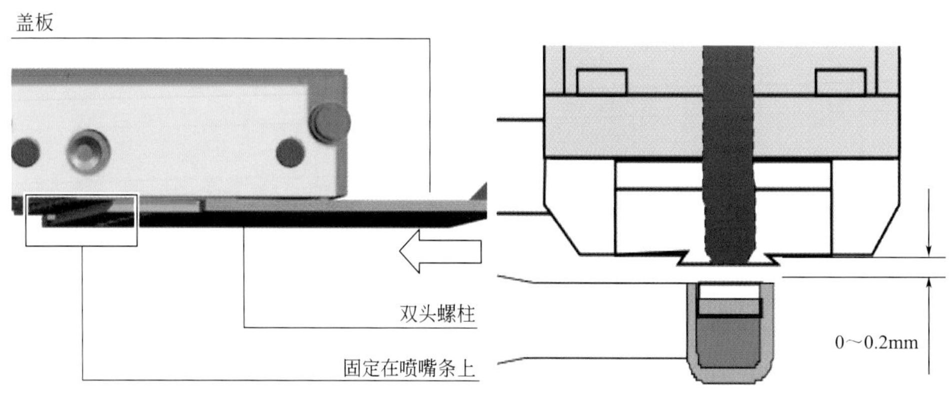

图 4.13-8 可冻结的熔液排出喷嘴安装示意图

3）导流槽安装

模头安装完成后才能进行导流槽的安装，导流槽为 A、B 两段，采用水平仪对导流槽找平，调整冷却槽出口处托架与模头后排模具之间的距离，最少为 25mm，且此距离在整个冷却槽平行方向上必须一致。

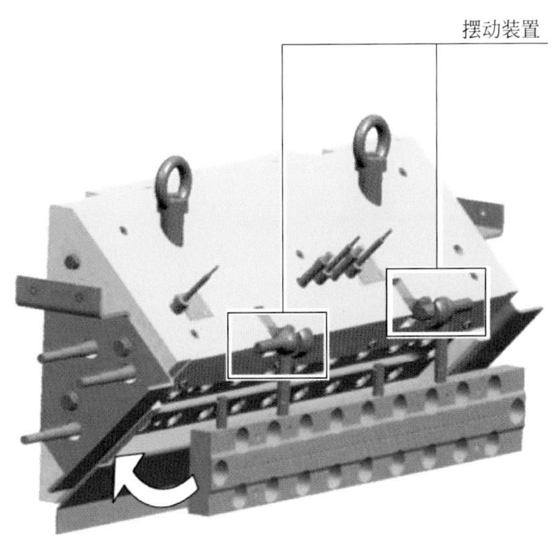

图 4.13-9　带喷嘴板的拉条连铸机示意图

以模头为基准定位导流槽，模头的两个外注孔与气动装置侧面板之间的距离必须相同，如图 4.13-10、图 4.13-11 所示。保证从模头模具出来的聚合物料条必须送到启动装置的倒料槽中。

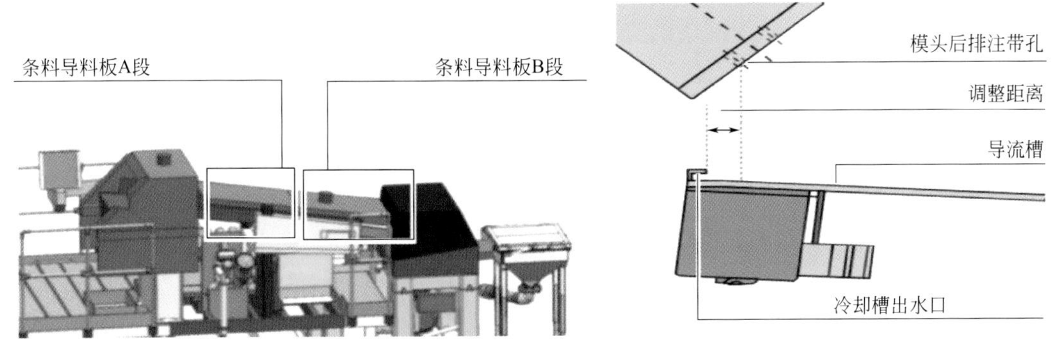

图 4.13-10　导流槽安装示意图

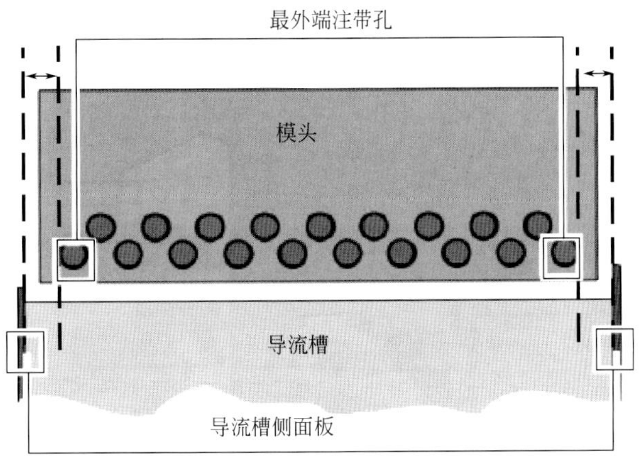

图 4.13-11　外注孔与侧面板距离图示

4）切割头、切粒室安装

首先找平、找正切粒室的设备基架（带切割头）。测量基准面选择为设备基架的上缘（与切粒室的接触表面）。然后以安装好的导流槽为基准，进行切粒室的安装，切粒原理图及安装如图 4.13-12、图 4.13-13 所示。

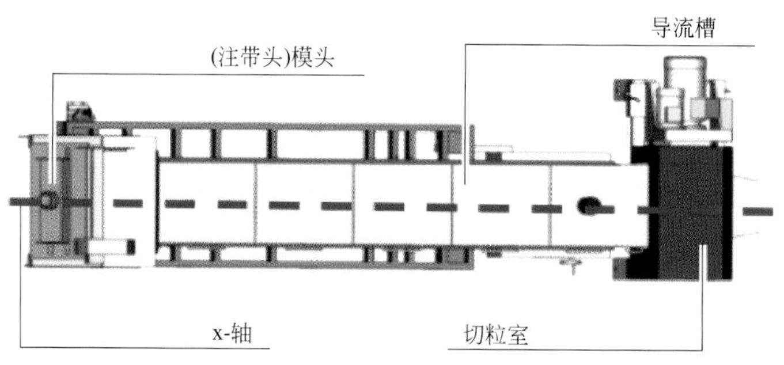

图 4.13-12　切割头、切粒室安装

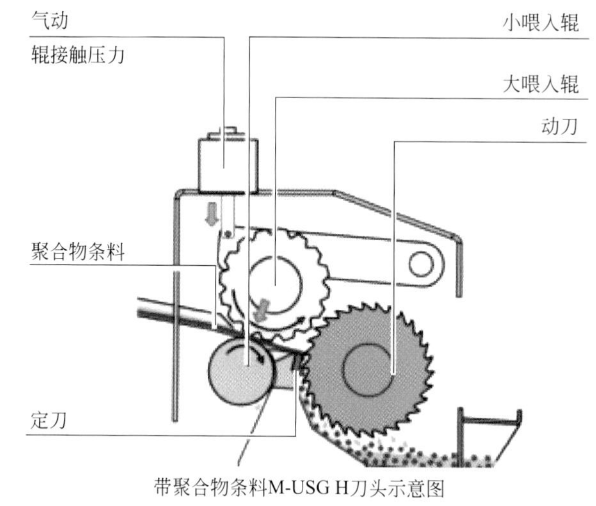

图 4.13-13　切粒原理图

5）工艺水、压缩空气管路安装

工艺水回水接头位于切割头基槽以及造粒干燥器上（图 4.13-14）。工艺水可以通过软管送至过滤系统或者送回水循环。

压缩空气作为造粒系统无故障运行的一个前提条件，压缩空气的质量必须符合技术规范的要求。调试前，彻底冲洗压缩空气管路对其进行清洁，必要时安装临时过滤器。

切粒系统压缩空气源位于料条导流槽设备基架上，压缩空气源主接头位于端子盒右侧，该接头为挠性气动软管（图 4.13-15）。

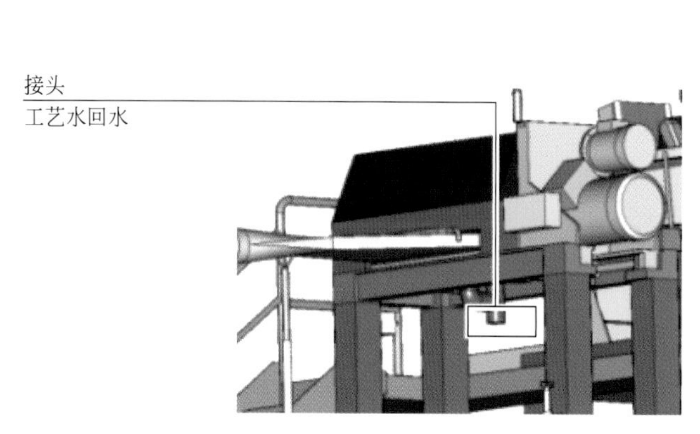

图 4.13-14　工艺回水接头示意图

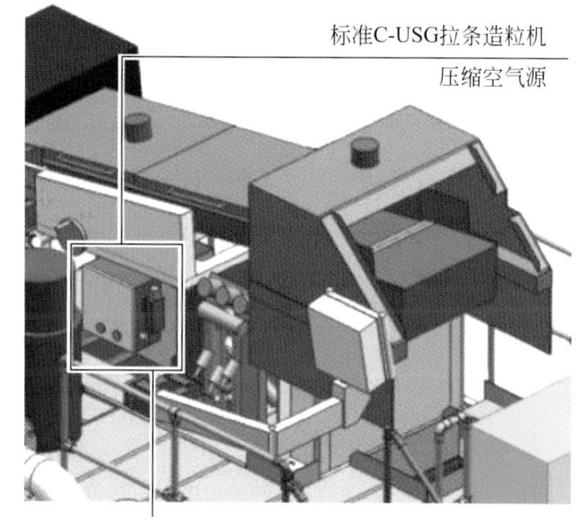

图 4.13-15　压缩空气源接头示意图

6）振动筛、干燥器安装

振动筛、干燥器非机器主体核心部分，模头及主机安装完成后进行安装，设备固定在基础上，固定牢固，找平找正即可。

4.14　套筒式烟筒施工技术

1. 技术简介

在大型脱硫装置中，早期广泛采用的钢筋混凝土烟囱普遍存在混凝土结构温度裂缝分布密集，缝宽且深，烟囱结构受酸腐蚀严重，使用寿命短，检修和维护困难。而套筒式烟囱主要由钢内筒、钢筋混凝土外筒、各层平台、横向稳定体系和附属设施等组成。其结构特点：内筒为圆形等径直筒形结构，使烟气流速稳定、扩散效果良好；钢内筒的密闭隔绝性良好，内筒高出混凝土外筒 2m，使混凝土外筒不易受烟气腐蚀；套筒式外筒要考虑各层平台人员的通行，所以内外筒之间空间较大，且内筒外护保温层，所以结构温度应力小，便于检修维护（图 4.14-1）。在全生命周期内，其建造运营成本较合理，因此套筒式烟囱成为脱硫装置烟囱发展的趋势。

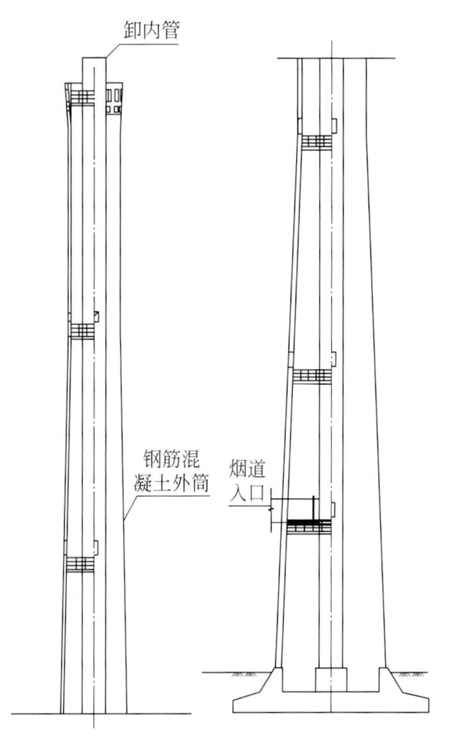

图 4.14-1　套筒式烟囱示意图

施工过程中混凝土外套筒采用液压爬升式模板施工技术，内筒体采用液压顶升倒装技术，效率高且投入少；利用混凝土自重使柔性大模板体系自然成圆，使烟囱外壁表面光滑无棱角，有效解决了混凝土外观成型较差的问题。

此技术应用于神华宁煤间接液化项目 30 万吨/年硫回收装置工程中。

2. 技术内容

（1）工艺流程

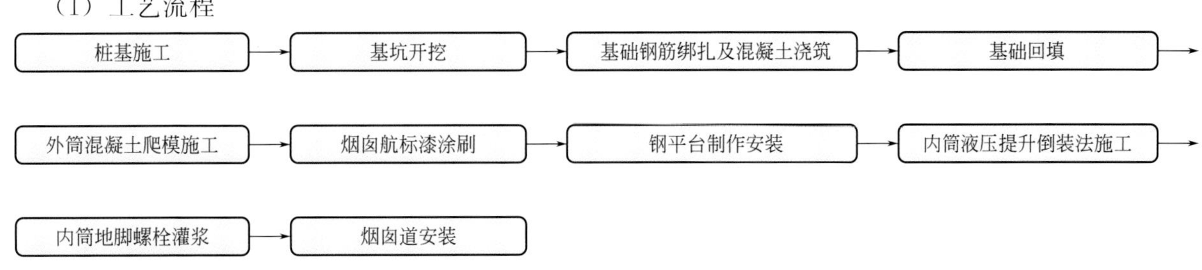

（2）操作要点

1）混凝土外套筒液压滑模提升系统安装

① 在烟囱基础环壁上（筒壁底部）表面周长上，按弦长不大于 2m 设置辐射梁的位置线，将中心鼓圈固定在烟囱基础内地坪混凝土上，根据半径大小及中心位置，先将十字方向的 4 榀辐射梁装上，然后再安装其余辐射梁。辐射梁全部安装好后，组装内、外环梁，配焊斜拉杆，见图 4.14-2。

② 内外下挂平台（吊脚手架）采用角钢制作，安装在提升架腿下端。

③ 材料机具的垂直运输，采用双滚筒式卷扬机用于吊笼垂直升降，解决混凝土的垂直运输、机具的运输和人员的上下，另采用单筒卷扬机进行物料的垂直运输等；液压滑模平台见图 4.14-3。

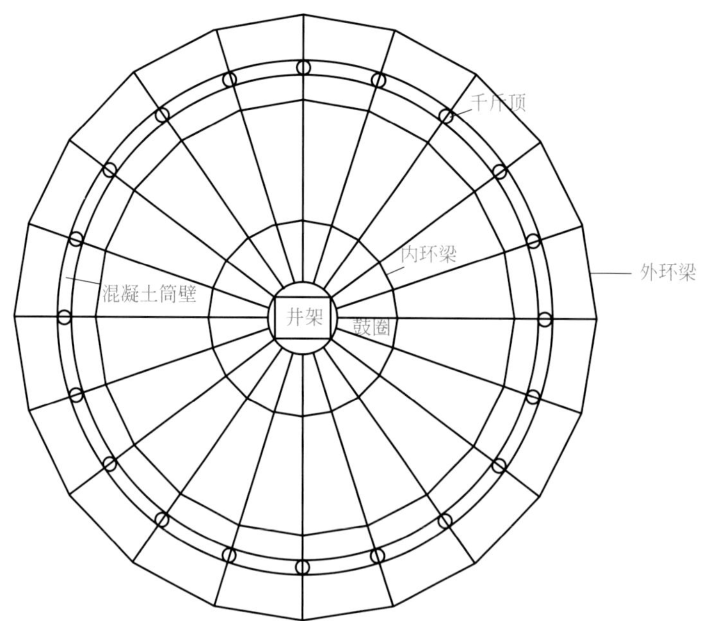

图 4.14-2　外套筒提升平台示意图

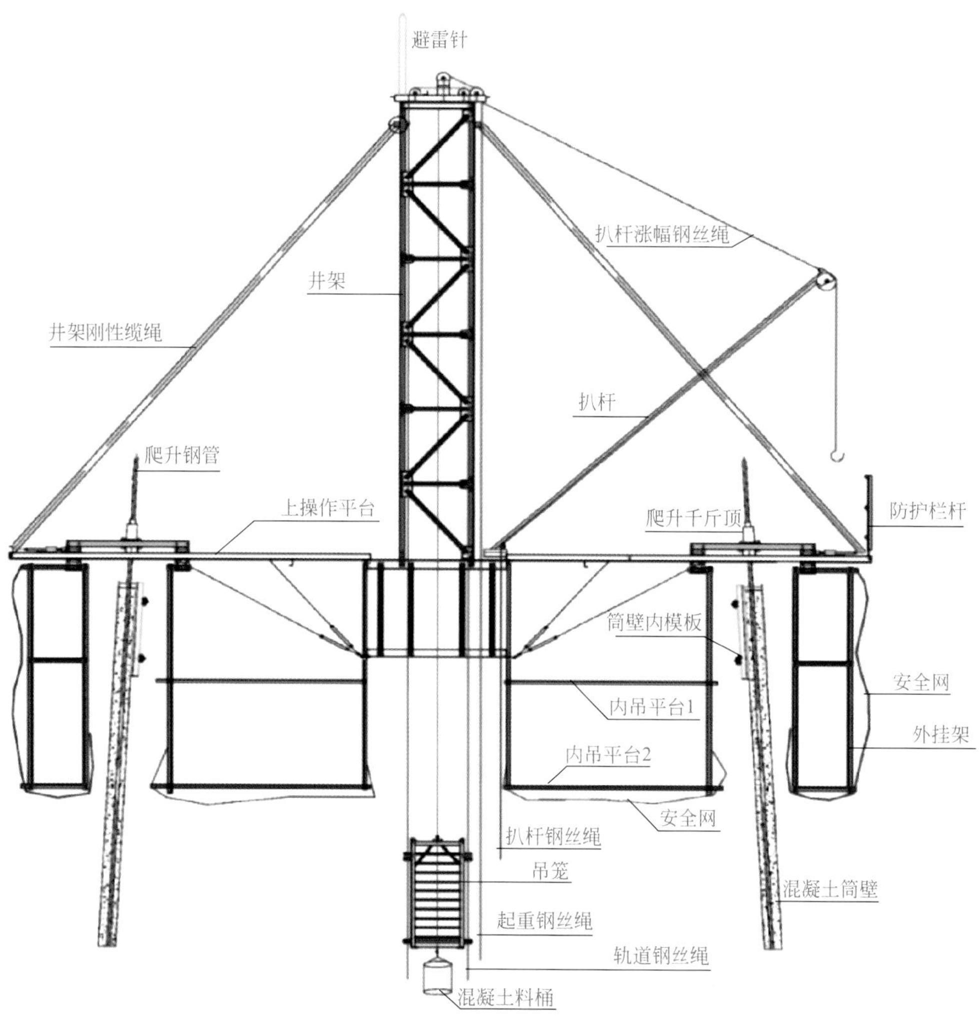

图 4.14-3　液压滑模平台示意图

④ 卷扬机内吊笼上下运行于2根稳绳之间，吊笼设有防坠器，防止卷扬机钢丝绳断裂以起到吊笼防坠的作用。

⑤ 采用 ϕ48×3.5mm的脚手钢管为提升支承钢管，长度为烟囱总高，根数同辐射梁数，钢管接头采用焊接连接，在筒壁初始施工时，提升支承钢管全部着落在烟囱基础顶面的混凝土上，并与筒壁钢筋网进行焊接固定，提升支承杆长度从首提至结束交替为6.00m、4.50m、3.00m、1.50m四种规格间隔布置。

⑥ 调径装置是控制烟囱直径变化的装置，调径装置安装在辐射梁上，在辐射梁上留多组安装孔以便移动位置后组装，组装图见图4.14-4。

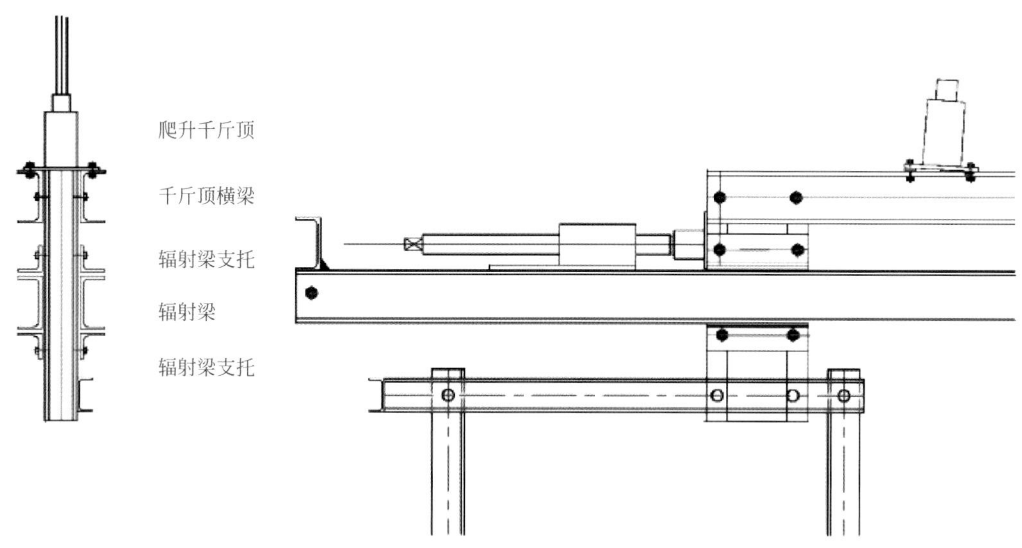

图4.14-4 提升平台调径装置示意图

2）外筒柔性大模板安装

烟囱外筒混凝土结构模板体系为，外模板采用2mm厚镀锌铁皮，每块高1.60m宽1.00m，共40块，利用螺栓组合成四片柔性大模板，模板外利用16根 ϕ8的钢丝绳形成柔性受力体系；内模板采用3mm厚镀锌铁皮，每块高1.5m、宽0.33m，制作两套交替使用。

外模板：根据烟囱筒体的收缩比进行外模板的制作，总长度按筒体周长为准，施工时按烟囱筒体的收缩比进行外模板的收紧，满足烟囱筒体的要求。

外模板安装：将组装好的四片外模，经涂刷隔离剂后移置已绑扎好的筒壁钢筋外侧进行筒壁外模板的安装，外模板下口固定在已焊接好的钢筋保护层外侧，模板上口用长度等同烟囱筒壁厚度的专用支撑短节焊接在筒壁上部的一道环向水平钢筋上，用以控制内外模板的保护层及筒壁混凝土厚度，然后根据筒壁外径的实际尺寸进行外模板加固，将模板下口2道钢丝绳预先紧固好，校正模板中心，依次紧固好模板上口其余的14道钢丝绳，见图4.14-5。

内模板：依照烟囱半径及内模板宽度，设置两套共180块内模板，并在内模板四周3cm处配以加筋肋，在减少内模板重量的同时提升模板强度。

内模板安装：根据筒壁所在半径尺寸在烟囱筒身内壁焊接好钢筋保护层，然后将内模板逐块进行安装，利用每两块模板之间有30mm的重叠部位解决烟囱筒壁周长的上小下大的问题，从而保证内模板的上下收分比例。内模板加固采用 ϕ10对拉螺杆，再在模板上250mm下200mm处各设置2道 ϕ20的圆弧钢筋，给对拉螺杆进行加固，见图4.14-6。

3）混凝土外筒液压爬模施工及平台纠偏

平台组装好后，将调径丝杠顶紧，即可进行混凝土外套筒爬模施工（图4.14-7）。混凝土浇筑时分

图 4.14-5　烟囱柔性外模板安装图

图 4.14-6　烟囱内模板安装图

图 4.14-7　混凝土外套筒滑膜施工图

层浇捣，当混凝土循环浇捣至模板顶部后，平台即可进入正常提升阶段。由于施工过程中操作平台上的载荷分布不均，混凝土浇筑不对称，自然环境等因素都会使操作平台产生位移。因此每 1500mm 须校对中心一次，每提升 300mm 须对千斤顶进行调平，一般偏差值不应超过 10mm，否则就要纠正一次。

4）烟囱内筒液压顶升施工

① 液压提升机构设置

烟囱的钢内筒采用松卡式液压千斤顶提升。整套液压提升装置主要部件包括集中控制系统 1 套，千斤顶若干组，整套装置由一台泵站提供压力油，泵站内部油路采用集成回路，泵站与液压缸之间采用橡胶软管连接，并且液压泵站集成块上的符号与液压缸上的符号一一对应。

② 内筒卷制

在卷制过程中应避免钛材表面的机械损伤，卷板机滚轴表面需清理干净，并将卷板机滚轴用软质材料包扎，钛材打磨宜用橡胶或尼龙掺合氧化铝的砂轮，且打磨时不应出现过热色泽。卷制时，应注意释放应力，不允许一次成型，应反复碾压，多次调整卷制的曲率，直到卷制成型，卷制时用 2.0m 长的弧形内卡样板随时检查钢板卷制的曲率，其间隙应不大于 2mm，以防卷制曲率过大或过小。

③ 内筒的吊装

防腐好的钢内筒 2m 高单片钛钢板通过汽车吊运至烟囱内筒预制场地进行组装成 4m 的标准节，通过吊车吊运至烟囱门口处预设轨道的台车（图 4.14-8），再通过轨道台车运进烟囱内预定位置，而后进行拼节组对、提升。

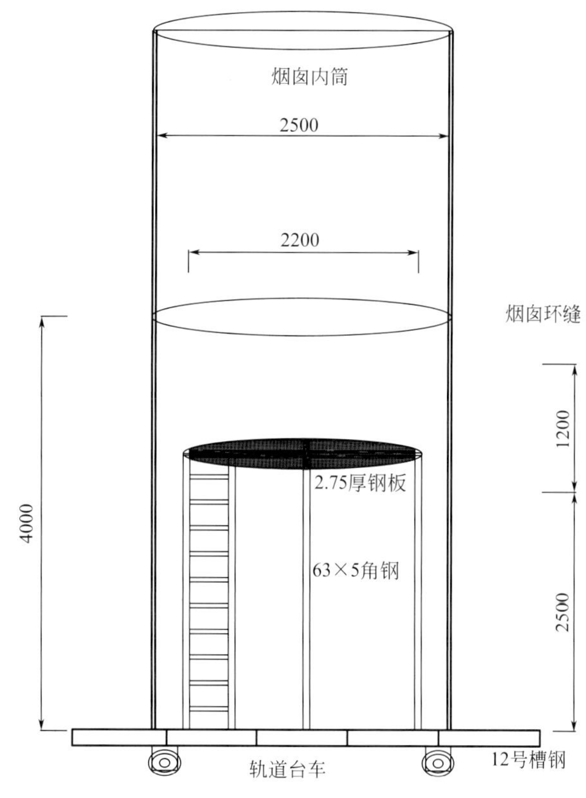

图 4.14-8　轨道台车使用示意图

④ 内筒的提升

钢内筒的重量支撑在提升环梁上，提升环梁通过布置在内筒钢筋混凝土基础上的若干个液压千斤顶作上下行程运动，从而带动钢内筒逐节提升，直至提升完成全部筒节的安装工作。提升环梁布置在钢内筒外壁上，千斤顶通过提升杆托动提升环梁实现对钢内筒的提升，见图 4.14-9。提升施工平台见图 4.14-10。

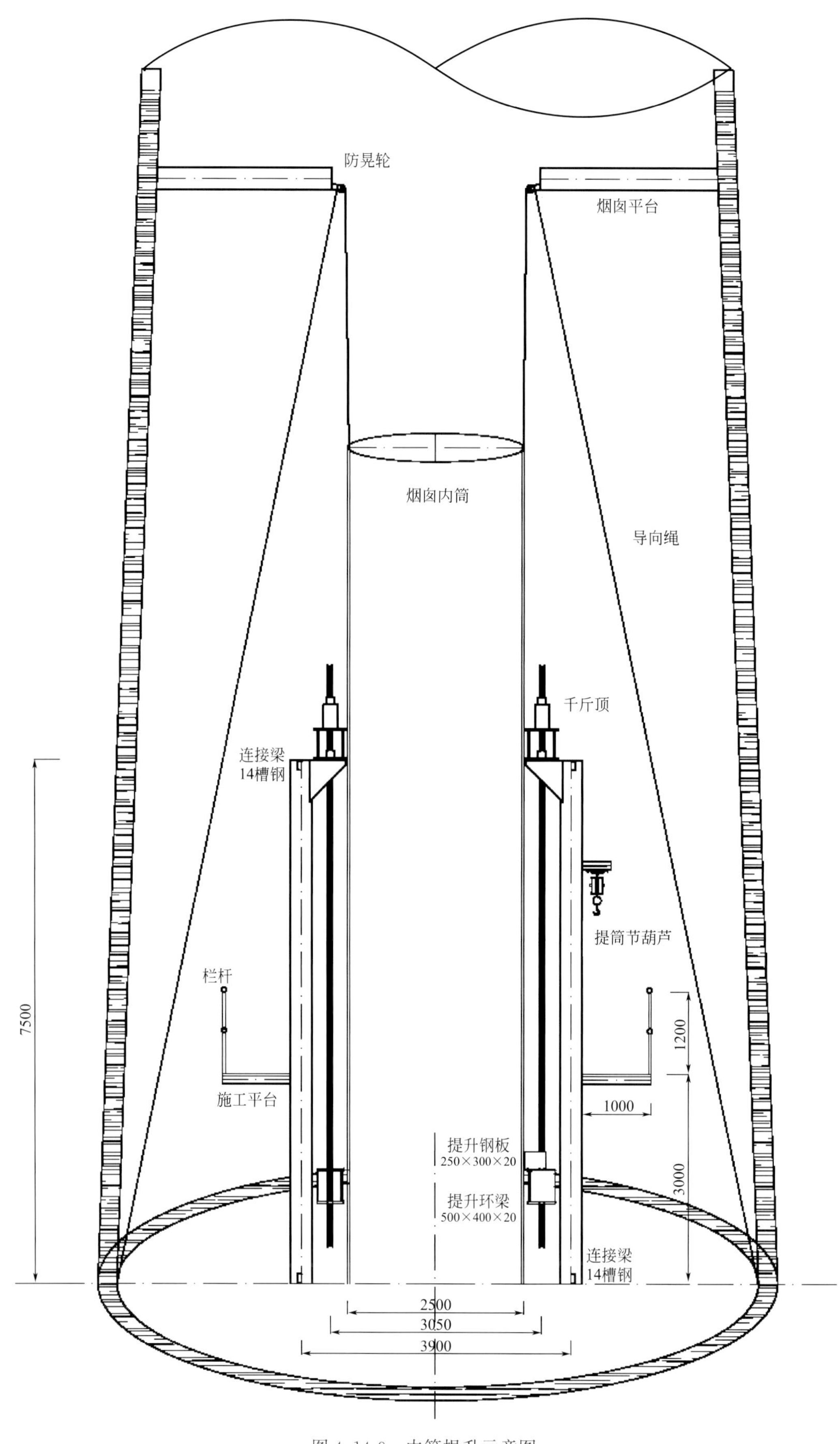

图 4.14-9　内筒提升示意图

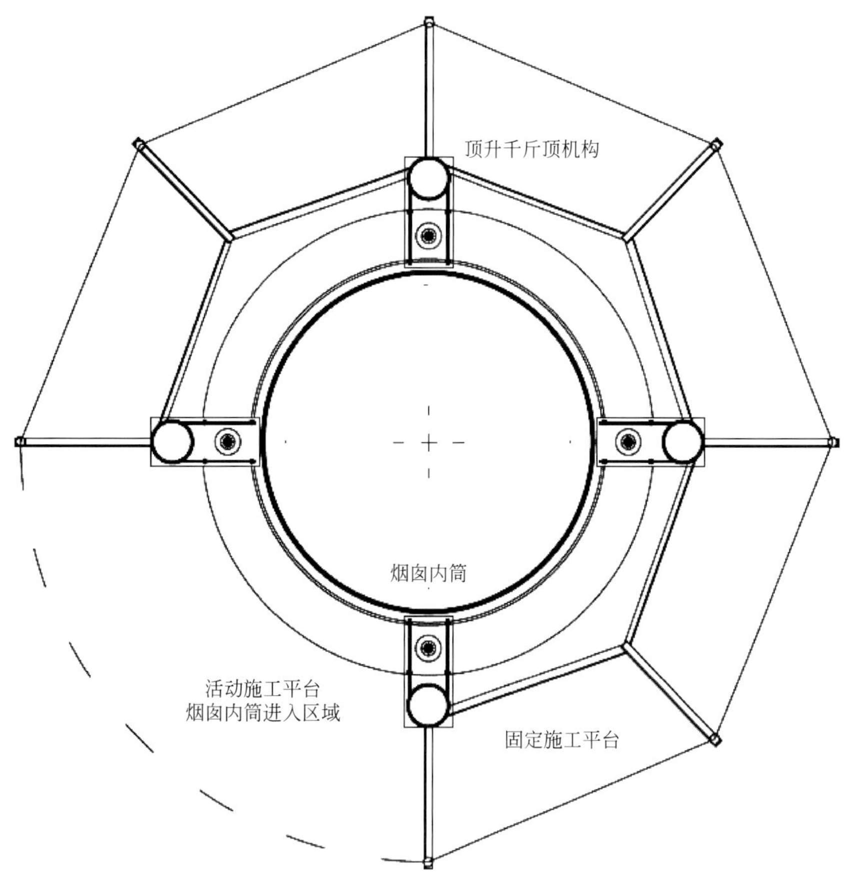

图 4.14-10　内筒提升施工平台示意图

⑤ 提升纠偏止晃措施

在筒体顶部与各检修、止晃限位钢平台之间，按对角方向斜拉布置四个临时止晃轮。提升过程中可通过收拉对应方向止晃轮的钢丝绳调整筒体垂直度。

5）钛钢复合板内筒焊接

在此选用复层为工业纯钛板 TA2，基材为 Q235B 的钛钢复合板进行举例。

① 复合板基层采用氩弧焊打底、手工电弧焊盖面工艺，复层钛板选用手工钨极氩弧焊工艺。

② 用洁净的白布蘸丙酮擦洗钛板的焊接区域，清理的范围是坡口两侧各宽至少 50 mm。

③ 钛贴条及钛焊丝需采用加（HF）3%＋w（HNO_3）35%酸洗清洗。

④ 钛复合层接头采用搭接接头，接头形式见图 4.14-11。

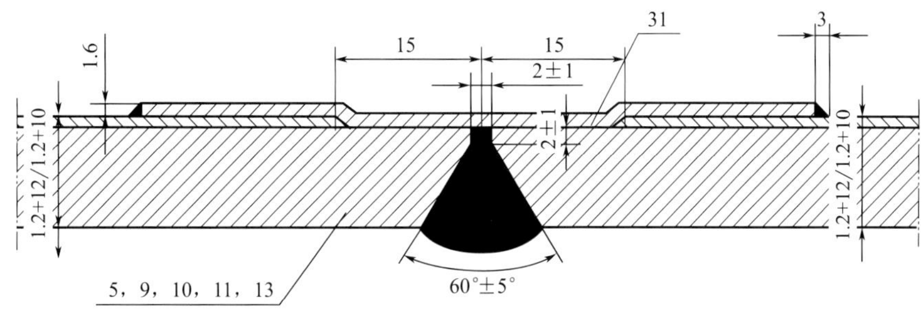

图 4.14-11　钛钢复合板焊缝接头示意图

⑤ 先进行基层钢板的点焊和焊接，经质量检验合格后，进行钛贴条与钛复层的点焊和焊接。

⑥ 基层 Q235B 钢板的焊接

定位焊后，首先焊接基层，进行基层的第1道手工钨极氩弧焊时，要注意焊缝余高不得超过1.2mm，以便钛贴条的搭接。在所有层道的焊接过程中应严格控制焊接热输入，防止焊接区域过热而引起钛复板的变形和污染，基层焊缝焊完经检验合格后再进行钛贴条的焊接。

⑦ 钛复层的焊接

对于钛复层的焊接，尽可能采用小的焊接热输入。焊接时由于钛材的传热速度相对比较慢，而在连续焊接过程中，较高温度的焊缝及热影响区则必然暴露于空气中，这时钛金属就会被迅速氧化。为了避免氧化，钛材焊接时应加装专用的氩气保护拖罩加以保护，保护拖罩应能确保温度在370℃及以上的区域始终处于氩气保护中。

6）无损检测

内筒基板焊缝应进行不小于20%的超声波探伤；开口接管、补强圈与壳体之间的角焊缝，裙座与壳体之间的角焊缝均应按NB/T 47013进行100%的磁粉或渗透检测，Ⅰ级合格，见图4.14-12。

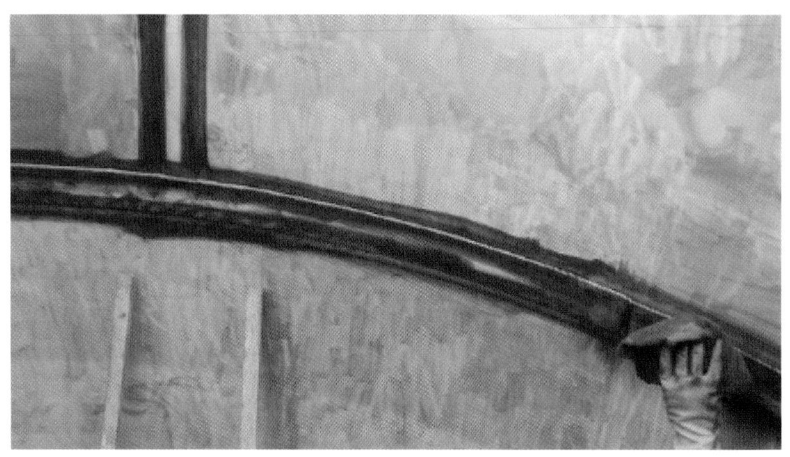

图4.14-12　钛角焊缝着色检查

7）铁离子检查

钛复层焊接后，焊接区应进行铁离子检查。检查时，受检表面滴上检查液，若检查液呈橙色（溶液本色），表明钛面无污染。若检查液呈蓝色，说明钛面有污染，则该表面应用丙酮重新擦拭，直至检查液呈橙色为止。

4.15　镁铝合金料仓制作安装技术

1.技术简介

在聚乙烯、聚丙烯、聚苯乙烯等装置中，粉料仓的材质一般选用铝镁合金（图4.15-1）。因其直径较大，故粉料仓的安装方法通常选用在现场进行制作安装。

鉴于传统的粉料仓分段空中组对法，高空组焊工作量大，高空作业多，施工周期长，本技术将粉料仓分为上筒体和底锥体两个部分进行预制，预制成型后将两部分分别吊装，利用基础作为施工平台，完成粉料仓的组对，提高了工效；粉料仓采用双向同步法进行施焊，解决了镁铝合金可焊性差，避免出现各种焊接缺陷。

此项技术应用在天津仁泰化工40万吨/年聚苯乙烯工程和宁波浙铁大风化工有限公司10万吨/年非光气法聚碳酸酯联合装置工程中的粉料仓制作安装。

图 4.15-1　粉料仓图

2. 技术内容

（1）工艺流程

准备 → 材料验收 → 号料 → 剪板切割 → 开坡口 → 压头 → 检查

1.外形尺寸
2.坡口尺寸
3.压头弧度
4.清洁度

滚 → 纵缝检查 → 校圆 → 检查

顶锥制作 → 顶锥与筒节组装 → 接管安装 → 检查

1.外形尺寸
2.椭圆度，端口不平度等
3.焊接质量

检查 → 逐节倒装 → 检查

1.外形尺寸
2.椭圆度、直线度端口不平度等
3.焊接质量

检查 → 底锥吊装 → 筒体吊装组焊

底锥制作 → 裙座组焊制作 → 裙座及底锥组焊 → 附件安装 → 检查 → 底锥及裙座翻转 → 底锥吊装

1.外形尺寸
2.直线度端口不平度等
3.焊接质量

基础环板制作 → 基础环板组焊 → 裙座及底锥组焊

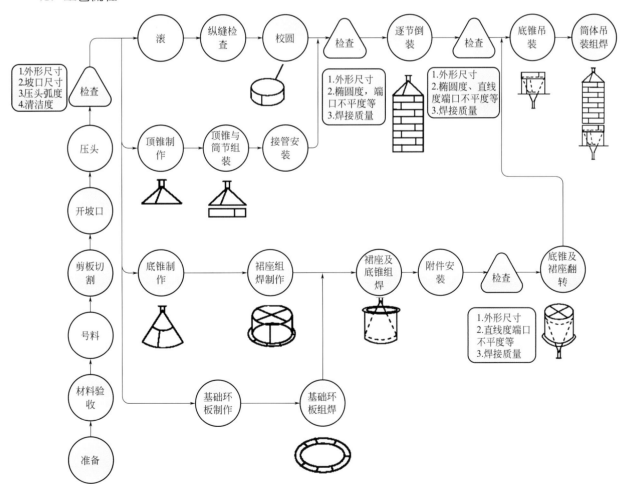

(2) 操作要点

1) 施工准备

① 平台铺设组装

在施工前要准备铺设一个预制平台，要求平台水平度<3mm/m。平台上应铺设厚度为6mm的橡胶皮，以保证铝合金板面的光洁，避免磕碰和划伤。

② 镁铝合金板专项保护措施

粉料仓板材一律堆放在木板上；所有吊索外套胶管，卡环外垫铝板或橡胶板，防止吊装过程中划伤、碰伤铝板材；在滚板机的辊轴上用尼龙布包裹，防止卷板过程对铝板表面造成损伤；铺设预制加工平台，平台表面铺设橡胶皮，用于粉料仓的下料组对时对板材的保护。

2) 排板下料预制

① 板材下料

下料前对到货的板材进行实测，按尺寸与排板图核对后分别放置。板材放线时必须考虑材料的焊接收缩量，检查合格后才能切割。铝板面上禁止使用划针、样冲，须用记号笔进行标记。

② 弧板成型

筒体板的成型采用卷板机卷制，形成半壳体；为防止板材卷制后变形，现场配置卷弧胎具（与铝板接触面铺设胶布）；用样板控制和检查板材成型的弧度，卷好的板材立式放置在枕木上。

③ 粉料仓锥形底板制作

按分段划分将粉料仓锥形底板的各个扇形板在平台上全部对接完成，并进行间断焊加固，以防止在卷制过程中出现焊口断裂。然后用吊车将拼接完成的扇形板吊起整体进行滚弧，此方式卷板可有效的消除焊缝的变形及焊接造成的内部应力作用，保证锥弧的曲率。

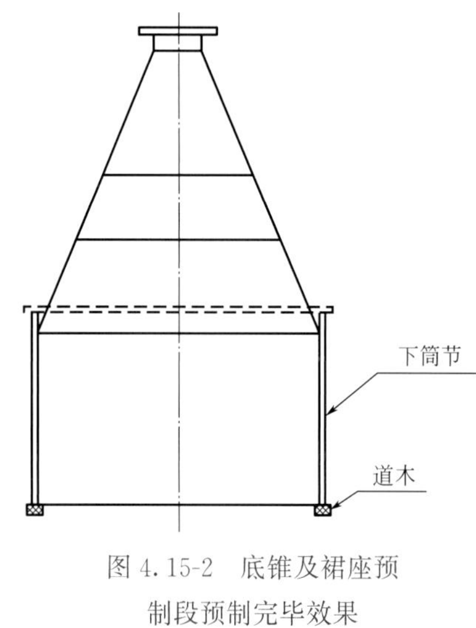

图 4.15-2　底锥及裙座预制段预制完毕效果

3) 组装施工

① 组装粉料仓下锥体与裙座

按段将卷好的扇形放在木质支架上形成锥体，清洁坡口，用夹具（在顶端和底端）固定，点焊和焊接各段锥体的纵向焊缝；然后将小锥体提起，进行小锥体和中锥体、大锥体的组对，点焊和焊接环焊缝。

待粉料仓最下一段筒体组焊成型后，将筒体吊起放至拼焊完毕的基础环上进行点焊定位，安装加劲板，最后进行内外大角缝的焊接，形成粉料仓裙座。裙座翻转后套入底锥，按设计要求进行大角缝的组对、焊接。如图 4.15-2 所示。

② 顶锥体及筒体组装

根据排板图将下好料的顶锥板平铺在平台上，按设计尺寸切割缺角。将顶锥体的顶部吊起，用捯链收紧顶锥体下部，组对成型（图 4.15-3）。完成顶锥体与粉料仓筒体的组装焊接（图 4.15-4）。粉料仓筒体采用倒装法依次进行组对，筒体部分的预焊件随筒体同步安装。

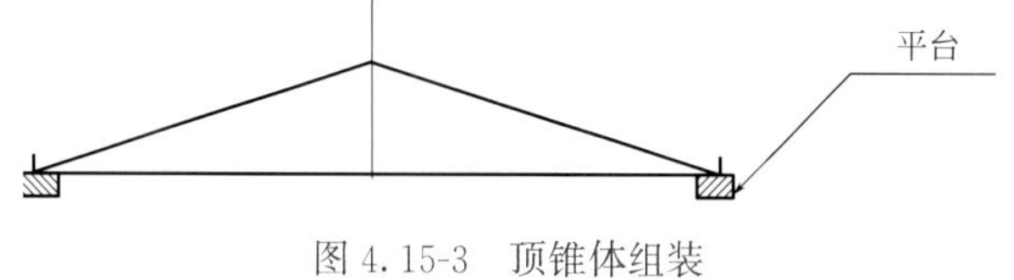

图 4.15-3　顶锥体组装

③ 粉料仓整体组焊

粉料仓上下两段筒体分别组焊完毕后，在底锥体内部焊接临时挂架用于搭设临时组对平台，然后将粉料仓下段底锥体翻转并安装在基础上。上部筒体用吊车吊起与基础上的底锥体进行组对焊接，如图4.15-5所示。

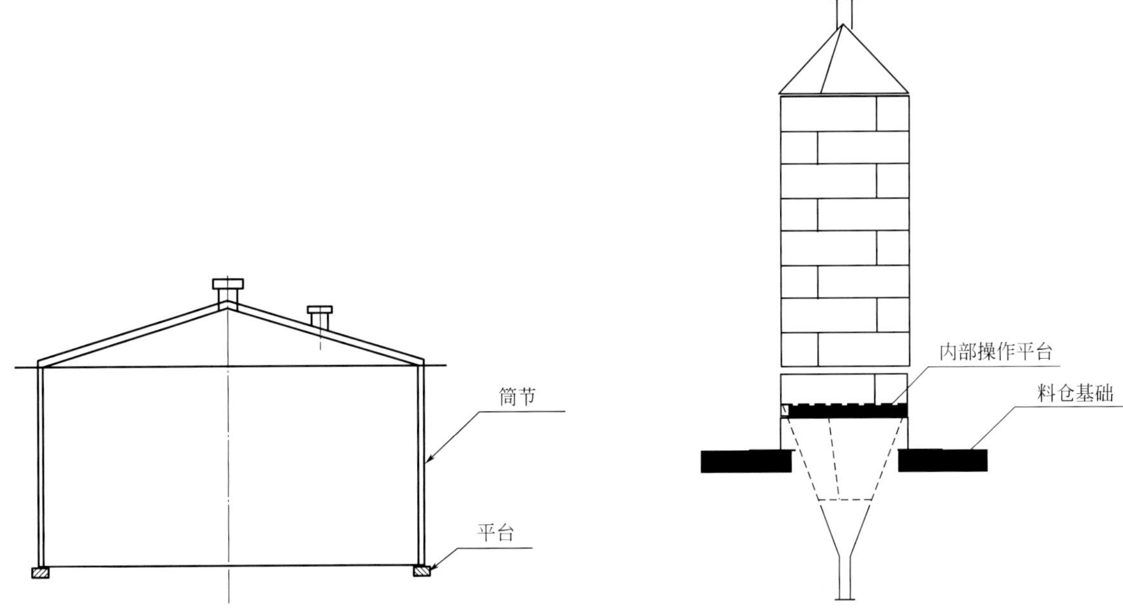

图4.15-4 粉料仓顶锥体与筒体组对示意图

图4.15-5 料仓整体组焊示意图

4）粉料仓焊接

在焊接时液态的铝合金能溶解大量的氢，在溶池冷却的过程中氢气来不及溢出，极易形成氢气孔，影响焊接质量，故在焊接前对氢的来源要严格控制，氩气纯度应在99.99%以上，含水量不大于50mg/m^3，焊接环境和焊接人员资质符合要求。

铝合金板采用机械方法切割下料。采用坡口机进行坡口加工。坡口及两侧各50mm范围内除去表面油污，清除油污。自制酸碱槽1套，用于氧化膜的化学清理。

① 环缝坡口形式，如图4.15-6所示。

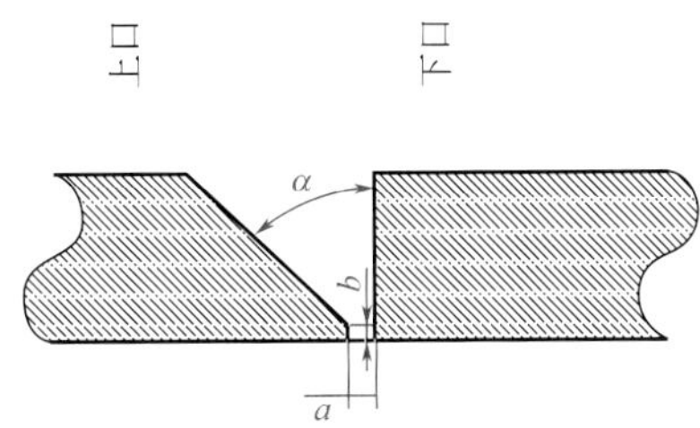

工件厚度(mm)	间隙a(mm)	钝边b(mm)	角度α(°)	备注
6～20	1～3	1～2	45^{+5}	双面焊

图4.15-6 环缝坡口示意图

② 纵缝坡口形式，如图4.15-7所示。

③ 组对

焊材为ER5356。组对间隙允许值为：2±0.5mm。组对错边量控制见表4.15-1。焊件组对点焊固定时，选用的焊接材料及工艺措施应与正式焊接要求相同，点焊固定时，点焊焊缝长70～80mm，间隔150～200mm，点焊焊缝发现缺陷应及时清除重焊。

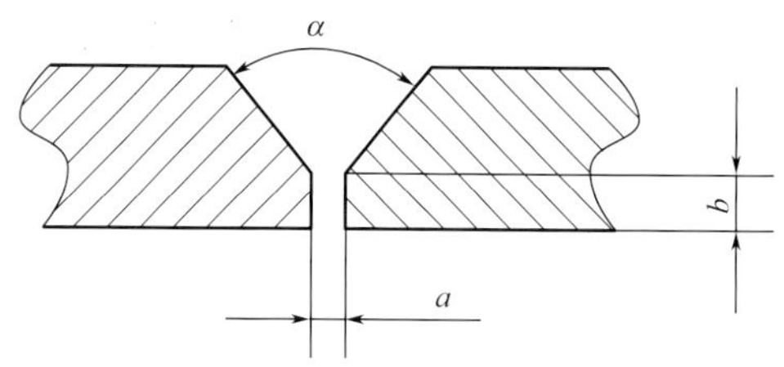

工件厚度(mm)	间隙a(mm)	钝边b(mm)	角度α(°)	备注
6～26	0.5～2	2～3	65^{+5}	双面焊

图 4.15-7　纵缝坡口示意图

组对错边量允许偏差　　**表 4.15-1**

焊缝位置	图示	壁厚(mm)	允许偏差 b(mm)
纵缝	δ b	6＜δ≤10 δ＞10	≤25δ% ≤1+δ/10
环缝	δ b	δ	≤δ/10

④ 焊接操作要求

粉料仓焊接采用双向同步法进行施焊，见图 4.15-8。焊接时内外各一名焊工同时进行施焊，其中外侧焊工为主导，在焊接时填充焊丝；内侧焊工配合，一般不填充焊丝，只送氩气进行背面保护。当内侧焊缝成型不好时，内侧焊工也可适当填充焊丝。壁厚小的情况可以一次性成型，壁厚较大时外侧焊缝增加填充盖面遍数。

图 4.15-8 焊工双面同步焊接

在保证焊缝熔透或熔合良好的条件下，应在焊接工艺规程允许范围内采用大电流，快速施焊，焊丝的横向摆动幅度不超过其直径的三倍。多层焊时，层间温度应尽可能低，不宜高于 100℃。层间焊接缺陷应用机械方法彻底清理干净。氩弧焊时，焊接过程中焊丝端部不应离开氩气保护区，焊丝送进时与焊缝表面的夹角宜在15°左右，焊枪与焊缝表面的夹角宜保持在80°～90°之间。

焊接工艺参数宜在下列范围内选用，见表4.15-2、表4.15-3。

手工钨极双人双面同步氩弧焊焊接工艺参数 **表4.15-2**

母材厚度(mm)	焊丝直径(mm)	钨极直径(mm)	喷嘴直径(mm)	氩气流量(L/min)	焊接电流(A)
4～6	5	3～4	12～14	10～12	60～110
8～10	5	3～4	12～14	12～14	130～180
12～14	5	3～4	12～14	12～16	180～210
16～18	5	3～4	12～14	12～16	180～210
18～20	5	3～4	12～14	12～16	180～210

熔化极半自动氩弧焊焊接工艺参数 **表4.15-3**

母材厚度(mm)	焊丝直径(mm)	喷嘴直径(mm)	氩气流量(L/min)	焊接电流(A)	电压(V)
8～10	1.6～2.5	20	25～30	140～280	20～30
12～14	1.6～2.5	20	25～30	260～300	25～30
16～18	1.6～2.5	20	25～30	260～300	25～30
18～20	1.6～2.5	20	25～30	260～300	25～30

⑤ 焊接变形及预防措施

铝合金焊接时由于其导热性能强，结晶收缩率大，因此焊接变形较为严重，焊接时必须采取一定的预防措施。预防措施包括：加内支撑，以防止焊接时引起筒体较大变形，对于环焊缝焊接可采用在焊缝上下加胀圈，并同时采用对称焊接。

5）打磨抛光

粉料仓焊缝打磨，应在焊缝质量合格后进行，内壁的对接焊缝及角焊缝均应打磨使之与母材齐平圆滑过渡，经抛光的表面均不得再次施焊。

6）成品保护

铝合金板材的运输、堆放过程中，避免与坚硬物体碰撞、摩擦，严禁与地面接触，严禁与碳钢材料混放，露天存放要遮盖好，防止材料及半成品受潮。在运输过程中，板间必须衬垫隔离纸，防止板间静电击伤。

第5章

管道安装关键技术

在石油化工装置中，工艺管道是不可或缺的一部分，它是装置中物料输送重要的工具。石油化工装置物料大多具有有毒、有害、易燃、易爆、高温、高压、有腐蚀性等特点，工艺管道安装质量直接影响化工装置能否安全稳定正常生产。

石油化工装置工艺管道材质众多，不同的使用环境其安装技术要求也不尽相同。故本章主要从石油化工装置常见的物料管线及应用比较广泛的重要材质管道安装中选取典型的、关键的安装技术加以阐述。如氢氟酸、转油线、水煤浆、催化剂等物料管线的施工，以及不锈钢、铬钼钢、铝、钛、镍等材质管道的焊接等。

5.1 氢氟酸管道施工技术

1. 技术简介

氢氟酸常用作石油化工装置烷基化反应的催化剂，具有强腐蚀性的特点。石油化工装置氢氟酸管道在生产运行中一旦出现问题，将直接影响现场操作人员的生命健康，因此氢氟酸管道施工时，必须根据其特性，确保其安装质量。

管道施工中对所有氢氟酸管道组成件进行规范化的色标管理，同时加强对法兰密封面的保护，确保材料、垫片、法兰和阀门等使用安全；通过对管道焊缝的热处理，减少焊接应力，减缓管道氢氟酸应力腐蚀速度，确保其在规定的使用周期内安全；用气压试验代替水压试验，有效避免在装置生产运行中，因水分导致管道加速腐蚀。

本技术成功应用在金陵石化烷基苯厂 15 万吨/年烷基苯装置、江苏金桐表面活性剂有限公司烷基苯装置中。

2. 技术内容

（1）工艺流程

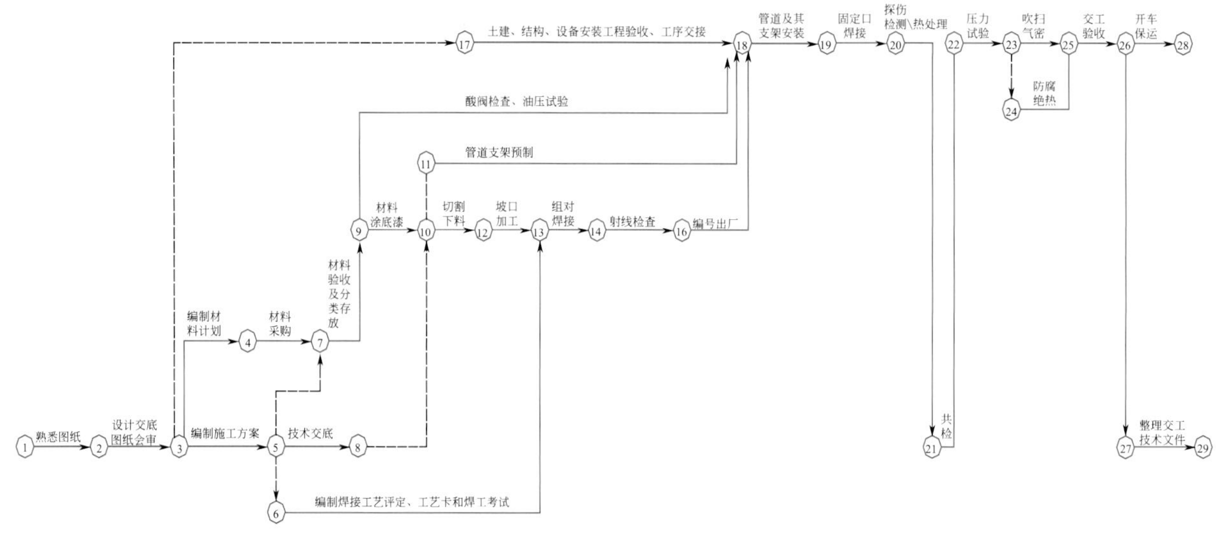

（2）操作要点

1）氢氟酸管道施工总体对策

氢氟酸腐蚀原理及工艺方法分析如表 5.1-1 所示。

氢氟酸腐蚀原理及工艺方法表 **表 5.1-1**

序号	腐蚀类型	腐蚀原理	工艺方法
1	化学腐蚀	金属材料在氢氟酸中的抗蚀性能通常与氢氟酸的浓度、介质温度、含氧量、含水量及介质流速有关	1. 阀门试压介质选用煤油； 2. 管道试压选用气压或油压试验； 3. 管道低点排放设置在弯头最底部； 4. 管道组成件逐一标识，以防用错
2	应力腐蚀	附加应力及焊接后的残余应力形式存在于焊缝及其周围部位的应力，使该处金属保护膜易于破坏，在氢氟酸的作用下，金属产生细微裂纹，导致应力腐蚀	1. 泵进出口管道无应力配管； 2. 管道法兰无应力配管； 3. 法兰平行度检查； 4. 氢氟酸焊缝 100％热处理（消除焊缝残余应力）并进行硬度检测

续表

序号	腐蚀类型	腐蚀原理	工艺方法
3	缝隙腐蚀	在氢氟酸介质中，缝隙腐蚀常见于焊接不良所产生的裂纹、内凹或内咬边，在这些部位酸液能够渗入但不能流动，因此限制了氧化物质的扩散，在滞留酸的作用下，形成了以缝隙为阳极的浓差腐蚀电池，造成缝隙处金属严重腐蚀	1. 进行焊缝100%外观检查及100%RT检测。要求RT Ⅱ以上合格； 2. 加强审片管理，有裂纹、内凹及内咬边超标现象立即返修； 3. 挖眼三通开孔打坡口，氩弧焊打底，禁止未焊透

2）管道组成件色标及试验管理

① 管道组成件色标管理

不同材质的管道、管件按规定进行相应色标涂刷。除此之外，针对氢氟酸管线管道组成件还需再涂刷统一色标，分类存放。法兰密封面朝上放置，且增加塑料保护套保护。见图5.1-1。

图5.1-1 法兰密封面保护

② 管道组成件试验管理

Monel材质管道、管件在使用前应进行每批次10%半定量光谱分析复查；氢氟酸碳钢管道使用前应检查其是否经超声检测合格；阀门试压采用油压。

3）管道预制

氢氟酸管道坡口采用机械加工的方法，焊口采用管道对口机组对，见图5.1-2。以此来控制氢氟酸管道焊口质量，以防错边量大导致焊缝应力增加。对于错变边超差的焊口进行倒坡口处理。

4）管道焊缝质量检查、热处理及硬度检查

① 氢氟酸管道焊口进行100%无损检测，RT二级合格，PT一级合格。

② 对于氢氟酸碳钢管道，在其焊口无损检测合格后进行热处理，热处理曲线见图5.1-3。

③ 焊缝热处理完成后进行焊缝和热影响区的硬度检测，硬度检测布氏硬度值≤200HB。

5）管道安装

已安装的管道开口部位和设备口必须使用硬质塑料布封堵严密，防止雨水进入。管道必须为无应力配管，管道对设备不产生任何有害影响，管道安装完毕后，拆开泵进出口法兰螺栓，在自由状态下检查法兰密封面间的平行度、同轴度及间距。管道与酸泵最终连接时，在泵上架设百分表监视连接部位的位移。

6）管道试压、吹扫

① 氢氟酸管道试压

图 5.1-2　自动对口机

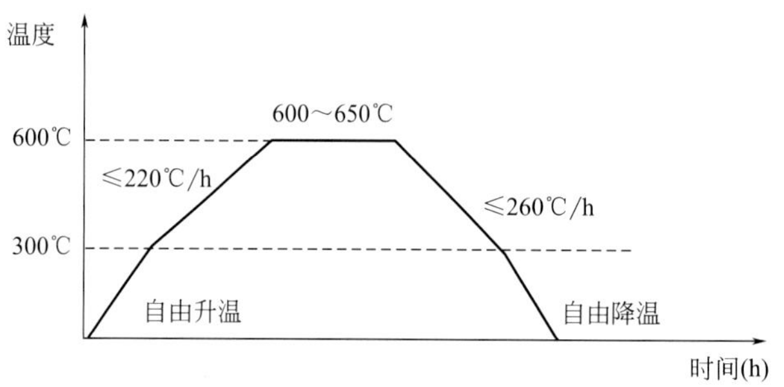

图 5.1-3　热处理曲线

氢氟酸管道中若存留水，管线死角处的水无法完全清理干净，该部分水会使管道中氢氟酸稀释，增强氢氟酸的腐蚀性，很容易造成管道死角的腐蚀，缩短管道的使用寿命，故氢氟酸管道采用更为合理的气压试验。氢氟酸管道气压试验采用空气压缩机和氮气瓶增压相配合的试验方法，见表 5.1-2。

氢氟酸管道试压方法　　**表 5.1-2**

序号	试验压力	试压方法	具体试压程序
1	≤1.2MPa	空气压缩机	直接使用空气压缩机增压至试验压力
2	>1.2MPa	空气压缩机+氮气瓶	空气压缩机增压至 1.2MPa，氮气瓶继续增压至试验压力

② 氢氟酸管道吹扫

氢氟酸管道吹扫介质为压缩空气，吹扫动力为空压机。空压机可以持续工作，可保证管道内持续的压力要求。

5.2　水煤浆管线施工技术

1. 技术简介

煤气化技术是煤炭清洁转化的核心技术之一，是发展煤化工产品的基础。煤气化技术中的水煤浆气化技术因其煤种适应范围较广、易于大型化的显著特点，使水煤浆气化装置成为我国煤化工产业发展的重要组成部分，也逐渐成为煤化工产业的建设重点。而作为水煤浆气化装置的核心管路，水煤浆管线的安装质量直接关系着水煤浆气化装置是否安全平稳运行。

本技术根据水煤浆的特性，从管道安装坡度到压力、温度仪表根部件的设置、支架设置等各方面加以控制，以避免水煤浆管道产生堵塞、冲刷磨损、腐蚀现象。

该技术成功应用于新能能源有限公司 20 万吨/年稳定轻烃项目。

2. 技术内容

1）水煤浆管道安装总体要求

① 水煤浆管道布设时应使管道尽量短，水平直管段也不宜过长，减少弯管、避免“死角”和“袋形”管道出现；

② 支管与主管的连接应顺介质流向斜接，夹角不宜大于 45°，见图 5.2-1；

③ 弯头的弯曲半径不应小于管道公称直径的 5 倍；

④ 液体中含有固态物料的管道，其水平管道的分支管应从主管的顶部或侧面引出，垂直分支管应倾斜顺流方向引出；

⑤ 管道安装坡度不应小于千分之五，坡向下游的设备，满足工艺操作要求；

⑥ 管线每 6m 设置拆卸法兰一对，用于打开清除管线内的沉积物；

⑦ 管道的支管及旁通管上的阀门，应尽量靠近主管安装，并避免产生“盲肠”。

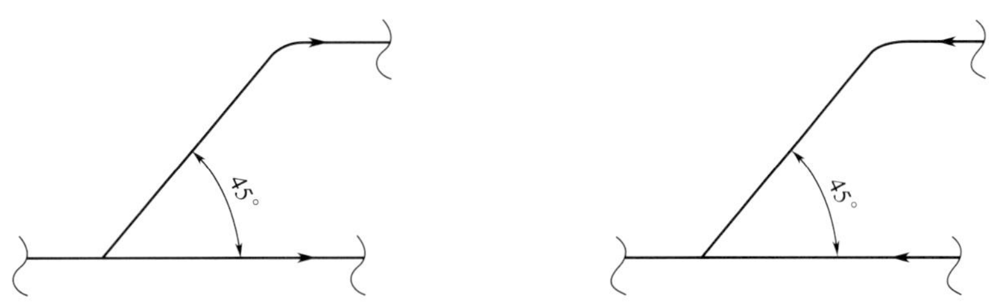

图 5.2-1　水煤浆管线主管与支管连接

2）泵出入口配管施工

泵入口必须具有一定的坡度，管线布设应尽量短，减少管件的使用，从而降低管线内的沿程阻力和局部阻力，减少不必要的压降，防止气蚀现象发生，见图 5.2-2。

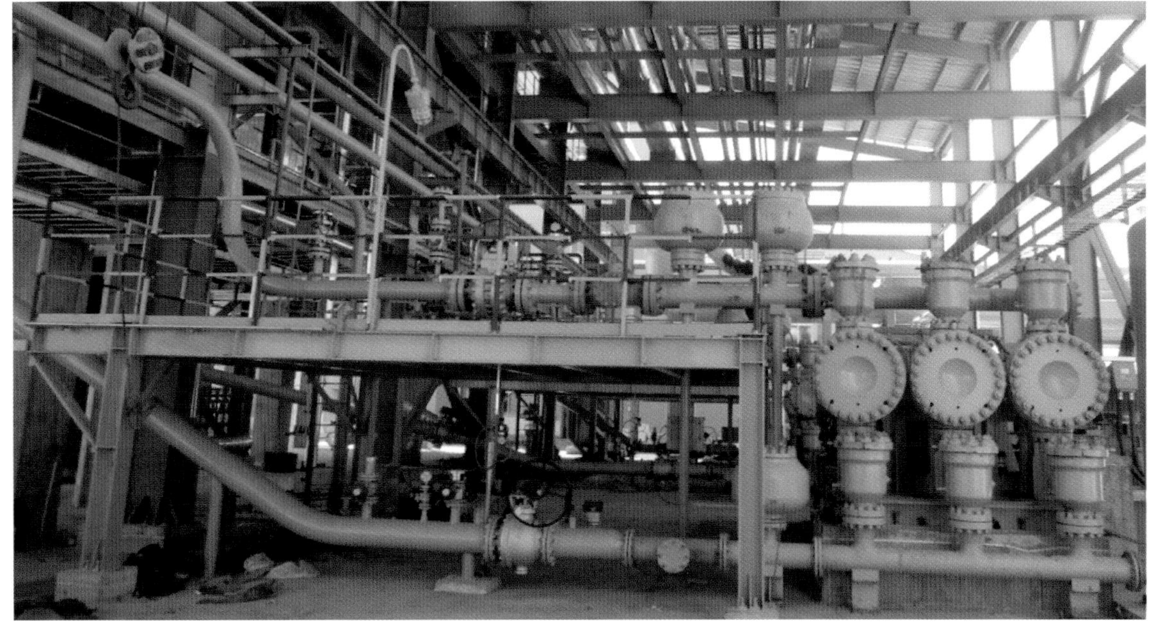

图 5.2-2　高压煤浆泵附属水煤浆管线

泵出口在配管时既要考虑阀门的可操作性、泵的可检修性，同时还要考虑在管道分支处阀门要尽可能地靠近，避免泵在一开一备的情况下，出现死弯导致的管线堵塞。

3）阀门安装

由主管引出的支管上的阀门应尽量靠近主管。若支管是由主管上部引出，而水平敷设时，阀门应安装在靠近主管的水平管上。

管道上的阀门宜选用法兰闸阀，且阀杆应尽量竖直向上安装，若不能竖直安装时可水平或倾斜安装，但不应低于水平方向安装。

与阀门相连接管道的直径应保持一致，避免在变径处产生较高流速，造成对阀门、管件和管道的严重磨蚀。

工艺管线的变径位置应选择在阀门下游，且阀后应有一定长度的直管段。

4）冲洗水管线安装

① 工艺严格要求采用硬管连接冲洗时，冲洗水管和水煤浆管连接处设置双切断阀；

② 水平管道上的冲洗水接头应从主管道的上部接入，垂直管道上的冲洗水接头应向上 45°接入，根部阀到主管距离尽可能短。冲洗水管道系统应高于水煤浆管道系统，可有效防止冲洗水管路堵塞。

5）取样点

水煤浆水平管道上的取样接口从主管的上面接出；垂直管道上的取样接口应向上 45°接出，且根部阀到主管距离尽可能短。

6）排放点

在配管时应尽量减少不流动区的出现，所以尽量减少在管路上设置放空阀和排净阀。必须要设置时，放净管的接口应从主管道的侧面接出，且阀门尽量靠近主管。在管道系统的最低点设置排污短节，用法兰和法兰盖封堵，短节的设置要尽量短。

7）仪表元件

水煤浆管线上的爆破片、压力安全元件、安全阀及压力仪表应安装在水煤浆管线上方且间距最短，以防止堵塞；

温度计和压力计的分支管道越短越好，且在水平管道上的温度计和压力计必须安装在管道顶部，垂直管道上的接口应向 45°接出，根部阀到主管距离尽可能短。

8）管道支架

水煤浆管道支架间距应严格按设计图纸进行设置；水煤浆管道容易发生振动，尤其是高压煤浆泵出口管道振动比较严重。在管线施工时严格按照要求设置固定架和限位架、减振架等。

5.3 催化剂输送管道施工技术

1. 技术简介

在 UOP 公司 CCR 连续重整工艺中，催化剂输送管道均采用 Dur-O-Lock 管道连接器进行管道连接，其焊缝均为 Dur-O-Lock 管道连接器与管道的连接的焊缝，以满足催化剂输送管道所有焊口内部焊缝打磨要求。催化剂输送管道施工技术规范了 Dur-O-Lock 管道连接器、轨道球阀试压、防冲击弯头及弹簧支架安装工艺，减少了催化剂在移动过程中产生破损的可能性。

该技术在浙江华泓新材料有限公司 45 万吨/年丙烷脱氢、山东桦超化工有限公司 20 万吨/年异丁烷脱氢项目中得到了成功应用，取得较好经济效益和社会效益。

2. 技术内容

（1）催化剂管线安装总体要求

1）催化剂管线的阀门、法兰要严格按照工艺管道及仪表流程图、管道布置图和管道轴测图的要求进行安装，尤其是注意坡口法兰的正确安装。

2）催化剂管道在框架内部为立管或斜管安装，且管道与 Dur-O-Lock 环连接后吊装装配，安装难度较大。为不损伤 Dur-O-Lock 环，在吊装前对每个接头用防火布包裹。垂直管道垂直度控制在 15mm 以内。

3）防冲击弯头安装时先采用临时支架支撑，采用量角器来控制无冲击力弯头的安装坡度，确保每个冲击力弯头及催化剂管线的安装尺寸都是正确的。待完成无冲击力弯头及弹簧支架安装后，再对临时支架予以拆除。见图 5. 3-1。

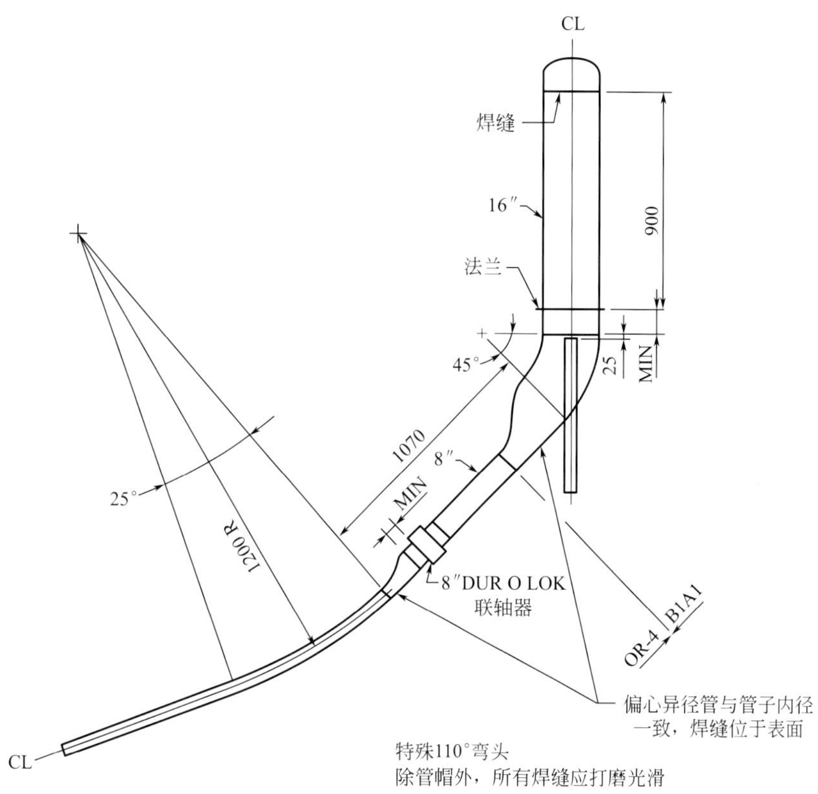

图 5. 3-1　无冲击力弯头安装示意图

（2）Dur-O-Lock 管道连接器的安装

Dur-O-Lock 管道连接器的安装是催化剂管线安装中的重点和难点。Dur-O-Lock 管道连接器是一种精加工的部件，成套编号到场。Dur-O-Lock 管道连接器安装要格外小心，装配时使用橡胶锤。Dur O-Lock 管道连接器安装步骤主要包括：

1）按照介质流向和 Dur-O-Lock 环上的箭头来确定 Dur-O-Lock 环的安装方向，并在管道两端设置临时管钳，见图 5. 3-2。

2）先完成 Dur-O-Lock 管道连接器接头与管道的焊接，焊接时必须保证接头与管道的同心度。Dur-O-Lock 环焊接时易产生变形，焊接时需要控制电压及小电流焊接。焊接结束后对焊缝进行打磨，所有焊缝均采用百叶轮磨头进行打磨处理。

3）正确安装 Dur-O-Lock 管道连接器接头间的垫片，高温接头凹槽内安装平的石墨垫片，其他接头凹槽内安装人造橡胶“O”形垫圈。

4）将 Dur-O-Lock 管道连接器锥形挡圈按照正确的方向预先设置在接头的一端，然后在管道连接器两端安装临时管钳，拧紧两端螺母直至两接头压紧。安装开放式耦合器（齿形与两接头相匹配），合格后将锥形挡圈推至安装位置（图 5. 3-3）。

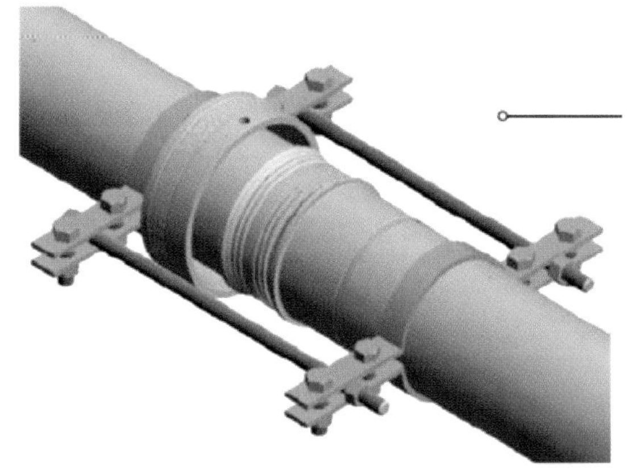

图 5.3-2　临时管钳设置示意图

图 5.3-3　锥形挡圈安装示意图

5）正确安装 2 个紧固螺丝，且用不锈钢丝固定，确保锥形扣环不会滑落，见图 5.3-4。

图 5.3-4　Dur-O-Lock 管道连接器紧固螺丝安装示意图

（3）催化剂管线支架的安装

催化剂管线支架主要分为弹簧支、吊架及限位支架，数量众多。弹簧支吊架安装时弹簧的安装高度，按设计文件规定进行调整，弹簧必须保持在冷态值，并做出记录。弹簧的临时固定件，待系统安装、试压、绝热完毕后方可拆除。弹簧支吊架焊接时，焊缝尺寸必须符合要求。限位支架与管道焊接时，焊缝不得有咬边等缺陷。催化剂管道均为不锈钢管道，支架安装时需增加不锈钢弧板进行隔离。

（4）电动轨道球阀压力试验

电动轨道球阀除常规的正常验收外还需进行压力试验，见图 5.3-5。

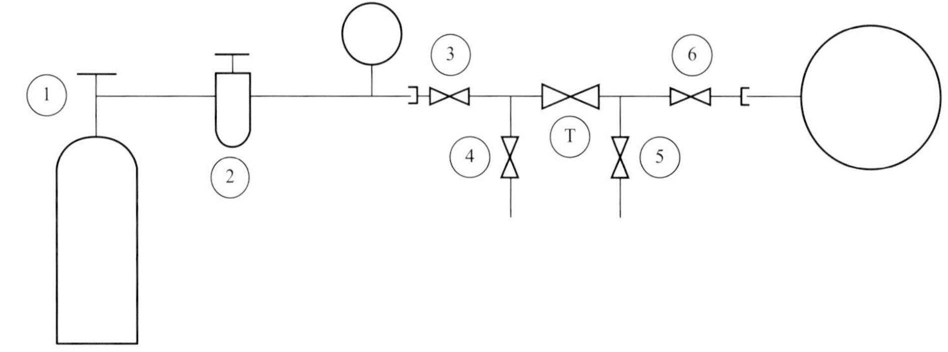

图 5.3-5　轨道球阀压力试验示意图

2 和 3 之间装设压力表，阀门 6 后面装设气密性检测装置

1—氮气或氩气瓶；2—减压阀；3—单向阀；4—针型阀；5—针型阀；6—单向阀；T—被测试轨道球阀

压力试验时，首先打开轨道球阀 T，关闭阀门 3 和 6，打开阀门 4 和 5；打开阀门 1，通过 2 将压力调节至试验压力；关闭阀门 4，打开阀门 3，吹扫被测试阀门 T 通过阀门 5；关闭阀门 5，使压力达到试验压力，检查阀门的气密性；然后关闭阀门 T，打开阀门 5 泄压，然后打开阀门 6，缓慢关闭阀门 5 观察泄压速率，等到泄压速率稳定后，记录下至少 3min 的泄露量，以满足要求为合格。

5.4　复合材料转油线管道施工技术

1. 技术简介

转油线是常减压装置中极其重要的管道，其安装质量直接影响整个装置的运行和产品最终质量。本技术通过一体化统筹考虑，借助于模块化施工，使转油线的安装工期缩短、成本降低、质量安全得到可靠保障。

该技术在恒逸（文莱）PMB 石油化工项目常减压蒸馏装置中进行了应用，取得了较好的经济效益和社会效益，常减压转油线见图 5.4-1。

图 5.4-1　转油线布置图

2. 技术内容

(1) 工艺流程

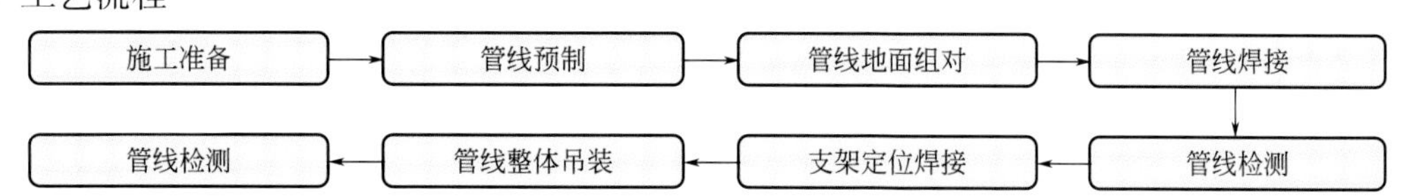

(2) 操作要点

1) 转油线的预制

常压转油线分段预制见图 5.4-2，减压转油线分段预制见图 5.4-3。

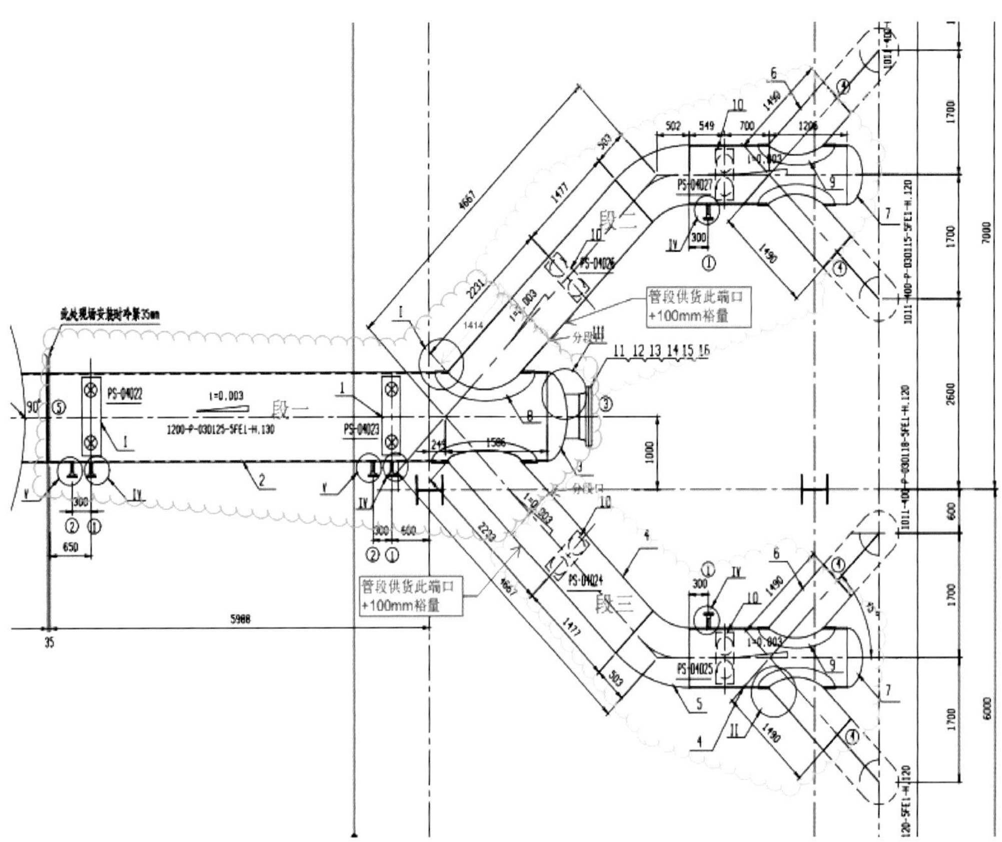

图 5.4-2　常压转油线分段图

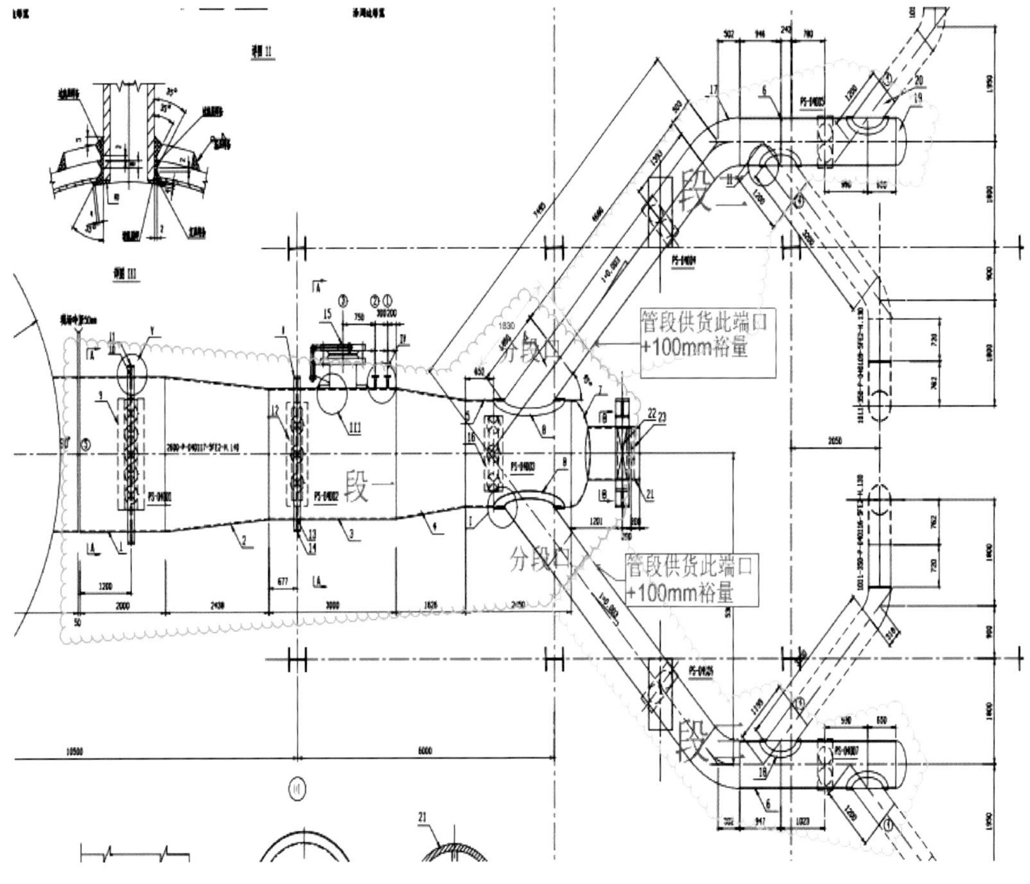

图 5.4-3　减压转油线分段图

2）转油线预制段的吊耳选型及设计

根据转油线重量，设计吊耳及支撑，同时确定吊耳与支撑的位置。根据转油线尺寸大小及重量进行冷拉吊耳选型及设计，并在预制厂内完成焊接。

减压转油线冷拉吊耳焊接在主管道上，吊耳尾部距支座为300mm；减压转油线冷拉吊耳的方位设置在管道轴线。用钢板制作吊耳，管道内部加十字支撑。

3）转油线预制段进场验收

转油线预制段进场后，对照转油线图纸对管道的外观质量进行验收，同时检验预制段质量证明书中的焊缝检测报告、液压试验和气密试验报告。预制管段复层已进行了酸洗钝化，并采取有效保护措施；表面涂刷油漆，管段中心线已标记在管端，清晰可见；管段长度按照要求为正偏差，最大为10mm；管段椭圆度在±3mm以内；壁厚允许负偏差为－0.3mm，最大正偏差不超过12.5%。

4）管道焊接

① 组对前首先将外坡口端部2mm范围内的基层金属进行彻底剥离，直至露出复层金属，对焊缝坡口及两侧各20mm范围内的表面进行清理，去除油污、水、锈及氧化皮等污物，在复层距离坡口100mm范围内涂抹防飞溅涂料。组对时应以复层为基准，复层对口错变量不超过1mm。经检查合格后，才能组对焊接施工。

② 环向偏差调整采用千斤顶和顶丝进行，禁止用切割方法校正。

③ 管道基层焊接完成后，对基层焊缝进行射线检测直至合格。

④ 焊接过渡层前，为保证过程的焊接质量，先对基层焊缝进行清根，见图5.4-4。然后再进行过渡层焊接，焊接完成后进行超声波或者PT检测。

图5.4-4　清根检查

⑤ 过渡层焊接完成后，再进行复层焊接，管道焊接完成后，再次进行射线检测并合格。

5）管道支架定位

根据钢结构图纸与支架图纸，复测钢结构的标高与支架高度，确保管道的坡度。合格后，将支架就位。

6）管道吊装

① 吊装前要对减压塔与减压炉、常压塔与常压炉的间距进行测量。

② 根据吊装方案，确认转油线预制段在现场的摆放位置、吊车站位。转油线预制段在吊装就位过程中控制其中心线的偏差不超过 2mm，为保证管道冷拉间距和管道组对间隙，冷拉前做好间距标记。转油线平立面示意图见图 5.4-5。

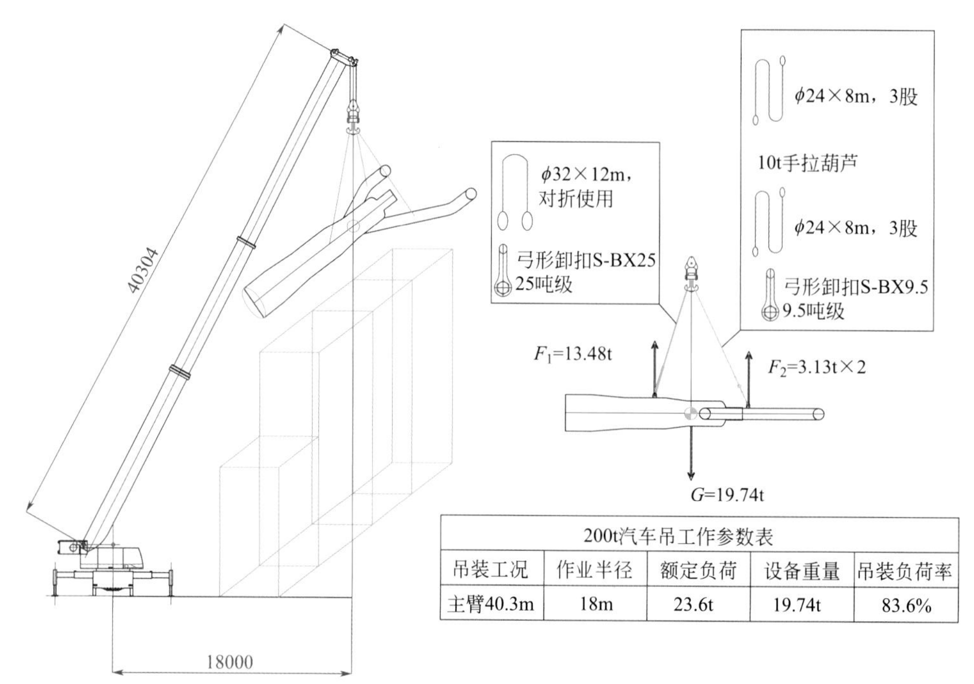

200t汽车吊工作参数表				
吊装工况	作业半径	额定负荷	设备重量	吊装负荷率
主臂40.3m	18m	23.6t	19.74t	83.6%

图 5.4-5　转油线吊装示意图

7）管道冷拉

① 管道冷拉前对系统管道状态确认：转油线弹簧支架已就位安装完成；转油线至加热炉间的出料线试压完成；出料线与炉壁处的法兰接口已紧固完成。

② 管口椭圆度与同轴度检查：复测塔壁接口与转油线本体管道管口的椭圆度，同时复查其与转油线的管道中心同轴度，并调整至合格。

③ 冷拉位置检查：复核冷拉位置标记。

④ 设置冷拉的手拉葫芦，同时对称冷拉。

⑤ 管道冷拉完成后，待焊缝组对焊接工作完成后，将管道内部加固的十字支撑拆除取出，内壁连接板位置打磨修整。

5.5　水力除焦系统管道施工技术

1. 技术简介

水力除焦是延迟焦化装置生产过程中的最后一道工序。由于水力除焦过程所用高压水压力较高，操作压力高达 28MPa，加之除焦过程机械化程度低，因此水力除焦系统的安装质量对确保装置及操作人员的安全显得尤为重要，除焦系统原理见图 5.5-1。水力除焦系统管道施工技术对钻杆安装、高压管道安装和系统试压要求进行了阐述，进一步规范了该类管道的施工工艺。

该技术在恒源石化 100 万吨/年延迟焦化装置得到较好应用，产品性能安全可靠。

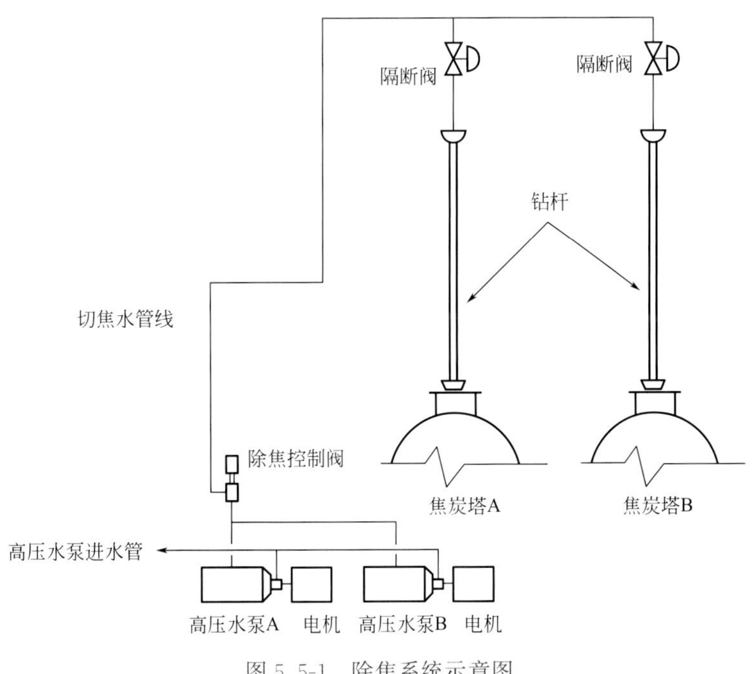

图 5.5-1 除焦系统示意图

2. 技术内容

（1）工艺流程

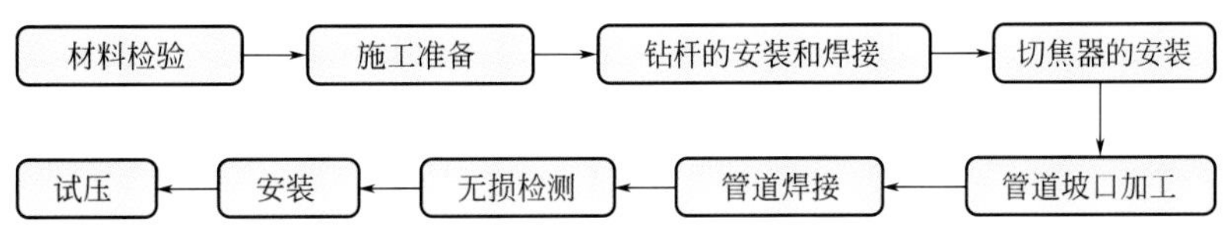

（2）操作要点

1）水力除焦系统钻杆安装

钻杆的安装以钻机绞车为辅助工具进行。首先将焦炭塔上法兰盖打开，用钻机绞车将风动水龙头下降至塔口处，然后将风动水龙头通过捯链与钻杆连接，用捯链缓慢地将钻杆放到焦炭塔内，待钻杆露出塔体长度为钻杆总长的1/3时，停止启动钻机绞车，用现场制作的专用卡具将钻杆卡死。移除捯链，重新启动钻机绞车，使风动水龙头下降至钻杆处，连接风动水龙头和钻杆，完成钻杆的安装。

钻杆为分段到货，需现场组焊。在钻杆安装过程中，钻杆的现场焊接是一道极其重要的工序，需按照其焊接工艺评定进行施焊。

2）高压管道的安装

① 高压管道组成件的质量证明书应包括以下内容：

材料化学成分、力学性能、热处理状态、无损检测结果、耐压试验结果及炉批号和交货状态等。

② 现场对高压管道硬度、化学成分及外表质量进行复测，合格后方可使用。

③ 管道采用自动坡口机进行坡口加工，坡口形式为双V形，见图5.5-2。对于淬硬倾向比较大的管道坡口进行100%渗透检测。

④ 除冷拉焊缝外，管道禁止强力组对。焊缝的设置应避开应力集中位置，当管道公称尺寸大于或等于150mm时，焊缝间的距离应不小于150mm；当管道公称尺寸小于150mm，焊缝间距离应不小于管径。管道焊接工艺及热处理严格按照其工艺评定及焊接工艺卡进行。

⑤ 法兰密封面及密封垫片不得有划痕、斑点等缺陷，螺栓能自由穿入且涂抹二硫化钼。管道不得对所连设备产生附加荷载。

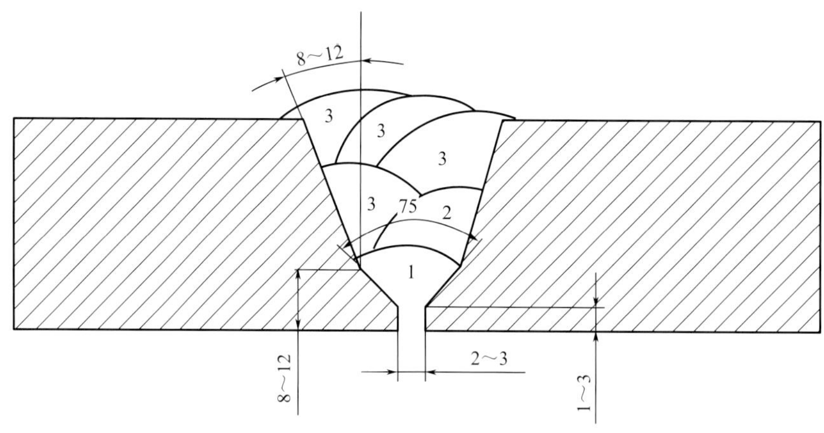

图 5.5-2　坡口形式示意图

⑥ 支架安装时，按规定设置木块、软金属垫、绝热垫等，固定支架、导向支架、滑动支架设置应正确，弹簧支吊架在高压管道安装、试压、绝热结束后应进行数值修正与调整。

3）系统试压

在管线进水之前，暂不安装自动切焦器，先在钻杆下端安装带有水孔的堵头，对管线进行冲洗，合格后将堵头拆下换上切焦器。

① 试压泵周围设置警戒线，设专人进行现场警卫，无关人员不得入内，确保安全。

② 试压过程中不安排人员进入试压区巡视，压力表显示达到每级试验压力时并稳压 1～2min 无泄漏、压力无下降情况下，方可安排相关压力试验人员进场检查。

③ 凡参加管道试压工作的人员必须佩戴好劳动防护用品。升压和降压都必须缓慢进行，不能过急，不能超时超压，不能用铁锤撞击管道。盲板应在试压系统图中做出标记，并做相应编号，以便于试压后按照系统图逐块拆除。如发现有泄漏现象，不得带压紧固螺栓、补焊或修理，应泄压修复后重新升压试验。在检查受压设备和管道时，在法兰盖的侧面和对面不得站人。

5.6　熔融介质全夹套管线施工技术

1. 技术简介

夹套管是石油化工装置比较重要的管道，其输送介质对温度要求较为严格，而全夹套管线施工更是精细化工装置管道施工中的重点。本技术规范了全夹套管安装工艺，有效解决了内外管道热膨胀偏差难题，保证了全夹套安装质量及使用效果。

该熔融介质全夹套管线施工技术在浙铁大风 10 万吨/年聚碳酸酯联合装置中得到成功应用，取得了较好的经济效益和社会效益。

2. 技术内容

（1）工艺流程

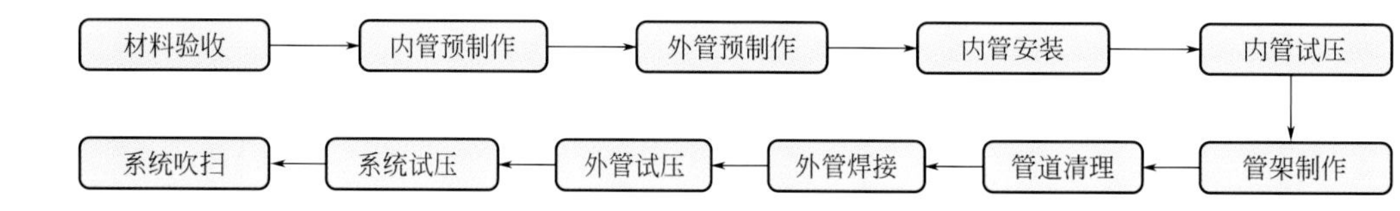

（2）操作要点

1）内管预制

① 焊缝无氧化控制

因内管熔融介质清洁度要求高，为确保其不受污染，焊接过程严格控制充氩程序，确保焊缝无氧化现象。

② 焊缝内侧高度控制

熔融介质黏度大，流动过程压降大，如管内不够平滑，物料会在此处形成凝结块，容易造成管道堵塞，因此熔融介质管线对焊缝内侧高度要求严格。焊缝内侧高度控制要点：严格控制焊缝坡口质量，严格控制焊口组对质量，焊口错边量≤1mm，组对缝隙符合规范要求，控制焊接电流和焊接速度，使焊缝内侧与管道内壁平滑过渡，见图5.6-1。

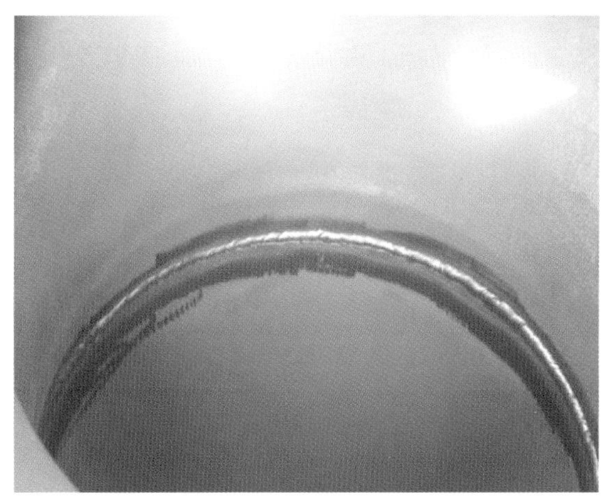

图5.6-1　内管焊缝内侧成型图

③ 焊缝内侧表面质量检验

焊缝无损检测合格后，将内窥镜摄像头从管上的开孔处伸至内焊缝处，用内窥镜观测焊缝有无氧化现象以及内侧焊缝高度是否合格。

④ 内管支管的焊接

为防止物料在支管与主管的连接缝中凝结、堆积，支管焊接采用单面焊双面成形工艺，确保内焊缝要饱满、光滑，见图5.6-2。

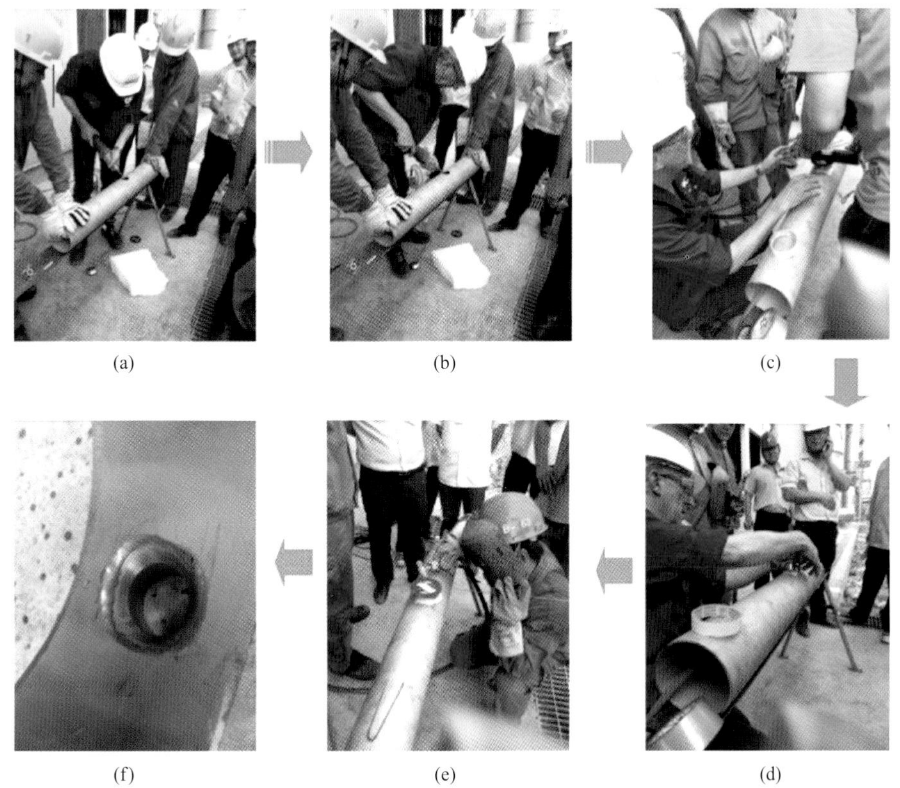

图5.6-2　支管台焊接过程及成形效果

2）外管预制

① 内管预制完成后，焊接导向块，然后开始外管的套装及预制。外管预制时根据内管焊缝位置、仪表位置、外管管件长度等来确定预留调整段，一般预留调整段长度为50～100mm。

② 外管热源进出口、仪表开孔采用管道开孔器，为防止开孔时碎屑遗漏在夹套中，在外管预制时，

尽量完成管道的开孔工作。热源进出口位置经检查合格后方可进行开孔施工。用封口胶对热源进出口及导淋、放空口封堵，防止脏物掉入管内。

3）夹套管安装

将已预制好的内管段进行预安装，确定外管尺寸以及调整半管的尺寸。按照一定的组装顺序，进行内管组对焊接，焊接方法采用手工氩弧焊打底，电弧焊盖面。100%无损检测合格后，对内管进行压力试验，最后进行管内清洁度检查并清理。检查外管内清洁度，合格后封闭外管及调整半管的安装。

图 5.6-3　支架安装图

外观与夹套法兰进行焊接时，内管采用承插焊，外管采用同心大小头与夹套法兰对焊，有效解决内外管膨胀难题。

如确需现场对外管开孔时，应在外管切线方向开孔，开孔后应用棒式砂轮机，半圆锉或圆锉修孔。

4）管支架的安装

熔融介质管线冷热变化位移大，管支架大多采用滑动类型，安装时，管道支架用抱箍安装在管道上，禁止其与管道焊接，在抱箍和管道之间垫石棉板，以减少热量损失，见图 5.6-3。

5）夹套管试压

① 根据管内介质的属性，选择压力试验的方式。

② 夹套管线需进行三次试压，内管焊接完成后进行第一次试压，外管、连通管完成后进行第二次试压，整体施工完成后内外管线同时试压。

③ 气体试压时，使用气体泄漏仪全程监测压力变化，记录压力变化曲线，精确度 0.001MPa。管道有微量的泄漏都会引起仪表数值的变化，通过仪表数值变化的大小可以确定有无漏点以及漏点的大小，见图 5.6-4 和图 5.6-5。

图 5.6-4　气体泄漏仪查漏

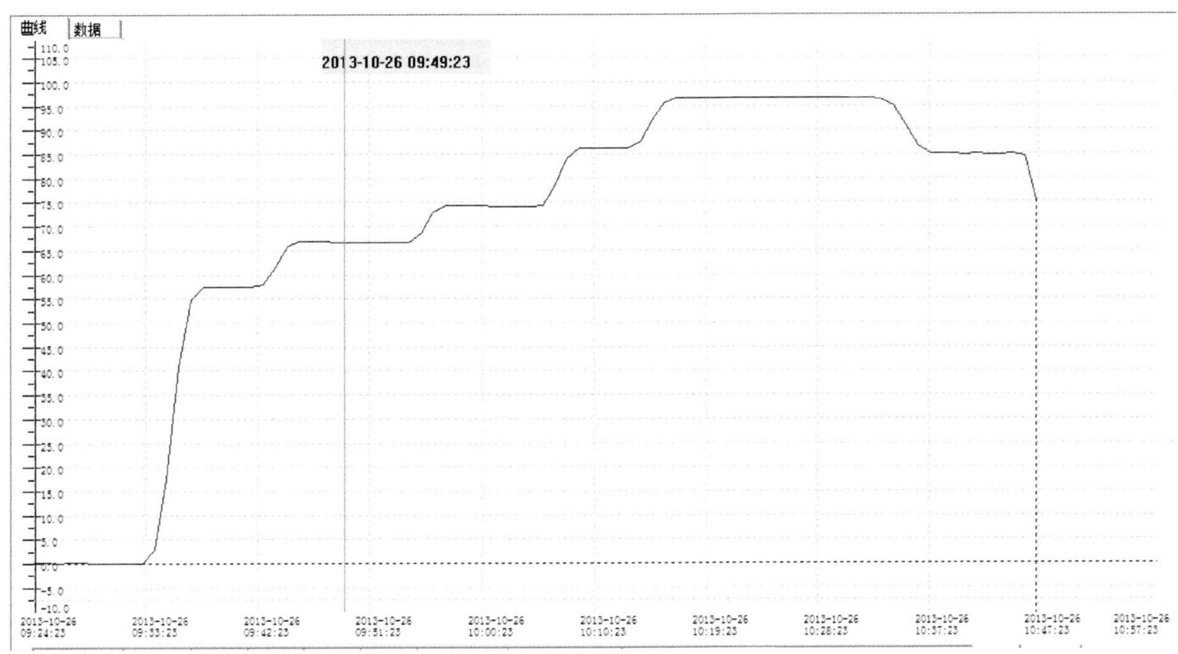

图 5.6-5 气体泄漏仪记录曲线

④ 气体试压检漏：

通过肥皂水和听声法查找漏点。

5.7 大口径真空管道施工技术

1. 技术简介

真空管道在石油化工装置中应用比较普遍，利用真空不但可以提高产品的附加值，还可使一些在常压下无法使用的处理技术或分离过程能够得到实施。

本技术在用模块化预制安装的基础上，规范了真空管道焊唇安装工艺、试压检漏工艺及大口径管道加强圈焊接工艺。本技术在宁波浙铁大风 10 万吨/年聚碳酸酯项目 DPC 装置真空减压塔附属管道施工中进行了应用，取得较好应用效果。

2. 技术内容

(1) 大口径真空管道模块化制作

高空布置的管道应尽可能加大地面预制组装深度，以减少高空作业。根据大口径真空管道分段模块图，对钢管、管件及膨胀节进行组焊。组对时应做到内壁齐平，错边量不应超过壁厚的 10%，且不大于 1mm。

(2) 真空管道加强圈安装

加强圈立板分成两段成半圆形加工到现场拼接，外圈采用 3 段加工到现场拼接。现场安装时先将立板与管壁进行焊接，完毕后再进行外圈板与立板的焊接。

将立板卡在龙门架内，并将龙门架点焊至管壁上，使用卡具将所有立板调整至紧贴管壁的位置，完毕后再进行立板的焊接工作。立板焊缝长度不低于圆周面的 60%，且双面满焊，以增强管壁刚度，加强圈立板施工示意图见图 5.7-1。

待一周立板焊接完成并进行磁粉渗透合格后，进行外圈板的焊接。采用龙门架卡具对外圈板进行预固定，在调整符合要求后，再进行焊接，焊接采用双面焊，周长内全部满焊，以增加整体刚性，加强圈安装如图 5.7-2 所示。

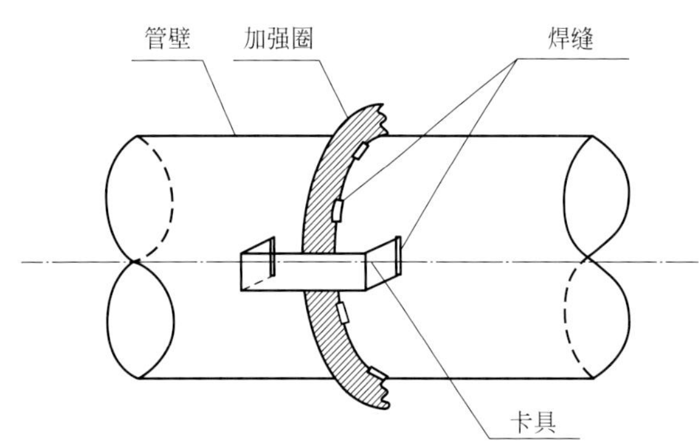

图 5.7-1 加强圈立板施工示意图

图 5.7-2 加强圈安装示意图

(3) 焊唇法兰安装

1) 将焊唇密封环在法兰面上进行定位，控制对中偏差，以免影响焊唇密封环间的焊接以及 (MFM 型) 密封环的安装。焊唇密封环应分别在内侧和外侧进行角焊，其中外侧角焊缝的焊脚高度不低于 5mm。

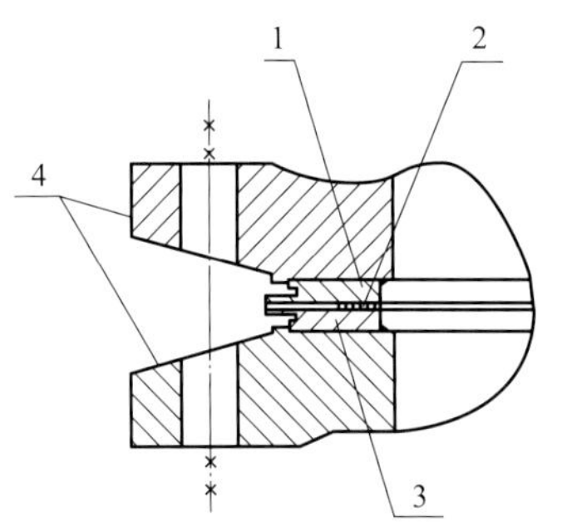

图 5.7-3 焊唇法连接示意图

1—上焊唇密封环；2—密封垫片；3—下焊唇密封环；4—法兰

2) 焊唇密封环间的焊接在管道试压吹扫后，经确认不需再拆装法兰后进行。焊唇的密封焊采用氩弧焊。施焊前，对焊唇坡口进行必要的修磨。施焊后安装并上紧所有螺栓。焊唇能重复使用数次，如密封焊后确需再次拆装，采用专用的薄片砂轮沿外周将密封焊焊道轻轻打磨去除 2～3mm，然后按正常工艺要求再次进行密封焊接。

3) FF 型密封环安装时，螺栓预紧力应略大于内压引起的轴向力。MFM 型密封环安装时，螺栓预紧力除考虑内压引起的轴向力外，尚应计算辅助密封垫所需的预紧载荷。但施焊时应卸压操作，以保证焊接质量。焊唇法兰及连接见图 5.7-3。

(4) 管道强度试验及氦气检漏

1) 管道试验准备：高纯气体管路系统安装完成，各焊口焊接完毕，阀门安装到位。

2) 测试仪器与管路连接：将测试仪器用临时连接管路与待测试的管路连接。需要特别注意的是，临时连接管路的材料需与主管材质保持一致。

3) 管道强度试验：根据设计压力，将高纯气体注入待测管路，保持压力为设计压力的 1.1 倍，并保持 10min，检测有无压降并进行修复，直至合格并确认通过强度试验。

4) 管道检漏：根据设计要求，确定管道气密性试验的方案。一般情况下无需进行氦检漏，当有较高要求时可以采用氦检漏。

氦检漏时，采用全自动 ZQJ-291 检漏仪，将被测管路一端通过调压阀组与检漏仪连接，管路其他出口用阀门或专用堵头封堵，利用检漏仪将被测管路系统抽真空，再以氦气喷吹管路外表面，重点是被测管路的各焊口处，依据检漏仪读数，可判定管路有无渗漏。测试示意图如图 5.7-4 所示。

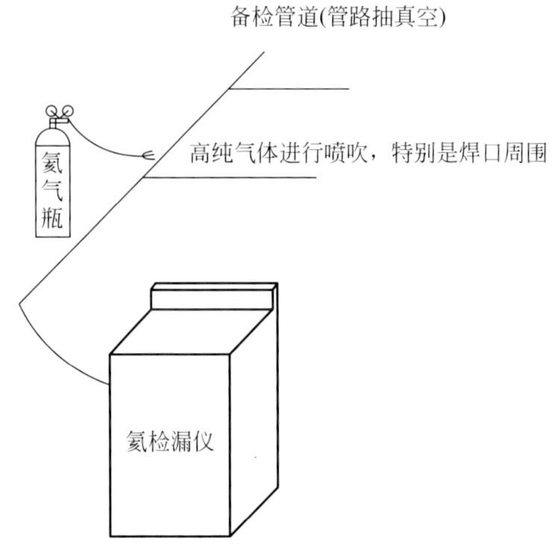

图 5.7-4 氦检漏示意图

5.8　工艺管道典型焊接技术

焊接是石油化工装置管道施工的重要工序，焊接工艺措施的制定对石化管道及装置安全稳定运行具有重要意义。本节主要根据石油化工装置常用的工艺管道材质，选取一些典型的焊接工艺加以阐述，为今后类似管道的焊接提供借鉴。

5.8.1　不锈钢管道免充氩焊接技术

1. 技术简介

不锈钢管道在氩弧焊过程中存在背面充氩成本高、个别位置难以充氩保护等问题。本技术通过使用不锈钢自保护药芯焊丝进行打底焊，从焊接工艺评定准备、坡口制备、焊前清理、焊材选择、组对焊接关键点进行控制，在解决上述问题的同时有效保证了焊接质量，提高劳动生产率。

本技术在海科瑞林60万吨/年润滑油联产芳烃项目施工中进行了应用，应用效果良好，取得较好社会效益和经济效益。

2. 技术内容

（1）工艺流程

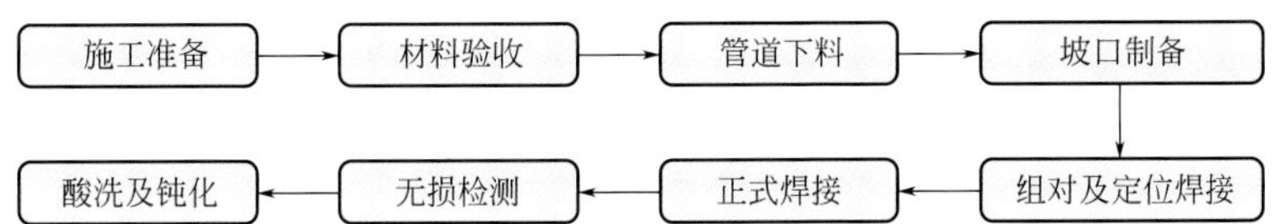

（2）操作要点

1）施工准备

① 焊接工艺评定

施工前应首先进行焊接工艺评定，焊接工艺评定所需试件材质与施工主材材质一致，壁厚范围全覆盖，焊接方法为GTAW/SMAW。其中焊缝接头型式见图5.8-1。

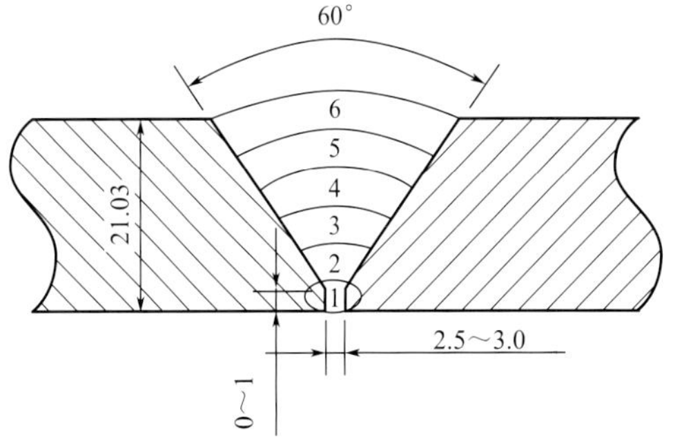

图5.8-1　焊缝接头型式简图

② 坡口制备

为保证焊接质量，不锈钢管道的坡口制备均采用车床加工，钝边0.5mm，间隙2.5～3.5mm，坡口角度60°。

③ 焊前清理，用角向磨光机将坡口表面及内外壁10～15mm范围内的油漆、铁锈、污垢等杂物清理干净，直至发出金属光泽。对接管子端面应与管道中心垂直，管子偏斜度∇f不应超过0.5mm。焊缝组对时一般应做到内部齐平，如有错口，错边量不应超过1mm。焊件组装时应将待焊工件垫置牢固，以防在焊接过程中产生变形和附加应力，焊口禁止强力组对。严禁在被焊工件表面引燃电弧或随意焊接临时支撑物。

④ 采用全树脂砂轮片打磨坡口，有效的避免因打磨出现的焊缝内元素含量发生变化。

2）焊接材料选择

本技术以S32168不锈钢为例。

焊丝牌号：TGF347L，规格：ϕ2.5mm，标准：AWS A5.9 ER347L，焊丝成分见表5.8-1；

焊条牌号：A132，规格：3.2mm，标准：AWS A5.9 A5.4 E347-16；

烘干温度：焊条300～350℃烘干1h，置于保温桶保温。

免充氩焊丝元素含量　　表 5.8-1

元素	C	Mn	Si	S	P	Cr	Ni	Mo	Cu
标准	≤0.03	1～2.5	0.3～0.65	≤0.03	≤0.03	19～21.5	9～11	≤0.75	≤0.75
测试值	0.019	1.7	0.55	0.001	0.022	19.26	9.5	0.15	0.09

3）焊接方法确定

根部焊道采用手工钨极氩弧焊。手工钨极氩弧焊由于热量集中，而且有氩气流的冷却作用，热影响区小，有利于提高焊缝的抗晶间腐蚀性能，也用于减小焊接变形。填充及盖面选用手工电弧焊，以提高工效。

4）焊接工艺参（表 5.8-2）

焊接工艺参数　　表 5.8-2

焊道	焊接方法	填充材料		焊接电流		电弧电压（V）	焊接速度 cm/min	线能量 KJ/cm
		牌号	直径 mm	极性	电流(A)			
1	GTAW	TGF347L	ϕ2.5	正接	110～140	12～15	5.0～8.0	≤21
2	SMAW	A132	ϕ3.2	反接	90～110	22～30	7.0～10.0	≤25
3-6	SMAW	A132	ϕ3.2	反接	95～120	23～31	5.0～9.0	≤32

5）组对及定位焊接

① 壁厚相同的管子、管件组对时，使内壁平齐，其错边量不大于 1mm。

② 焊件组对前将坡口及其内外侧表面不小于 20mm 范围内清除干净。

③ 杜绝用锤子敲打等方法强力组对焊缝。

④ 管子组对定位焊缝长度为 10～15mm，焊缝厚度为壁厚的三分之二。定位焊，由焊接同一焊口的焊工进行，焊丝及焊接工艺条件与正式焊接工艺条件相同。

⑤ 对于直径≤70mm 的管道，可在管子对称的两侧点焊定位。直径>70mm 的管道应均布点焊 3 点以上。

⑥ 定位焊缝应无焊瘤、裂纹等焊接缺陷，发现焊接缺陷时必须清除后重焊。

⑦ 为确保底层焊道成形好，减少应力集中，定位焊缝的两端应为缓坡状，否则应进行打磨修整。

⑧ 在不锈钢管道上组对卡具时，卡具材质与管材相同，否则用焊接该钢管的焊材在卡具上堆焊过渡层。焊接在管道上的组对卡具打磨去除时，禁止用敲击或掰扭的方法拆除。

6）正式施焊

① 免充氩氩弧打底

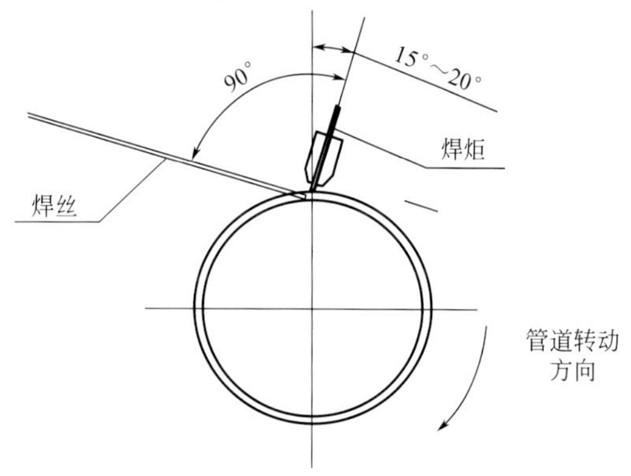

图 5.8-2　转动口氩弧焊示意图

自保护药芯焊丝焊接时无需背面充氩保护，在组对完成后可直接进行焊接。

手工氩弧焊采用高频引弧法。对于转动焊口，焊丝、焊炬与管道表面的相对角度见图 5.8-2。

氩弧焊引弧时，严禁在坡口之外的母材表面引弧或试验电流，并防止电弧擦伤母材。

焊接中注意引弧和收弧质量，收弧处确保填满弧坑，防止产生裂纹。

等母材熔化充分后，才可填丝，以免未熔透。焊丝从熔池前沿送进，随后收回。回退动作不可太大，防止焊丝脱离氩气保护区。熔丝端部等熔化一段后再提起，不应提得过高，以防造成焊缝成型不良。在焊接较长焊缝时，使用长焊丝，可以连续施焊，以减少接头的数量。

② 电工电弧焊填充盖面

用焊条电弧焊接不锈钢时，为了避免飞溅金属损坏不锈钢表面，可在坡口两侧涂以专用防飞溅剂，也可用薄的不锈钢板裹在可能被飞溅损坏管道外面。

在焊接过程中，要尽可能用小电流施焊，多层多道焊，多层焊时，做到层间接头错开。尽量采用不摆动焊接，如果采用摆动焊，摆动宽度不能超过焊条直径的2倍。避免用大直径的焊条焊接，层间温度控制在90℃以下。

7）酸洗钝化

不锈钢焊接完成后对焊口需进行酸洗和钝化。酸洗的目的是去除氧化皮，钝化是为了使不锈钢表面生成一层无色致密的氧化薄膜，起耐腐蚀作用。酸洗的常用两种方法是酸液酸洗和酸洗膏酸洗。

酸洗：将酸洗膏涂敷在焊缝周围，用不锈钢刷子对焊缝区反复刷洗几次，至呈银白色为止，然后用清水冲净，水中氯离子含量不得超过25ppm。

钝化：钝化在酸洗后进行，用钝化液在管道焊缝表面揩一遍，然后用冷水洗，再用棉布仔细擦洗。经钝化处理的不锈钢管焊缝外表面呈银白色。

5.8.2 超级双相不锈钢管道焊接技术

1. 技术简介

双相不锈钢将奥氏体不锈钢所具有的良好耐蚀性、优良的塑韧性和焊接性与铁素体不锈钢所具有的较高强度和耐氯化物应力腐蚀性能结合在一起，使之兼有铁素体不锈钢和奥氏体不锈钢的优点，常用作石化装置中耐蚀材料。对超级双相不锈钢焊接性能的充分研究和其焊接工艺的选择成为保证石化装置安全运行的关键。

本技术根据超级双相不锈钢的材料性质及焊接特性，选择正确的焊接材料，对管道焊口进行焊接，采用98%Ar+2%N_2为惰性气体保护气、N_2为背面保护气，通过合理的热输入量和冷却速率，形成焊后优良的双相组织，保证焊接质量。

本技术在山东京博石油化工有限公司5万吨/年丁基橡胶（卤化）项目得到成功应用，焊缝成型效果良好，无损检测质量合格，金相组织满足要求。

2. 技术内容

（1）焊接前清理及准备

1）焊缝清理坡口、钝边及焊道两侧50mm范围，确保无油污杂质；

2）焊缝处氧化膜用不锈钢丝刷或酸洗清理；

3）污物、油脂、漆应用无水乙醇或是专用合成剂清理；

4）焊条在250～300℃环境中保温4h，确保烘干彻底，在70 ℃保温随用随取；

5）焊接中注意保证焊件焊材的清洁；

6）通常不需要焊前预热；

（2）坡口设计

超级双相不锈钢的流动性较差，焊接组对时需要更宽的根部间隙、更大的坡口角度。不同厚度超级双相不锈钢焊接时坡口选择及参数见图5.8-3～图5.8-5。

（3）焊接工艺参数

超级双相不锈钢含有的N元素能显著影响Cr、Mo在两相中的分配，使Cr、Mo元素从铁素体相

	t (mm)	d (mm)
MMA	≤3	1～2
TIG	≤3	0～2
MIG	≤3	1～2

图 5.8-3　平坡口参数

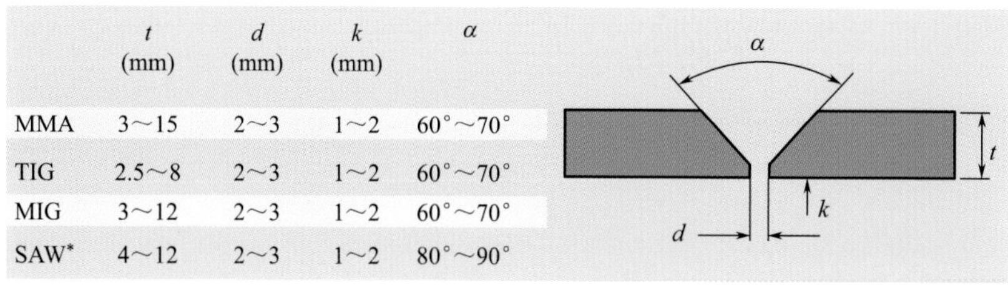

	t (mm)	d (mm)	k (mm)	α
MMA	3～15	2～3	1～2	60°～70°
TIG	2.5～8	2～3	1～2	60°～70°
MIG	3～12	2～3	1～2	60°～70°
SAW*	4～12	2～3	1～2	80°～90°

图 5.8-4　V 形坡口参数

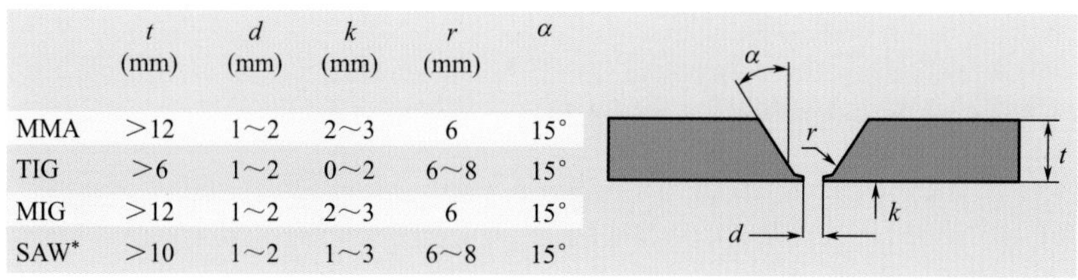

	t (mm)	d (mm)	k (mm)	r (mm)	α
MMA	>12	1～2	2～3	6	15°
TIG	>6	1～2	0～2	6～8	15°
MIG	>12	1～2	2～3	6	15°
SAW*	>10	1～2	1～3	6～8	15°

图 5.8-5　U 形坡口参数

向奥氏体转移，增加奥氏体的稳定性，从而改善了奥氏体相的抗点蚀能，提高抗点蚀能力。

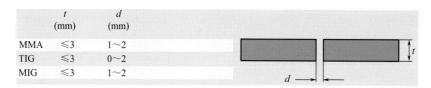

以超级双相不锈钢 SAF 2507 为例，采用焊条电弧焊（MMA）＋ 钨极氩弧焊（TIG）组合的方法焊接，焊接层间温度必须严格控制在 150℃以下，保护气成分为 98%Ar ＋ 1%～2%N_2，背部保护气为 100%N_2。焊接参数见表 5.8-3。

双相不锈钢焊接工艺　　　　表 5.8-3

焊道	焊接方法	牌号	直径(mm)	电流极性	电流(A)	电压(V)	热输入 (KJ·mm^{-1})
打底	TIG	25.10.4.L	2.4	DCEN	70～90	9～14	0.5～1.5
填充 1	TIG	25.10.4.L	2.4	DCEN	70～90	9～14	0.5～1.5
填充盖面	MMA	25.10.4.LR	4.0	DECP	135～145	20-24	0.5～1.5

（4）焊接注意事项

双相不锈钢焊接接头的力学性能和耐腐蚀性能取决于焊接接头能否保持适当的相比例，因此，焊接过程控制是围绕如何保证其双相组织进行的。当铁素体和奥氏体量各接近 50%时，性能较好，接近母材的性能。改变这个关系，将使双相不锈钢焊接接头的耐蚀性能和力学性能下降。双相不锈钢铁素体含量的最佳 45%，铁素体含量小于 25%将导致强度和抗应力腐蚀开裂能力下降，铁素体含量大于 75%也会有损于耐腐蚀性和降低冲击韧性。

双相不锈钢的焊接执行表 5.8-3，层间温度控制与奥氏体不锈钢（100℃以下要求），其余与奥氏体不锈钢焊接原则一致，均为小电流、快速、多层多道、不摆动焊接。

5.8.3　铬钼钢耐热管道焊接技术

1. 技术简介

铬钼耐热钢可焊接性较差，焊接过程中容易出现热裂纹，焊后焊缝容易出现冷裂纹。铬钼耐热钢焊接对管道坡口制备、预热、焊接、热处理工艺要求严格。本技术针对铬钼耐热钢材料特性制定合理的焊接工艺，有效提高了焊接质量。

本技术应用于山东恒源石化100万吨/年延迟焦化装置、新能能源有限公司20万吨/年稳定轻烃项目和神华宁煤400万吨/年煤炭间接液化项目中，应用效果显著，取得了良好的经济效益和社会效益。

2. 技术内容

（1）工艺流程

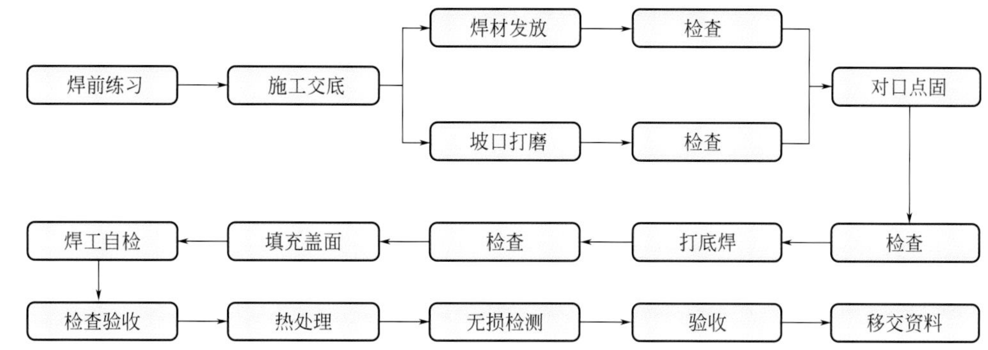

（2）操作要点

1）技术准备

管道施工图纸、管道平面布置图、单线图等技术文件已齐全并已进行图纸会审；焊接工艺评定报告能够覆盖项目现场要求，编制焊接作业指导书，并开展技术交底等。

2）管道安装及附件安装

管道组对在管道预制平台上进行，组对前要检查管子的直线度和弯头的角度，直线度不满足要求的管子要进行调直，角度不满足要求的弯头不得使用；管道采用临时卡具或点焊板进行组对，以保证焊缝间隙均匀、角度正确；管子、管件的对接焊口的组对，应做到内壁齐平。对于预制管段在地面将其装配成组合件后，现场进行整体安装。

3）管道的焊接和热处理

① 坡口制备

管道坡口可根据设计文件要求或焊接工艺评定加工，坡口形式及尺寸应按便于操作、避免产生缺陷、焊缝填充金属尽量少、融合比尽量小、以减小焊接变形与残余应力。

坡口制备宜采用机械加工。当采用火焰切割或加工坡口时，应采用冷加工法去除影响焊接质量的淬硬层。

坡口制备后应进行外观检查、坡口表面不得有裂纹、分层、夹渣等缺陷。

② 组对与定位

管道组装前，应将坡口表面及其母材内外表面20mm范围内的氧化物、油污、熔渣及其他有害杂质清除干净。

除冷拉焊缝外，焊接接头不得进行强力定位。

管道组对定位后，检查坡口间隙、错边量等，管道组对应做到内壁齐平，如有错口，其错边量应不超过壁厚的10%，且不大于1mm。外壁错边量应≤10%壁厚，且≤4mm。

③ 充氩保护

充氩保护范围以焊缝中心为准，每侧各 200～300mm 处，以可溶纸、海绵板、硬纸板等材料，用耐高温胶带粘牢，做成密封气室。活动焊口的管道内部充氩保护，见图 5.8-6。

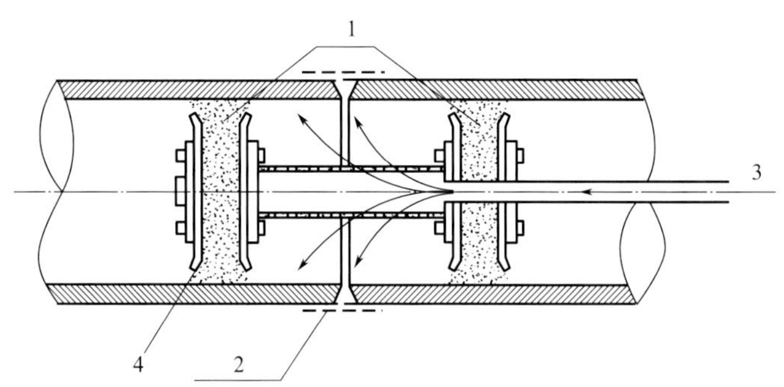

图 5.8-6 活动焊口内部充氩示意图

1—海绵；2—可溶纸；3—通入氩气；4—堵板

固定焊口内部充氩保护，见图 5.8-7。

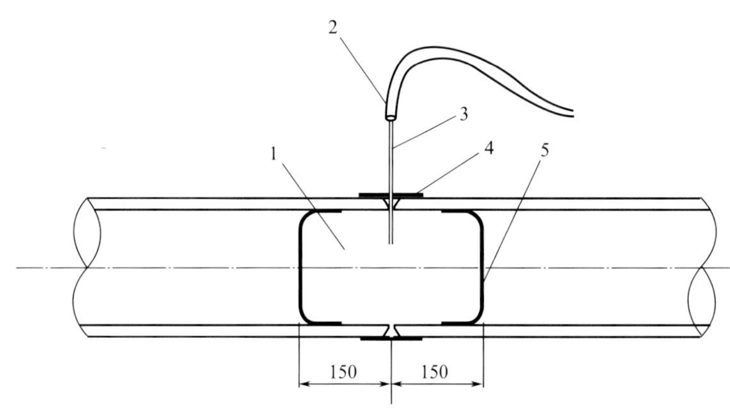

图 5.8-7 固定焊口内部局部充氩保护示意图

1—氩气；2—充氩软管；3—充氩针头；4、5—水溶性纸

采用“充气针”从坡口间隙中处或管内插入管子至氩气密封气室中进行充氩保护，开始时氩气流量背面为 10～25L/min，且应提前 20min 进行以便排出管内空气，用打火机或火柴检测管内空气是否已排干净。氩弧焊打底时氩气流量为 10～12L/min。

④ 定位焊

定位焊的方法可采用直接点焊固定焊口和采用定位块固定对接焊缝的两种方法。

采用直接点焊固定焊口时应符合以下要求，点焊前焊工不得在管道外壁上随便引弧、调试焊件电流。点焊的技术要求均与正式焊接工艺相同。点焊焊缝长 30～40mm，厚 2.8～3.2mm。点焊一点，检查一点，如有缺陷及时清除，重新点焊。点焊缝均匀分布在整个圆周上。管道内不允许有穿膛风。

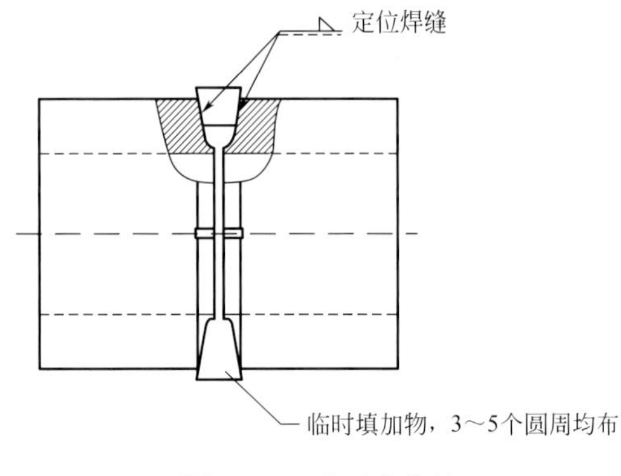

图 5.8-8 临时定位块

采用临时定位块（图 5.8-8）的方法进行定位焊接时，可以采用手工钨极氩弧焊（GTAW），也可以采用手工电弧焊（SMAW）。临时定位块的材料最好用管道相同材料制作，定位块厚度 $\delta=16\sim25$mm。在氩弧焊打底完成，并填充 2～3 层电弧焊后，用角向砂轮机磨掉定位块，并将定位焊处打磨干净，禁止用铁锤直接敲打，以免拉裂母材。

⑤ 预热及层间温度

氩弧焊打底时预热温度为150～200℃，焊条电弧焊填充、盖面焊接预热温度为200～250℃，预热宽度从焊缝中心每侧不少于5倍管壁厚计算，且不小于100mm，加热带以外部分进行保温，两头管口需进行封堵。预热力求均匀，采用电加热方法进行，并在管子外壁设置测温点，用温度记录仪记录预热温度并用红外线温度计校核。施工过程中道间温度为200～300℃。

⑥ 氩弧焊打底

管内空气排完后可进行氩弧打底，焊接电弧电压为10～14V，焊接电流为80～110A，焊接速度为55～60mm/min。氩弧焊打底的焊层厚度控制在2.8～3.2mm范围内。

氩弧打底时通入气室氩气流量为10～12L/min，焊枪氩气流量为8～12L/min。

氩弧焊打底完成后，为避免打底层在焊条电弧焊盖面时产生氧化，氩弧焊至少焊接两层，方可终止背面惰性气体保护。

氩弧焊打底时的焊接顺序见图5.8-9所示。

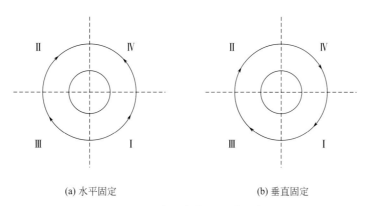

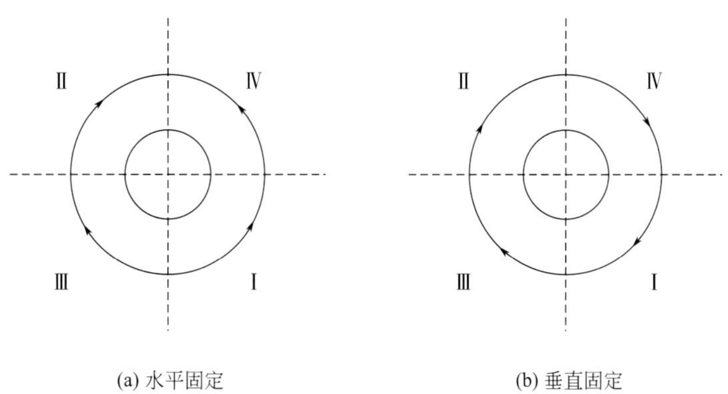

图5.8-9 氩弧焊打底焊接顺序

Ⅰ～Ⅳ表示施焊先后顺序

⑦ 填充盖面

填充及盖面采用多层多道焊接，为保证后一层焊道对前一层焊道起到回火作用，焊接时每层厚度控制在所用焊条直径内。电弧焊时，必须坚持“三小一多、薄而快”原则，即采用小电流、小规格焊条、小摆动、多层多道焊，焊层厚度要薄，焊接速度要快，以减少焊接线能量的输入。焊条摆动的幅度，最宽不得超过焊条直径的4倍。为减少焊接应力与变形，直径大于219mm的管道焊口，宜采用两人对称焊接。同时注意两人不得同时在同一位置收弧，以免局部温度过高影响焊接质量。焊接中各层焊道的接头错开10～15mm，同时注意尽量焊得平滑，便于清渣和避免出现“死角”。

焊接过程中，应特别注意接头和收弧的质量，收弧时应填满弧坑。更换焊条应仔细检查，发现裂纹应及时将缺陷清除。沿焊口周围的焊缝厚度应保持一致，水平固定管焊接时，易出现下半周厚，上半周约120°范围内熔焊金属较薄的现象，尤其是厚壁管多层多道焊接更为明显，可在表面层焊接之前，将较薄部分敷焊平齐。

每层焊道焊接完毕，应用砂轮磨光机或钢丝刷将焊渣、飞溅等杂物清理干净（尤其注意中间接头和坡口边缘），经自检合格后，方可焊接次层。焊接应连续完成，若被迫中断时，应采取保温措施防止裂纹的产生，再焊前仔细检查，确认无裂纹后，方可按照原工艺要求继续施焊。焊缝整体焊接完毕，应将焊缝表面焊渣、飞溅清理干净，经自检合格后在焊缝附近打上焊工的钢印代号，并按工艺要求进行焊后热处理。

⑧ 焊后热处理

焊缝整体焊接完毕后，需将焊缝冷却到80～100℃，恒温1～2h，待马氏体完全转变后及时进行焊后热处理，当不能及时进行热处理时，应做350℃、恒温1h的后热处理。热处理过程中升温、降温速度严格按照工艺评定进行，热处理温度为750±10℃。

热处理的加热宽度从焊缝中心算起，每侧不少于管子壁厚的3倍，且不小于60mm；保温宽度从焊缝中心算起，每侧不少于管子壁厚的5倍，以减少温度梯度。热处理加热时，应力求内外壁和焊缝两侧温度均匀。热处理的测温必须准确可靠，采用自动温度记录仪记录热处理曲线。热电偶的测温点应与管壁贴紧绑牢，且必须用保温材料与辐射源绝缘，避免受辐射的影响，使热处理温度指示不准。

焊后热处理过程曲线（PWHT）参见图5.8-10。

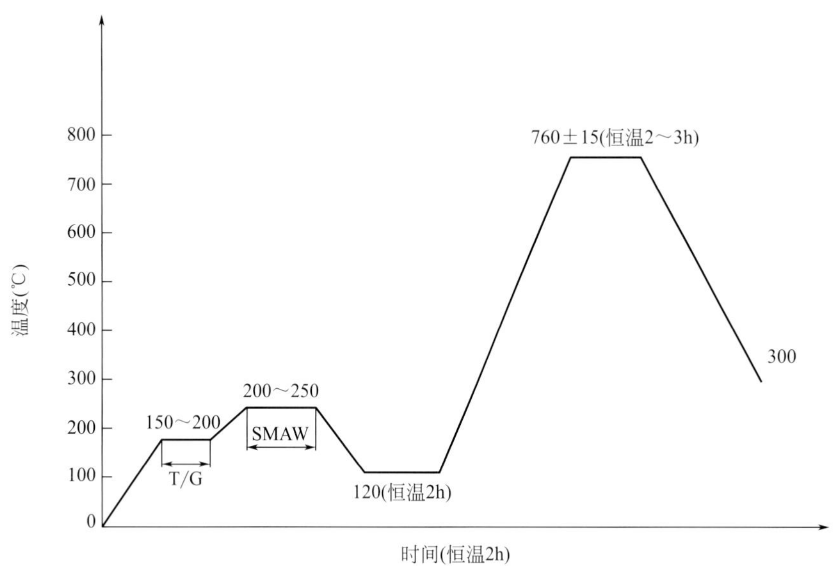

图5.8-10 热处理过程曲线图

⑨ 返修

消除缺陷可采用砂轮打磨、碳弧气刨等方法。磨槽或刨槽需修整成适合补焊的形状，并经渗透或磁粉检测确认缺陷已被清除后方可补焊。

返修部位应按原检测方法进行检测。同一部位的返修次数不宜超过2次；2次以上返修时，应制定返修工艺，并应经施工单位技术负责人批准。对已完成热处理的焊接接头进行返修时，返修后应重新进行热处理。

⑩ 硬度检验

管道焊缝热处理后应进行硬度检验，检验比例为100%。每条焊缝的硬度检验应不少于1处，每处应包括焊缝、热影响区。

5.8.4 哈氏合金焊接工艺技术

1. 技术简介

哈氏合金中Ni、Cr、Mo的含量较高，不仅对氯离子有良好的耐蚀性能，无论是在氧化性还是在还原性环境中同样拥有良好的耐蚀性能，已广泛应用于石油、化工、环保等诸多领域。本技术是在哈氏合金材料性能的基础上开展了相关研究，在浙铁大风PC项目上应用效果显著。

2. 技术内容

（1）现场管理

为了保持加工场地的清洁和隔离污染源，现场设置专门的哈氏合金加工预制场地；并将切割下料区域和焊接区域分开设置，采取措施防止气流干扰。焊工进场作业须穿洁净工作服和佩戴皮革手套，杜绝油污、锈迹等影响焊接质量的因素。施焊的焊工必须具备精湛的焊接技术并拥有丰富的不锈钢和合金钢焊接经验。

（2）下料阶段

采用镍基合金专用工具进行预制，工作台面要用毛毡、纸板、塑料等覆盖，防止哈氏合金在加工过程中引入污染物，导致合金腐蚀。

哈氏合金的焊接坡口成形可以采用机械方法，如车削成形、磨削成形等；如采用等离子切割，切割后的坡口要打磨干净，并且坡口附近不可过热。

（3）焊接阶段

1）焊条焊丝必须严格遵循回收制度，焊条若一次性未用完且放置 9h 以上时须再次烘干。

2）对焊口进行清理，采用 99.99%纯氩进行焊接保护，焊接前进行充氩置换不小于 5min。用熄火试验保证置换充分。

3）引弧应在焊接工件的焊接区域内进行，以防引弧点耐蚀性能的下降。焊接前，应将焊缝 150mm 范围内覆盖石棉布一圈，以防飞溅物污染母材。

4）手工氩弧焊打底，电流控制在 100～110A，电压 10V，氩气 8～10L/min。焊接速度 10～15cm/min。电焊条填充和盖面，电流控制在 70～100A，电压 21V。焊接完成后需要继续充氩保护，直至冷却至常温，焊后立即用不锈钢丝刷刷去氧化部分。

5）层间温度控制在 150℃以内，一遍打底结束后，冷却 5min，继续保持充氩，用内窥镜检查焊缝内壁，高度不大于 1mm，见图 5.8-11。

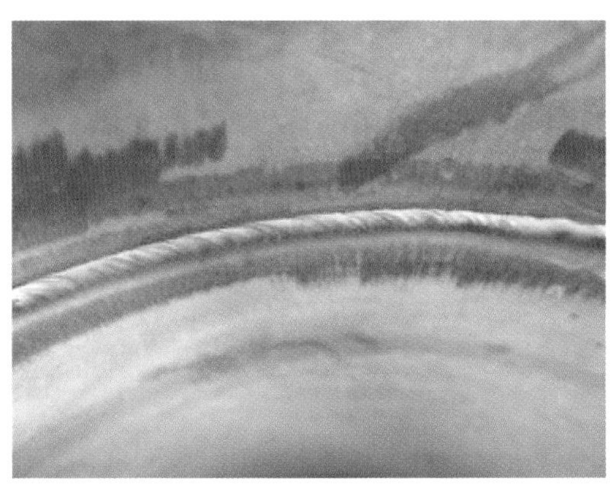

图 5.8-11 管道内壁焊缝

（4）酸洗保护

焊缝检测合格后进行焊口酸洗，避免使用含三氯乙烯、全氯乙烯和四氯化物等物质的酸洗膏，酸洗完成后进行管口封堵。

（5）固溶处理的温度范围是 1100～1180℃。

5.8.5 UNS N04400 镍铜合金管道焊接技术

1. 技术简介

UNS N04400 镍铜合金是镍基合金中焊接性能较差的一种合金，焊接过程中焊缝易出现热裂纹、气孔，未熔合等缺陷。本技术通过 N04400 镍铜合金及焊接材料的分析，针对裂纹、气孔、未熔合产生的原因，制定了相应的焊接工艺，有效保证了焊接质量。

本技术在神华宁煤 400 万吨/年煤炭间接液化项目硫回收装置、山东桦超化工 20 万吨/年异丁烷脱氢项目、山东寿光鲁清石化有限公司 160 万吨/年蜡油加氢项目管道施工中进行了应用，效果良好，经济效益和社会效益明显。

2. 技术内容

（1）UNS N04400 镍铜合金特点分析

其化学成分及机械性能见表 5.8-4 及表 5.8-5。

镍-铜合金 UNS N04400 的化学成分　　表 5.8-4

元素	Ni	Cu	Fe	C	Si	Mn
成分	＞63	28～34	≤2.5	≤0.3	≤0.5	≤2.0

镍-铜合金 UNS N04400 常温下机械性能表　　表 5.8-5

状态	最低抗拉强度(MPa)	屈服强度(MPa)	伸长率%
退火	≥480	≥195	35

UNS N04400 合金焊接时熔池的流动性差，在焊接过程因熔滴不能及时过渡到所需要的位置，故容易产生焊缝气孔、焊接接头未熔合、未焊透等问题。此外在焊接过程中焊缝金属具有较大的热裂纹倾向，在制定工艺，除了要选择好焊接材料以外，还必须在焊接过程中减少热量的输入，尽量采用小的线能量，加快焊后的冷却速度，控制较低的层间温度。对于气孔、未熔合、未焊透等缺陷控制要通过增大坡口、严格控制管子洁净度来实现。

（2）UNS N04400 镍铜合金焊接

1）焊材选择

同种镍-铜合金 UNS N04400 的焊接、镍-铜合金 UNS N04400 和 TP316L 的焊接，焊丝均选用 ERNiCu-7。焊接过程中需用选用氩气作为焊枪及管内的保护气体，为避免气体对焊缝性能的不利影响，应确保氩气纯度不低于 99.99%。

2）UNS N04400 镍铜合金焊接缺陷分析

① 焊接热裂纹

镍铜合金中镍和铁的二元共晶物中有较多的低熔点金属共晶物和非金属共晶物。特别是硫、磷共晶熔点比镍铁低得多（Ni-S 为 645℃、Ni-P 为 880℃），在焊缝结晶时低熔点的共晶物的液态薄膜残留在晶界区，同时镍铜合金的线膨胀系数大，焊接时易出现较大的应力，焊缝结晶时低熔点共晶物的液态薄膜在收缩应力的作用下容易发生开裂形成热裂纹。

② 焊接气孔

镍铜合金的固液相温度间距小，流动性偏低，在焊接快速冷却凝固结晶过程中，气体来不及逸出，易在焊缝中产生气孔。与低碳钢，低合金钢相比，氧化性气体对焊缝的形成气孔的几率较大。特别是在横焊和仰焊位置，气体更不容易从焊缝中逸出，因此在固定焊口的焊接中出现的几率更大。镍铜合金对清洁度的要求很高，如果在焊接过程中坡口和焊丝中的油污、铁锈、油漆等没有清理干净，不仅会产生焊接热裂纹，也会出现大量的气孔。气体纯度不够或流量不合适也是产生气孔的主要原因。

③ 未焊透、未熔合

由于镍铜合金熔池的流动性差，在焊接过程熔池不能及时过渡到所需要的位置。特别是在氩弧焊打底收弧时，根部会出现一个很深的弧坑影响无损检测结果，此时一定要适当减小背面氩气的流量，同时适当增加焊接电流，以便熔池顺利过渡到所需要的位置，但电流不能过大，电流过大可能使焊缝出现热裂纹。

3）坡口的选择及焊前处理

① 坡口形式

焊接时，由于镍铜合金有低熔透性的特点，且焊接过程中又不能通过加大焊接线能量来增加焊缝的焊透性，所以要选用大坡口角度和小钝边的接头形式。

② 焊口两侧清理

铅、硫、磷和某些低熔点的元素能增加焊接的热裂纹倾向及焊接气孔的产生。因此管道组对前，应对坡口两侧各50mm范围内进行清理。在清理过程中，可用不锈钢刷，以避免铁污染。在焊接前将所用的焊丝用砂纸打磨，使其露出金属光泽。

4）焊接工艺

① 焊接方法的选用

镍铜合金可采用氩弧焊的焊接方法。由于镍铜合金的焊接金属流动性能较差，操作时要求焊工手法熟练，弧长尽可能短，将熔池及时准确的送到所需要的位置上，焊接时要控制线能量，避免焊缝区过热，不要通过加大线能量来增加焊缝的熔深。

② 焊接工艺参数

氩弧焊采用直流正接；钨极材料：铈钨极；钨极直径：ϕ2.5mm；喷嘴直径：ϕ14mm；层间温度≤100℃，实际焊接工艺参数如表5.8-6所示。

UNS N04400 焊接工艺参数 **表5.8-6**

焊道	焊接方法	电源极性	保护气体种类	填充材料		焊接电流(A)	电弧电压(V)	焊接速度(cm/min)	气体流量(L/min)		层间温度(℃)
				牌号	直径(mm)				焊枪	管内	
1	GTAW	DC+	Ar	ERNiCu-7	ϕ2.5	70～125	16～20	6～8	10～14	8～10	—
2	GTAW	DC+	Ar	ERNiCu-7	ϕ2.5	70～125	16～20	6～8	10～14	—	≤100
≥3	GTAW	DC+	Ar	ERNiCu-7	ϕ2.5	70～125	16～20	6～8	10～14	—	≤100

③ 焊接环境

施工现场做好防风措施，风速大于2m/s、温度低于0℃、雨雪天及相对湿度大于90%，没有防风措施禁止施焊。

对于小直径的管子，焊接中宜采取在焊缝两侧加装冷却铜块或用湿布擦拭焊缝两侧等措施，减少焊缝的高温停留时间，增加焊缝的冷却速度。

④ 定位焊

定位焊点数不能小于三点，每处长度约10mm；为避免应力集中，定位焊时要采用对称点焊，尽量减少固定焊口且要避免强制组对；定位焊缝必须焊透，如果定位焊缝上出现裂纹、气孔等缺陷，必须将此段打磨掉，重新焊接此段定位焊缝，不允许用重熔的方法修补。

⑤ 打底焊：焊丝在氩弧保护区内往复继续的送进熔池。因为镍铜合金的熔滴流动性差，送丝必须速度稍快，动作敏捷，准确的把熔滴送到所需要的位置。在整个焊接过程中，焊丝受热的端部不能离开熔池氩气保护区内，以免氧化，影响焊接质量。收弧必须用焊枪对熔池进行延时气体保护约20s。

⑥ 填充及盖面：做好层间的清理工作；做好层间温度的控制，每层焊完后，可采用测温笔测量焊道温度，待层间温度小于100℃时，进行下一层的焊接；焊接操作过程中，尽量采用小的线能量、短弧焊、低的层间温度、多层多道焊的操作方法。焊接完成后，及时清除管道表面熔渣、飞溅和防飞溅涂料。

5.8.6 铝制管道焊接技术

1. 技术简介

铝和铝合金具有良好的耐蚀性，有较高的导电性，无低温脆性等优点，被广泛应用在航空航天和石油化工领域，特别是在空分制氧装置中应用比较普遍。铝和铝合金在焊接在容易出现氧化、气孔、热裂纹、烧穿、塌陷等缺陷，因此控制其焊接工艺就显得尤为重要。

本技术通过对铝和铝合金的理化特点及焊接性能进行分析，总结出铝和铝合金管道的焊接工艺。本技术在新疆巴州东辰工贸有限公司 30 万吨/年甲醇工程项目空分装置进行了应用，效果良好。

2. 技术内容

（1）焊前准备

1）坡口制备

采用机械加工，坡口表面应平整无毛刺和飞边，坡口型式为 V 形、无钝边，坡口角度 70°～75°。

2）铝管焊口两侧表面清理

铝管焊口两侧 30～50mm 范围内油污用丙酮或四氯化碳等有机溶剂进行清理，氧化膜采用机械方法去除。对焊丝也采用同样的方法进行清理。

对应用于空分装置氧气管道的铝和铝合金管道，还需进行脱脂。方法为：把铝管放在浓度为 10%～15%NaOH 液中浸泡 10～15min，用清水冲洗干净，再用 25%～30%HNO_3 液中和 1～3min，用清水冲洗干净后干燥。

清理好的管道、坡口、焊丝等要采取有效的保护措施，避免再次污染。并尽快在 8h 内焊接，否则应重新清理。

3）焊接防护棚

焊接场所应保持清洁，除防风外，还应保持相对湿度小于 80%，环境温度大于 5℃。

4）氩气及焊接设备

氩气纯度不低于 99.99%，氩弧焊炬喷嘴直径选用 20mm，使用交流氩弧焊机。采用高频脉冲引弧，收弧时，焊接电流延时衰减，冷却方式为水冷。

（2）焊接工艺

1）铝和铝合金管道应在木平台或垫有胶皮的平台上组对焊接，并禁止用手锤等强力组对。错边量控制在 0.5～1mm 以内。

2）点焊固定时，点焊长度控制在 10～15mm，焊点不易太厚，以焊透为准。

3）引弧时，先打开氩气，保持流通 20～30s，以排净空气。然后找准引弧点，在坡口处把电弧引燃，电弧长度为 2～3mm。

4）收弧时，为防止产生弧坑裂纹和缩孔，收弧处应多填一些金属，然后再使焊接电流逐渐衰减，断弧后，氩气要持续 5～8s，以防钨极氧化。

5）正式施焊前，用火焰对焊口进行预热，预热温度 250～350℃。焊接过程中，应保持焊枪与焊件的距离 8～10mm，焊枪与焊件应保持垂直，钨极伸出喷嘴一般为 5mm，焊丝与焊件的夹角 10°～20°；焊接时采用大电流、快速焊，焊丝要始终处于氩气的保护范围内。如发现熔池附近氧化发黑，应立即熄弧，清理干净后方可继续焊接。

6）多层焊时，层间用不锈钢丝刷清理表面氧化膜，并对缺陷进行处理。层间温度控制在 250～350℃范围内。

7）焊接工艺见表 5.8-7。

焊接工艺参数　　表 5.8-7

材质	厚度	焊丝直径	钨极直径	喷嘴直径	氩气流量	电流	焊速
L1/LF2	8mm	2mm	4mm	20mm	20～22Lmin^{-1}	120～200A	120mm/min

5.8.7 钛管焊接技术

1. 技术简介

钛管有较高的强度、良好的塑性韧性和耐蚀性，在航天、造船、化工中的应用越来越广泛。钛材在焊接过程中，熔池容受活性气体 N、O、H 及有害杂质元素 C、Fe、Mn 污染，焊缝区和热影响区易形成粗晶组织，导致焊接接头脆化，工程施工中应关注的重点和难点。以 TA2 材质管道为例，本技术以液氩作为钛材管道焊接的保护气，保证了氩气纯度、节约用气成本；采用专用尾部保护拖罩，焊接过程中制定了专项工艺措施，避免焊缝氧化，保证了焊缝质量。

本技术在沈阳化工股份有限公司搬迁改造项目烧碱装置安装工程中进行了应用，提高了焊接工艺的连续性及焊缝合格率。

2. 技术内容

（1）工艺流程

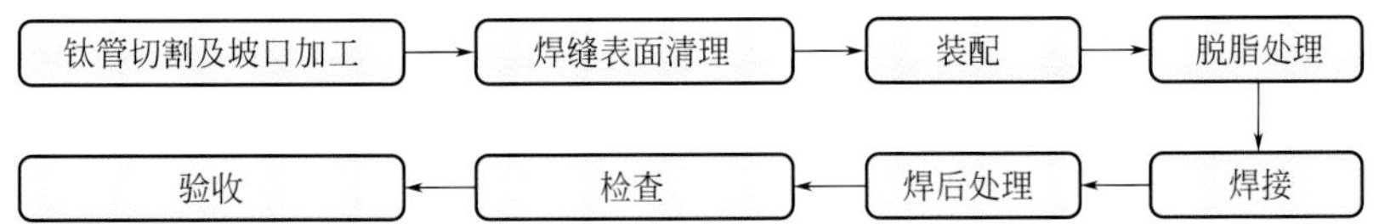

（2）操作要点

1）焊前准备

① 管道切割与坡口加工

管材切割与坡口制备采用机械加工方法进行，加工速度应适当，防止过热氧化。加工工具为专用工具，并保持清洁，以防铁质污染。加工后的坡口表面应平整、光滑、不得有裂纹、分层、夹渣、毛刺、飞边和氧化色。坡口表面应呈银白色金属光泽。坡口形式见表 5.8-8。

坡口形式表 **表 5.8-8**

项次	厚度 T(mm)	坡口名称	坡口形式	坡口尺寸		
				间隙 c(mm)	钝边 p(mm)	坡口角度 α(°)
1	1～2	I 形坡口		0～1	—	—
2	2～16	V 形坡口		0.5～2.0	0.5～1.5	55～65

② 表面清理：用奥氏体不锈钢制的钢丝刷清除焊口附近 100mm 范围内的锈皮、灰尘等杂物。用砂轮修整加工面，清除飞边，毛刺，凹凸等缺陷。

③ 组对：管材与配件组对间隙应均匀一致，并应防止钛管在装配中被损伤和污染。避免强力组对，定位焊接采用和正式焊接相同的焊接工艺。

④ 脱脂处理：用丙酮对所有焊接表面、焊丝和坡口附近 50mm 范围内全部做脱脂处理，处理后的表面应无任何残留物。

2）焊接环境

钛管道施工需在清洁度高的环境下进行，管道预制时应搭设预制棚，在现场焊接固定焊口时，应搭设防风棚，以保证焊接环境符合工艺要求。

3）焊接

① 焊接技术要点

焊接时，注意引弧和收弧的操作，避免产生弧坑缺陷。采用短弧焊，焊枪不摆动或微摆动。焊接时焊丝熔端必须始终处于惰性气体保护下，每次施焊前，切去焊丝端部被氧化部分。钛管道焊接在三重高纯氩气（正面、背面和尾部）保护下进行，保护气所用的氩气为高纯氩气（液氩罐经分配台供给，见图5.8-12），纯度为99.99%，尾部保护装置如图5.8-13所示。

图5.8-12　液氩罐及氩气分气缸

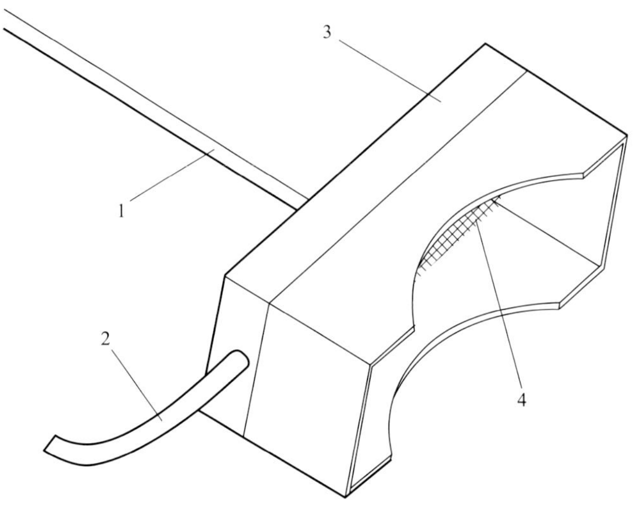

图5.8-13　尾部保护拖罩示意图

1—拖罩把手；2—进气管；3—拖罩；4—丝网

② 层间清理与保护

对于多层道焊，在进行下一层焊道焊接前，检查表面的氧化程度，如有异常现象，进行表面处理或返修处理，处理时使用专用的奥氏体不锈钢制钢丝刷和砂轮。

③ 焊缝表面酸洗钝化处理

钛管道焊接后，对表面进行色泽检查，检查合格后对焊缝和热影响区进行酸洗钝化处理。酸洗后立即用水彻底冲洗，以除去残留在焊件表面的酸液。整个酸洗过程的温度应控制在40℃以下，酸洗液的配制为35%～45%HNO_3+5%～8%HF+余H_2O，酸洗时间10～15min。

④ 焊缝检验

所有焊缝在外观检查合格后，进行100%无损检测。

4）成品保护

为防止撞击和受外力挤压所导致钛管道变形及破损，在钛管预制焊接或安装完成后在明显处做好警示标志，禁止人员踩踏、碰撞，焊接成品局部如图5.8-14所示。

图5.8-14　TA2管道焊接成品局部图

5.8.8　复合钢管道焊接技术

1. 技术简介

复合钢管是一种制造成本比较低且具有良好综合性能的钢管，在石化装置中有越来越多的应用，其复层与工作介质接触，具有良好的耐蚀性能，而强度则靠基层材料来保证。复合钢管的焊接工艺复杂，特别是对过渡层及复层焊缝的焊接质量要求高。因此对于不同材料的复合钢管，其焊接工艺、焊接参数也有所不同，下面以20G+316L为例介绍复合钢管的焊接。

2. 技术内容

（1）管道组对要求

1）管道焊接采取V形坡口，采用机械进行坡口直至露出复层金属，留1～1.5mm钝边。用丙酮或酒精清洗坡口，经各方检查合格才能组对，组对过程中，对错边量较大的焊缝位置，采用内壁堆焊打磨的方式进行处理。

2）管道组对选用对口器，对口间隙应保持在1～2mm之间，并且均匀。

（2）焊材选择

根据复合管材质及焊接工艺评定选择焊接材料。本20G+316L复合管复层焊接材料选用H00Cr17Ni14Mo2，规格为ϕ1.6mm；过渡层焊接材料选用A312焊条，规格为ϕ2.5mm；基层焊接材料选用A312焊条，规格为ϕ3.2mm。

焊条烘干后放入保温筒内，随取随用。

（3）焊接注意要点

1）首先进行点焊，点焊长度不宜大于30mm。

2）复层正式施焊前首先对焊口处进行充氩处理，焊口两侧150mm范围内用水溶纸封住。用测氧仪检测，当含氧量低于50ppm时开始焊接。

3）首先对复层进行氩弧焊焊接，焊缝厚度应控制在低于复层厚度以内。

4）复层焊接结束后，对焊缝进行检查，合格后进行过渡层的焊接。过渡层焊接过程中，管内继续充氩。

5）过渡层焊接结束后，对焊缝进行表面无损检测，合格后进行基层焊接。

6）基层焊接采用短弧、多层多道焊，层间温度控制在100℃以内。

（4）焊接工艺参数（表5.8-9）

20G+316L复合管焊接参数　　　　**表5.8-9**

焊道	焊接方法	牌号	直径(mm)	电流极性	电流(A)	电压(V)	氩气流量(L/min)
打底	TIG	H00Cr17Ni14Mo2	1.6	DCEN	70～90	9～14	10～14
填充1	SMAW	A312	2.5	DCEN	90～100	16～18	
填充盖面	SMAW	A312	3.2	DECP	135～145	20～24	

5.8.9　管道埋弧自动焊技术

1. 技术简介

在技能工人短缺的背景下，提高工艺管道预制深度和预制效率是管道施工的长期发展方向。埋弧焊具有机械化程度高、焊接效率高、无弧光刺激等优点，是管道预制应用最广泛的焊接方法之一。本技术介绍了埋弧焊坡口加工特点、焊接工艺及焊缝检验要求等，能够为焊接生产提供一定指导。

本技术在大连恒力130万吨/年C3/IC4混合脱氢项目和浙江华泓45万吨/年丙烷脱氢项目中得以应用。

2. 技术内容

（1）焊接工艺制定

工艺管道材质不同，其焊接工艺也不尽相同。埋弧焊应根据碳钢、低温钢合金钢、铬钼耐热钢、奥氏体不锈钢等材料的性能确定具体的焊接工艺，并进行相应的焊接工艺评定。合格后，才能将其报告作为工艺管道焊接施工的工艺规程。据此确定焊接材料、焊接工艺参数、层间温度以及是否预热及热处理等。为防止埋弧焊时电弧击穿管道，通常在正式埋弧焊前先对组对焊口进行氩弧焊打底2遍。

(2) 管道坡口加工

良好的坡口制备质量有助于保证焊接质量，因此工厂化加工预制管道时，管道的切割一般采用锯床，坡口一般采用高速坡口机制备。见图5.8-15。

图5.8-15 管道坡口加工

对于厚壁管来说，其坡口形式一般采用“V”形坡口，见图5.8-16。

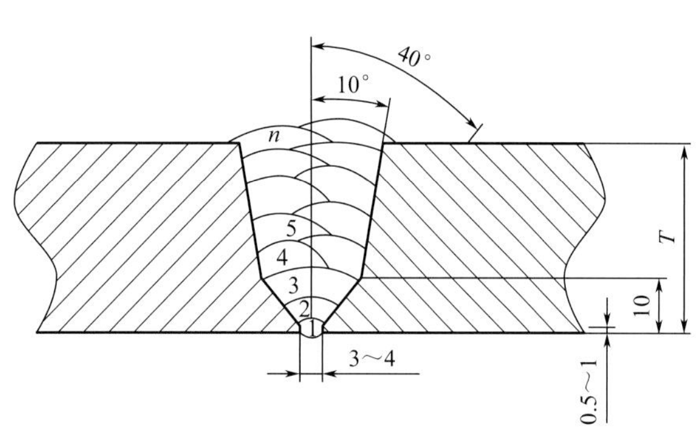

图5.8-16 管道坡口型式及组对

(3) 焊口组对

使用专用的对口卡具或管道对口器进行管道焊口组对，尽量保证管道内壁平齐。检查错边量，当不大于1mm时，进行氩弧焊打底。管内充氩及预热根据焊件材质的焊接工艺评定进行确定。氩弧焊打底的厚度控制在4mm以内，一般选择为氩弧焊打底2遍。

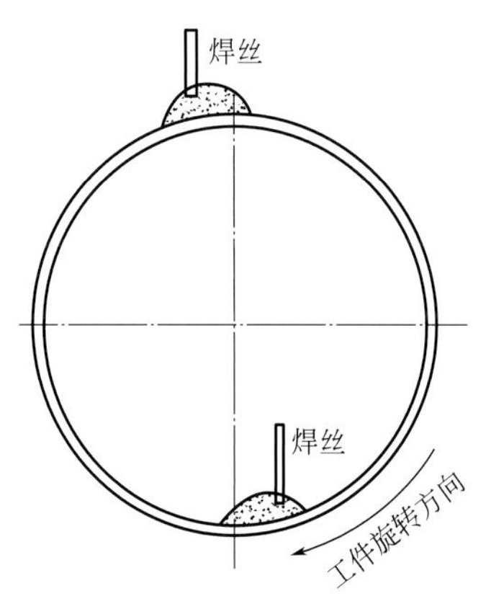

图5.8-17 埋弧焊起焊位置示意图

(4) 埋弧焊盖面

埋弧焊焊接工艺根据焊件材质的焊接工艺评定进行确定，为保证焊接质量，埋弧焊的起焊位置为管顶沿管道转动反方向偏10mm，以利于熔池的凝固、焊缝成型。见图5.8-17。对于厚壁管道的埋弧焊，必须采用多层多道焊工艺。当焊接铬钼耐热钢、奥氏体不锈钢时，焊道厚度应小于4mm。每层间的焊接接头应错开，层间温度控制执行相应焊接工艺评定。如P91焊接见图5.8-18。

(5) 焊缝质量检验

1) 外观要求：焊缝成型应良好，焊缝表面不得有超标咬边存在，且不得低于母材表面。合格后，对焊口进行相应的标识。

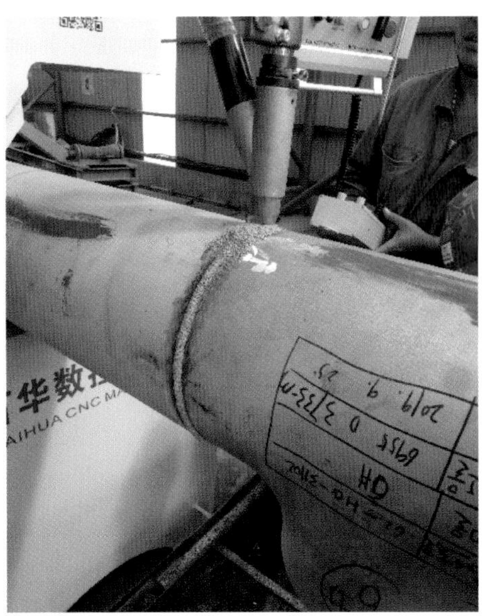

图 5.8-18　埋弧自动焊实物图

2）无损检测：按设计要求比例进行焊缝的无损检测，对于铬钼耐热钢，无损检测应在热处理后24h后进行。

3）硬度要求：对于热处理的焊缝进行硬度检测，碳钢不应大于母材硬度值的120%，其他材料不应大于母材硬度值的125%。一般碳钢硬度值不大于200HB；合金Cr含量小于或等于2%时，硬度值不大于225HB；奥氏体不锈钢硬度值不大于187HB。

4）焊缝合金成分复测：对于重要材质管道，焊后还需进行光谱分析，复查焊缝金属中的合金元素成分，焊缝金属中的合金元素成分必须符合相关标准要求。

5.9　埋地管道自沉法施工技术

1. 技术简介

国内石化项目多位于沿海地区且临海而建，地质条件较差、土质松软、地表水水位较浅，开挖容易出现流砂或土方坍塌的现象。用传统的埋地管网施工工艺无法保证工程整体进度，本技术将埋地管道在自然地面进行组对和焊接，焊口焊接及无损检测无需开挖工作坑，待管道全部预制成整体后，边开挖管沟边埋设管道，安装过程不影响地上其他构筑的施工道路，工程整体的施工作业面能有效展开，有效解决了特定地质条件下的安装难题。

本技术在山东东营东辰20万吨/年芳烃联合装置中得到了应用。

2. 技术内容

（1）工艺流程

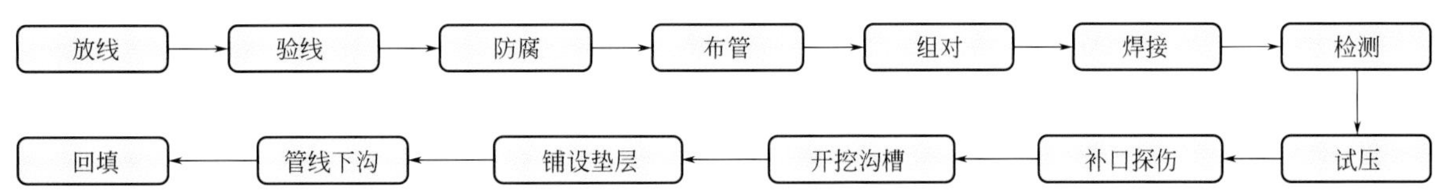

（2）操作要点

1）$DN \leqslant 600$ 埋地钢管施工操作要点

① 放线、验线

根据施工图纸放出管道轴线定位坐标及基准线，工程技术人员及测量工程师对定位轴线及定位坐标进行复测；

② 将埋地管道依次排开，统一摆放在地管中心线的一侧；

③ 埋地管道在自然地面上进行组对、焊接；

④ 焊接及无损检测检验合格后，进行管道试验，试压完成后，对焊口及其他防腐层损伤部位进行补口补伤；

⑤ 开挖沟槽；

⑥ 根据设计要求，铺设垫层；

⑦ 把组对好的管线进行利用机械设备，缓慢地放到地沟中，尽量减少管道应力。管线下沟完成后进行分层回填。

2）$DN>600$ 埋地钢管施工操作要点

① 将埋地管道依次排开，统一摆放在埋地管的中心线上，并进行整条线组对焊接、试压、防腐的工作。

② 检验合格后，进行管沟开挖。开挖利用 2 台挖掘机在大管道的两侧按照地管埋设标高进行开挖刨土，土方向管沟两侧堆放。管道的一侧下垂头利用机械或龙门架吊住，随着管沟开挖的长度和管道自身的重力作用，使其缓缓下落，随着管沟开挖距离不断加长，管道缓缓自然降落至沟槽内。待沟槽全部开挖完毕，管线也全部埋设完成。

③ 按要求进行土方分层回填。

5.10 埋地管道定向钻施工技术

1. 技术简介

石化装置建设施工有时会遇到不能采用明挖敷设的埋地管道，常采用定向钻铺设施工技术。定向钻施工技术可适用于各类地质条件，但难易程度不同，比较适合的地质有：粉质黏土、粉砂、细砂、软塑黏土、淤泥等。

定向钻施工技术，凭借对环境影响小、不影响地貌和地面设施、安全、高效、造价交底等优势，广泛应用于埋地长输管线工程。该技术应用于江苏金桐表面活性剂有限公司烷基苯装置一期工程，效果显著。

2. 技术内容

（1）定向钻施工工艺流程

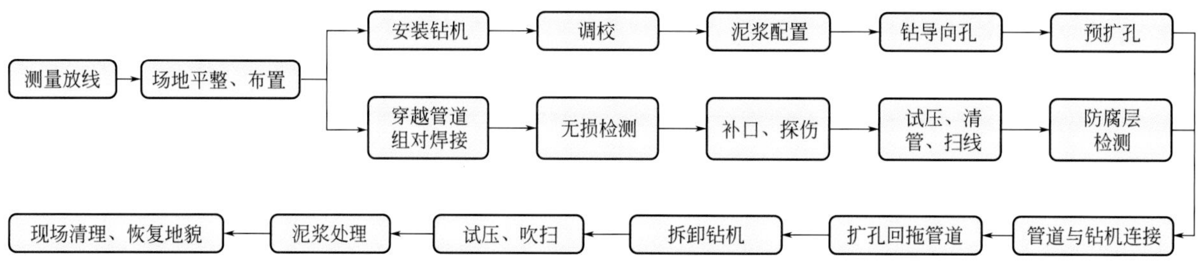

（2）操作要点

1）施工准备

① 根据设计文件和地勘报告，现场测量放线，确定管道进出点位置，设计穿越曲线。

② 计算管道穿越长度、管道回拖力等参数，选择钻机型号。

③ 编制施工方案，必要时进行专家论证。

④ 修筑施工便道，布置管道出入点场地，平整管道预制地。入土点钻机场地一般布置见图5.10-1，出图点场地见图5.10-2。

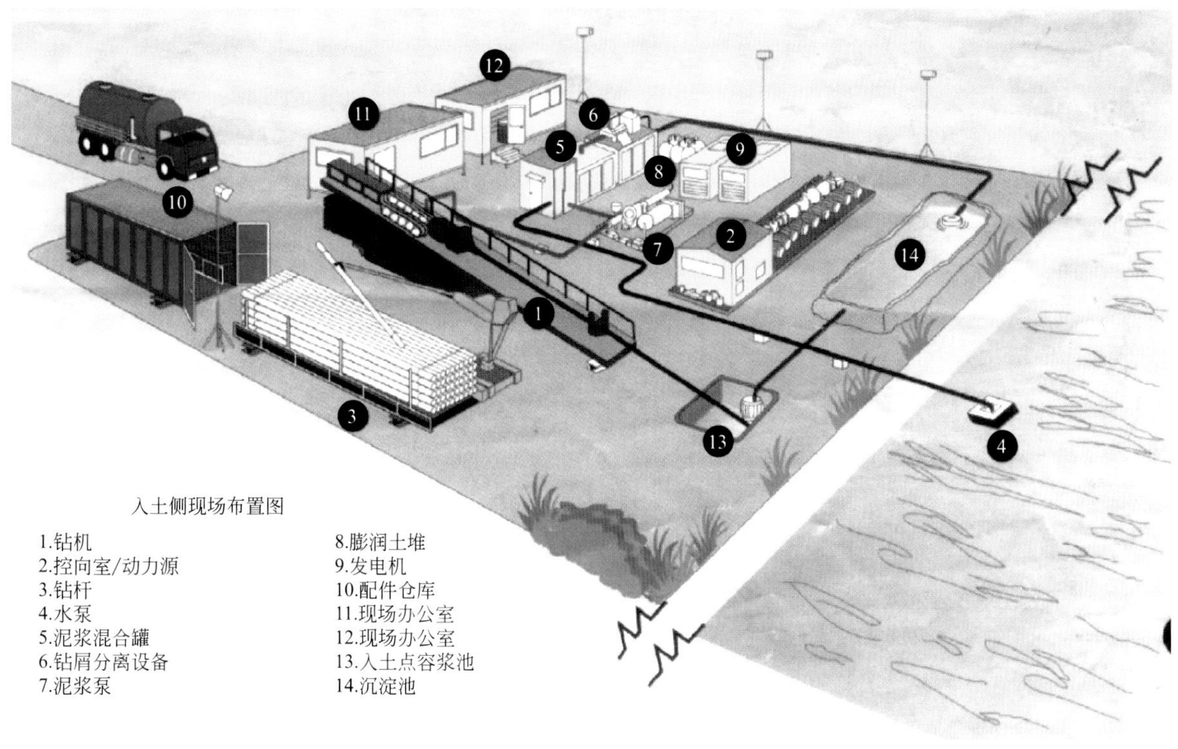

图5.10-1　入土点钻机场地布置图

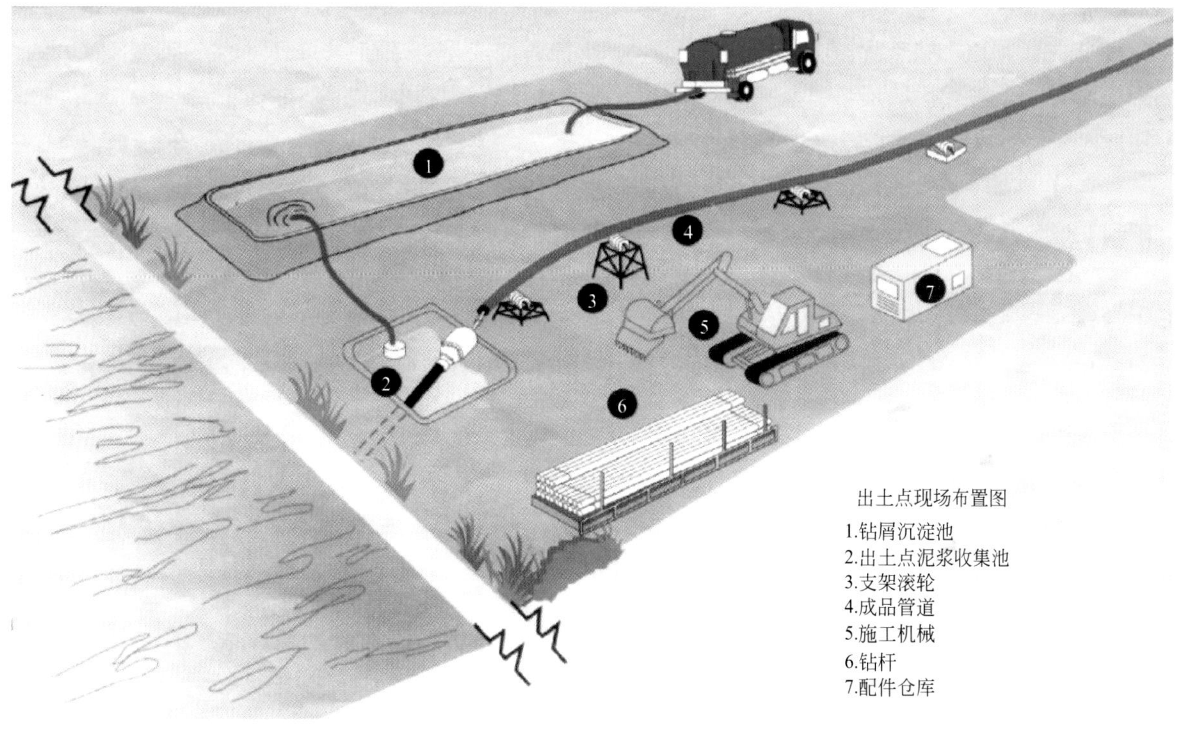

图5.10-2　出土点场地布置图

⑤ 配备定向钻工程师、控向员、司钻员、接线员、泥浆工程师等主要岗位人员。

2）布置人工磁场

① 人工磁场法是在穿越中心线两侧布设闭合导线圈，通电后形成外加磁场，用以复核控向参数。人工磁场不受外部磁场干扰，可准确反映钻头具体位置，左右偏移量和钻头深度。

② 人工磁场线圈的转角点用木桩固定，保证四边平直减小测量误差。线圈宽度以 3 倍探头深度为宜，长度不宜过长，否则电阻过大，电流较小影响测量精度。线圈所用导线截面积在 $10mm^2$ 以上为宜。

3）钻机就位

① 钻机安装在入土点容浆池旁，钻杆中心与管道轴线应一致。确定拉管机方位后，固定好钻孔机。此时根据井深和钻孔机位置，确定钻杆造斜角度，入土角度不超过 150°。

② 钻机安装好后，试钻运转并检查运转后的机座轴线和坡度是否有变化，检查钻机安装的稳固性。钻机安装质量是成孔质量保证的关键，因此必须认真仔细检查。

4）泥浆配置

① 泥浆是定向钻的“血液”，是定向穿越中的关键控制因素，其主要作用是悬浮和携带钻屑净化钻孔、稳定孔壁、降低钻机扭矩和推拉力、冷却钻具。

② 膨润土液体的 pH 值应控制在 8～10。

③ 配浆用水 pH 值应控制在 8～10，含盐量不超过 10g/L，无固体杂质，通常用纯碱来净化水质，降低水的硬度和调节 pH 值，配浆用水尽量采用淡水。

④ 泥浆在循环过程中因失水，携带钻屑而变稠，随时过滤及稀释。应对泥浆黏度进行测定，一般每两小时测定一次。遇有复杂地质和异常情况，随时测定。地质较好的位置，减少测定次数，测定结果做好记录。

⑤ 不同地质对泥浆性质和要求不同，表 5.10-1 为不同地质泥浆性能指标参数表，表 5.10-2 为不同地质泥浆常用配方。

泥浆性能指标参数表　　表 5.10-1

泥浆性能	密度(g/cm^3)	黏度(mPa·s)	pH 值	失水(中压)(mL/min)	泥饼厚度(mm)
黏土	1.05～1.07	35～40	8.5～9	4～7	2.0
粉砂细砂	1.05～1.07	50～65	8.5～9	4～5	1.8
中砂粗砂	1.05～1.10	60～70	8.5～9	4～5	1.6
岩石	1.05～1.10	50～65	8.5～9	4～5	1.5

不同地质泥浆配方表　　表 5.10-2

地质	泥浆配比
黏土	膨润土＋纯碱＋降失水剂(CMC)＋润滑剂＝1：0.2%：0.5%：0.5%
粉砂细砂	膨润土＋纯碱＋正电胶＋CMC＋CMS＋润滑剂＝1：0.2%：0.3%：0.4%：0.5%：0.5%
中砂粗砂	膨润土＋纯碱＋正电胶＋CMC＋CMS＋润滑剂＝1：0.2%：0.4%：0.5%：0.5%：0.6%
岩石	膨润土＋纯碱＋正电胶＋CMC＋封堵剂＋润滑剂＝1：0.2%：0.5%：0.4%：0.5%：0.6%

5）泥浆系统

① 泥浆系统主要由回收循环系统、储浆配浆罐、砂泵、泥浆除泥器、卧式沉降离心机、搅拌罐、射流剪切混浆等组成。

② 穿越工程泥浆用量大，在钻机一侧采用泥浆回收的方法重复利用泥浆来满足大量泥浆的需要和减少废弃泥浆的污染、降低施工成本。

③ 施工过程中根据泥浆回返，冒顶情况和泵压变化等分析，判断和采取对应措施。如严重冒顶可

进行封堵处理，当钻屑过多导致扭矩增大，应停止钻进，先进行循环，排砂或采取其他措施，待正常后再恢复钻进。

④ 当需要长时间停钻，应及时替入新泥浆提高护孔能力，防止塌孔卡钻。当出现钻屑床时，在泥浆中加入0.05%～01%的泥浆结构稳定剂。

6）钻导向孔

① 定向钻穿越的第一道工序就是导向孔施工。通过导向钻头控制导向孔的轨迹，导向钻头内部带有发射器，地面接收器可采集到钻头斜掌面方位、钻头指向、深度等参数，地面操作人员可通过控制参数控制施工轨迹。

② 导向孔施工主要的控制设备有：探头、接口单元、司钻控制台和计算机。探头可以测出钻头当前位置的INC、AZ和HS三个参数，并将模拟信号传递到接口单元，由接口单元将信号转化为数字信息后分送司钻控制台和计算机控制程序系统。钻机司钻根据司钻控制台上提供的当前数据和下一步计划要达到的数据进行司钻操作。控向人员根据测定的角度数据，输入钻进长度，由计算机程序自动计算当前钻头的三维坐标，控向员根据当前数据制定下一步钻机计划，并提供给司钻。

③ 导向孔作业要把握住2个角度、1个工具面和4个数据：INC（倾斜角），AZ（方位角），HS（工具面），AWAY（水平长度），MD（实长），ELVE（标高），RIGHT（水平偏差）。并不是每一个司钻员都可以将钻头位置控制到指向员制定的位置和角度，根据不同地质有不同的操作方法，因此配备经验丰富的控向员和司钻员是非常必要的。

④ 导向孔钻进时应匀速前进，并根据给进阻力的大小，判定地层内是否有硬物或土层变化，以确定注水机给水压力和给水量。钻进时，当地层含水较大地层为砂层或粉质砂黏土，不注水钻进，当地质较硬或地下无水时，提高注水压力。

7）扩孔

① 扩孔宜采取分级、多次扩孔的方式进行。

② 为保证管道可以顺利回拖，一般将导向孔扩至铺设管径的1.2～1.5倍，最小扩孔直径与穿越管径的关系见表5.10-3。

③ 普通地质扩孔一般以150mm为一个级别，最后一级直接扩孔至回拖孔径，较好的地质最大可以按300mm越级扩孔。

④ 岩石地质扩孔以150～200mm为一个级别。

⑤ 大口径管道（大于900mm），最大扩孔直径可以扩到管径+305mm。

⑥ 施工过程中，注意地下水位变化，钻进施工是否正常，注意土质变化及拉管机的压力，出现异常及时采取措施。

最小扩孔直径与穿越管径关系 **表5.10-3**

穿越管段直径(mm)	最小扩孔直径(mm)
<219	管径+100
219～610	1.5倍管径
>610	管径+300
管径小于400mm的管段，在钻机能力许可的情况下，可以直接扩孔回拖	

8）清孔

① 清孔主要是为了拉出扩孔搅碎的孔内土，形成光滑圆顺的安装通道。首次拉泥清孔采用环形盘，反复来回拖拉后，如阻力减轻则在拉泥盘上加装横挡，再次入孔拉泥，逐次加封横挡，直至拉泥盘全封闭，并能轻松顺利拉出为止。

② 当土层土质较硬，以黏质土为主时，先采用环形盘较窄的拉泥盘拖拉，使拽拉阻力变小拉泥盘

拉出顺利后，再换上环形盘较宽的拉泥盘。拉泥盘环形盘的大小及加装横挡封闭的选择，根据地层土质确定。最终形成的孔道内壁光滑圆顺。

9）管线回拖

① 管线预制宜沿穿管轴线对接布置，可根据场地情况分段预制。牵引端焊接牵引封头。

② 铺设孔道达到回拖要求后，将钻杆、扩孔器、回拖活接、铺设管线一次连接好，从出土点开始将管线回拖至入土点。见图 5.10-3。

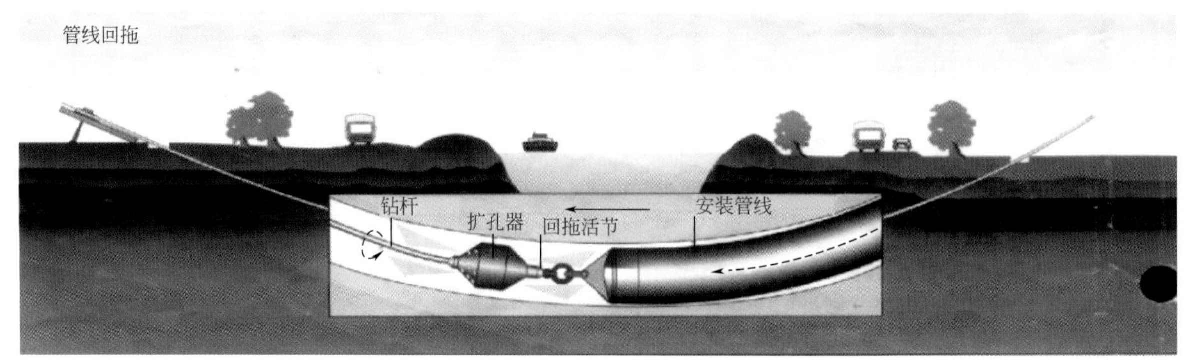

图 5.10-3　管线回拖示意图

③ 管线回拖前应完成焊缝检测、试压、清扫、防腐补口补伤等工作。

④ 大口径管道回拖宜设置滚轮架减小牵引阻力。

⑤ 管线回拖时应做好防腐层保护措施。

5.11　管道衬塑施工技术

1. 技术简介

衬塑管道以其优良的机械性能及耐腐蚀性在石化装置中得到越来越广泛的关注和使用，但由于石化装置衬塑管道规格的不统一，导致衬塑管道的施工一直是一个难点。本技术通过衬塑管道深化设计的应用，在加工前对系统管线深化设计，使非标管道标准化，同时通过流水化制作，极大地提高了工作效率和后期维修的便利。

本技术在浙江信汇合成新材料有限公司 5 万吨/年卤化丁基橡胶项目进行了应用，实现了非标管道标准化制作，加快了工程施工进度。

2. 技术内容

（1）工艺流程

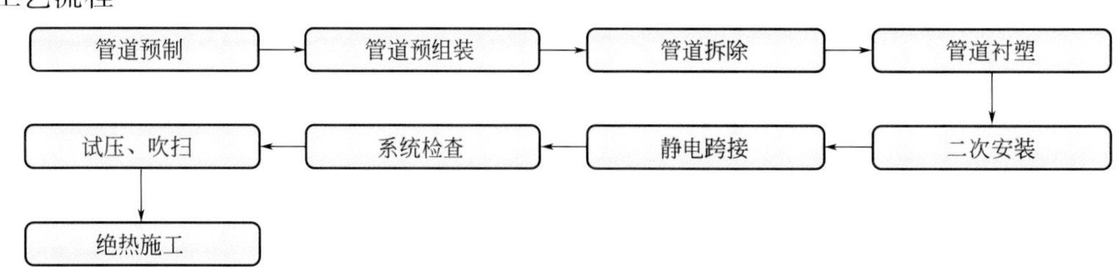

（2）操作要点

1）为提高衬塑管道尺寸一致性及标准化，在衬塑管道预制前应进行优化设计，衬塑管道深化设计原则为：

① 通过深化设计，在简化衬塑管道的同时，优先布置衬塑管道的空间。其他材质管道避让衬塑管

道可以有效地减少衬塑管道施工的难度，降低施工成本。

② 衬塑管道中长距离输送管道避让设备间互相连接短距离管道。长距离输送管道可选用的布置空间较多，通过深化设计可以保证长距离输送管道选择合理的布置空间。

③ 衬塑管道需要避让高温管道，由于衬塑管道材质的特殊性，对于装置内的高温管道需要避让，避免长时间的高温环境影响衬塑管道的使用寿命。

④ 管件少的衬塑管道避让管件多的衬塑管道。由于化工系统的复杂性，应根据装置特点合理布置操作空间。

⑤ 在规范允许范围内，合理调整弯头、三通等的长度代替标准段的长度，见图5.11-1。

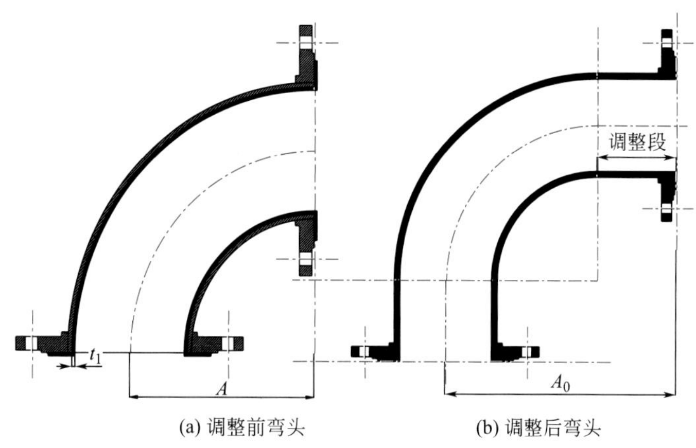

图5.11-1 衬塑弯头调整图示

2）管道预制

① 衬塑管道基层钢管、管件、法兰其材质均为20号碳钢，预制前核对钢管、管件的材质、规格及阀门的规格、型号，并检查钢管、管件及其附件外表质量。

② 直管两端焊接法兰，其长度不得超过5m，以方便衬塑。

③ 弯头、三通、异径管等管件均应单个与法兰焊接预制，不得出现管道与管件或管件与管件直接焊接的形式，直管段与管件、管件与管件的连接形式均为法兰连接。

④ 预制完成的直管及管件其内部焊缝均须打磨光滑，焊缝余高不得高于1mm，以保证直管内衬材料不被损坏并便于管件内衬材料的成型。

3）管道预组装及拆除

① 预制完成后的管道按系统进行预组装。

② 衬塑管道安装时采用成品支架，与衬塑管道连接的假管支架、静电跨接螺栓应全部焊接完毕，衬塑后不得再在管道、管件上施焊。

③ 法兰连接应使用同一规格螺栓，安装方向应一致。螺栓紧固后应与法兰紧贴，不得有缝隙。

④ 法兰连接应与管道同心，螺栓应能在螺栓孔中顺利通过。法兰螺栓孔应跨中安装。法兰间应保持平行，其偏差不得大于法兰外径的1.5%，且不得大于2mm。禁止用强紧螺栓的方法消除歪斜。

⑤ 所有法兰垫片使用临时垫片（橡胶石棉垫片），按照图纸设计要求，法兰连接时预留两端法兰面内衬PTFE厚度及PTFE垫片厚度。

⑥ 衬塑阀门安装前复核阀门的合格证并做水压试验。

⑦ 预组装完成后，拆除管道并用油漆笔对应管道轴测图做好每个直管及管件的标注，管线标注形式：区域-管径-管线号-标注号，例如：配制区-1"-AD5-21101A-1。

⑧ 拆除完成后，清点衬塑的管道及管件的规格、数量，并列出清单。

4）管道衬塑加工工艺

① 直管段的衬塑加工

a.衬塑直管采用推压管紧衬工艺，将成品 PTFE 管子强行拉入无缝钢管（衬管外径略大于钢管内径 1.5～2mm），形成无间隙紧衬，符合低压管道的设计要求。

b.利用牵引设备将相应管道规格的 PTFE 管衬入钢管内，见图 5.11-2，衬塑时需要对 PTFE 管道进行加热处理，保证 PTFE 管与钢管内壁紧贴，见图 5.11-3，待 PTEF 管全部拉入钢制基管后，直管两端各预留 50mm PTFE 短管，翻边制作法兰面。

图 5.11-2 利用牵引设备将 PTFE 材质管道拉入钢管基体

图 5.11-3 对 PTFE 管进行加热处理

c.对法兰面两段预留的 50mm PTFE 短管火焰热熔法加热后，见图 5.11-4。利用法兰盖进行压铸，见图 5.11-5。待压铸冷却制作完成后成型法兰面。

d.衬塑管件制作前用钢印号代替预组装时的编号，防止高温烧结时对手写编号的损坏，以便高温烧结后用油漆笔恢复标注。

② 弯头、三通等管件的衬塑

a.弯头、三通等管件的衬塑利用内冲压模具将 PTFE 颗粒材料进行热熔成型。内冲压模具见图 5.11-6。

b.根据弯头、三通、异径管规格及内衬厚度的要求制作橡皮模具，将模具套入管件内，将 PTFE 颗粒填满至法兰面，利用盲板将法兰面密封，通过盲板预留管道进行 50MPa 水压成型，见图 5.11-7。拆去模具，将成型的管件送加热炉烧结成型。

图 5.11-4　热熔 PTFE 直管

图 5.11-5　对法兰面进行压铸成型

图 5.11-6　各种规格的内冲压模具

图 5.11-7　对内置模具进行水压

c.对制作完成的衬塑直管、管件法兰面打磨并进行 100%的高压电火花仪检漏，见图 5.11-8、图 5.11-9。检测电压不低于 15000V，打磨后的法兰面 PTFE 厚度应为 3.2～4mm，表面应平整符合安装要求。

图 5.11-8　对成型后的管件法兰面进行打磨

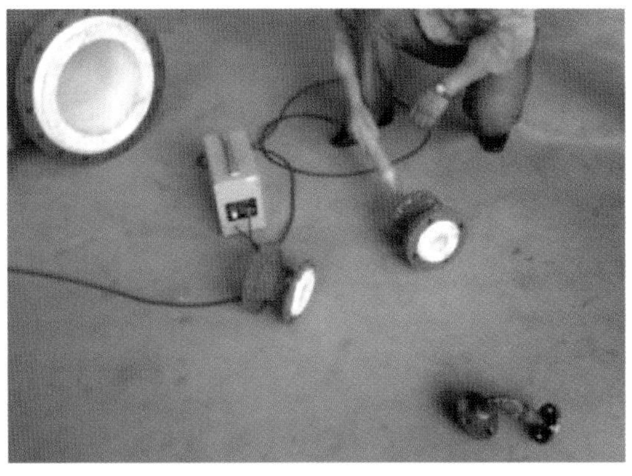

图 5.11-9　电火花检查衬塑质量

d. 衬塑管道、管件制作完成后根据钢印号重新编写醒目标注，并在检查合格后对管道及管件法兰面用木板保护。

5）衬塑管道安装

① 检查运至现场的衬塑管道规格、数量，用电火花检测仪进行抽检，检查其外观，内衬 PTFE 不得出现裂纹，法兰面应平整无凹陷，不合格的管道管件返厂重新衬塑。

② 安装前将衬塑管道、管件、阀门内部清理干净，按照预拼装时管道、管件编号顺序安装。

③ 禁止在衬塑完成的管道、管件表面焊接临时件，以免管道受热过高破坏内衬 PTFE。采用成品支、吊架安装。

④ 安装时禁止强力对口，管子对口时应在距接口中心 200mm 处测量平直度，当管子公称直径小于 100mm 时，允许偏差为 1mm；当管子公称直径大于或等于 100mm 时，允许偏差为 2mm。但全长允许偏差均为 100mm。

⑤ 衬塑阀门安装时按系统要求核对其型号并按介质流向确定其安装方向。

⑥ 法兰连接应使用同一规格螺栓，安装方向应一致。螺栓紧固后应与法兰紧贴，不得有缝隙，垫片采用 PTFE 垫片。

⑦ 法兰连接时，螺栓应能自由通过螺栓孔。

5.12 管道无应力调试技术

1. 技术简介

压缩机组进出口管线安装过程受装配应力的影响，会使已安装并精对中后的机体产生微小的位置移动，导致联轴器的同心度降低，进而引起运行过程中机组振动幅度过大、轴承温度过高等问题。因此，压缩机进出口管线安装必须施行无应力安装，本技术即控制管道法兰与压缩机法兰的同心度、平行度、法兰间隙均在要求范围内，最终确保机组正常运行。

本技术特点是通过合理划分施工段、设置最终连接段控制配管精度和焊接应力对机组的影响。本技术在大连恒力 130 万吨/年 C3/IC4 混合脱氢装置中得到成功实践，效果显著。

2. 技术内容

（1）技术要求

1）压缩机组配管，宜从机组侧开始安装，对于各条管线最后一个管口的组对，拼接应选在离压缩机较远的地方，以减小焊接变形所产生的应力，减小对设备的影响。

2）与机组连接的管道及其支吊架安装完毕，最终与设备连接时，应在自由状态下所有螺栓能在螺栓孔中顺利通过，法兰密封面间的平行偏差应不超过 0.15mm，法兰间隙≤垫片厚度+0.5mm。

3）管道与机组最终连接时，不得使机组产生位移，与透平连接时，应在支座上装百分表监视其位移变化，各方向的位移变化均不得超过 0.05mm，与压缩机组连接时，应在联轴器垂直和水平方向各装一个百分表进行监视，联轴器水平和垂直方向位移均应小于 0.05mm。

（2）管道无应力检测程序

1）将百分表架安装到正在检查管道应力的机器的联轴器上，垂直和水平方向各一个百分表监测管道应力数值。

2）应力检查从机组管口中最大的法兰最先开始，在监测百分表数据的同时不间断地完成紧固过程。

3）螺栓紧固应对称均匀进行，法兰螺栓的首次紧固应控制在总扭矩的 10%以内。然后将法兰螺栓紧固到总扭矩的 30%，再将法兰螺栓紧固到总扭矩的 100%。螺栓的扭矩见规范要求。

4）在紧固法兰之后，垂直方向上或水平方向上的最大轴移动应为小于0.05mm。当轴移动量大于0.05mm，应松开法兰，更换法兰垫片，并重复该程序。

5）待所有法兰紧固后，其应力检查之和应小于0.05mm。

6）移除弹簧支吊架的定位块，百分表的变化量应小于0.02mm，否则应由设计方检查管道设计和弹簧支吊架的选型。

7）压缩机与主进出口管线连接紧固工作应一组一组进行，紧固一组确认一组，待全部管线的紧固工作结束后，再次复测机组同心度，并确认机组配管无应力附加在压缩机组上。

5.13　管道弹簧支吊架调试技术

1. 技术简介

弹簧支吊架因为需要防止管道的振动和位移，所以安装之后同样要进行调整，以确保弹簧支吊架处于正确的运行状态，这样其支撑的管道才能够安全顺利运行。弹簧支架见图5.13-1、弹簧吊架见图5.13-2。

图5.13-1　弹簧支架

图5.13-2　弹簧吊架

由于在设计中弹簧支吊架的工作荷载及热位移值仅是一个参考值，因此在其所支撑的管道安装结束后，需要对弹簧支吊架进行调整。本技术主要内容包括弹簧支吊架的冷态调整和管道升温后弹簧支吊架的热态调整。

该技术在大连恒力130万吨/年C3/IC4混合脱氢项目中成功应用于反应区的高温管道弹簧支吊架的调整，效果显著。

2. 技术内容

（1）冷态调整

1）管道安装时，弹簧支吊架一并进行安装。弹簧支吊架安装前，应复核其规格、型号以及安装位置是否正确，弹簧支吊架是否处于锁紧状态。

2）当管道水压试验以及保温施工完毕后，检查管道的水平度及垂直度，调整合格后，即可对管道弹簧支吊架进行冷态调整。

3）弹簧支吊架冷态调整时应根据现场情况确定其调整顺序，一般为由上而下、由左到右或从右到左按序进行调整。

4）在弹簧支吊架附近无位移的结构及管道上做一对齐标识，当弹簧支吊架缩进插销抽出后，该点必然动作，当管道标识上移时表示弹簧预压力大于实际荷重，下移时表示弹簧预压力小于实际荷重。

5）通过调整螺栓把弹簧压紧或放松使标识对齐，即为弹簧支吊架“冷态调整”，此时弹簧的承受力等于实际荷重。若弹簧调整不到对齐位置，说明多数弹簧选型偏小，也证明设计计算荷重有误。

6）在调整每一个弹簧支吊架时，要预先作好记录准备，内容为：弹簧型号、压缩量、现场调整量（第1次粗调值、第2次细调值、第3次精调值）。

7）调整程序为：以靠近上端设备的第1个支点为起点，调好后只能称粗调；调第2只时会影响第1只，故回过来细调第1只；调第3只时，第2只为细调，第1只仍需检查有否需要精调的必要，一般情况只需细调；以此类推，直到调末尾1只，整根管系弹簧支吊架冷态调整结束。

（2）热态调整

1）热态调整是指在有位移的情况下，该支点仍需承担其实际行重。但实际荷载已在“冷态调整”时解决，所以“热态调整”是在冷态的基础上而言的，没有冷态的数据，热态就无从调起。

2）热态调整步骤与方法与冷态相同，也是从冷态的第1只弹簧支吊架开始到末尾，把冷态记录的值用在热态上。

3）热态调整方法：如第1只弹簧支吊架在冷态时弹簧压缩值为51mm，热态时弹簧压缩值变为55mm，说明向下位移4mm，这时仍需恢复压至51mm。说明在热态时所承受的荷重与冷态相同，即可完成热态调整的目的。

4）在热态调整过程中同样要做好调整记录，内容为：冷态时的弹簧高度压缩值、升温后的弹簧压缩值。计算该点实际位移量，校核设计中的热位移值。

5）在整个管系热态调整时，如发现弹簧支吊架拉杆变形应及时与设计部门商议，进行更换型号或更改支吊点。

第6章

电气仪表及系统联合调试技术

电气调试分为电气设备的试验和调整两部分，试验是保证设备的技术参数符合相关规范，调整是为保证系统运行满足设计要求。石油化工工程电气调试具有试验电压等级高、电气设备容量大、供电系统保障调试验证难、与仪表专业配合多的特点。本章主要介绍石化电气调试特有的快速切换装置调试技术、大型同步电动机调试技术、UPS系统调试技术、油浸式变压器绝缘油注油及真空滤油技术、电气PLC控制柜调试技术。

石油化工行业通常需要通过工艺参数（温度、压力、流量、液位等）来实现对产品生产过程加以控制，仪表调试就是在自动化仪表安装和投入使用前，对仪表单体和控制系统及系统回路进行的一系列试验和调整，确保仪表系统安全、稳定运行，本章仪表调试部分主要介绍仪表单体调试技术和联校技术。

6.1 快速切换装置调试技术

1. 技术简介

在石油化工工程中，如果备用电源自投装置切换不及时，轻则将会导致电机设备停机，重则可能导致整个装置停车，由此造成的经济损失将难以估量，同时也进一步增加安全事故的发生概率。新型工业快速切换装置，既可以捕捉频率同期性，使合闸波动最小，又可以大大减少装置本身的投切反应时间，可使电机在瞬间掉电的情况下不停车连续运转。针对此类快切装置的调试，首先需利用装置本身自带的软件进行自测，确定输入输出端口和软件端口能够正常工作，再利用继电保护测试仪，通过对装置各类输入输出状态的模拟、进线母联开关的各种工况模拟以及现场掉电故障的模拟，去验证快切装置的动作逻辑及保护功能是否满足运行要求。

2. 技术内容

（1）调试流程（图 6.1-1）

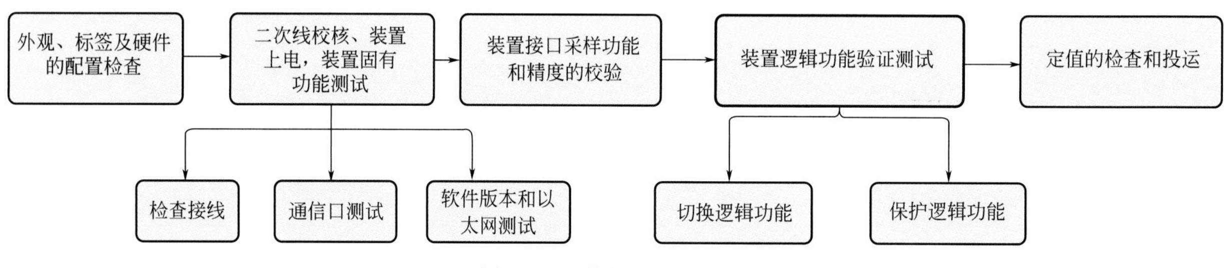

图 6.1-1 快切调试流程图

（2）调试内容

1）检查装置外观

应无明显划痕和变形，装置标签内容、板卡硬件配置与实物一致。

2）二次线校核、装置上电，装置固有功能测试

① 装置二次线校核无误后，用万用表测量装置电源端子之间及电源端子和地之间无短路情况，测量装置供电端子之间以及端子和地之间无电压，装置即可安全上电。

② 使用装置自带软件检测以太网通信，确定所有以太网口通信正常，软件显示正常；检查 RS485 串口通信端口正常，端口指示灯显示正常。以某款快切装置调试为例，装置所有功能正常时相关运行灯应常亮。快切装置面板指示灯说明见图 6.1-2。

3）装置接口采样功能试验及精度校验

① 装置接口采样功能试验分为出口传动开入、开出测试（开入一般是指各类输入信号，如开关位置、压板投入等；开出一般是指开关的跳闸、合闸等接点，用于输出至其他相关保护及测控装置）。在做出口传动时，可采用装置自带开入开出检测软件，逐个对各个端口进行检测。开入测试时使用外接电源加至对应输入二次端子，所有开入均为强电开入，使用快切自带软件观察对应端口开入量变化应正常，注意检查装置电源正负极不能接反，开入不能使用交流；开出测试时利用快切装置自带功能输出开出信号后 500ms，装置接点自动返回，使用万用表测得闭合脉冲信号即为正常。

② 精度校验

采用继电保护测试仪分别进行电压、电流采样值精度校准，同时施加三相电压、电流值时应按照 A、B、C 三相施加不同数值，快切装置显示采样值应满足装置精度等级要求，现场模拟量校验操作如

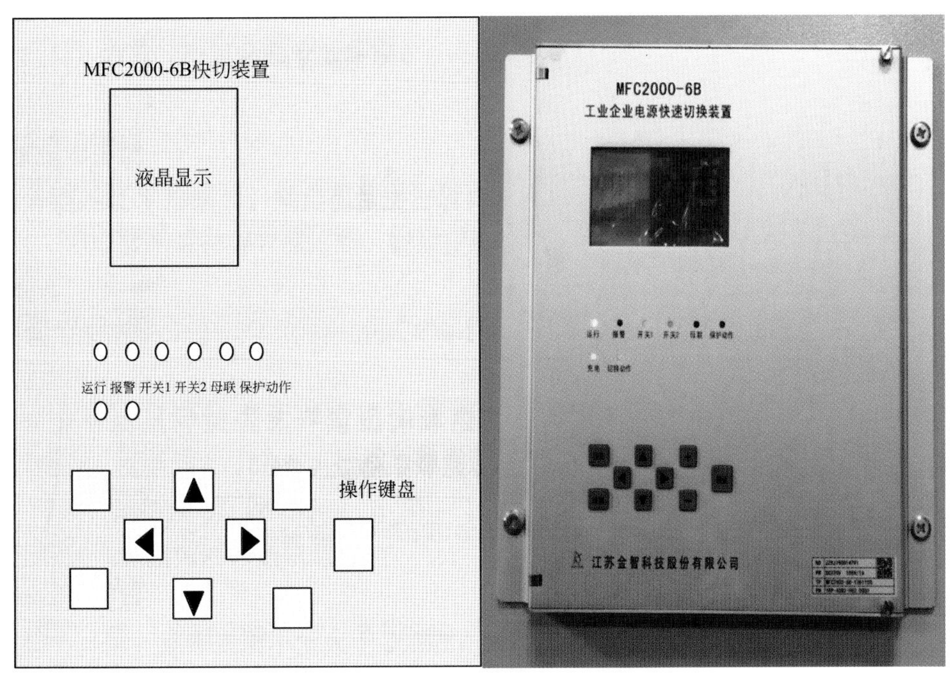

图 6.1-2　某款快切面板示意图

图 6.1-3 所示。

图 6.1-3　现场模拟量校验操作图

4）装置逻辑及故障验证模拟

测试时按照快切装置提供的手动启动、保护启动、失压启动、无流启动、故障闭锁启动方式进行。采用继电保护测试仪输入模拟量，以两段进线一段母线联络的单母线分段方式为例。

① 手动启动功能测试：手动启动方式多用于进线检修或故障后进线恢复时，由人工通过开入量启动装置实现倒闸的切换功能。逻辑如图 6.1-4 所示。

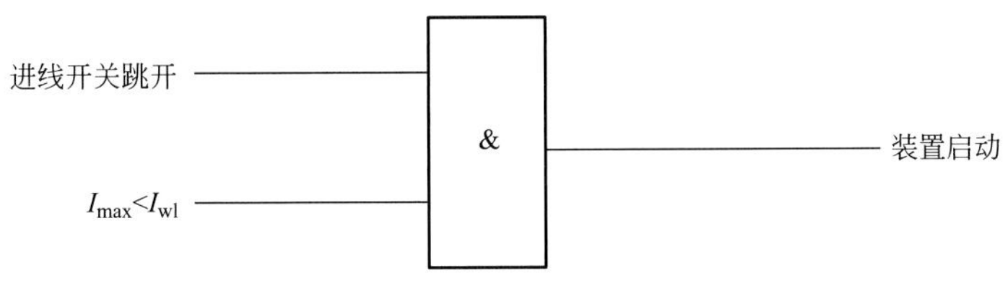

图 6.1-4　手动启动逻辑图

I_{max}—进线电流最大值（二次值）；I_{wl}—无流定值

调试时使用继电保护测试仪输入电压信号至母线及进线电压互感器二次端，投入相应转换开关，投切手动并联切换开关，进线母联开关按照先合母联开关后切进线开关的顺序实现并联倒闸切换，则保护动作正确。

②“差动保护启动”功能测试：使用继电保护测试仪模拟发出差动保护动作信号，保护装置应自动跳开相应进线开关，瞬时自动合上母联，“差动保护启动切换”成功动作。

③ 母线失压启动功能测试：其逻辑示意图如图 6.1-5 所示。

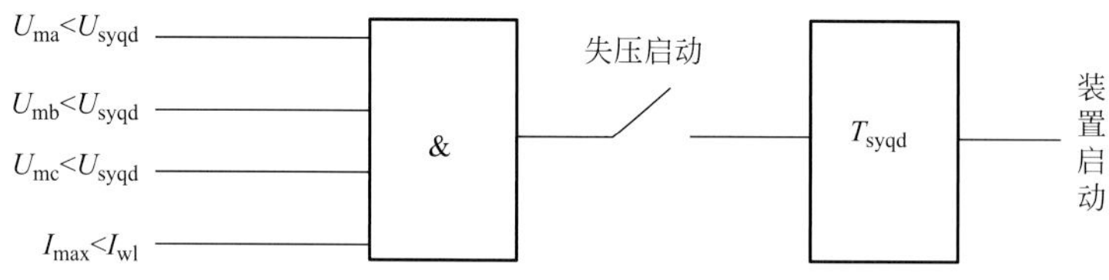

图 6.1-5 母线失压启动失压逻辑图

U_{ma}、U_{mb}、U_{mc}—母线三相电压；I_{max}—进线电流最大值；U_{syqd}—失压启动电压幅值；T_{syqd}—失压启动延时；I_{wl}—无流定值

采用继电保护测试仪加入正常电压信号，模拟母线失压，应先跳开进线开关后瞬时合上母联开关。

④ 有流闭锁（无流启动）功能测试

用继电保护测试仪在进线柜电流端子加入低于无流电流定值，模拟母线失压，应先跳开进线开关后瞬时合上母联开关。恢复初始状态快切充电后把电流加到高于无流电流定值，模拟母线失压，快切装置闭锁不切换。

⑤ 故障跳闸闭锁快切功能测试

使用继电保护测试仪模拟进线继电保护器过流故障，进线应跳闸，而母联不合闸，快切装置闭锁。

5）各项功能试验结束后，需按照设计院出具的正式定值单整定后装置才能投入运行，投运后，查看各电流电压及相位采样数据，面板指示灯应显示正常。

6.2 大型同步电动机系统调试技术

1. 技术简介

同步电机的转速与定子绕组电源频率相关，具有不随负载大小变化而改变的特点，其稳定性和效率相对于异步电动机更高，在石油化工工程中多用于各类大型压缩机等需要稳定输出的场所。系统试验时依据电气装置交接试验规范对同步电动机电气性能进行检测调试，调试内容包括同步电动机配套启动柜的一、二次元器件试验、励磁柜调试、电机本体试验等。

2. 技术内容

（1）配套高压柜试验

高压柜试验主要包括一次元器件试验和二次保护试验，一次元器件试验和常规高压柜元件试验一致，包括互感器、避雷器、断路器的试验，试验需满足现行国家标准《电气装置安装工程 电气设备交接试验标准》GB 50150 标准要求。互感器测试采用互感器特性测试仪，测得变比精度误差应不高于互感器铭牌精度，极性应与铭牌标注一致。避雷器测试采用高频直流发生器，测得 0.75 倍直流参考电压下的泄漏电流值不应大于 50μA，或符合产品技术条件的规定。断路器采用开关特性测试仪测试，测得合闸过程中触头接触后的弹跳时间，40.5kV 以下断路器不应大于 2ms。

二次保护试验时，保护装置定值测试要满足《继电保护和安全自动装置基本试验方法》GB/T 7261 标准相应要求。此外还要测试高压柜与励磁柜之间的逻辑保护，在试验过程中，高压柜与励磁柜和其他设备之间允许有启动联锁点，高压柜需在励磁机允许的情况下才能合闸。要依据原理图找到失压信号二次端子并短接（试验完成后必须拆除，否则会引起人为故障），断路器手动分合5次以上，试验完毕后将所有端子恢复到初始状态。

（2）励磁柜调试

励磁柜的调试主要包括装置参数整定、励磁柜保护功能调试以及励磁输出电压的测量。目前比较先进的全数字可控硅励磁柜装置由PLC控制，现场只需输入相关参数（比如灭磁可控硅开放电压、触发脉冲宽度、投励时间、强励倍数和强励时间、电压负反馈特性逆变角度等），将控制面板上“调试”和“运行”开关旋转至“调试”位置，待励磁电流缓慢上升到额定电流，此时按下“灭磁检验开关”，使用高精度万用表测试励磁电压下降为0，则励磁柜回路自检正常。但对于励磁保护需进行调试验证。

1）励磁柜绝缘测试

采用数字兆欧表分别对励磁柜输入输出回路测试，不低于0.5MΩ。

2）励磁柜保护功能调试

不同生产厂家有不同保护功能，调试采用继电保护测试仪模拟电压电流信号。同步电机励磁系统主要保护功能包括：

① 定子、转子过电流保护

调节器除了前述的过电流限制之外，还应设置定子、转子过电流保护。根据具体电动机及负载要求，设置过流动作整定值及其动作输出延时，使用继电保护测试仪分别模拟定子、转子电流过流定值，保护动作、跳闸停机。

② 同步失败保护

调节器在启动投励后，或在同步过程开始后，经过一定的延时，不能拖入同步运行则输出同步失败保护信号，跳闸停机。

③ 失磁保护

调节器设置失磁保护功能，当失磁后及时闭合灭磁回路，使得电动机进入异步运行。使用继电保护测试仪输出信号，当保护接收到失磁信号时，经适量延时作用于同步回路，如不能再同步则跳开同步电机断路器。

④ 启动超时保护

用继电保护测试仪输入电流信号模拟电机启动，程序自动记录电动机的启动时间。如果一直存在大电流且超出设定启动时间，则发出热保护信号并且闭锁投励单元，跳闸停机。

（3）同步电机本体试验

同步电机本体试验包括转子、定子直流电阻测试，转子、定子绝缘电阻测试，转子、定子工频耐压试验，定子直流泄漏试验等。

1）直流电阻采用双臂电桥测试，定子绕组、转子绕组分别测试，其结果各相相互差别不应超过最小值的2%。

2）绝缘电阻采用数字兆欧表测试，定子绕组、转子绕组分别测试，其结果不得低于1kV/MΩ标准。

3）工频耐压试验，由于试验设备体积大、重量重，现场有条件的可以采用交流试验变压器进行试验，没有条件的可以采用串联谐振耐压试验装置。10kV同步电机定子耐压试验电压为16kV，耐压时间1min，试验时无击穿放电现象为满足要求，试验后测量转子和定子对地绝缘值不低于1kV/MΩ即可通电试运行，如图6.2-1所示。

（4）通电试运行

1）通电前的检查确认：试运行前可将高压柜、励磁柜和其他联锁设备一起空试，手动调节其他柜内的报警信号、测温信号、跳闸信号等，确认动作无误后，检查高压柜、励磁柜内有无遗漏工具等杂

图 6.2-1　同步电机交流耐压试验

物，紧固一、二次线路端子螺栓，并由经验丰富的电气工程师检查确认，关闭柜门。通电运行前应对电机转子进行人工盘车。

2）通电试运行：设置警戒线，变电站送电；检查高压柜各指示仪表；检验启动电机，明确交流同步电机启动过程是否为同步启动，当转速达到额定转速的95%时，励磁柜自动投励，电机空载启动时投励时间约为5s；观察电机运转有无异常、杂声，转动部位和固定部位有无火花。如果有异常，停车处理。

3）当电机发生负载突增、电压剧降、励磁电源短时消失等情况时，电动机会产生可能的失步情况：即失励失步、低励失步、断电失步、带励失步。装置设置失步检测功能，当检测到失步发生后，立即按失步保护流程处理：灭磁→异步运行→再整步，当灭磁后，及时闭合灭磁回路灭磁，使得电动机进入异步运行，以便下一步进行停机或进行再整步，其中的再整步需在故障源消除后执行，如因故障时间过长或电机特性过差，无法实现再整步时，失步保护装置会自动动作于跳闸停机。

4）记录高压柜的启动电压和电流、励磁柜的励磁电压和励磁电流，检验三相定子温度、轴承温度、底座振幅、定子三相电压、相间电流、励磁电压、励磁电流等数据，每隔30min记录一次。如果无异常，则连续运行2h，试运行结束。

6.3　UPS系统调试技术

1. 技术简介

UPS（不间断电源装置）是一种含有储能装置的不间断电源，石油化工行业中主要用于对仪表DCS系统提供备用电源，对于某些设计有独立控制电源的电气系统也由UPS提供备用电源。UPS系统调试主要包括：检查及绝缘测试、UPS保护功能校验、UPS蓄电池充放电测试等。

2. 技术内容

（1）系统绝缘检查及测试

1）检查电缆相互连接是否正确，检查一、二次连接电缆的紧固及绝缘。

2）检查 UPS 整流、逆变、静态开关、储能电池的规格、型号正确，内部接线正确、可靠不松动，紧固件齐全；蓄电池柜内电池壳体无碎裂、漏液；无其他损坏碰撞凹陷，设备有铭牌、元器件完好无损。

3）上电前外部绝缘检查：使用绝缘电阻测试仪测量 UPS 的输入端、输出端对地绝缘电阻值。如果有必要，对内部也做短路检测，参考不同产品服务手册，其电阻值各不相同，如某款 UPS 产品要求绝缘如表 6.3-1 所示。

某款 UPS 绝缘要求一览表　　**表 6.3-1**

序号	输入端	输出端
1	相对相：>60kΩ	相对相：>60kΩ
2	相对机壳：> 1 MΩ	相对机壳：>2MΩ
3	相对零：无限大	相对零：>1MΩ

4）电源检查：使用万用表测量主回路输入三相交流电源，如图 6.3-1 所示。使用相序表检查相序为正相序，输入电源范围按产品技术说明要求。

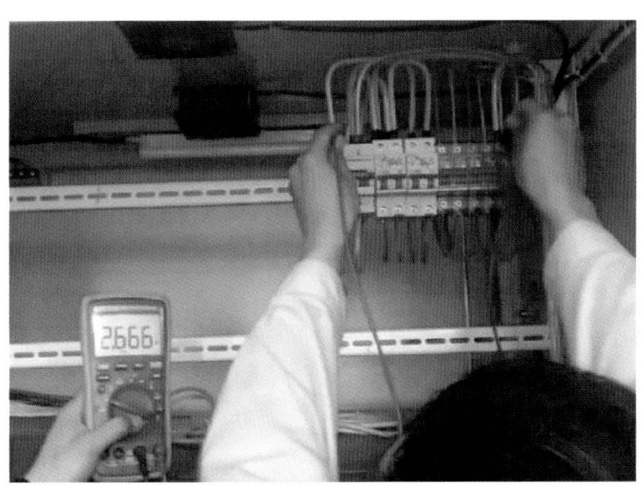

图 6.3-1　进线电源检查操作图

（2）UPS 保护功能校验

1）输出特性测试

UPS 的输出特性包括输出电压大小和波形、频率等。测量采用电能质量分析仪，如图 6.3-2 所示，负载可采用电阻或电容进行模拟，输出电压质量要求为 380±2%，正弦波波形失真≤5%。UPS 的输出电压可以通过以下方法进行测试。

① 当输入电压为额定电压的 90%，输出负载为 100%，或输入电压为额定电压的 110%，输出负载为 0 时，其输出电压应保持在额定值±2%的范围内。

② 当输入电压为额定电压的 90%或 110%时，输出电压一相为空载，另外两相为 100%额定负载，或者两相为空载，另外一相为 100%负载时，其输出电压应保持在额定值±2%的范围内，其相位差应保持在 4°范围内。

要在不平衡负载情况下，使负载电压的幅值和相位保持在允许范围内，逆变器的设计就必须做到每

图 6.3-2　电能质量分析仪图例

相都能单独调整。在对每一相电压的幅值和相位分别控制的情况下，可以做到三相负载电压始终是对称的。有的 UPS 不是每相都能单独调整，所以当接单相负载时，输出电压就会出现明显的不平衡。对于这类 UPS，就不能进行此种测试，使用时，也必须使三相负载尽量平衡。

另外，上述的不平衡负载一相为空载，另外两相为额定负载；或者两相为空载，另外一相为额定负载的条件较为严酷，有的机器是在不平衡负载两相为额定负载，另外一相为 70%的额定负载；或者一相为额定负载，另外两相为 70%的额定负载来测试输出电压（各相电压、线电压）的稳压精度和三相输出不平衡度。

③ 当 UPS 逆变器的输入直流电压变化±15%，输出负载为 0～100%变化时，其输出电压值应保持在额定电压值±2%范围内。

2）切换测试

有旁路功能的 UPS 装置应进行切换测试试验。采用电能质量分析仪测试，应在 UPS 输出端施加适合的额定负载进行试验，模拟故障或输出过载的情况，负载应能自动转移到旁路；当模拟故障或输出过载消除时，又能自动或由操作者控制返回 UPS，测量输出电压瞬时值，应能符合制造厂商申明的限值。在此试验期间，应观测旁路与 UPS 逆变器之间的相位一致。

（3）UPS 蓄电池充放电试验

当市电断电以后由 UPS 蓄电池组进行供电，如图 6.3-3 所示，直流逆变为交流电源后输出。为保

图 6.3-3　UPS 蓄电池组图例

证蓄电池运行正常，应进行蓄电池充放电试验来验证UPS是否可以保障供电。首先进行UPS的充电试验，采用市电充电，充电开始和结束时间，间隔不得低于10h，UPS对电池的充电在12h应达到容量的90%，在测试前，应保证UPS有24h以上的不间断充电时间。充放电是针对一个电池组，但要分阶段记录每个电池的电压和温度，应无异常。

图6.3-4　蓄电池放电测试仪图例

放电测试采用蓄电池放电测试仪，见图6.3-4，终止电压为单个电池电压低于10.7V时为止，同时记录放电时间，算出的放电容量需达到额定容量的80%以上。测试时应记录电池放电的电流和温度，温度采用红外测温仪测量，电池不应有明显过热。

(4) UPS各类故障及处理

各类UPS厂家不同，其控制定义有所区别，以某款UPS为例进行说明，见表6.3-2。

UPS故障及处理一览表　　　　**表6.3-2**

序号	问题情形	可能原因	解决方法
1	主电源正常，无任何指示灯亮	市电输入电源可能松脱或市电输入错接UPS输出端	检查输入电源线有无松脱情形，将市电输入电源线正确接入UPS输入端
2	电池提供备用电力时间比产品技术参数约定时间短	电池可能未充满电或电池故障	先将电池充电5h以上，再检查电池电量，如果电量仍低，联系经销商
3	LCD面板上有叹号和电池闪烁，蜂鸣器每1s响1声	电池连接方式有误	检查电池接线
4	图标BATT亮起，并有蜂鸣声持续告警	电池过压或电池电压过低	断电、更换电池
5	故障显示OVER LOAD，蜂鸣器2s响1声	UPS过载	移除UPS输出端超出负载的部分
6	图标SHORT亮起，蜂鸣器长鸣	UPS自动关闭，输出短路	检查输出端布线，确认设备是否有短路

6.4　油浸式变压器绝缘油注油及真空滤油技术

1. 技术简介

石油化工行业的用电负荷大，变压器大都采用能承受较大过载能力的油浸式变压器，而通常油浸式变压器采用变压器本体和绝缘油分体运输，现场需要进行变压器的注油和油化试验，注油前若变压器油品密封且试验合格，只需简单注入油箱，则可采用普通滤油机注入，若现场需要对油品进行加热过滤处理，则需采用真空滤油。变压器的油化试验主要依据现行国家标准《电气装置安装工程 电气设备交接试验标准》GB 50150相关规定进行。本节主要介绍绝缘油的现场试验和真空滤油操作等内容。

2. 技术内容

(1) 绝缘油取油

首先要正确选取油样，从变压器的下部放油阀处取油样，如图6.4-1所示，取油前应先将阀口清理干净，并放少许油冲洗油阀出口至无灰尘杂物，取出油后将瓶口封好。取油要选晴天或无风无尘的天气，减少对油样的污染，阴天取样应在环境温度低于油样温度且相对湿度低于75%的情况下进行。按照现场要求或按照4次取样，即在注油前油桶取样、注油静置后取样、耐压和局部放电试验24h后取样、冲击合闸及额定电压下运行24h后取样，进行变压器器身绝缘油的油化分析。

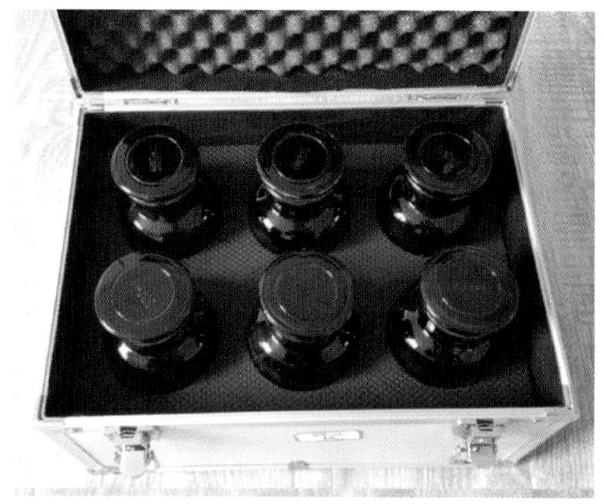

图 6.4-1 变压器底部放油阀、油样瓶示意图

（2）绝缘油现场试验

取出的油样应透明、无杂物、无沉淀。绝缘油的击穿试验要用标准油杯采用绝缘油介电强度测试仪，如图6.4-2所示。将油注入干净、干燥的油杯内，同时调整好电极间隙2.5mm后，旋紧电极螺母，将油杯固定在油压试验台或试验变压器上让油静止5～10min，使油内和表面汽泡排除，然后才开始慢慢加压，升压速度应在3～4kV/s之间，直至击穿为止，这时的击穿电压就是变压器油的击穿强度。第一次击穿后，用间隙片在电极间轻轻搅拌几下，使游离碳离开电极，第一次击穿电压值可不列入正式记录，等游离碳消除后，一般间隔5min，用同样方法作第二次击穿试验，共进行六次试验，第一次不算，其余五次试验数据的平均值作为该油的击穿电压。变压器电压等级35kV及以下，绝缘油击穿电压不低于35kV。

绝缘油密封后送至专业油化试验室做油化分析试验，取样量按试验室要求，新加绝缘油测试项目包括：绝缘油水溶性酸（pH值）、酸值、闪点、水含量、界面张力、介质损耗因数、击穿电压、体积电阻率等参数，如对绝缘油性能有怀疑时，还需测量油中含气量、油泥与沉淀物、油中溶解气体组分含量气体分析、变压器油中颗粒限值，测量绝缘油数据需满足规范要求。

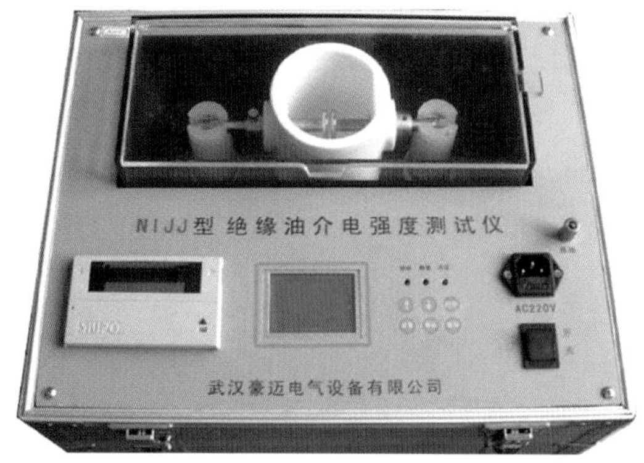

图 6.4-2 绝缘油介电强度测试仪

（3）绝缘油的灌装和滤油

现场注油大体分为两个阶段，首先由油桶通过滤油机注入变压器油箱，如图6.4-3所示，然后滤油机进油口接至变压器本体放油口进行循环过滤，如图6.4-4所示。

本节介绍ZY系列高效真空滤油机，油流量能达到100L/min。真空滤油机是通过真空作用，使油品依次经过粗滤芯、真空系统、精滤芯然后排出滤油机的一个过程，绝缘油在通过真空罐的时候，在负

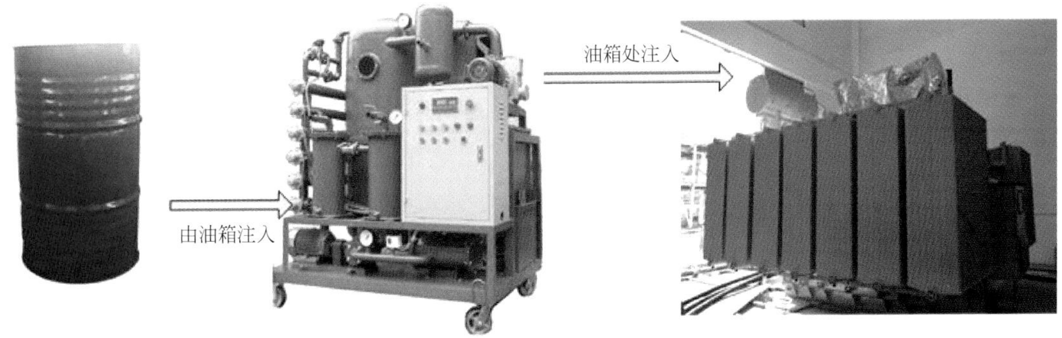

图 6.4-3　绝缘油注油示意图

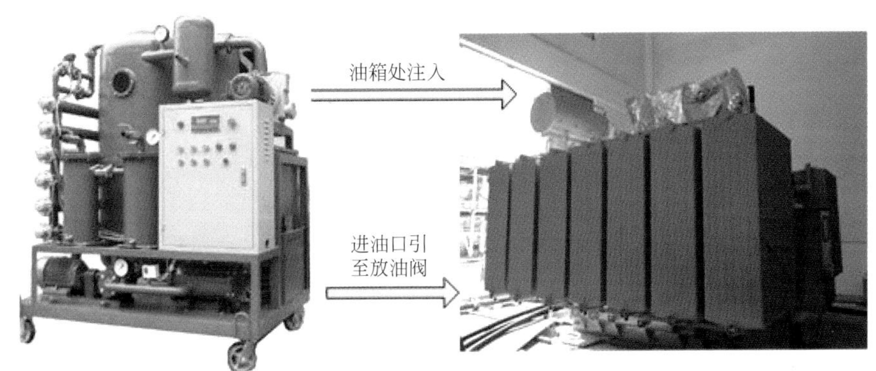

图 6.4-4　绝缘油循环滤油示意图

压的情况下，水的沸点降低，油中水蒸气开始蒸发，水分通过真空泵的抽力，抽出真空罐外部，然后通过冷凝系统冷却成水通过排水口排出。真空泵滤油原理如图 6.4-5 所示。

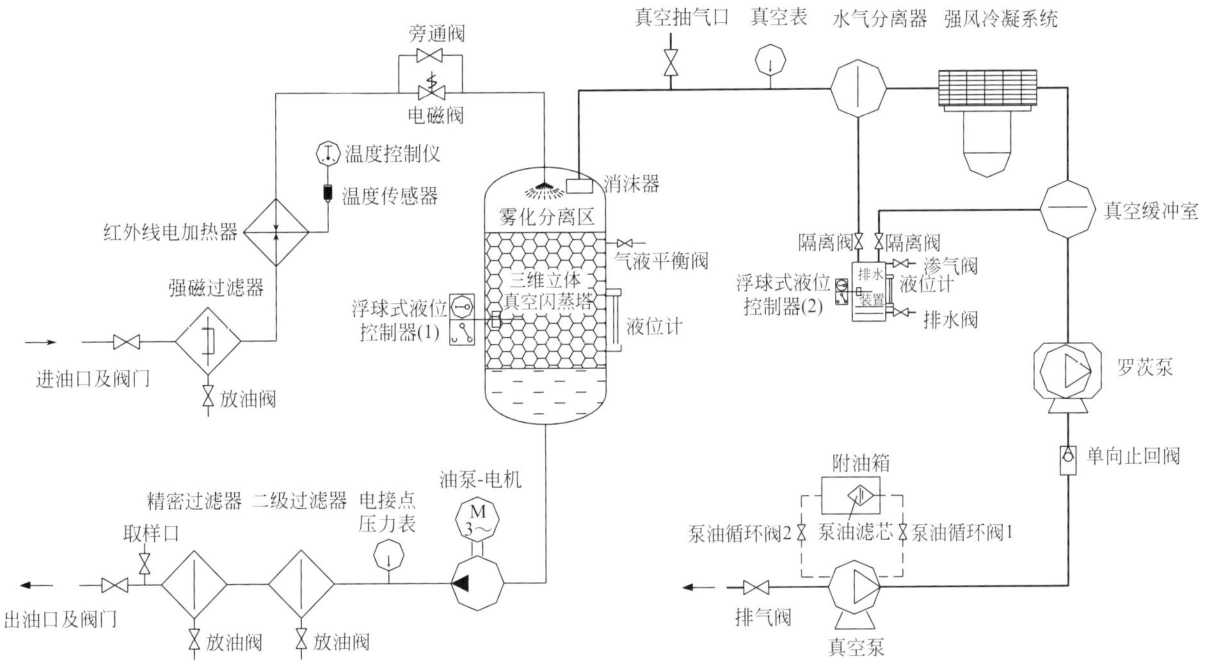

图 6.4-5　真空滤油机滤油原理图

真空滤油机操作流程如图 6.4-6 所示，现场操作示意如图 6.4-7 所示。

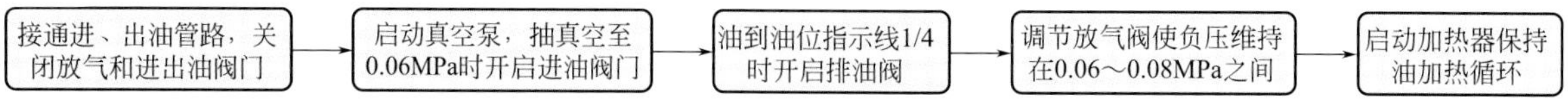

接通进、出油管路，关闭放气和进出油阀门 → 启动真空泵，抽真空至0.06MPa时开启进油阀门 → 油到油位指示线1/4时开启排油阀 → 调节放气阀使负压维持在0.06～0.08MPa之间 → 启动加热器保持油加热循环

图 6.4-6　滤油机操作流程图

图 6.4-7　滤油机操作示意图

图 6.4-7 注油管管径为 42mm，接至出油口时，按照实际情况需要加工变径口，以便能用螺栓紧固至出油口，滤油机出油管直接引至变压器油箱上口。

（4）绝缘油注入后，变压器需排气，可使用真空泵对变压器进行抽真空加速变压器排气，抽真空后密封变压器本体。

6.5　电气 PLC 控制柜调试技术

1. 技术简介

石化工程各类电气装置大量运用自带 PLC（可编程逻辑控制器）的电气控制柜控制设备运行，PCL 系统功能多、能够提高装置运行效率且具有较高的稳定性。当 PLC 运行前需对系统加以调试，确保 PLC 控制系统能够达到预期的应用效果。PLC 控制系统调试技术主要包括：输入功能、输出功能、控制逻辑功能、通信功能等性能测试。

2. 技术内容

PLC 模块在石化工程中的应用包括：机组控制柜的 PLC 自控、变电所低压柜 PLC 备自投等。其调试方法及内容如下：

（1）调试前的检查

1）检查内容包括：图纸设计是否合理，各种元器件的容量大小、元件是否严格按照图纸连接，PLC 端子是否与图纸标注一致。

2）使用万用表测量绝缘，确保回路没有短路，确保 24V 回路或无源节点回路中，没有强电 220V 输入，防止强电串入烧毁 PLC 控制器。机组 PLC 控制柜如图 6.5-1 所示。

图 6.5-1　机组 PLC 控制柜示意图

（2）输入输出测试

在外部线路全部接通的情况下，需对 PLC 系统内部动作状态进行检测，按如下方式进行：

1）向系统供电前应检查电源端子接线，确认输入电压正常后才可对 PLC 模块供电，上电后检查各报警回路的声光应与现场各接点的状态相符。

2）对每一个回路的输入端，逐个短接（或断开）输入接点，使报警回路逐个处于报警状态，按动作状态表检查报警信号及声光效果，在报警、消声、复位状态下，声光均应符合状态表的要求。

3）PLC 各输入、输出点需逐个测试，包括机组的操作按钮，急停按钮，操作指示灯以及气缸及其限位开关等，具体方法是一人在现场侧操作按钮等，另一人在 PLC 模块处监控输入输出信号；对于大型系统应该建立测试表，即测试后做好标记。如果发现在施工过程中有接线错误的地方需要立即处理。

（3）控制逻辑功能

1）程序的模拟调试

将设计好的程序写入后，首先逐条仔细检查，并改正写入时出现的错误。用户程序一般先在出厂时模拟调试，调试程序的主要任务是检查程序的运行是否符合功能表的规定，即在给定某一转换条件时，相应状态是否同步发生正确变化。

在调试时应充分考虑各种可能的情况，对系统各种不同的工作方式、功能图表中的每一条支路，都应逐一检查，不能遗漏。发现问题后应及时修改梯形图中的控制程序，直到在各种可能的情况下输入量与输出量之间的关系完全符合运行要求。

如果程序中某些定时器或计数器的设定值过大，为了缩短调试时间，可以在调试时将它们减小，模拟测试结束后再按实际需求重新写入设定值。

2）PLC 系统应根据逻辑图进行试验检查，确保系统灵敏、准确、可靠。在上述检查中如发现与设计文件不符合时，应检查外部线路、报警设定值及报警元件。

3）PLC 的试验应按程序设计的步骤逐步检查试验，其条件判定、逻辑关系、动作时间和输出状态均应符合设计文件规定。

4）机泵的启停，电动阀的开关等联锁系统均应在手动试验合格后进行自动试验，机泵启停或阀门动作、声光信号、动作时间等均应符合设计文件要求。

5）机组 PLC 控制手自动逻辑调试

通常情况下自动、机旁手动、现场控制箱手动启动是泵类电机最为常见的 3 种启动方式。具体而言，依靠 PLC 对机泵自动启动时，可以根据机泵的积累时间合理的选择主备用泵；依靠 PLC 对机泵进行机旁手动启动时，需要注意的是，在实际操作过程中必须要将开关调节至调速器的手动挡位，便于操作。

6）备自投 PLC 模块逻辑调试

通常模块程序在出厂前已固化完成，现场需核对输入输出开关位置状态点是否与原理图一致，后在母线通临时 380V 电源，模拟进线失压，观察开关动作情况是否与设计要求一致，如不一致观察 PLC 对应输出端口指示灯是否正常，如为逻辑问题需厂家现场对逻辑进行修改后再试验直到满足要求。PLC 程序的输入采用电脑和专用数据线与 PLC 连接，如图 6.5-2 所示。

图 6.5-2　PLC 程序输入连接图

6.6　自动化仪表单体调试技术

1. 技术简介

仪表单体调试即单台仪表安装前的校准和试验，是在规定条件下，为确定测量仪器仪表的示值与相对应的参考标准确定的量值之间关系的一组操作。其目的是检测仪表在运输及储存过程中有无损伤，核对仪表的规格型号、各种功能、参数及性能等是否符合规范和设计文件的要求。

石油化工工程中常见的自动化仪表包括：压力检测仪表，温度检测仪表，物位检测仪表，流量检测仪表，在线分析仪表，各类控制阀等。

2. 技术内容

（1）仪表单体调试流程（图 6.6-1）

（2）调试前准备工作及一般要求

1）仪表安装前应进行检查、校准和试验，确认符合设计文件要求及产品技术文件所规定的技术性能。

2）仪表安装前的校准和试验应在室内进行。调校室应具备以下条件：

① 室内清洁、安静、光线充足、通风良好、无振动和较强电磁场的干扰；

② 室内温度保持在 10～35℃之间，相对湿度不大于 85%；

③ 仪表试验的电源电压应稳定，气源应清洁干燥、压力稳定；

④ 有上下水设施。

3）对有清洗及脱脂要求的压力表、变送器校验时应避免使用油、水等介质。

4）仪表调校人员调校前应熟悉产品技术文件及设计文件中的仪表规格书，并准备必要的调校仪器

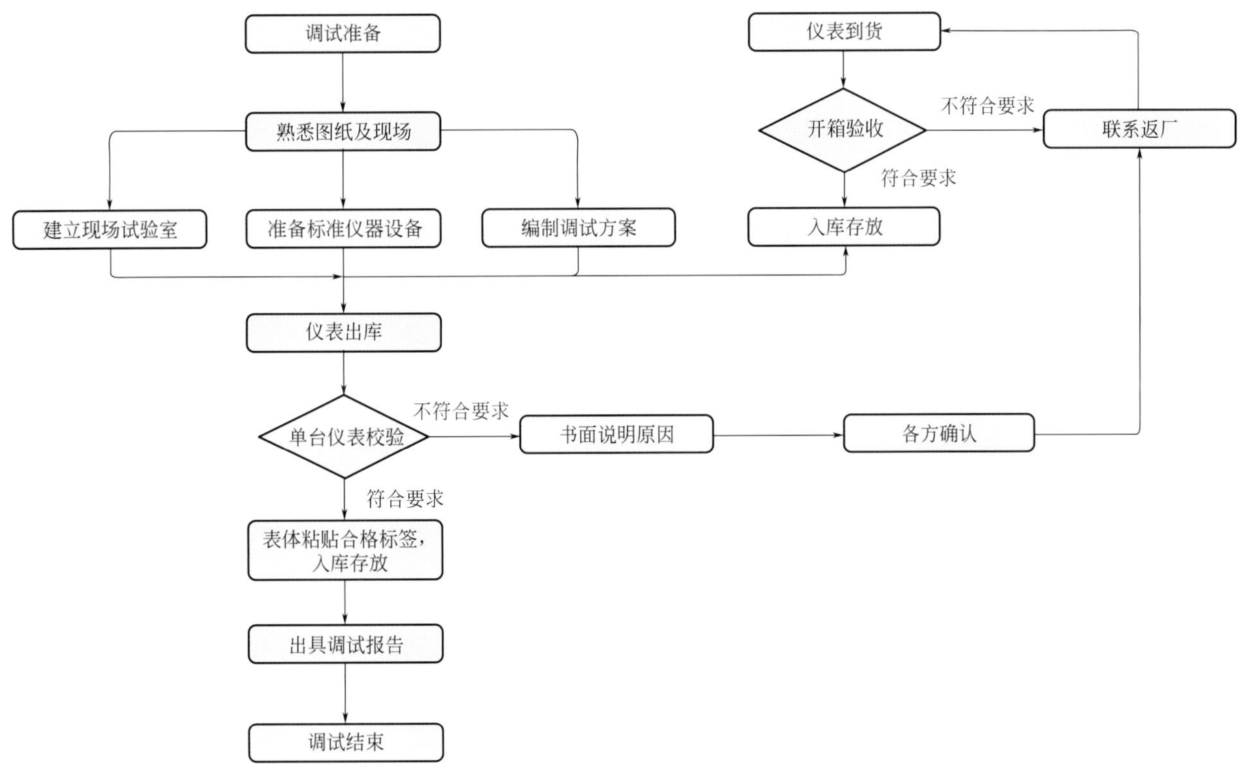

图 6.6-1 单校流程图

和工具。

5）校验用的标准仪器应具备有效的计量检定合格证，其基本误差的绝对值不应超过被校仪表基本误差绝对值的1/3。

6）仪表校验调整后应达到下列要求：

① 基本误差应符合该仪表精度等级的允许误差；

② 变差应符合该仪表精度等级的允许误差；

③ 仪表的零位正确，偏差值不超过允许误差的1/2；

④ 指针在整个行程中应无抖动、摩擦和跳动现象；

⑤ 电位器和调节螺丝等可调部件在调校后要留有再调整余地；

⑥ 数字显示表无闪烁现象。

7）对于现场不具备校验条件的仪表可不做精度校验，只对其鉴定合格证明的有效性进行验证。

8）仪表校验合格后及时填写校验记录，要求数据真实、字迹清晰，并由校验人、质量检查员、技术负责人签字确认，注明校验日期，表体上贴上校验合格证。

9）校验好的仪表应整齐存放，并保持清洁。对校验不合格或有质量问题的仪表应会同施工单位、业主、监理单位及采购单位等有关人员进行确认后做出相应处理。

（3）单体调试方法及要求

1）压力检测仪表调试技术

① 压力表

首先进行零点调整，其次在刻度范围内均匀选取不少于5个点进行上、下行程的压力试验，其指示值的基本误差和变差不得超过仪表的精度要求，且指针在上升和下降过程中应平稳，如图6.6-2所示。

② 智能压力/差压变送器

按图6.6-3所示连接压力源及接线。

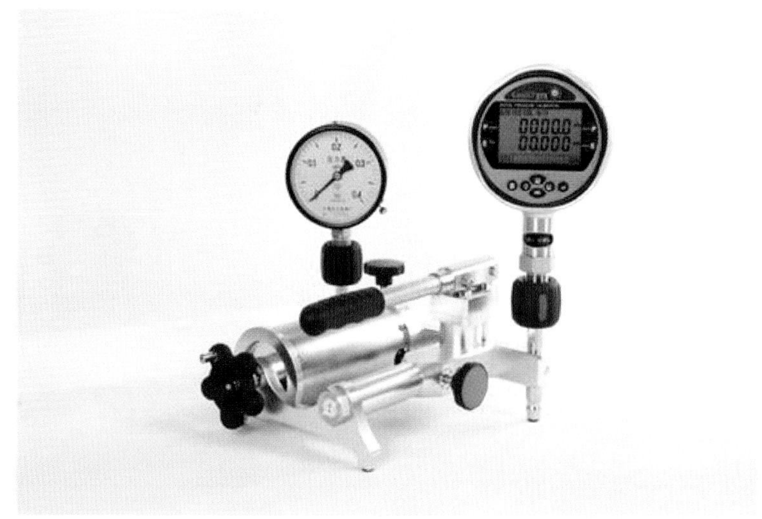

图 6.6-2　压力表校验实例图

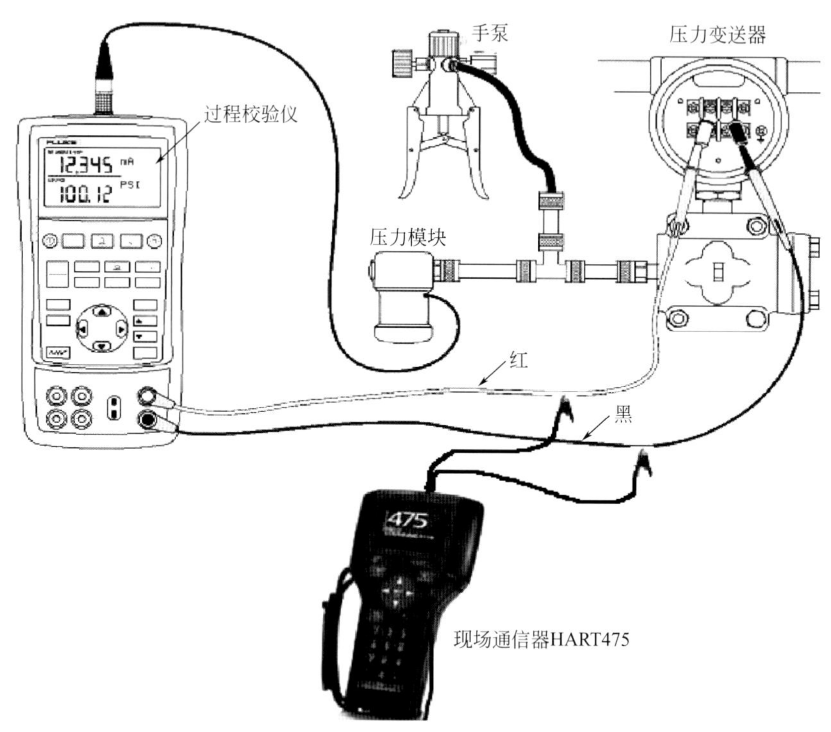

图 6.6-3　智能压力/差压变送器校验

对于差压变送器，将压力源连接到差压变送器的正压侧，负压侧对空。首先使用手操器检查压力变送器的内部参数及零点、满点输出，需符合设计要求。零位、量程经调整合格后，按变送器压力量程的0%、25%、50%、75%、100%五点分别加压，进行上行程、下行程的校验，各校验点的误差应符合仪表精度要求。

2）温度检测仪表调试技术

① 双金属温度计采用恒温水浴或干井炉进行升温试验，校验点不少于两点，各校验点的误差应符合仪表精度要求；

② 热电阻、热电偶只在常温下对其元件进行检测（常温下检测电阻值应正常，端子间的导通及端子与外壳的绝缘电阻应正常），不进行热电性能试验；

③ 配热电阻或热电偶的温度变送器的校验，采用过程校验仪模拟电阻或毫伏电压信号，进行上下

行程的试验，测量其输出误差，不得大于仪表的精度要求，变差应小于仪表基本误差的绝对值。温度变送器校验连接如图 6.6-4 所示。

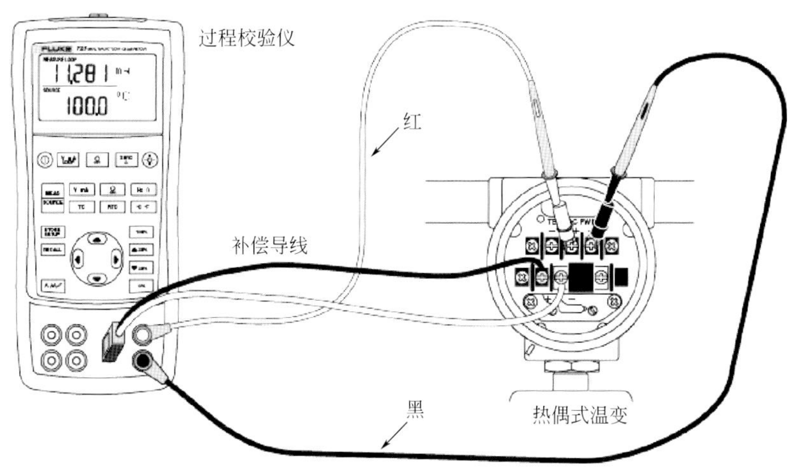

图 6.6-4 温度变送器校验连接图

3）物位检测仪表调试技术

① 双法兰差压液位变送器

双法兰差压液位变送器本质上依然是差压变送器，校验方法不再重复，校验时应确保正负压法兰面处于同一水平面，同时注意仪表的迁移量。

② 浮筒液位计

浮筒液位计在石油化工工程中被广泛采用，主要用于测量压力容器内液位或两种介质的界位。调试常用水校法，根据阿基米德定律及连通器的原理，采用纯净水代替介质进行试验，在安装现场即可完成变送器的标定和精度校验，校验连接如图 6.6-5 所示水校法连接示意图。

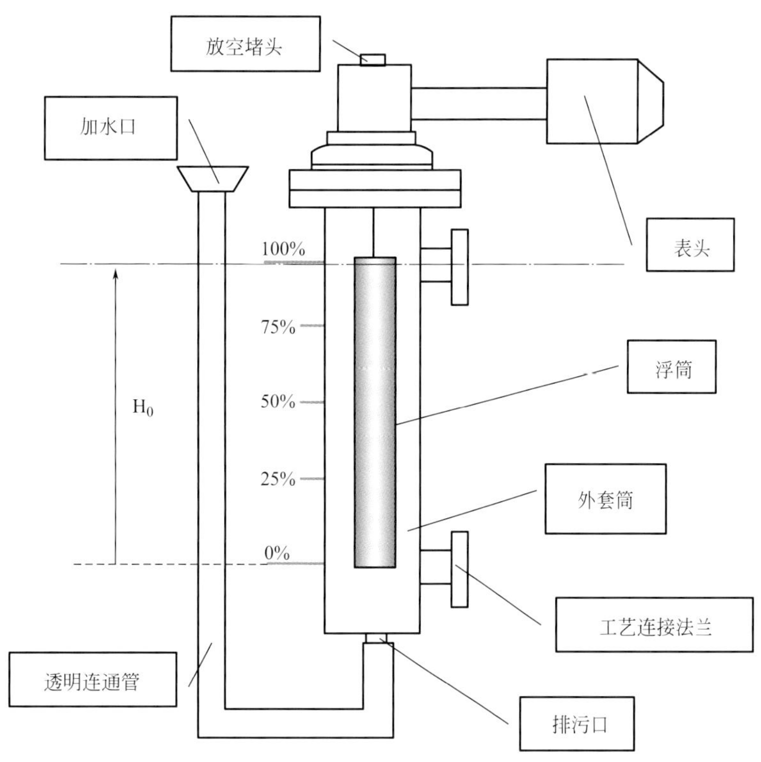

图 6.6-5 水校法连接示意图

a. 换算校验量程（$H_{下限}$～$H_{上限}$）。

（a）测量液面时，只有一种介质，换算公式如下：

$$H_{上限}=H_0\times\rho_0/\rho_{水} \tag{6.6-1}$$

$$H_{下限}=0 \tag{6.6-2}$$

式中 $H_{上限}$——满量程时的注水上限高度，单位 mm；

$H_{下限}$——零点时的注水下限高度，单位 mm；

H_0——仪表设计的量程，单位 mm；

ρ_0——测量介质的密度，单位 g/cm^3；

$\rho_{水}$——校验用水的密度，一般取 1.0 g/cm^3；

（b）测量界面时，有两种介质，换算公式如下：

$$H_{上限}=H_0\times\rho_{重}/\rho_{水} \tag{6.6-3}$$

$$H_{下限}=H_0\times\rho_{轻}/\rho_{水} \tag{6.6-4}$$

式中 $H_{上限}$——满量程时的注水上限高度，单位 mm；

$H_{下限}$——零点时的注水下限高度，单位 mm；

H_0——仪表设计的量程，单位 mm；

$\rho_{重}$——重介质的密度，单位 g/cm^3；

$\rho_{轻}$——轻介质的密度，单位 g/cm^3；

$\rho_{水}$——校验用水的密度，一般取 1.0 g/cm^3。

注：校验时注水高度的起始位置为浮筒的下法兰中心位置，此处为 0。

b. 通过注水漏斗给浮筒注入 $H_{下限}$ 高度的纯净水，变送器输出应为 4mA，给浮筒注入 $H_{上限}$ 高度的纯净水，变送器输出应为 20mA，如不符合则利用现场通信器进行标定。

c. 零位、量程经调整合格后，按换算后的校验量程（$H_{下限}$～$H_{上限}$）的 0%、25%、50%、75%、100%五点分别注水施加信号，进行上行程、下行程的校验，误差应符合精度要求。

③ 物位开关

a. 浮球式液位开关检查时，应用手平缓操作平衡杆或浮球，使其上、下移动，带动磁钢使微动开关触点动作；

b. 电容式物位开关检查时，使用 500V 兆欧表检查电极，其绝缘电阻应大于 10MΩ。调整门限电压，使物位开关处于翻转的临界状态。将探头插入物料后，状态指示灯亮，输出继电器应动作；

c. 音叉式物位开关检查时，将音叉股悬空放置，通电后（有指示灯的应亮）用手指按压音叉端部强迫停振，用万用表测量输出端子，其常开或常闭触点应动作；

d. 阻旋式物位开关检查时，通电后用手指阻挡叶片旋转，调整灵敏度弹簧，输出继电器应动作。

④ 超声波物位计

超声波物位计校验时，通电后液晶显示面板及状态指示灯工作正常，检查超声波测量系统配置，而后进行盲区设定及零点、量程校验。

4）流量检测仪表调试技术

① 差压流量变送器

差压流量变送器对调试来说，本质上依然是差压变送器，调试时注意差压流量变送器的输出是线性还是开方输出。

② 转子流量计

电远传和机械指示型转子流量计可用手推动转子上升或下降，观察其指示变化方向是否与转子运动方向一致，且输出值应与指示值一致。

③ 其他流量计

除差压流量仪表外，其他流量仪表应有出厂合格证及校验合格报告，且报告在有效期内可不进行精度校验（即流量标定），但应通电检查各部件工作应正常。

智能电磁流量计、质量流量计、涡街流量计、超声波流量计，应查验制造厂流量标定试验报告，上电检查流量测量系统配置，投表前应做自动“零点校验”，检查变送器与传感器接线，将仪表筒体流体处于满管且静止状态，启动自动调零程序，变送器自动完成校验。

5）在线分析仪表调试技术

① 氧化锆氧分析仪

氧化锆氧分析仪校验应先通电2h预热升温，各部件应工作正常，检查各项参数配置应符合工艺要求，使用标准样气进行零点和量程调整，并分别检查其输出电流值应符合精度要求。

② 可燃/有毒气体检测器

可燃气体检测器和有毒气体检测器的调试方法基本一样，故这里放到一起。可燃气体或有毒气体检测器的调试应在送电后进行下列检查和调整：

a. 断开任意一根连线，仪表应发出声光报警信号；

b. 按下报警试验按钮，仪表应指示报警；

c. 气体检测器应用样气标定，标准样气中被测气体含量应在仪表测定范围内，并在报警值以上；

d. 多点式报警控制器应相对独立，并能区分和识别报警场所位号；

e. 报警设定值应根据下列规定确认：

可燃气体报警（高限）≤25%LEL；

有毒气体的报警设定值≤1TLV；

f. 指示误差和报警误差应符合下列规定：

可燃气体的指示误差：指示范围0～100%时，不超过±5%；

可燃气体的报警误差：±25%设定值以内；

有毒气体的指示误差：指示范围0～3TLV时，不超过±10%指示值；

有毒气体的报警误差：±25%设定值以内；

g. 检测报警响应时间应符合下列规定：

可燃气体检测报警：扩散式小于30s，吸入式小于20s；

有毒气体检测报警：扩散式小于60s，吸入式小于30s；

6）控制阀调试技术

石油化工工程中常见的控制阀包括气动调节阀、气动切断阀和电动阀。阀门出库时，应对制造厂质量证明文件的内容进行检查，并按设计文件要求核对铭牌内容及填料、规格、尺寸、材质等，同时检查各部件不得损坏，阀芯、阀体不得锈蚀，之后进行下列试验。

① 气密性试验

将最大气源压力的空气输入膜头气室或气缸，切断气源后保压5min，观察膜头气室压力是否下降。

② 灵敏度试验

控制阀的灵敏度试验用百分表测定，根据定位器输出/弹簧工作范围确定通入薄膜室压力为10%、50%、90%三点停留，阀位分别停留于相应行程处，增加或降低信号压力，测定使阀杆开始移动的压力变化值并记录。

③ 行程试验及全行程时间试验

a. 调节阀行程试验：使用过程校验仪给阀门定位器施加4～20mA的电流信号，按0%、25%、50%、75%、100%五点依次施加，测量各点对应的行程值，进行上行程、下行程的校验，并及时做好记录；

b. 调节阀全行程时间试验：在阀门处于空载全开（或全关）状态下，操作过程校验仪，使阀门趋向于全关（或全开），用秒表测定从开始动作到阀门走完全行程的时间并记录；

c. 切断阀行程试验：给电磁阀供电，电磁阀应动作，相应气路转换正常，阀门相应全开或全关，同时用万用表测其阀位回讯开关触点是否动作；

d. 切断阀全行程时间试验：在阀门处于空载全开（或全关）状态下，操作电磁阀电源开关，使阀门趋向于全关（或全开），用秒表测定从开始动作到阀门走完全行程的时间并记录。

④ 耐压强度试验

试验在阀门全开状态下用洁净水进行，试验连接见图 6.6-6，试验压力为公称压力的 1.5 倍，所有在工作中承受压力的阀腔应同时承压不少于 3min，观察阀体是否有泄漏现象并做好记录。

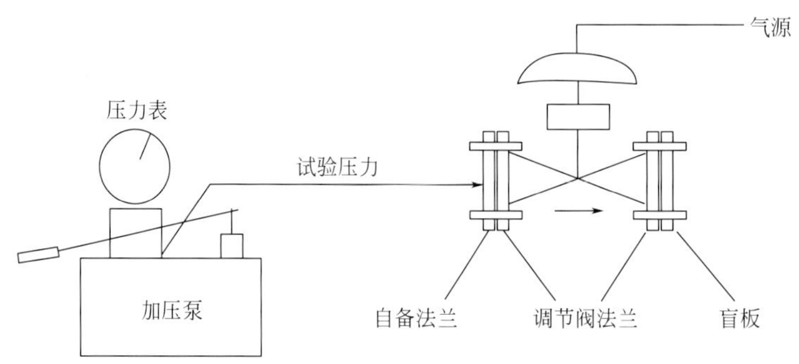

图 6.6-6　控制阀强度试验示意图

⑤ 泄漏量试验

控制阀泄漏量试验的试验介质应为 5～40℃清洁空气（或氮气）或清洁水。试验压力为 0.35MPa，当阀的允许压差小于 0.35MPa 时应为设计文件规定值。试验时，气开式调节阀的气动信号为零，气关式调节阀的信号压力为输入信号上限值加 20kPa，切断型调节阀的信号压力应为设计文件规定值，当试验压力为阀的最大工作压差时，执行机构的信号压力为设计文件规定值。

a. 当试验介质为水时，连接见图 6.6-7，使用量杯在下方接取 1min 内阀门的泄漏量，应小于阀门泄漏允许值；

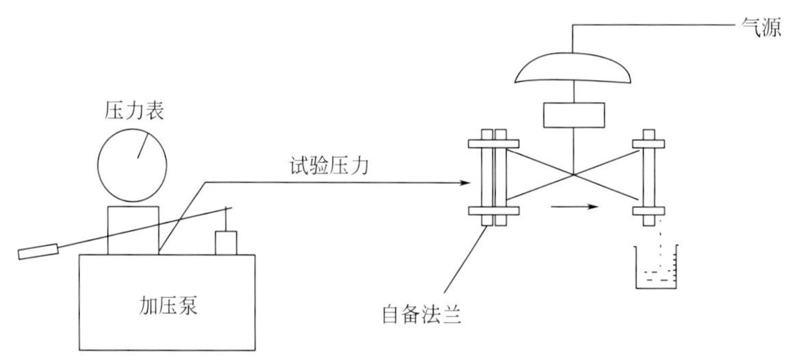

图 6.6-7　控制阀泄漏量试验示意图

b. 当试验介质为空气时，采用排水取气法收集 1min 内调节阀的泄漏量，应小于阀门泄漏允许值。

6.7　自动化仪表联校技术

仪表联校是在所有仪表及工艺设备安装结束后，联合现场仪表和控制系统对所有仪表回路进行的校验和测试，联校对整个系统的安全、可靠运行，产品质量稳定等起着重要的作用。石油化工工程仪表联校主要包括：DCS 系统离线调试、检测与调节系统调试、联锁保护系统调试、安全仪表系统（SIS）调试及现场总线控制系统调试。

6.7.1　DCS 系统离线调试技术

1. 技术简介

DCS（集散控制系统）是石油化工工程中应用最广泛的综合控制系统。它采用控制分散、操作和管理集中的基本设计思想，采用多层分级、合作自治的结构形式。其主要特征是它的集中管理和分散控制。DCS 系统离线调试应在控制系统全部安装完毕（包括系统软件和配套硬件）且验收合格后进行。

2. 技术内容

（1）检查配电盘/柜，主要是针对柜内空气开关的铭牌、位号及开关状态的检查，确认每一路电源的电压应符合要求；

（2）DCS 设备性能检查，启动操作站，确认系统软件及硬件正常；

（3）网络通信试验，确认全部网络通道节点状态 OK；

（4）控制站冗余试验。互相切换主站和冗余控制站，所有仪表状态应显示正常；

（5）冗余控制站的 I/O 卡试验。切换主站 I/O 卡电源开关状态，对应冗余控制站 I/O 卡同步自动投入，卡件相关的仪表点位应无异常；

（6）操作站、工作站功能应符合规范及设计文件要求；

（7）系统组态应符合规范及设计文件要求；

（8）DCS 回路试验。根据 DCS 回路图或接线图，检查每个输入点、输出点、控制点、运算点在控制站中的运行状态，同时检查细目显示、组显示、流程图显示和报警汇总显示，均应符合设计文件要求；

（9）串行接口数据点检查，确认经由串行接口通信来的数据应正常工作；

（10）流程图画面检查，应符合设计要求，组态应符合工艺操作要求；

（11）检查报表打印功能，打印机应正常工作，报表内容应符合设计要求。

6.7.2　检测与调节系统调试技术

1. 技术简介

检测仪表（温度、压力、流量、物位、分析等）的测量信号通过仪表电缆或光缆等附件，连接至 DCS 系统（或显示仪表）集中显示、记录、报警，在这个过程中所有的环节构成了一个完整检测回路。由现场控制阀等控制类仪表和 DCS 组成的回路即调节回路，它是由 DCS 发出指令来控制阀门等执行仪表动作，从而达到调节工艺参数的目的。系统调试的目的即让现场每一台检测仪表的测量值都能正确显示在 DCS 系统上，DCS 发出的每一个控制命令都能使现场控制仪表正确动作。

2. 技术内容

（1）按设计图纸检查仪表系统回路中的仪表设备安装、配管、配线、气源、电源及位号，核对仪表测量范围、联锁报警值、变送器的量程（包括迁移）、压力开关的设定值等关键参数，若与设计不相符，必须予以更正。

（2）对于检测系统回路，在现场仪表端输入仪表量程的 0%、50%、100%的模拟信号，用数字万用表监视 DCS 的输入值，同时观察 DCS 操作站的显示值，应与现场输入相一致。实例操作见图 6.7-1 检测回路调试。

图 6.7-1　检测回路调试

（3）对于调节系统回路，先将 DCS 调节方式设置为手动，然后从 DCS 操作站手动输出信号到现场控制阀，观察控制阀的动作是否与给定信号相一致。实例操作见图 6.7-2 调节回路调试。

图 6.7-2　调节回路调试

3. 关键技术控制点

（1）检测回路测试应在现场仪表端输入模拟测试信号，调节回路测试应由调节器或 DCS 操作站给出控制信号；

（2）系统误差不得超过系统内所有仪表允许误差的平方和的平方根值，若超出该值时，应单独调校系统内的所有仪表，检查线路或管路；

（3）智能仪表组成的回路，宜用手操器从现场仪表端接入，选择“回路测试”功能进行回路校验。非智能仪表使用过程校验仪替代现场仪表，模拟输出相应信号进行回路校验；

（4）调节系统应检查调节器的作用方向，执行器执行机构的全行程动作方向和位置应正确，执行器带有定位器时应同时试验。当操作站或调节器上有执行器的开度或起点、终点信号显示时，应同时进行检查和试验。

6.7.3　联锁保护系统调试技术

1. 技术简介

当仪表检测与调节系统调试完毕，即所有仪表设备单回路测试完毕，即可会同电气、工艺等其他专业进行联锁保护系统调试。联锁保护系统调试是装置开车前，设计、施工、建设单位对仪表调试工作的全面检查与确认。

2. 技术内容

（1）组织联合检查。电气专业检查合格后，动力、二次回路投电；工艺设备专业检查合格后，机电设备达到准运行条件；仪表检测及调节回路试验完成，单回路测试全部合格，系统中有关仪表和部件的动作设定值，已根据设计文件规定完成整定；

（2）根据联锁逻辑图，逐个模拟联锁条件进行试验，检查相关机组、机泵及阀门的启停或动作，其条件判定、逻辑关系、声光信号、动作情况、动作时间等均应符合设计文件要求；

（3）联锁点多、程序复杂的系统，可分项和分段进行试验后，再进行整体检查试验。

3. 关键技术控制点

（1）系统试验中应与相关专业配合，共同确认程序运行和联锁保护条件及功能的正确性，并对试验过程中相关设备和装置的运行状态和安全防护采取必要措施；

（2）联锁试验时，相关试验设备均应设在试验位置；

（3）汽轮机的启动、停车联锁系统试验，应切断蒸汽，用执行机构的动作模拟汽轮机的启动、运行、停车；

（4）大型机组的联锁保护系统应在润滑油、密封油系统正常运行的情况下进行试验，其联锁系统模拟试验应满足下列要求：

1）任一条件不满足时，机器应不能启动；

2）所有启动条件均满足，机器才能启动；

3）在运行中，某一条件超越停车设定值时，应立即停车；

4）所有停车条件应逐一试验检查，均应满足设计文件要求；

5）启动、运行、停车时音响、灯光均应符合设计文件要求。

6.7.4　安全仪表系统（SIS）调试技术

1. 技术简介

安全仪表系统（SIS）包括检测单元、控制单元和执行单元，它独立于过程控制系统，生产正常时处于休眠或静止状态，一旦生产装置或设施出现可能导致安全事故的情况时，能够瞬间准确动作，使生产过程安全停止运行或自动导入预定的安全状态。SIS系统调试包括系统上电检查、设备功能检查、逻辑控制功能检查及SIS逻辑试验。

2. 技术内容

（1）上电检查

上电检查包括：电源部分、CPU卡、通信卡、存储器卡、I/O卡、编程器。上电检查应符合下列要求：

1）CPU 卡件上电后，卡件上对应状态指示灯应正常。

2）存贮卡件及其他卡件上电后，电源指示灯、状态指示灯应正常。

3）将编程器与 CPU 连接，自诊断编程器应显示状态正常，使用编程器测试功能检查系统的状态，并可调出程序清单进行检查、核对。

（2）设备功能检查

1）检查冗余电源互备功能，分别切换各电源箱主回路开关，确认主、副 CPU 运行正常。I/O 卡件状态指示灯应保持不变。

2）冗余 I/O 卡试验应符合下列要求：

① 选择互为冗余、地址对应的输入点、输出点，输入卡施加相同的状态输入信号，输出卡分别连接状态指示仪表，利用编程器在线检测功能，检查对应的 I/O 卡；

② 分别拔插互为冗余的输入卡和输出卡，对应的输出状态指示表及输出逻辑应保持不变。

③ 冗余 I/O 卡试验，分别同时拔插 2 块互为冗余卡，重复上述①②步骤。

3）通信冗余试验，分别拔插互为冗余的通信卡或除去冗余通道电缆，确认系统运行应正常，硬件复位后，相应卡件的状态指示灯应恢复正常。

4）检查备用电池保护功能，分、合 CPU 卡电源开关，确认内存中程序应未丢失，取出备用电池，5min 内检查内存程序应不丢失。

（3）逻辑控制功能检查

1）设备 I/O 检查

① 模拟量输入回路。依据 I/O 端子表在相应的端子排上用标准信号发生器加入相应的模拟量信号，并在工程师站观察模数转换结果是否正确。

② 模拟量输出回路。在工程师站根据软件内部设定的 PID 参数或其他运算控制方式，满足输出模块的条件，检查模拟量输出回路相应端子上的信号。

③ 数字量输入回路。依据 I/O 端子表在相应端子上短接，在模块（LED 灯）上、安全栅上和组态软件上检查 DI 通道的状态。当短接拆除时，查看相应的状态应变化。

④ 数字量输出回路。依据 I/O 端子表在组态软件上强制每个数字输出点，并查看输出模块上相应的 LED 灯应变化，用万用表在端子侧测试通断情况或 24V 电压，当强制取消时，确认以上各部分的工作情况。

2）现场回路测试

① 对模拟量输入、输出回路，模拟信号应在现场仪表端输入，并观察有关工艺报警指示和现场执行机构的动作应符合逻辑图的描述和实际工艺要求。

② 对报警回路，应在现场仪表输入模拟信号引起现场仪表动作，观察报警显示。

③ 对紧急停车（ESD）回路，应按逻辑图、因果关系表，在现场点输入模拟停车信号，确认停车机构应正确动作。

④ 对所有联锁回路，应按模拟联锁的工艺条件，检查联锁动作的正确性。

（4）SIS 逻辑试验

1）将需检查的 SIS 逻辑控制站，输入端连接 ON-OFF 开关，输出端连接信号灯；

2）设置手动开关使全部逻辑条件为正常，确认所有监视信号灯熄灭；

3）将一个逻辑条件改变为非正常，确认监视信号灯应发生变化，在报警总貌画面上确认报警信息状态；

4）确认报警打印输出及报警盘上信号灯及音响；

5）逻辑条件变为正常，手动复位，确认监视信号灯恢复正常；

6）每一个 SIS 逻辑条件试验都重复上述步骤。

6.7.5　现场总线控制系统（FCS）调试技术

1. 技术简介

现场总线控制系统是全数字串行、双向通信系统，在工厂网络的分级中，它既作为过程控制（如PLC，DCS等）和应用智能仪表（如变送器、调节阀等）的局部网，又具有在网络上分布控制应用的内嵌功能。

2. 技术内容

（1）测试H1网段电缆电阻/电容，检查在DCS接线柜侧进行，应符合规范要求。

（2）主系统网络/网段上电，电压应符合规范要求。

（3）主系统网络/网段的通信检查应正常。

（4）端口/设备通信数据完整性校验，在网段全部下装并且稳定运行后，应进行设备诊断验证，并做好记录。

（5）主系统的现场总线I/O设备自动寻址检查，确认下列项目：

1）选取网段上仪表，使用拖放功能，将仪表填入DCS数据库，重复操作网段全部仪表填入DCS数据库；

2）下载仪表组态数据覆盖H1网段；

3）检查确认DCS主系统全部FF仪表和H1网段通信正常。

（6）主系统现场总线仪表的现场化功能测试，确认下列项目：

1）H1网段/DCS控制切换操作（总线设备在离线、备用、待机、调试和不匹配状态）；

2）现场总线设备在线调试、运行、维护和诊断；

3）调整参数、运行模式、报表、报警和确认数据。

（7）现场总线变送器AI信号失效（控制算法、通信）检查应符合要求。

（8）现场总线控制阀PID模块输入信号失效（控制算法、通信、ESD、掉电和线路局部短路）检查应符合要求。

（9）现场总线控制阀PID模块输出跟踪试验，置现场总线副调节器为手动模式，其给定跟踪输出值。

（10）现场总线控制模式与DCS控制模式切换检查，选择单回路控制画面，根据外部和内部逻辑控制输入，控制块应自动执行如下模式切换：H1网段自动控制/现场手动操作/DCS控制切换；本地/远程给定切换。

（11）现场总线控制阀与DCS组合串级控制模式的跟踪试验，选择主/副调节器控制画面，副调节器置于手动/自动模式，DCS主调节器输出应跟踪副控制阀PID给定值。

（12）现场总线仪表PID输出限幅保护功能检查，设置参数$P=100$；$I=5$；$D=0$，模拟输入PV值=50%FS，调整给定一控制点偏差，确认下列项目限幅保护应禁止积分作用：输出处于量程高限或低限；输出处于锁定状态；副调节器PID给定值处于锁定状态；输出处于手动状态；给定跟踪输出状态。

（13）主系统FF协议仪表单回路调试按下列步骤进行：

1）FF变送器回路试验，在主系统操作站选择单回路控制画面，确认下列项目：

① 选择主系统诊断功能，确认现场FF设备通信状态，由主系统数据库向FF变送器AI功能块下装量程参数，以此作为变送器的输出信号；

② 在变送器现场侧模拟输入工艺PV信号（0、25%、50%、75%、100%），选择变送器相应功能块细目，检查输入和输出值等于组态值，并核对主系统显示画面相应仪表量程和工程单位。

2）FF 控制阀回路试验，在主系统工程师站或操作站，选择主系统诊断功能，检查挂接在网段上的控制阀状态，调出 PID 控制面板，手动调整输出值（0、25％、50％、75％、100％），检查现场阀门相应位置。

3）启动设备管理系统 AMS，选择回路试验功能，按照回路试验向导步骤，逐项完成回路调试。

4）使用拖放功能，将回路试验后 FF 仪表数据覆盖 AMS 工厂数据库。

第7章

检测分析关键技术

检测分析手段分为理化检测和无损检测。理化检测广泛应用于石化装置制造中的金属材料及其焊接接头的力学性能和化学成分检测，是石化项目建设不可或缺的施工质量控制手段。本章中理化试验部分重点介绍以低温为特色的夏比低温冲击试验技术和以快速准确为特点的快速光谱分析技术。无损检测当前发展以绿色检测技术作为主题，其中衍射时差法超声检测（TOFD）和相控阵检测（PAUT）技术已广泛应用于石油化工项目，具有高效环保的技术优势。本章中无损检测技术部分主要介绍衍射时差法超声检测（TOFD）和相控阵检测（PAUT）两项绿色检测技术，以及大厚度容器电子直线加速器 X 射线检测技术。

7.1　夏比低温冲击试验技术

1. 技术简介

夏比低温冲击试验是测定金属材料及其焊接接头在试验温度低于 10℃的抗缺口敏感性（韧性）的试验，测量试样在冲击下折断时所吸收的功。由于冲击功对温度十分敏感，所以低温冲击试验除了要满足常温冲击时质量控制的要求外，还应有严格的控温措施。所以该技术的重点和难点是对试验温度的控制。

2. 技术内容

（1）低温冲击试验原理

制备有一定形状和尺寸的金属试样（V 形缺口、U 形缺口或无缺口，图 7.1-1），按照规定的冲击温度进行恒温冷却，将恒温冷却后的冲击试样置于摆锤式冲击试验机两支座之间，缺口背向打击面放置，用摆锤一次打击试样，测定试样的吸收能量（图 7.1-2）。由于大多数材料冲击值随温度变化比较明显，因此试验应在规定温度下进行，试样从低温装置中取出至冲击完成的时间应控制在 5s 内。

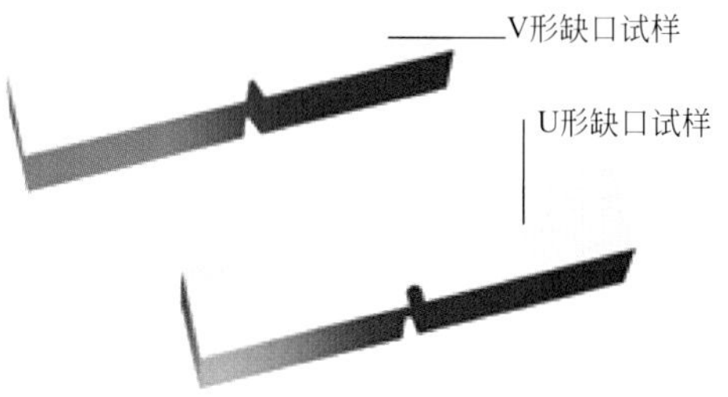

图 7.1-1　夏比冲击试样图

（2）低温冲击试验流程（图 7.1-3）

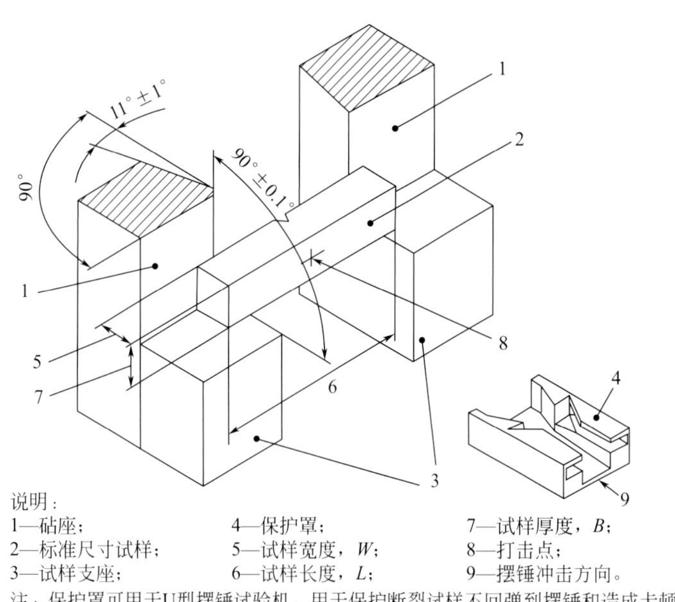

图 7.1-2　试样与摆锤冲击试验机的位置图

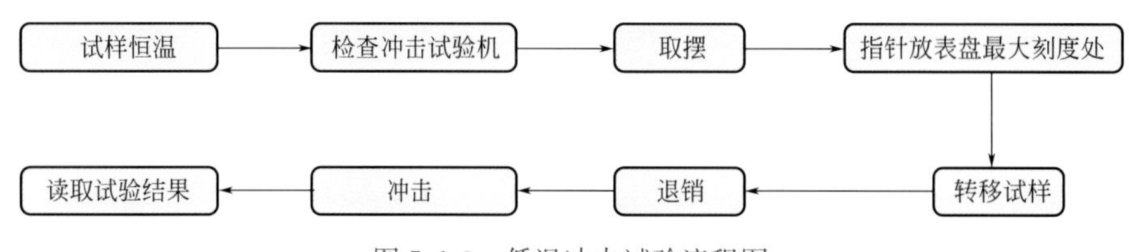

图 7.1-3　低温冲击试验流程图

（3）关键工序及要求

1）低温冲击试样验收要求

① 试样尺寸：标准尺寸冲击试样长度为55mm，横截面为10mm×10mm方形截面。如试料不够制备标准尺寸试样，可使用宽度7.5mm、5mm或2.5mm的小尺寸试样。在试样长度中间有V形或U形缺口。试样表面粗糙度 *Ra* 应优于5μm（端部除外）。对需要热处理的试验材料，应在最后精加工前进行热处理，除非已知两者顺序改变不导致性能的差别。规定冲击试样的尺寸及偏差见图7.1-4和表7.1-1。

② 缺口的几何形状：V形缺口夹角应为5°，根部半径为0.25mm，韧带宽度为8mm（缺口深度为2mm）；U形缺口根部半径为1mm，韧带宽度为8mm或5mm（缺口深度为2mm或5mm），底部曲率半径为1mm。冲击试样缺口的尺寸及偏差见图7.1-4和表7.1-1。

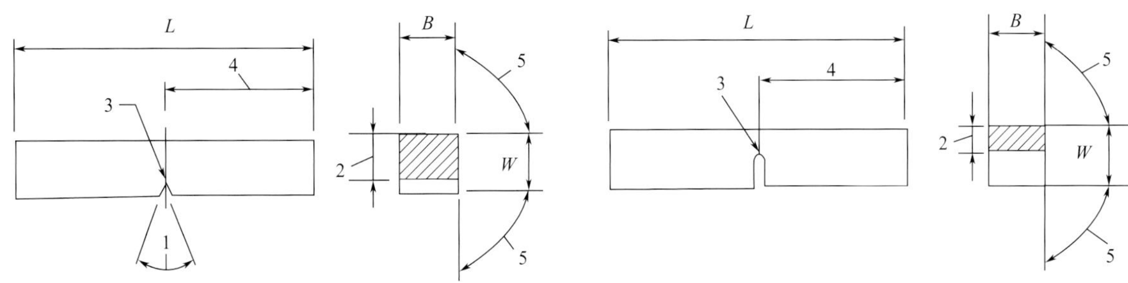

图7.1-4　冲击试样缺口示意图

l、*w* 和数字1～5的尺寸见表7.1-1

冲击试样的尺寸与偏差　　**表7.1-1**

名称	符号及序号	V形缺口试样		U形缺口试样	
		名义尺寸	机加工公差	名义尺寸	机加工公差
试样长度(mm)	*L*	55	±0.60	55	±0.60
试样宽度(mm)	*W*	10	±0.075	10	±0.11
试样厚度——标准尺寸试样(mm)	*B*	10	±0.11	10	±0.11
试样厚度——小尺寸试样(mm)		7.5	±0.11	7.5	±0.11
		5	±0.06	5	±0.06
		2.5	±0.05	—	—
缺口角度	1	45°	±2°	—	—
韧带宽度(mm)	2	8	±0.075	8	±0.09
		—	—	5	±0.09
缺口根部半径(mm)	3	0.25	±0.025	1	±0.07
缺口对称面——端部的距离(mm)	4	27.5	±0.42	27.5	±0.42
缺口对称面——试样纵轴角度		90°	±2°	90°	±2°
试样相邻纵向面间夹角	5	90°	±1°	90°	±1°
表面粗糙度(um)	Ra	<5	—	<5	—

注：1. 对于无缺口试样，要求与V形试样相同（缺口要求除外）。

2. 如指定其他厚度（如2mm或3mm），应规定相应的公差。

3. 对端部对中自动定位试样的试验机，建议偏差采用±0.165mm代替±0.42mm。

4. 试样的表面粗糙度 R_a 应优于5μm，端部除外。

③ 焊接接头冲击试样：除满足上述验收要求外，还应检查冲击缺口的位置是否在要求的焊缝或热影响区的位置上。该项检查采用酸蚀液擦蚀的方法，具体操作方法是：用镊子夹脱脂棉蘸取酸蚀液反复擦拭试样缺口底部刻有弧度的周围表面，待试样观察到明显的焊缝及热影响区后，观察缺口底部是否位

于试样要求的位置，检查后立即用脱脂棉蘸取无水乙醇清洗或用清水冲洗干净后用吹风机吹干。

2）试样恒温要求：

① 试样从低温装置中移出至打击时间在 3～5s 的试验，采用过冷的方法补偿温度损失，过冷度补偿值见表 7.1-2。

② 试验温度：应在规定温度±2℃范围内进行。

③ 试样恒温的温度：应为试验温度加上过冷的补偿温度。

试样从低温装置中移出在 3～5s 内打断的过冷温度补偿值　　表 7.1-2

试验温度(℃)	过冷温度补偿值(℃)
−192～<−100	3～<4
−100～<−60	2～<3
−60～<0	1～<2

④ 试样冷却：当使用液体介质冷却时，被检试样应放置于容器中的试样框内，试样框至少高于容器底部 25mm，液体浸过试样的高度至少 25mm，试样距容器侧壁至少 10mm，应连续均匀搅拌介质以使温度均匀（图 7.1-5）。测定介质温度的仪器应置于试样组中间，介质温度应在规定温度±1℃范围内，试样应在转移至冲击位置前在该介质中至少保持 5mm。当使用气体介质冷却时，试样应与最近表面保持 50mm 距离，应连续均匀搅拌介质以使温度均匀（图 7.1-5）。测定介质温度的仪器应置于试样组中间。介质温度应在规定温度±1℃范围内，试样应在移出介质进行试验前在该介质中至少保持 30min（图 7.1-6）。转移工具与试样接触部分应与试样一起冷却。

图 7.1-5　液体冷却介质降温

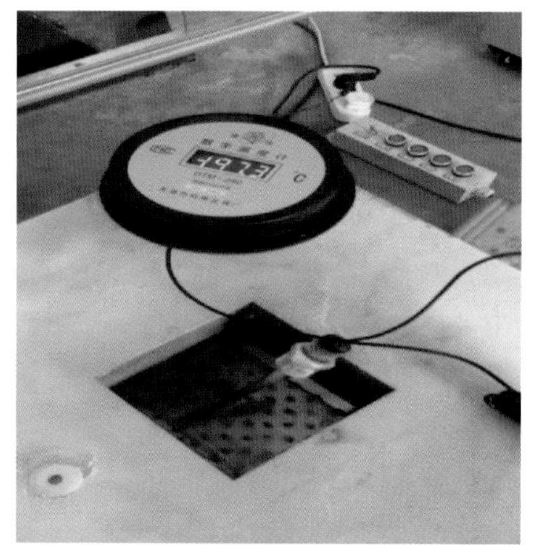

图 7.1-6　气体冷却介质降温

（4）创新技术及关键控制点

1）冲击试样的检查

采用低倍投影仪对冲击试样缺口进行检查，投影仪屏幕上刻有 V 形缺口和 U 形缺口放大 50 倍的标准尺寸范围图，把冲击试样缺口放到载物台上通过放大观察，若缺口尺寸投影在标准范围内，说明试样合格。使用精度为 0.001mm 的数显万分尺和精度为 0.02mm 的数显游标卡尺对试样的尺寸进行精确测量，确保冲击试样缺口及加工尺寸完全符合标准规范要求，以保证试验结果数值的准确、真实。

2）试样温度的控制

使用冲击试验专用低温槽对冲击试样进行低温冷却，使试样的放置、温度的控制、温度的测量、温度的显示、控温的时间等各方面都做到专业化和科学化，完全符合试验标准的各项规定。

3）试验温度的控制

① 过冷的补偿温度：冲击试验标准要求，试样从低温装置中移出至打击时间在 3～5s 的试验，采用过冷的方法补偿温度损失。

② 为防止低温试样从低温槽转移到冲击试验机温度损失，转移工具与试样接触部分应与试样一起冷却。

7.2　便携式快速光谱分析技术

1. 技术简介

光谱分析是根据物质的光谱来鉴别物质及确定它的化学组成和相对含量的方法。通过对金属材料及其焊接材料进行快速光谱分析，确保被检测材料的被检元素符合材料技术标准。光谱仪是进行光谱分析的仪器，能快速检测出被测材料中所测元素是否存在及其含量，对所测元素是否符合被检材料的技术含量做出迅速的判断。便携式 X 射线荧光光谱仪因其携带方便、操作快捷，特别适合施工现场使用，该技术主要控制被检样品的表面处理、仪器的信息设置、仪器的正确使用等方面的内容。

2. 技术内容

（1）便携式 X 射线荧光检测

1）基本原理：当能量高于原子内层电子结合能的高能 X 射线与原子发射碰撞时，驱逐出一个内层电子而出现一个空穴，使整个原子体系处于不稳定的激发态，然后原子体系会由激发态自发的跃迁到能量低的状态，这个过程称为弛豫过程。弛豫过程既可以是非辐射跃迁，也可以是辐射跃迁。当较外层的电子跃迁到空穴时，所释放的能量随即在原子内部被吸收而逐出较外层的另一个次级光电子，此称为俄歇效应，亦称次级光电效应或无辐射效应，所逐出的次级光电子称为俄歇电子。它的能量是特征的，与入射辐射的能量无关。当较外层的电子跃入内层空穴所释放的能量不在原子内被吸收，而是以辐射形式放出，便产生 X 射线荧光。X 射线荧光的能量或波长是特征性的，与元素有一一对应关系。

2）光谱仪原理：是基于 X 射线的一种分析手段，当一束高能粒子与原子相互作用时，如果其能量大于或等于原子某一轨道电子的结合能，将该轨道电子逐出，形成一个空穴使原子处于激发态，由于激发态不稳定，外层电子向空穴跃迁使原子恢复到平衡态，跃迁时释放出的能量以辐射的形式放出便产生 X 荧光。X 荧光具有特征的波长，对应的即是特征的能量，通过对光子的特征波长进行辨识，能实现对元素的定性分析，通过探测特征波长的 X 射线光子的强度，实现元素的定量和半定量分析。

3）光谱仪基本结构：便携式 X 射线荧光光谱仪是指用 X 射线作为激发源，通过测量被测元素发射的 X 射线能量与相应强度，达到定性或定量分析之目的。X 射线荧光光谱仪基本结构如图 7.2-1 所示，它主要由光源（X 射线管和高压发生器）、样品室、探测器（半导体探测器、正比计数器或闪烁计数器）、脉冲放大器、多道脉冲幅度分析器和数据处理系统等部件组成。

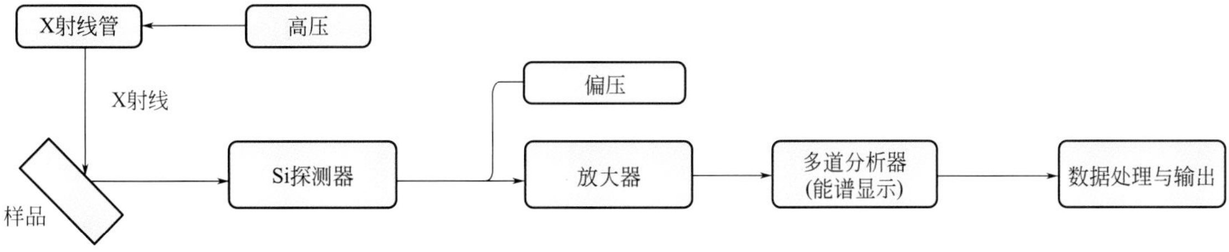

图 7.2-1　X 射线荧光光谱仪结构示意图

金属材料光谱分析工艺流程见图 7.2-2。

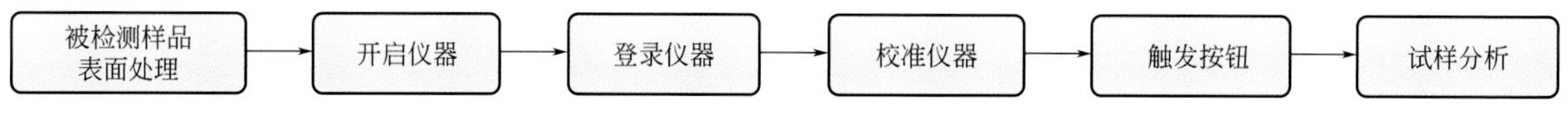

图 7.2-2 金属材料光谱分析工艺

便携式光谱仪的用户界面，见图 7.2-3。

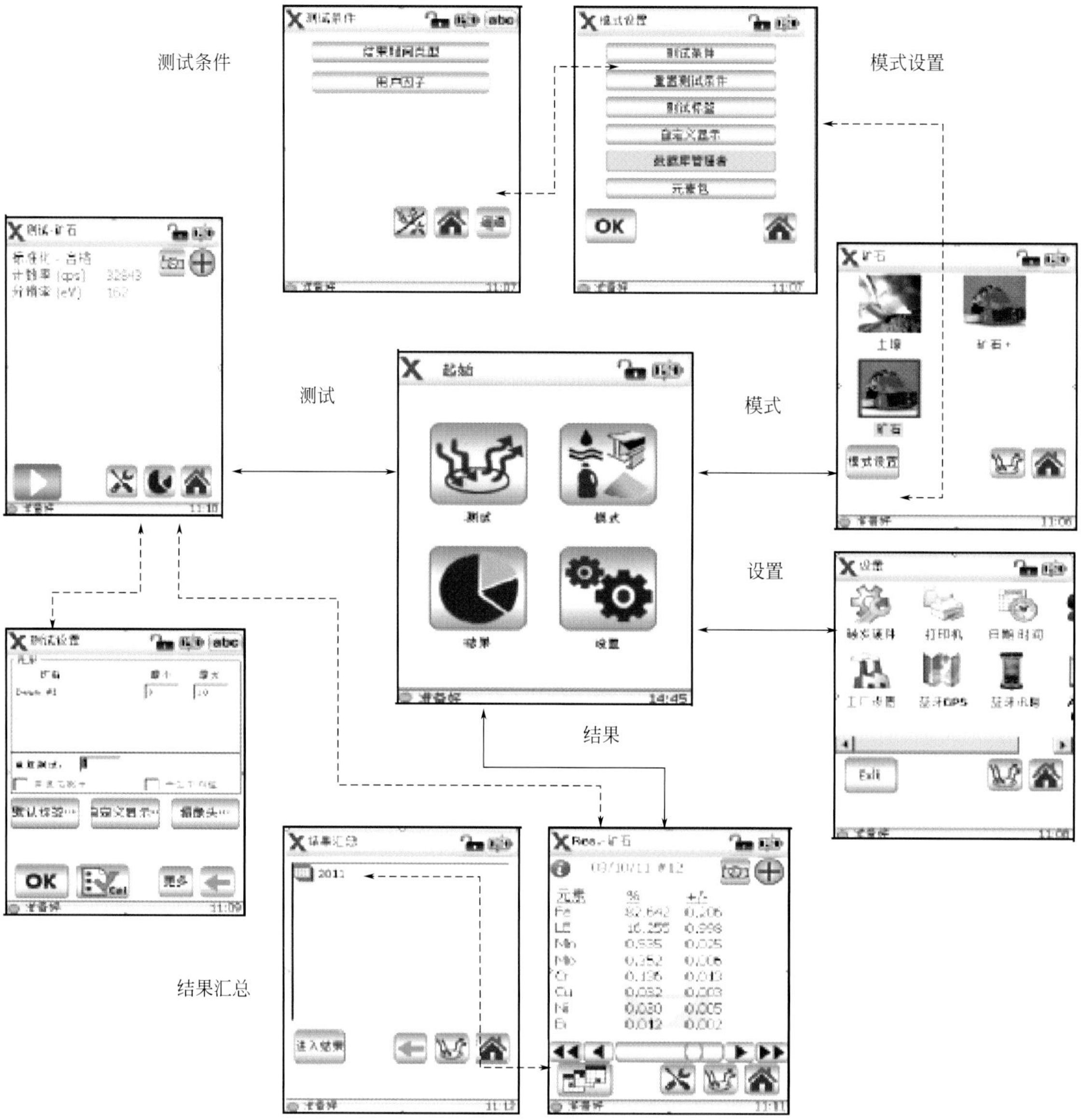

图 7.2-3 便携式光谱仪的用户界面

（2）关键工序及要求

1）被检样品的处理

① 确定被检样品及部位、打磨样品：试验部位的表面必须平整、洁净且露出金属光泽，无油渍、污物、氧化皮等。洁净对测试结果的影响很大，表面油漆、污物中元素的含量会影响被检材质含量的结果，此为质量控制重点。

② 标示：对被检样品及检测部位进行标示、编号，以防止漏检、重复检测，并有助于对被检样品的追溯。

2）仪器的设置

① 设置被检样品信息：由于快速光谱分析仪分析速度快，每天能检测的样品多，而施工现场被检样品种类多，且样品的规格、材质、炉批号等各不相同，因此必须详细设置商品信息，保证检测结果准确性。

② 设置测量时间：由于射线激发样品到发出稳定的特征谱线需要一定的时间，而仪器从激发样品开始每 2s 刷新一次检测结果，所以，正确的检测结果必须是谱线强度稳定后的读数。测量时间设为 15s，能准确检测合金钢的元素含量。若特殊情况，可以通过主屏幕来设置，但该次测量标样与测量样品的时间要相同。

③ 执行测量：小心握持仪器，使它接触样品，并确保样品已覆盖接触和测量窗口。确保仪器在测试期间处于垂直且稳固的状态，不要倾斜使用仪器，使用两只手握持仪器（图 7.2-4）。

（3）安全措施

1）检测器有薄铍窗口，铍是有毒化合物，但当铍窗口完好无损时，不会对健康造成任何危害；任何情况下都不要刺穿、打破或损坏铍窗口，这会导致生成尘埃粒子，长时间吸入铍会导致癌症。

2）检测器不能接触湿气或因高湿度生成的冷凝液，这会腐蚀铍窗口，如果还存在氯、硫酸盐、铜或铁，则更易于造成腐蚀。

3）确保保护膜窗口完好无损，并且应小心测量尖锐物体，特别是金属切屑。因为它们可能会刺穿保护膜窗口，不要在保护膜窗口已损坏的情况下使用，不要将仪器按压到尖锐物体中；不要使用手指、布带或除样品之外的其他物品覆盖接触窗口。

4）检测时不要将仪器指向其他人。

5）检测时将样品放在桌面上或其他物体上，不要拿起或握持样品进行测量。

（4）创新性及关键控制点

1）适用范围广：能检测元素周期表中氯和铀之间的所有金属元素含量检测。

2）检测速度快：可在 15s 内，同时给出材料所含所有金属元素的分析结果。

3）操作简便：采用计算机技术，只需按一下键盘即可自动进行分析、数据处理和打印出分析结果，见图 7.2-5。

图 7.2-4　正确握持便携式光谱仪

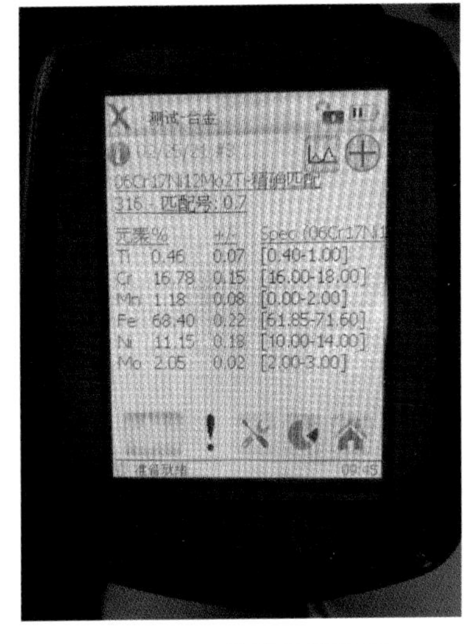

图 7.2-5　检测结果屏幕

4）选择性好；可同时测定多种元素；样品损坏小。

5）关键控制点：试验部位的表面必须平整、洁净且露出金属光泽；测量时间宜设为 15s；检测时确保仪器与样品充分接触、覆盖检测窗口并处于垂直且稳固的状态。

7.3 衍射时差法超声检测技术

1. 技术简介

(1) 波衍射时差法超声检测技术 (TOFD) 是超声检测技术的一种，一般 A 型超声是利用了超声波的界面反射特性，而 TOFD 检测技术是利用了超声波的端点衍射特性。

(2) 20 世纪 90 年代起，TOFD 检测技术在国外逐步应用于核工业、石油化工、电力的承压设备和海上采油、铁路、桥梁等钢结构焊接接头的检测。21 世纪初，国内开始研究和应用该项技术，研究和应用结果表明，在检测精度、可靠性、降低成本、提高效益、环境保护等方面，TOFD 检测技术的表现均十分优异。近年来国内 TOFD 检测技术逐步成熟，国家及行业标准的相继出台，保障了 TOFD 检测技术在石油化工领域得到推广和应用。

(3) 奥林巴斯作为专业 TOFD 检测设备制造商之一，拥有全套 TOFD 检测技术解决方案，其各项性能和技术参数指标完全能够满足标准规范相关要求，为该项技术在石油化工项目的应用提供了强有力的技术保障。

(4) TOFD 检测技术具有可靠性好、精度高、操作方便等特点，但因存在检测盲区，还需常规超声检测、磁粉检测和渗透检测作为其有效补充。

2. 技术内容

(1) 技术原理及流程

1) 技术原理

TOFD 技术 (Time of Flight Diffraction) 是一种利用缺陷端点衍射信号探测和测定缺陷尺寸的超声波检测，基本特点是采用一发一收探头对工作模式 (图 7.3-1)。

TOFD 检测技术与常规脉冲回波超声检测技术相比，主要有两个重要的不同点：一是由于缺陷衍射信号与角度无关，检测可靠性和精度不受缺陷与入射波之间角度的影响；二是根据衍射信号传播时差确定衍射点位置，缺陷定量定位不依靠信号振幅。

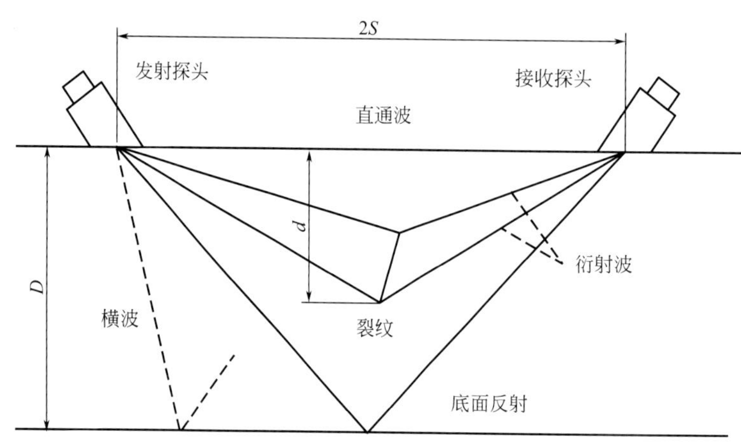

图 7.3-1 TOFD 检测示意图

2) 设备主要组成

以 OLYMPUS 品牌产品为例，TOFD 检测设备主要组成包括 OmniScan MX2 主机 (图 7.3-2)、手动扫查器 (图 7.3-3)、水泵 (图 7.3-4)、探头 (对) (图 7.3-5)、楔块以及探头线 (图 7.3-6 和图 7.3-5)。

图 7.3-2　OLYMPUS OmniScan MX2 主机

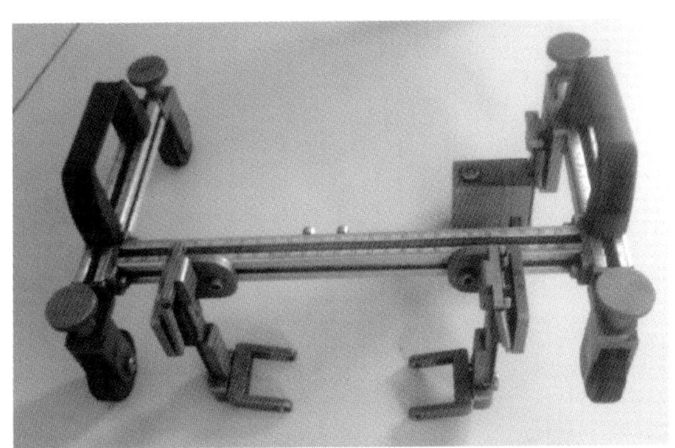

图 7.3-3　手动扫查器

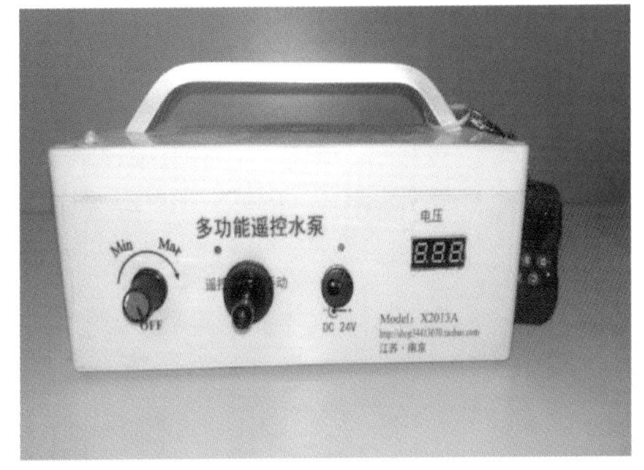

图 7.3-4　水泵

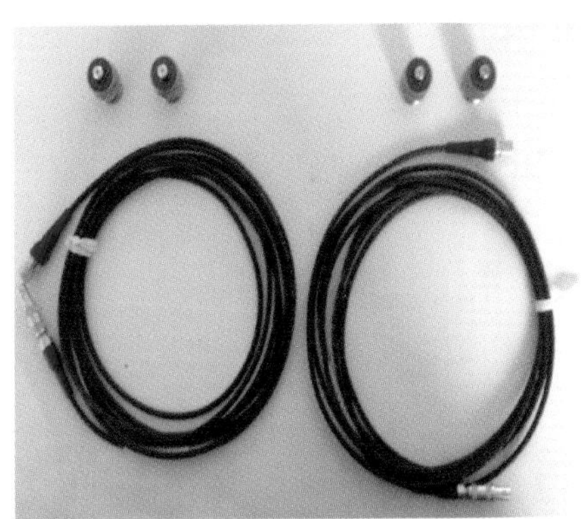

图 7.3-5　探头及探头线

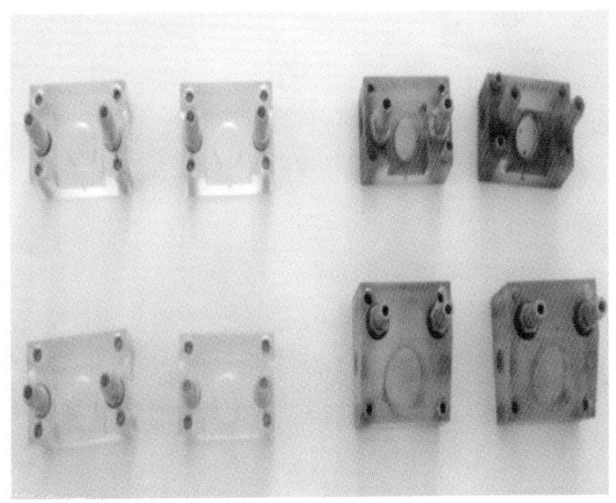

图 7.3-6　楔块

3）技术流程

① 前期准备

扫查面准备：探头移动区域应清除焊接飞溅、铁屑、油垢及其他杂质，一般应进行打磨。检测表面应平整，便于探头的扫查，其表面粗糙度 *Ra* 值应不低于 6.3μm。

检测长度划分：综合考虑水平定位误差（包括编码器误差、人为测量误差等），图谱大小以及检测工作效率等因素，最大检测长度不宜超过 3m。

② 操作基本过程

a. 选择探头、调准 PCS

根据所检测的板材厚度，按照工艺卡要求，选择相应的探头，并且安装在手动扫查架上，调准 PCS。

b. 仪器基本参数设置（图 7.3-7）

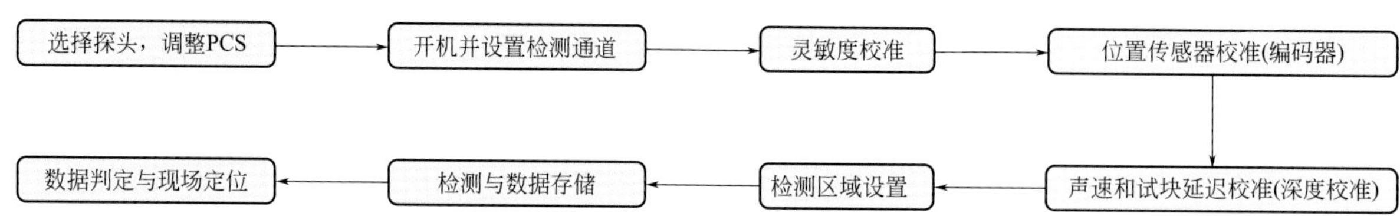

图 7.3-7　仪器基本参数设置流程图

下面为过程图例（图 7.3-8～图 7.3-18）：

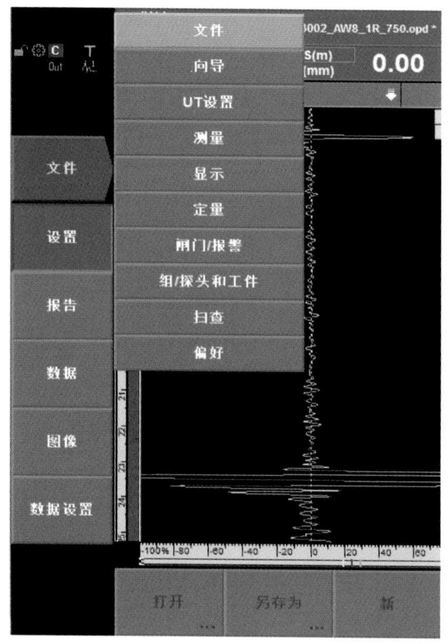

图 7.3-8　设置新通道

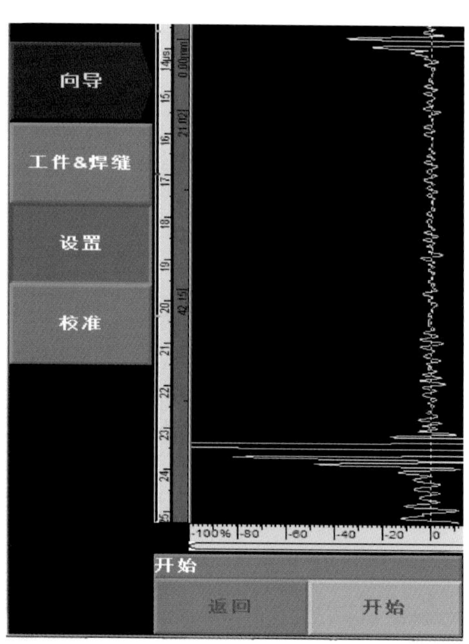

图 7.3-9　选择“工件 & 焊缝”

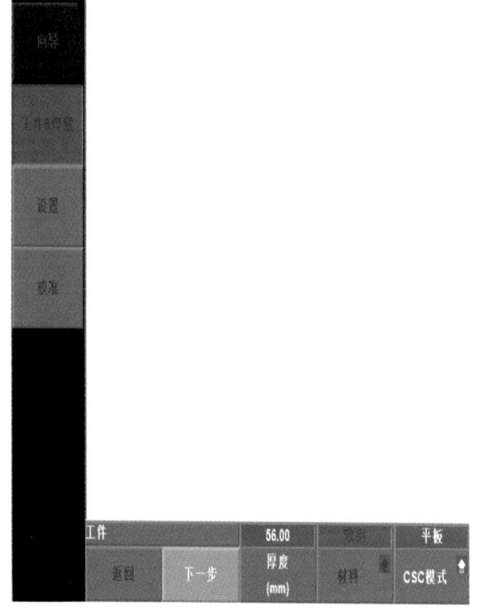

图 7.3-10　设置板厚

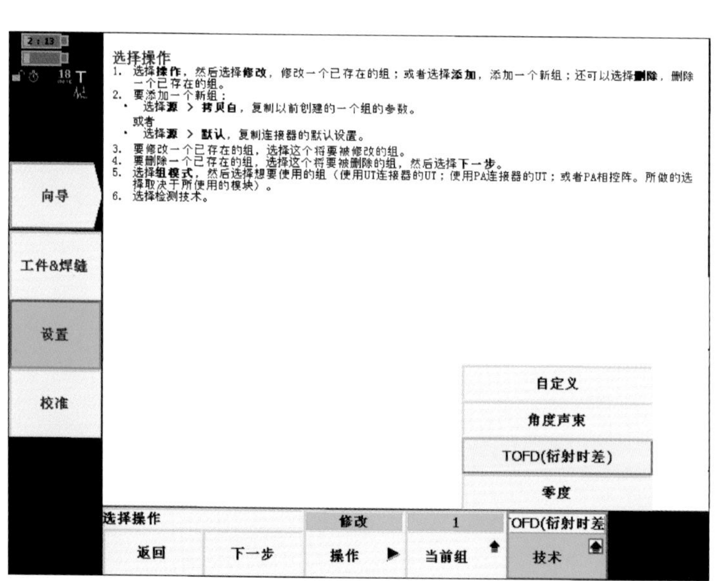

图 7.3-11　选择 TOFD 检测

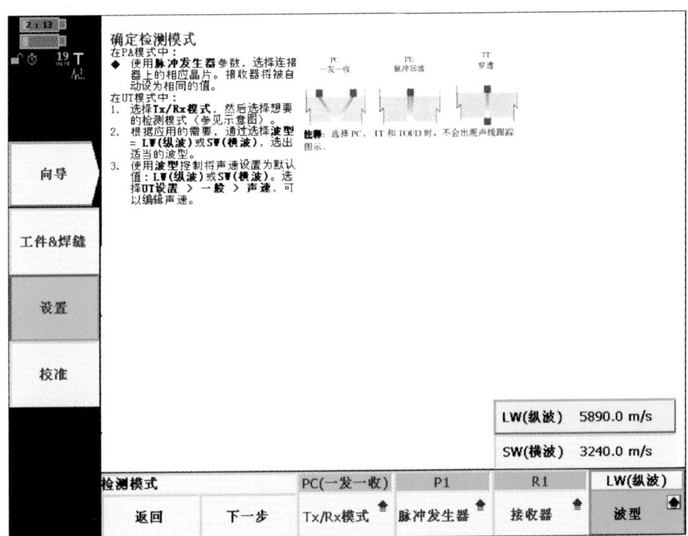

图 7.3-12 选择纵波检测

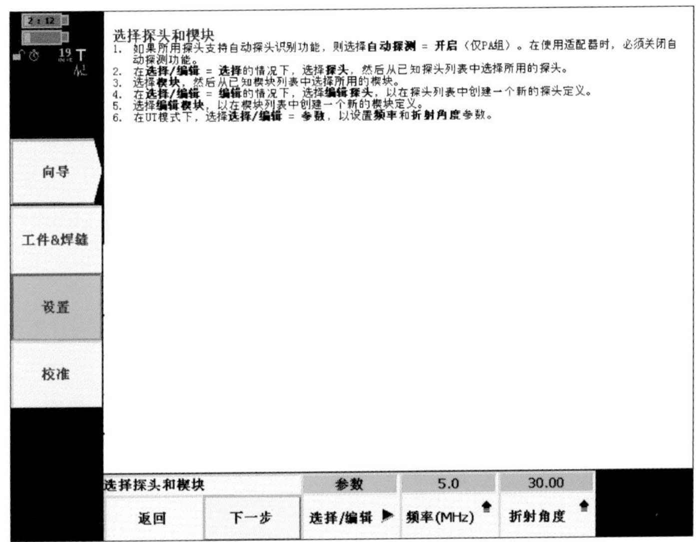

图 7.3-13 设置探头参数

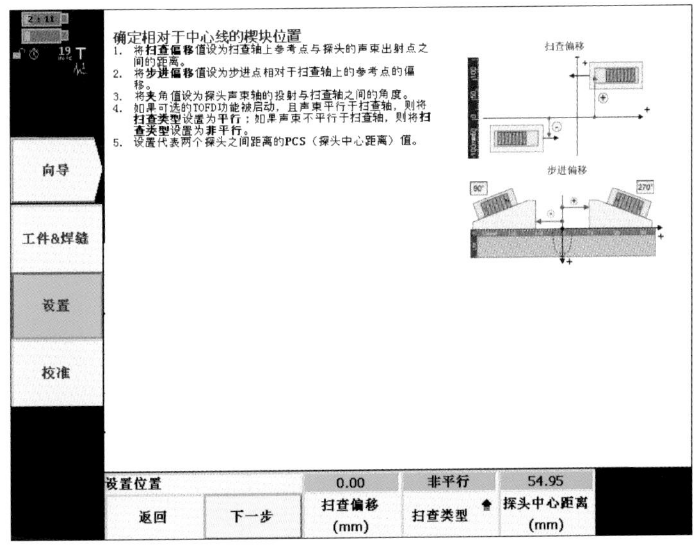

图 7.3-14 选择扫查类型

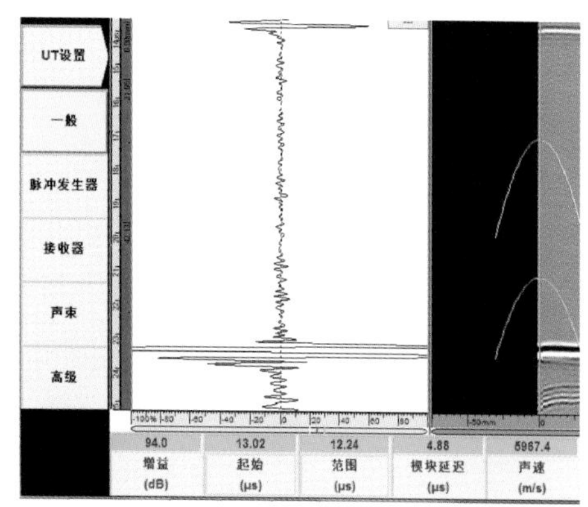

图 7.3-15　进行 UT 一般设置

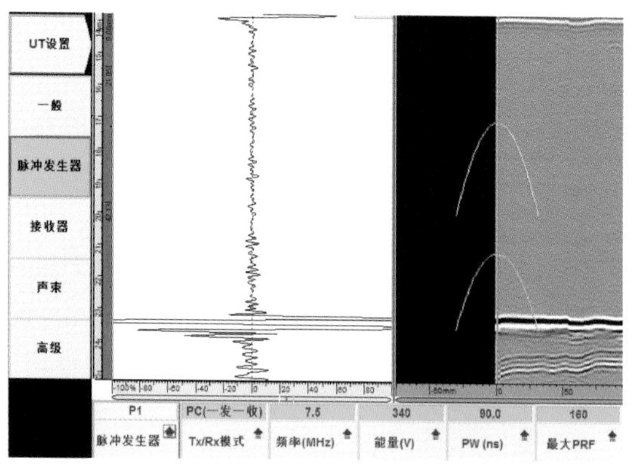

图 7.3-16　进行 UT 脉冲发射器设置

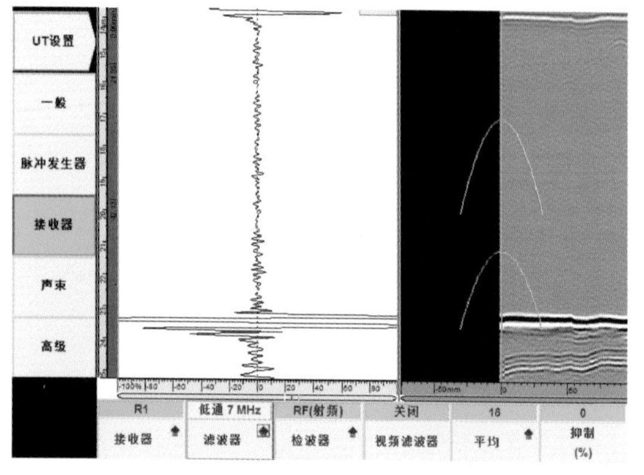

图 7.3-17　进行 UT 接收器设置

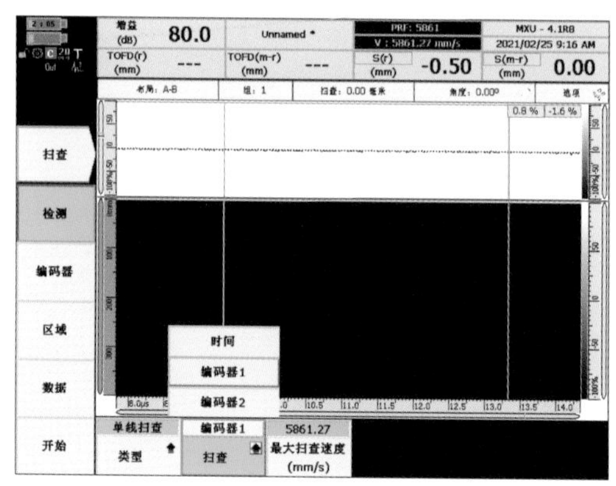

图 7.3-18　进行扫查编码器设置

③ 灵敏度校准（使用对比试块或工件本体）

a. 使用对比试块进行灵敏度校准

当采用对比试块上的人工反射体设置灵敏度的时候，需要将较弱的衍射信号波幅设置为满屏高度的 40%～80%，并在被检工件表面扫查时进行表面耦合补偿。

b. 工件本体进行灵敏度校准

若被检测工件厚度不大于 50mm 且采用单通道检测通道时，也可直接在被检测工件上进行灵敏度设置。一般将直通波的波幅设定到满屏高的 40%～80%；若采用直通波不合适或直通波不可见，可将底面反射波幅设定为满屏高的 80%，再提高 20～32dB；若直通波和底面反射波均不可用，可将材料的晶粒噪声设定为满屏高的 5%～10%作为灵敏度。

④ 位置传感器校准（编码器，图 7.3-19、图 7.3-20）

⑤ 声速和试块延迟校准（深度校准）

将探头置于被检区域附近无缺陷母材，添加耦合剂，确保仪器有波形显示（图 7.3-21、图 7-3-22）。

⑥ 检测区域设置

若需对焊缝在长度方向进行分段扫查，则各段扫查区的重叠范围至少为 20mm（图 7.3-23）。

⑦ 检测与数据存储

扫查：探头置于标识的起点，移动扫查器，当走完整个检测区域时，锁定仪器并存储数据（图 7.3-24）。

⑧ 数据判读与现场定位

数据判读：将文件拷贝到电脑，使用专用软件进行数据分析，当数据在电脑转化成功之后，可删除原始数据。

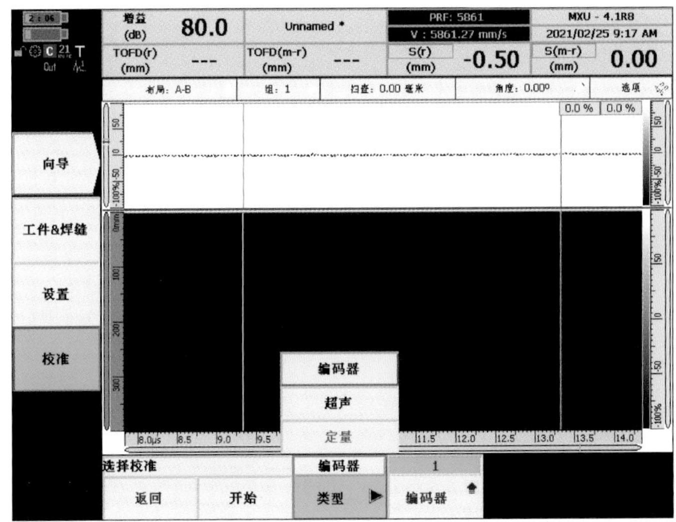

图 7.3-19　选择编码器

注：校准完毕后的实际误差应小于1%。

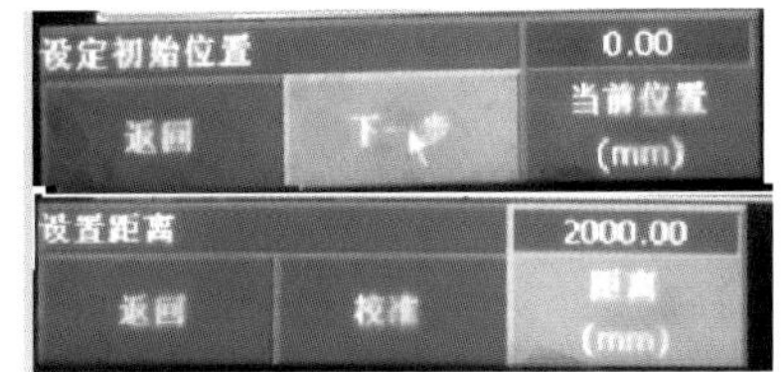

图 7.3-20　校准编码器

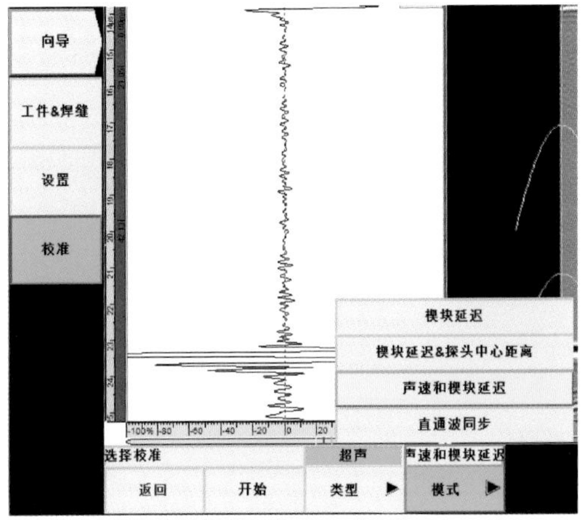

图 7.3-21　选择声速和楔块延迟

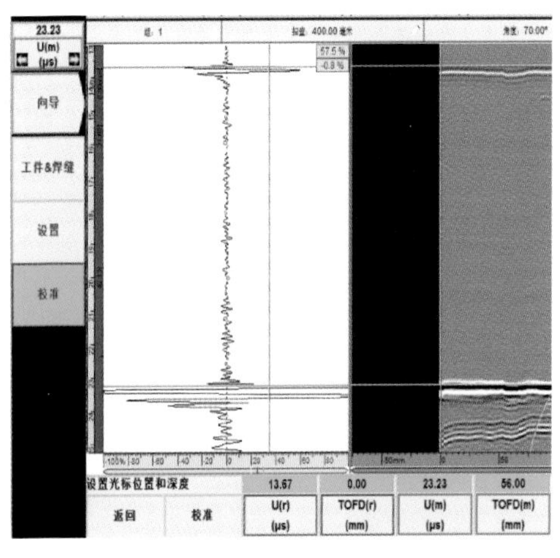

图 7.3-22　校准声速和楔块延迟

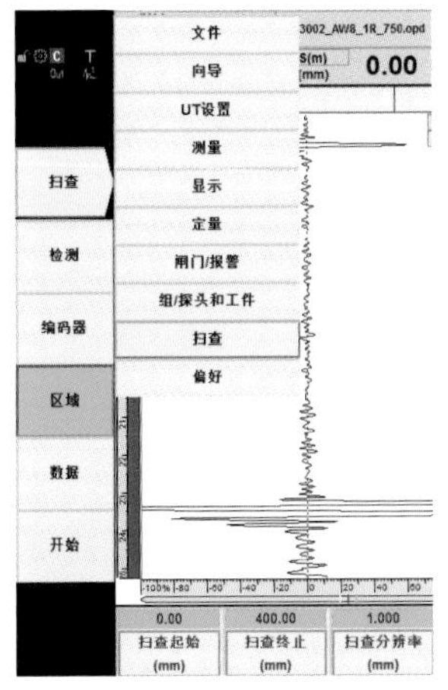

图 7.3-23　扫查区域相关参数设置

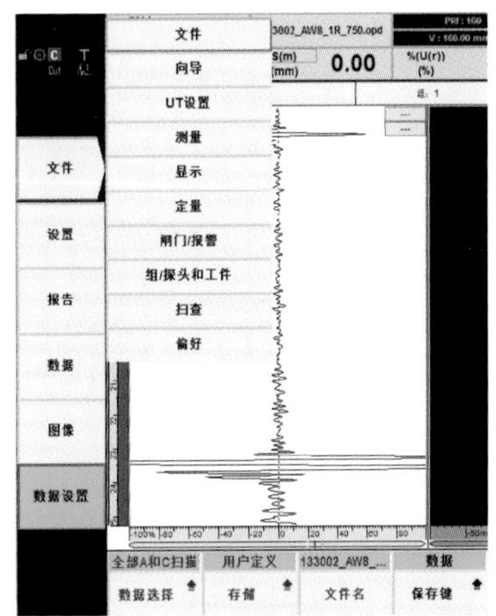

图 7.3-24　数据文件名存储

现场定位：TOFD图谱可以读出缺陷的水平位置、缺陷深度、缺陷高度。结合使用常规超声波探伤仪给缺陷定位偏离焊缝中心距离，从而可以准确地在工件上标识出缺陷。

4）技术特点及关键控制点

① 可靠性好，任何方向的缺陷都能有效的发现，具有很高的缺陷检出率。一般认为TOFD技术的缺陷检测率高达70%～90%，远高于常规超声检测和射线检测。

② 定量精度高，对于线性或者面积型缺陷，TOFD测高误差小于1mm。

③ 检测简单快捷，常用的非平行扫查只需要单人即可完成操作，检测效率高。

④ 检测配备自动或者半自动扫查装置，能够确定缺陷与探头的相对位置。

⑤ 检测系统为高性能数字化仪器，不仅能够全过程记录信号，长久保存数据，而且能够高速进行大批量信号处理。

⑥ TOFD技术除用于检测外，还可以用于缺陷扩展的监控。

关键控制点：检测结束后应进行检测系统的复核，并根据标准要求判断是否满足要求；根据操作指导书要求，是否采用平行或者偏置非平行扫查；对于存在的表面盲区，应采用超声、磁粉、渗透等其他检测方法进行补充检测；在扫查过程中，应保持适当的扫查速度，防止图谱存在丢失数据等现象。

7.4 相控阵检测技术

1. 技术简介

（1）相控阵检测技术是采用多阵元的阵列换能器，依靠计算机技术控制阵列中各阵元发射超声波的时间来控制各阵元的声束在声场中的偏转、聚焦，控制接收阵列换能器中各阵元接收回波信号的时间，进行偏转、聚焦成像检测的一种高端技术，是目前超声检测技术中的发展热点之一。

（2）相控阵检测技术是由医学领域发展到工业领域的，2016年我国已发布了《无损检测超声检测 相控阵超声检测方法》GB/T 32563—2016国家标准。

（3）本技术中所提及检测设备是在TOFD检测设备基础上增加相控阵检测模块，同时配备了专用的扫查装置和探头，组成的相控阵检测系统。

（4）该项技术具有应用范围更广、检出率高和缺陷可记录等优点，还可以借助检测装置实现自动化检测。

2. 技术内容

（1）技术原理及流程

1）技术原理

超声相控阵探头由多个小的压电晶片按照一定顺序排列，相控阵（PAUT）检测就是通过仪器和软件单独控制相控阵探头中每个晶片的激发时间，从而达到控制探头产生超声波的波束偏转角度，同时进行聚焦成像来检测整个被检工件的无损检测技术。检测过程界面如图7.4-1所示。

2）检测流程（图7.4-2）

3）材料与设备

实现相控阵检测的材料与设备包括：OmniScan MX2主机（图7.4-3）、手动扫查器（图7.4-4）、相控阵探头及连接线（图7.4-5）、角度楔块（图7.4-6）、遥控水泵（图7.4-7）。

① OmniScan MX2主机（包括实现相控阵功能的模块）

相控阵仪器主机和功能模块是实现相控阵检测技术的核心部件，它具备了与其硬件相匹配的延时控

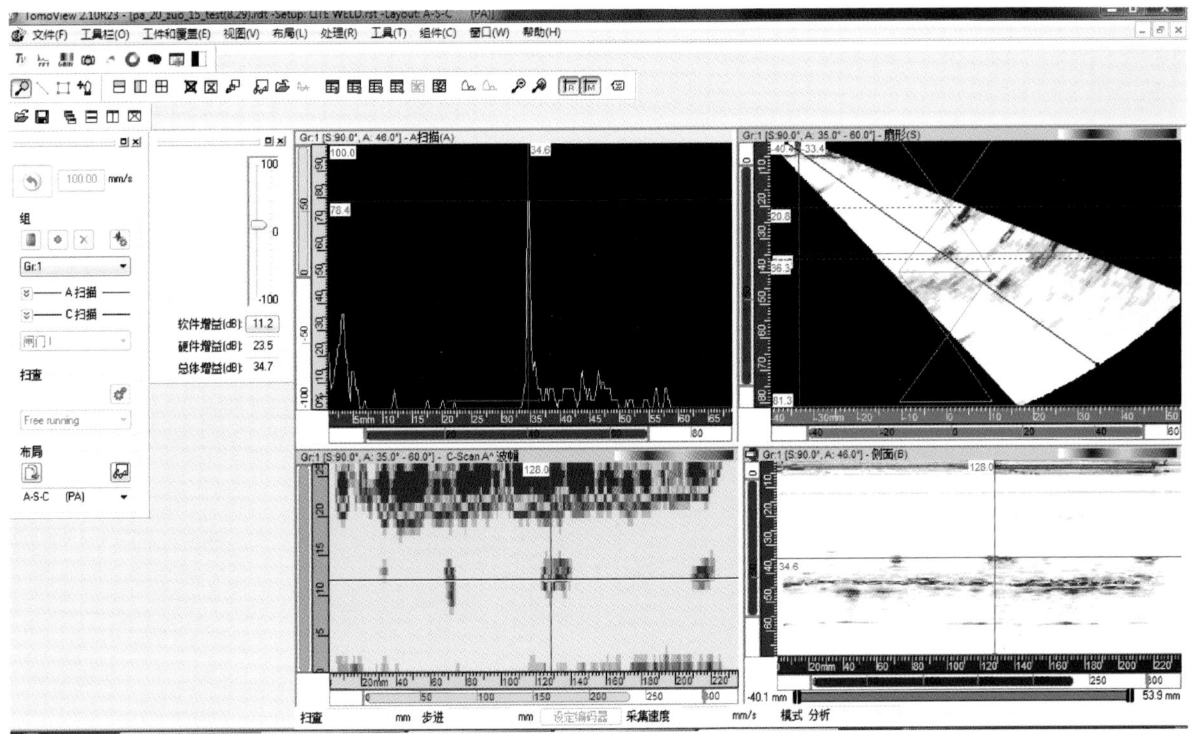

图 7.4-1　典型相控阵分析图

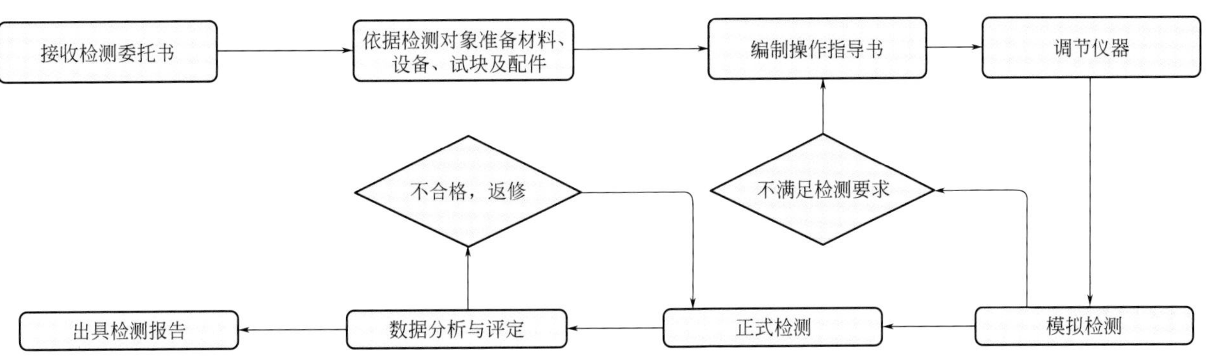

图 7.4-2　检测流程图

图 7.4-3　OmniScan MX2 主机

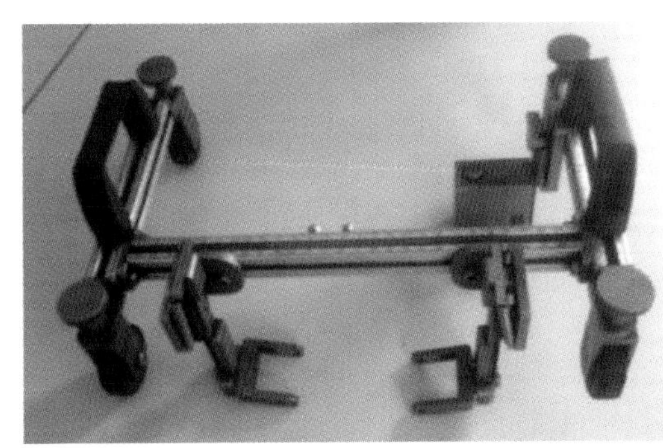

图 7.4-4　手动扫查器

制、聚焦控制和成像软件。OmniScan MX2 可执行智能向导，引导用户轻松完成成像设置，提高检测速度；另外该设备具有模块化设计方案，支持连接多种超声模块，可与 TOFD 检测设备实现主机和功能模块的共用。

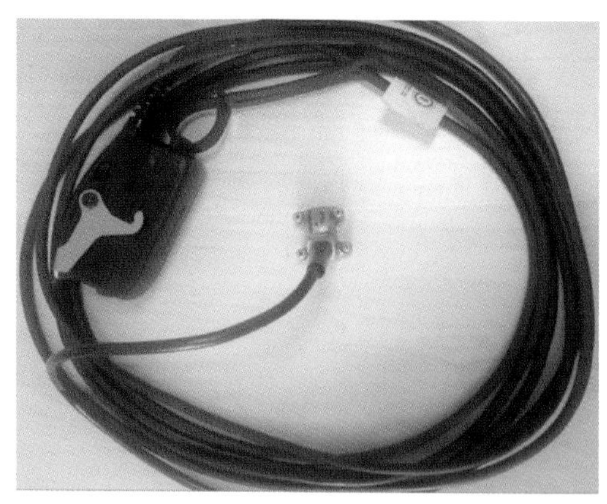

图 7.4-5　相控阵探头及连接线

图 7.4-6　角度楔块

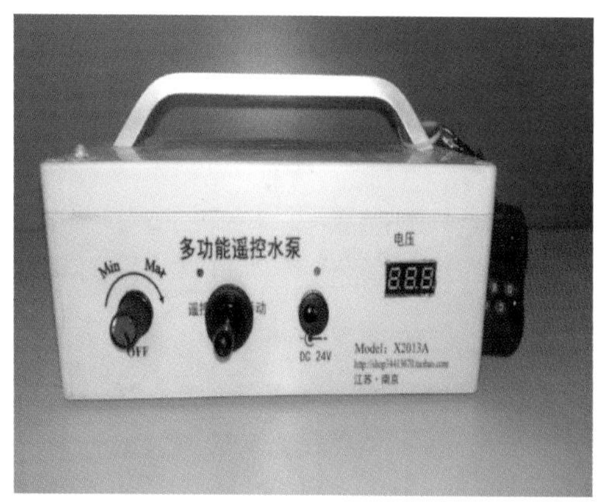

图 7.4-7　遥控水泵

② 相控阵探头与楔块

超声相控阵探头是将整个压电芯片分割成许多形状、尺寸相同的小芯片（称为阵元），令小芯片宽度 e 远小于长度 W，多芯片探头中各芯片的激励（振幅和延时）均由计算机控制，它是相控阵检测系统中核心部件之一。相控阵楔块用于与探头配合，实现保护探头、声束延时或声束转换等功能。

③ 手动扫查器

扫查器可夹持相控阵探头及楔块与位置传感器实现同步运动。

4）仪器调节

本技术以 OLYMPUS OmniScan MX2 设备为例介绍，按照图序（图 7.4-8～图 7.4-15）进行调节检测参数。

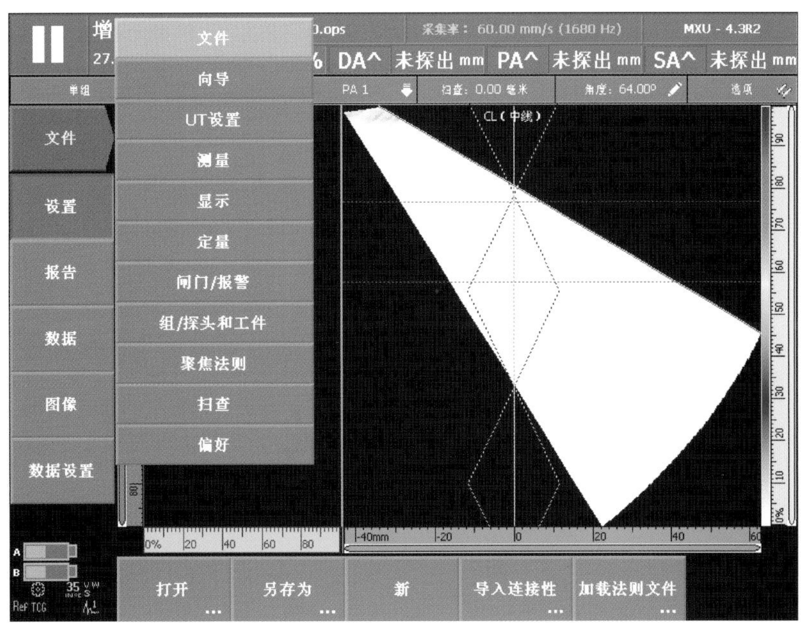

图 7.4-8　新通道的设置

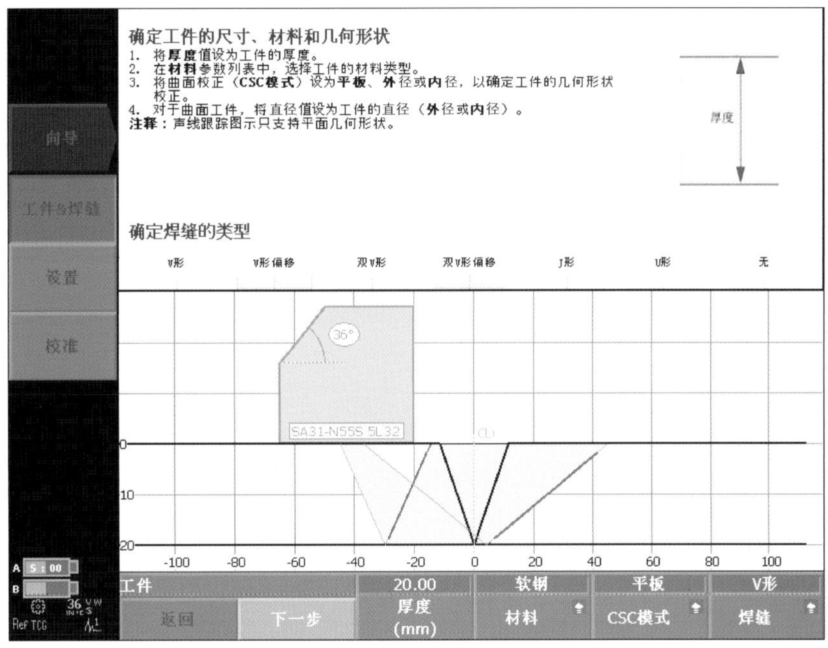

图 7.4-9　焊缝设置

5）正式检测

正式检测要检查“扫查-编码器”中“极性”设置是“正常”还是“逆向”，要保证扫查方向编码器显示为正，方能采集检测数据。正式检测要设置“扫查-区域”中“扫查终止”（即本次所检测的焊缝长度），单条焊缝的检测长度不能超过2m，如超过需进行分段扫查，且每两段焊缝间至少有20mm的覆盖完成检查后进行正式检测，检测过程要注意数据丢失量不得超过整个扫查的5%，且不允许有相邻数据连续丢失。另外，扫查图像中耦合不良不得超过整个扫查的5%，不满足以上要求应纠正后重新进行扫查。

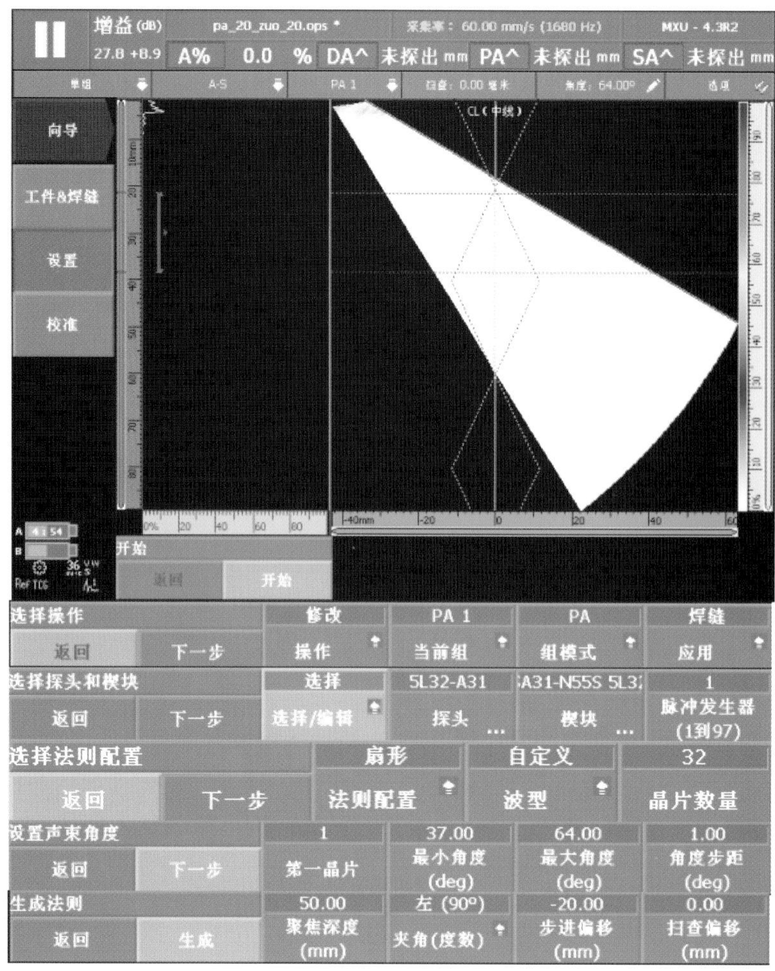

图 7.4-10　探头参数设置

探头参数设置过程中要保证扫查区域能够覆盖整个焊缝检测面

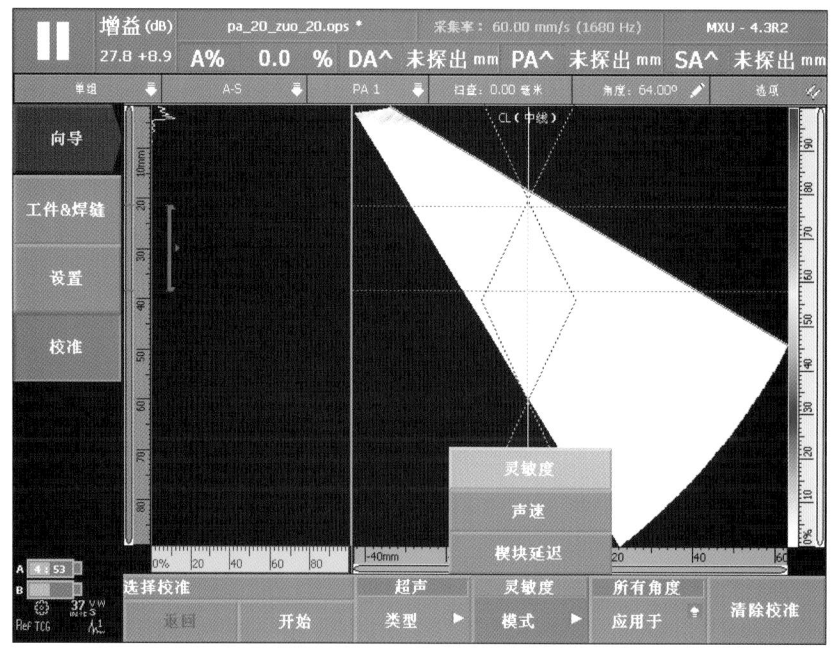

图 7.4-11　灵敏度、声速、楔块延迟校准

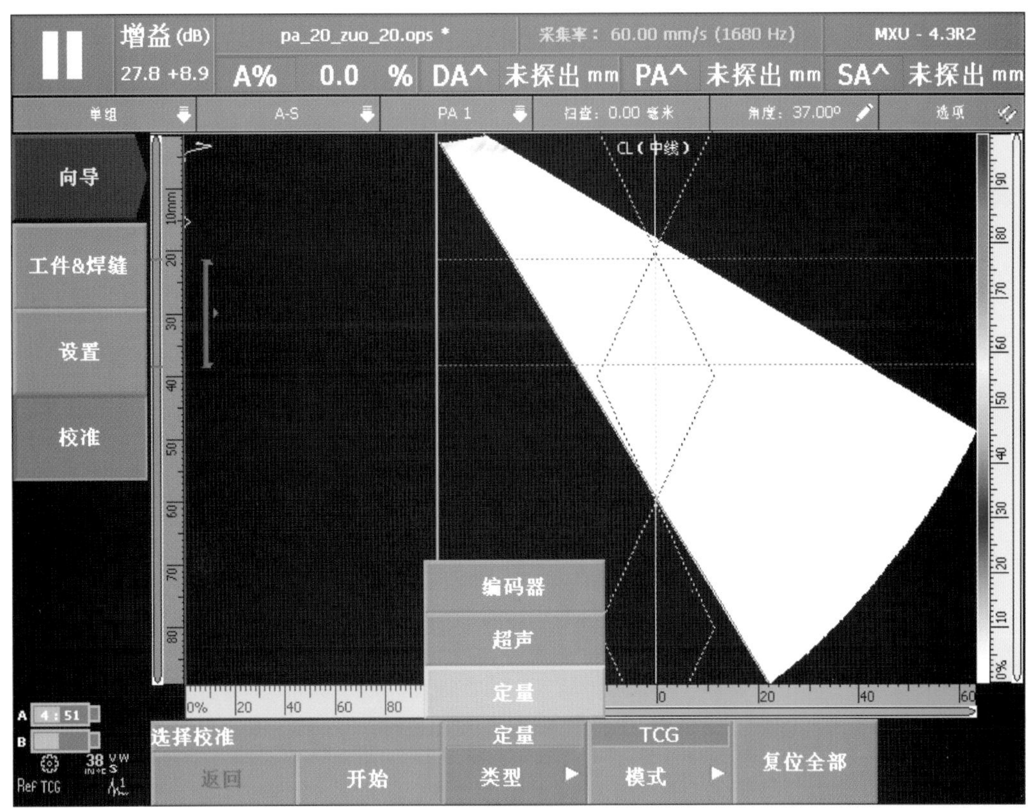

图 7.4-12　定量-TCG 校准

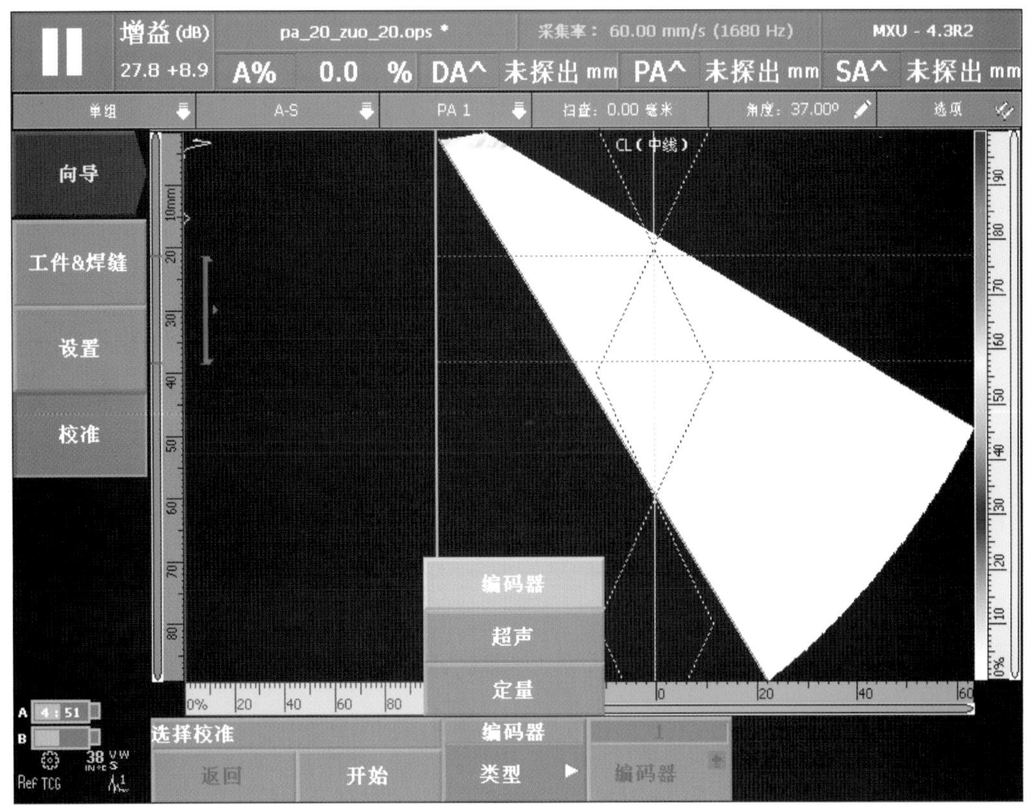

图 7.4-13　编码器的校准

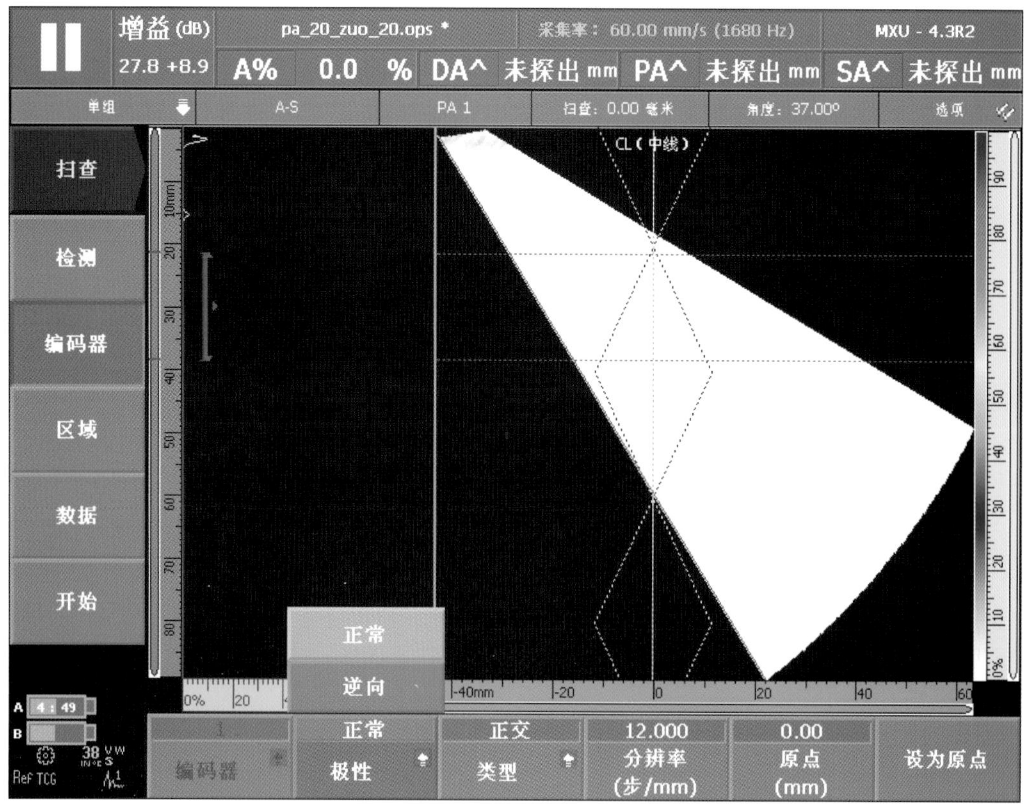

图 7.4-14 编码器“正常、逆向”检查

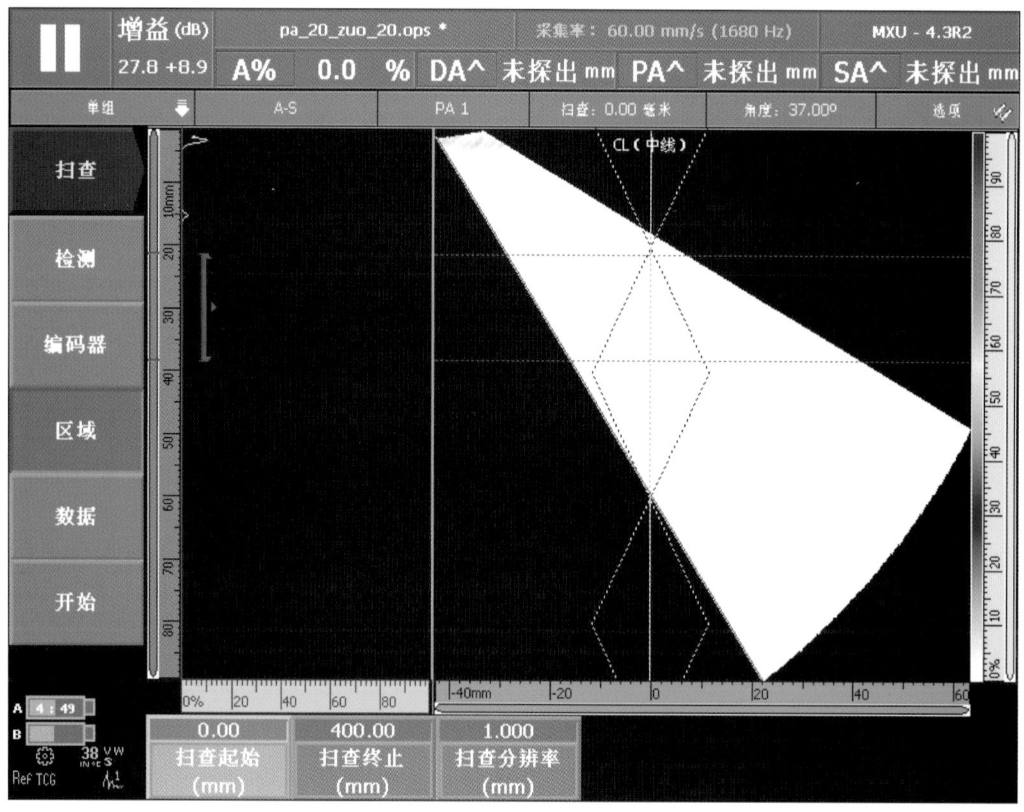

图 7.4-15 检测焊缝长度设置

6）数据分析与评定

用“TomoView”软件打开焊缝扫查数据文件，从A扫信号图中可以获得缺陷的深度和当量，从S扫信号图中主要获得缺陷在焊缝中的大致位置，从C扫信号图中主要获得焊缝中缺陷的数量以及每个缺陷的精确X轴位置和水平位置，从B扫信号图中主要获得每个缺陷的大致高度。通过对以上缺陷参数的测量再结合常规脉冲反射法超声的缺陷评定标准就可以对焊缝的整体焊接质量进行评价。

（2）创新性及关键控制点

1）复杂检测：相控阵可通过编程，检测几何形状复杂的工件，如管接头、三通接头等；也可通过编程，进行特殊扫查，如串行扫查、多通道TOFD、多波形及厚度分区扫查等。

2）缺陷检出率高：相控阵检测借助于声速变角、深度变焦，缺陷检出率和信噪比明显提高。

3）缺陷可记录，可替代射线检测：相控阵检测同TOFD检测一样都属于可记录的超声检测范畴，它们的检测效力和常规的射线检测是等同的，所以替代射线检测的同时也具备了高效、安全、环保等优点。

4）关键控制点：相控阵仪器应为计算机控制的含有多个独立的脉冲反射接收通道的脉冲反射型仪器；软件至少应有A、S、B、C型的显示的功能，且具有在扫描图像上对缺陷定位、定量及分析功能。相控阵探头应由多个晶片（一般不少于8个）组成阵列，探头可加装用以辅助声束偏转的楔块或延迟块。扫查装置应具有确定探头位置的功能，可通过步进电机或位置传感器实现对位置的探测和控制，位置分辨力应符合工艺要求。

7.5　电子直线加速器X射线检测技术

1. 技术简介

（1）电子直线加速器X射线检测技术是指利用高频电磁场对电子进行直线加速，高速电子撞击靶材料产生高能X射线。

（2）自从19世纪20年代提出利用射频场进行粒子加速器思路以来，射频直线加速器已在很多方面得到应用。随着国内加速器技术研究逐步发展成熟，电子直线加速器在石油化工领域得到推广应用，解决了大厚度工件射线检测难题。

（3）电子直线加速器是一种在固定场所使用的射线检测设备，结构复杂、辐射能力强、防护要求高，设备配备多种联锁装置，保证了设备使用安全性。

（4）高能X射线具有穿透能力强、强度大、照相厚度宽容度大等优点，而且能够突破Co60γ射线对钢的穿透厚度极限约200mm，有效弥补普通X射线和γ射线检测的不足。

2. 技术内容

（1）工艺原理及操作要求

1）工艺原理

电子直线加速器的主体是由一系列空腔构成的加速管，空腔两端有孔可以使电子通过，从一个空腔进入到下一个空腔。直线加速器使用射频（RF）电磁场加速电子，利用磁控管产生自激振荡发射微波，通过波导管把微波输入到加速管内。加速管空腔被设计成谐振腔，由电子枪发射的电子在适当的时候射入空腔，穿过谐振腔的电子正好在适当的时候到达磁场中某一加速点被加速，从而增加了能量，被加速的电子从前一腔体出来后进入下一个空腔被继续加速，直到获得很高能量。电子到靶的速度可达光速的99%，高速电子撞击靶产生高能X射线。将高能X射线透照被检件，透射线被检测对象传递或衰减，用以成像检查内部结构或缺陷。电子直线加速器的总体布置见图 7.5-1。

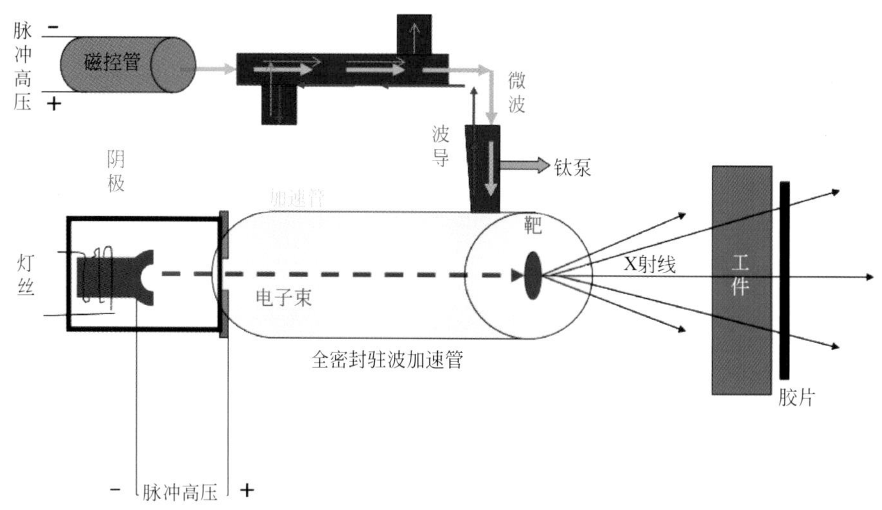

图 7.5-1　电子直线加速器的总体布置

各个部位的具体作用：

磁控管：产生微波的设备，是在一定磁场和外加阳极电压作用下，产生射频振荡的真空；

二极管：输出的高功率微波经传输波导输入加速管，在加速管内形成驻波场，加速电子到设计能量 6MeV；

波导：微波功率传输的通道；

钛泵：维持加速管内真空的设备；

靶：通过高能电子束打靶来得到 X 射线；

电子枪：产生电子的设备，其阴极被灯丝加热后产生电子，在脉冲高压电场的作用下，进入加速管，微波对电子加速，电子轰击靶，产生 X 射线。电子枪为普通的二极电子枪，阴极为金属氧化物，由一个在陶瓷管中的钼管支撑，通过钨丝电热器加热，当阴极足够热时就发射电子。阴极和阳极之间的电势差使电子加速，并通过阳极孔注入加速管。

2）操作程序

以 GT-6D/1000 电子直线加速器为例说明（图 7.5-2、图 7.5-3）。

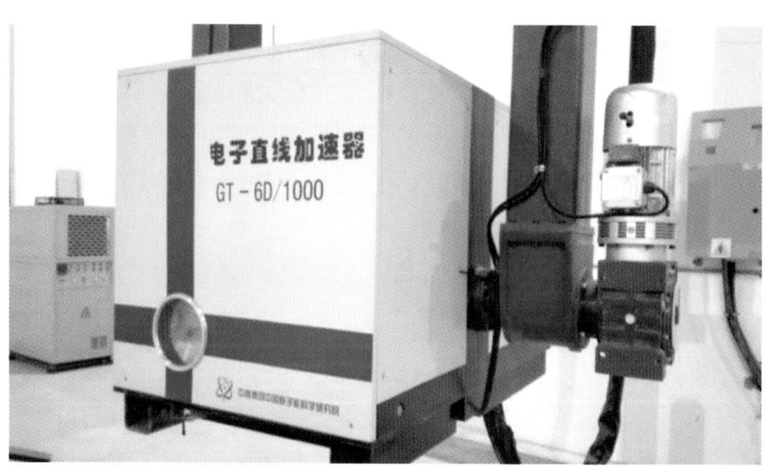

图 7.5-2　电子直线加速器 X 射线机箱

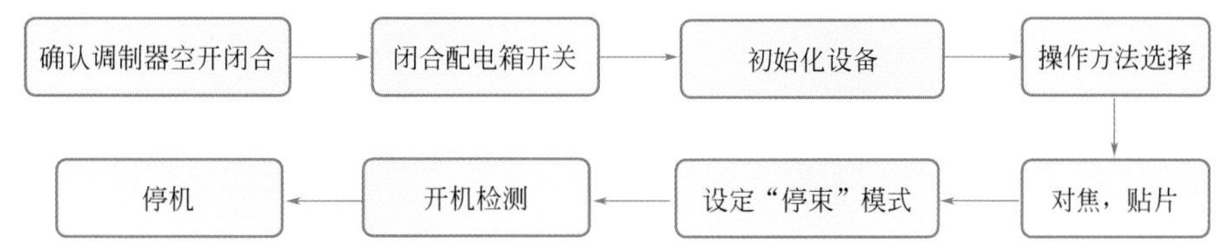

图 7.5-3　电子直线加速器操作流程

各步骤操作要点：

① 确认调制器下部各空气开关都闭合。

② 确认配电箱内的 3 个空气开关是否合上；合上上配电箱门，点击启动按钮，绿灯亮，标示三路同时上电了。此时水冷机组上电，电源指示灯亮，温控仪有水温指示。

③ 将控制台、调制器上急停开关回位，按下调制器面板上的电源按钮，此时触摸屏点亮，各分机上电，钛泵电流表有指示，其大小应在 5μA 以内；用钥匙打开计算机保护盖，按下开机按钮。输入计算机密码、至初始化完成，计算机自动进入加速器控制系统软件，选择用户、输入相应密码（密码由设备管理员设定），进入操作界面。

④ 选择控制方式：本控（控制台触摸屏）和 PC 控制（计算机键盘、鼠标）两种；控制台上的“本控/PC”旋钮的位置决定了控制方式，本控时，由控制台按钮和触摸屏发出指令；PC 控制时，打开计算机控制画面，用鼠标和键盘操作。选择两种操作方法中的一种，另一操作方法无效；按下触摸屏或者计算机上的预热按钮，此时控制台上的预热灯亮，计算机、触摸屏上的加热时间条开始计时。同时，水冷机组开始工作，水泵运行指示灯亮；当水温高时，制冷运行；当水温过低时，加热运行；低预热 1min、中预热 3min、高预热 6min。

⑤ 拔下控制台钥匙或者 AFC 分机钥匙，进入屏蔽大厅；用手柄将操作机调整到合适的位置及角度，贴好胶片、激光对中后，关激光开关，确认屏蔽厅内无人、出大厅，将门关好；预热完成后，按计算机或者触摸屏上的“复位”或“RESET”按钮，加速器应该进入准加状态。若仍有故障或相应的联锁，应检查无误后进行下一步。

⑥ 在计算机画面上设定“停束模式”：手动停束、时间自动停束、剂量自动停束；设定“重复频率”；设定“出束时间/剂量参数”；点击“清零（计算机）”或“复位（触摸屏）”。

⑦ 插入“钥匙”，拨至“on”位置；点击“出束”；点击“停束”；拍下一张片时重复⑤～⑦的步骤。

⑧ 点击“停机”使加速器回到上电状态，水冷延时 30s 后停止退出控制软件；退出控制软件；关闭计算机；按调制器或控制台 AFC 分机上的“急停”按钮使加速器断电；按“加速器”配电箱内的停止按钮；拔下钥匙离开。

3）暗室处理

胶片手工处理过程分为显影、停显、定影、水洗和干燥 5 个步骤，各个步骤的标准操作条件见表 7.5-1。

胶片处理的标准条件和操作要点　　　　**表 7.5-1**

序号	步骤	温度(℃)	时间(min)	药液	操作要点
1	显影	20±2	5～8	显影液(标准配方)	预先水浸,过程中适当搅动
2	停显	16～24	约 0.5	停显液	充分搅动
3	定影	16～24	5～15	定影液	适当搅动
4	水洗	—	30～60	水	流动水漂洗
5	干燥	≤40	—	—	去除表面水滴后干燥

(2) 技术特点

1) 射线穿透能力强，透照厚度大，与X射线检测具有良好的互补性；

2) 射线强度大，曝光时间短，可以连续运行，工作效率高，普通工业X光机工作与间歇之比一般是1：1，而加速器可以连续运行不需要间歇，因此采用直线加速器照相透照工件的曝光时间很短；

3) 照相厚度宽容度大，可不需要考虑采用补偿块或其他特殊的工艺措施，即使工件的厚度相差一倍，底片也能达到一般标准所规定的黑度要求，而低能射线照相则达不到这样的厚度宽容度。

第8章

石化工程智能建造

目前，随着“互联网＋”“工业4.0”和“中国制造2025”等相继到来，传统的生产技术正逐渐被取代或颠覆，以工业化和信息化深度融合为核心的智能化制造技术逐步成熟，带动了工程建设领域智能建造技术的蓬勃发展。石化工程智能建造领域现阶段其主要任务可概括为工程模块化建造和数字化交付两个方面。尤其是数字化交付方面，结合新一代信息技术及智能化软件在石化工程建设领域的应用，不断推动石化行业向完善数字化工厂建设和实现“数字化平台（平台）＋APN网络（网）＋手持终端、RFID卡、蓝牙外设（硬）＋管控软件（软）”的信息集成方向发展。建设数字化工厂，已成为石化行业智能化建设必经之路。

建设数字化工厂的本质是实现信息的集成，它以工厂对象为核心，建立与之相关联的数据、文档、信息模型，将不同类型、不同来源、不同时期产生的数据构建成完整、一致相关联的信息网。建设数字化工厂涵盖工程项目数字化设计、数字化建造、数字化运营等工程建设项目全生命周期的信息集成管理，是实现项目管理集约化、协同化和过程化的重要基础和工具。其重点工作在于开展数据中心建设、业务流程优化、信息系统集成与整合。数字化工厂建设工程技术应用涉及工艺集成化设计、三维工厂设计、仿真模拟、项目管理等信息技术以及开发应用云计算、大数据、物联网、移动技术、智能硬件等新兴信息技术。

本章以中建安装近年来所探索和采用的石化工程智能建造技术为切入点，围绕三维工厂设计、模块化建造、信息技术应用、数字化交付等环节进行技术介绍。通过对智能建造技术的总结和提炼，积极推动科技创效，提升企业核心竞争力，为石化工程智能建造的进一步发展提供较为成熟的应用经验。

8.1 三维工厂设计

1. 技术简介

目前，常用的三维工厂设计软件有 AVEVA 公司开发的 PDMS；INTERGRAPH（鹰图）公司的 SmartPlant 3D、PDS 及 CADWORX；Bentley 公司的 AutoPLANT Piping 等。而早期工程公司传统的设计工作是从三维到二维，再从二维到三维，依靠工程师的空间想象力和基本制图技能完成空间设计，带有局限性和特殊性。在工程进度的约束下对详细布置的经济性和优化缺乏控制，效率也比较低。在遇到环境复杂的情况时，即使耗费了大量的精力和时间也避免不了错误和碰撞的发生。

随着新一代信息技术及智能化软件在工程建设领域的广泛应用，基于 AVEVA 公司开发的 PDMS 的三维工厂设计有效地解决了上述难题。PDMS 完全以数据库为核心，这样可以确保在项目中的工程数据和图形始终完全统一，三维模型的任何修改都会自动反映在相应的图纸上，保证了数据和图形的一致性（图 8.1-1）。不仅如此，基于 PDMS 的三维工厂设计还给传统的制造业及工程施工技术发生了革命性的变化，通过完成设计阶段的项目数据集成，PDMS 可以为后续的材料采购、施工管理和运行检修提供易于管理的电子化数据，使数据在整个项目全寿命周期内保持一致，符合工程总承包的发展趋势，尤其是近年来，数字化交付、建设智能工厂已成为石化企业的必然选择。

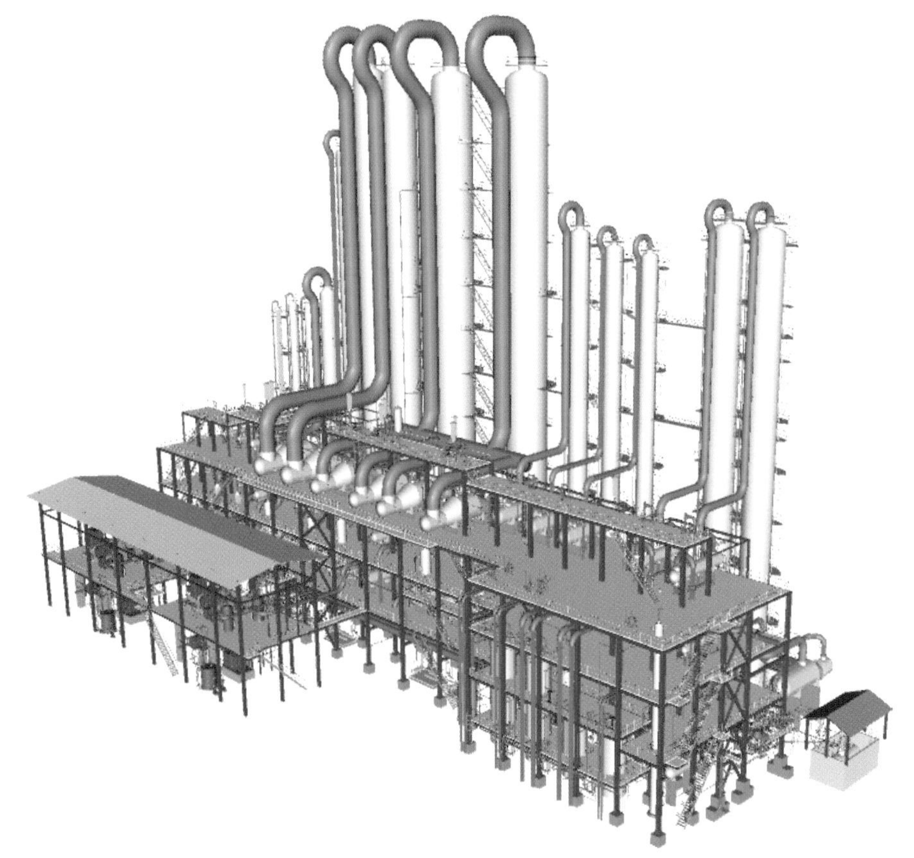

图 8.1-1　60 万吨/年乙二醇精馏装置三维模型图

本技术在以下新材料、石油、化工等项目中得以应用：

（1）山东高速石化新材料产业基地项目；

（2）山东巨久能源科技有限公司 200 万吨/年劣质原料制芳烃项目（一期工程）；

（3）鄂托克旗建元煤化科技有限责任公司建元焦炉煤气制26万吨/年乙二醇项目；

（4）湖北三宁化工股份有限公司合成氨原料结构调整及联产60万吨/年乙二醇项目；

（5）江苏威名石化有限公司30万吨（一期15万吨）环已酮及配套项目。

2. 工作原理及流程

PDMS是以数据库为基础而运作的。它通过调用数据完成大型复杂的石化装置三维设计，具有很强的管理、校核以及数据传送功能，可完成设备布置、钢结构建模、管道建模以及电缆桥架采暖通风管建模等三维设计。三维模型可进行动态碰撞检查和设计一致性检查，可高效地生成各类设计成品文件，如设备平面布置图、管道平面布置图、管道轴测图、管道材料表等。该软件数据库合理、紧凑的结构能提供很强的工程数据能力和很高的工作效率。具体设计流程如图8.1-2所示。

图8.1-2　PDMS设计流程图

PDMS应用的技术核心是数据库，数据库的规则和录入的工作量大而且准确性、可靠性要求非常高。如果用手工定制及修改元件库和索引等级库，非常消耗人力。通过对数据库结构的详细分析，公司开发了 PDMS 数据库定制工具，数据库添加或修改只需在 Excel 中按表头分类填写等级库规则、元件库规则以及元件的各项物理和几何属性，程序自动生成等级库和元件库，并确保元件编码的唯一性（图 8.1-3）。该工具在使用时由技术人员在 Excel 中填写各项规则，录入元件各项物理和几何属性。数据库建立便捷，在工程实践中取得极大效果。

PDMS数据库定制工具.xls [兼容模式] - Microsoft Excel

	A	B	C	D	E	F	G	H	I	J	K	L
1	$(	BORE	UNITS	MM	$)							
2	$(	DISTANCE	UNITS	MM	$)							
3												
4	NEW	SPECIFICATION	/B46K									
5	VERSION	1151										
6	MATREF	0										
7	FLUREF	0										
8	RATING	0										
9	LINETYPE	NULL										
10	BSPEC	/PRN-35-30										
11	BLTM	'NEW'										
12	NOMREF	0										
13	BRREF	0										
14	REDREF	0										
15												
16	TEXT	'PIPING'										
17												
18	HEADING											
19	TYPE	NAME	PBORO	SHOP	STYP	CATREF	DETAIL	MATXT	CMPREF	BLTREF	TMPREF	PRTREF
20	DEFAULTS											
21		-	-	0	=	=						
22	TUBE	*/CLPA200:15	15	TRUE	A	/CLPA200DD	/CLPA200-D	/06Cr19Ni10	0	0	0	0
23	TUBE	*/CLPA200:20	20	TRUE	A	/CLPA200EE	/CLPA200-D	/06Cr19Ni10	0	0	0	0
24	TUBE	*/CLPA200:25	25	TRUE	A	/CLPA200FF	/CLPA200-D	/06Cr19Ni10	0	0	0	0
25	TUBE	*/CLPA200:32	32	TRUE	A	/CLPA200GG	/CLPA200-D	/06Cr19Ni10	0	0	0	0
26	TUBE	*/CLPA200:40	40	TRUE	A	/CLPA200HH	/CLPA200-D	/06Cr19Ni10	0	0	0	0
27	TUBE	*/CLPA200:50	50	TRUE	A	/CLPA200JJ	/CLPA200-D1	/06Cr19Ni10	0	0	0	0
28	TUBE	*/CLPA200:65	65	TRUE	A	/CLPA200KK	/CLPA200-D1	/06Cr19Ni10	0	0	0	0
29	TUBE	*/CLPA200:80	80	TRUE	A	/CLPA200LL	/CLPA200-D1	/06Cr19Ni10	0	0	0	0
30	TUBE	*/CLPA200:100	100	TRUE	A	/CLPA200NN	/CLPA200-D1	/06Cr19Ni10	0	0	0	0
31	TUBE	*/CLPA200:125	125	TRUE	A	/CLPA200PP	/CLPA200-D1	/06Cr19Ni10	0	0	0	0
32	TUBE	*/CLPA200:150	150	TRUE	A	/CLPA200RR	/CLPA200-D1	/06Cr19Ni10	0	0	0	0
33	TUBE	*/CLPA200:200	200	TRUE	A	/CLPA200TT	/CLPA200-D1	/06Cr19Ni10	0	0	0	0

图 8.1-3　PDMS 数据库定制工具

3. 设计要点

（1）工程项目的建立

1）根据项目在软件中生成一系列项目文件夹，并将文件夹存放到指定的服务器上，为本项目组设计成员设置相应的共享访问权限和访问路径；

2）进入软件的管理模块创建组、用户和数据库。组是 PDMS 软件的权限管理分组，用户是项目组成员，通过用户来控制每个人在每个组下的操作权限，数据库分为设计模型数据库、平面出图数据库、结构模型数据库等；

3）将数据库文件加载到数据库组（MDB）中，设计人员通过选择不同的 MDB 就可以在不同分区内工作。

（2）PDMS 数据库的建立

PDMS 软件是以数据为中心的设计系统，因此数据库是整个项目运行的基础。数据库又可分为元件库和等级库，元件库是等级库的基础。依据元件的类型、尺寸、压力等级设置编码，编码把元件和等级进行关联，设计人员可从数据库中调用相应等级的管件。PDMS 元件库和等级库见图 8.1-4 和图 8.1-5。

（3）规定数据结构层次

软件中管道、设备、结构、仪表、电气等数据是严格按照树状结构层次进行命名、存储和管理的。

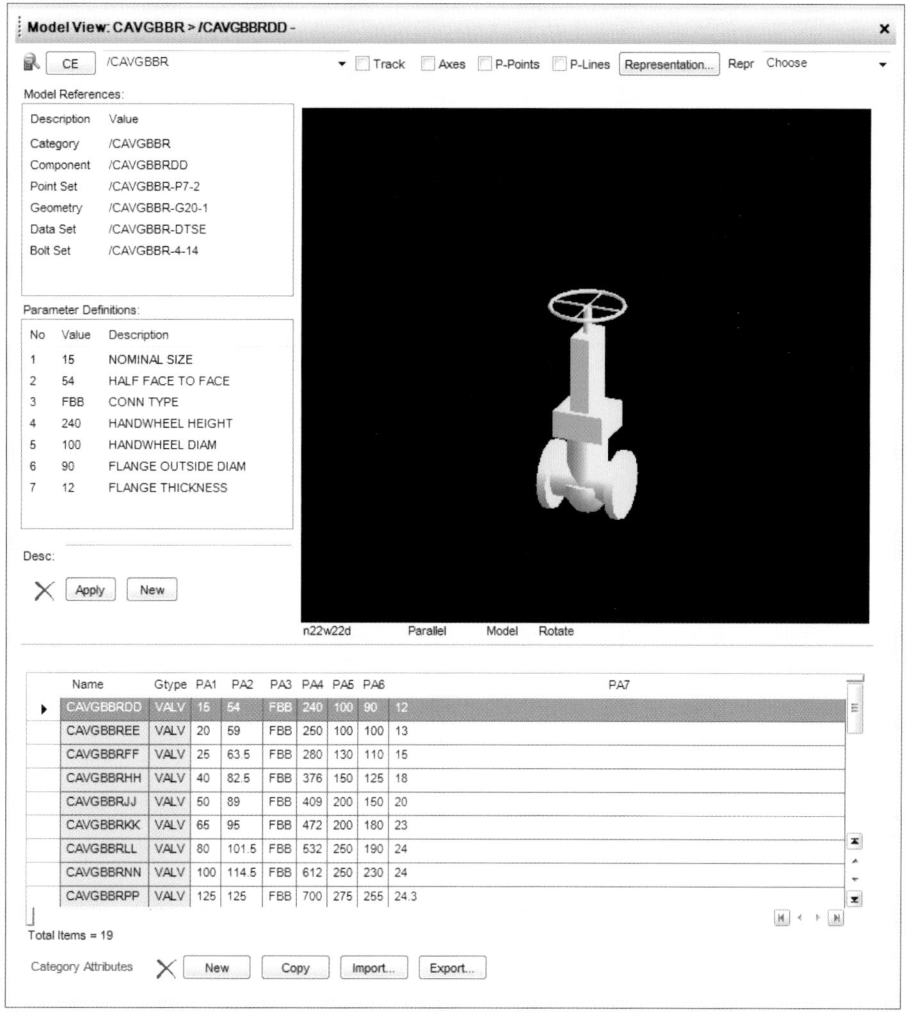

图 8.1-4　PDMS 元件库（以闸阀为例）

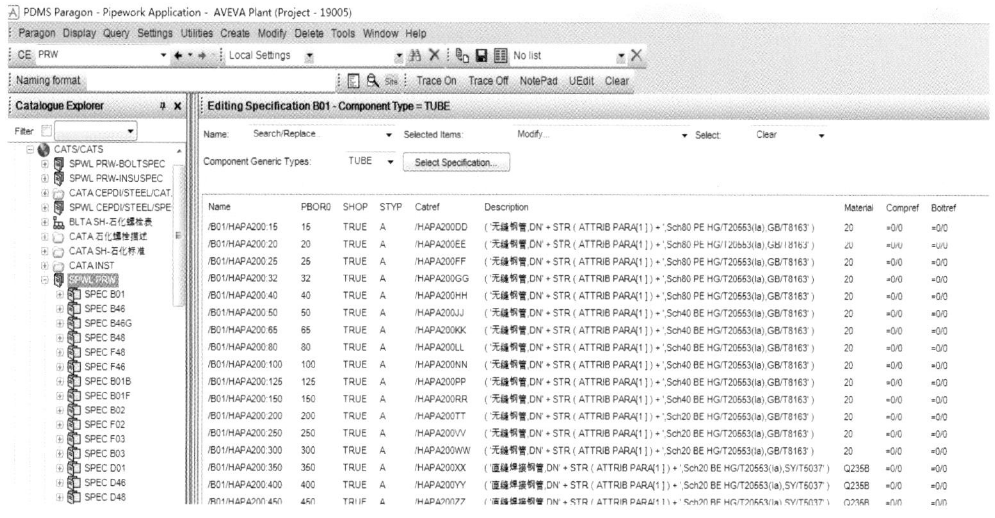

图 8.1-5　PDMS 等级库

（4）主要设计模块使用

PDMS 主要设计模块包括：设备设计模块、管道设计模块、土建设计模块、电仪设计模块、暖通设计模块等，各专业调用相应设计模块进行协同设计。

（5）模型碰撞检查

通过一致性检查和碰撞检查可查找设计错误，方便设计人员及时修改。软件可根据元件、设备的不同构造设置软硬空间，不仅能检查出施工安装时出现的碰撞，还能发现装置运行检修期间设备部件的碰撞。如图 8.1-6 所示。

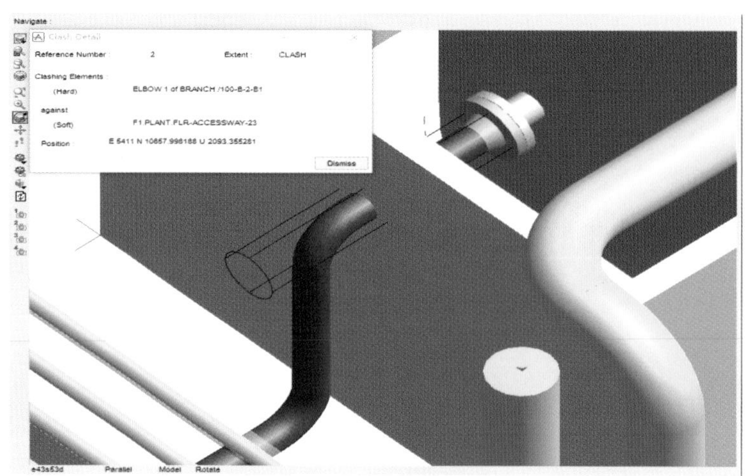

图 8.1-6　管道碰撞检查

（6）定制化图表

PDMS 软件中图表的应用贯穿投标、设计、采购、施工全生命周期。投标阶段可用于工程量估算。设计阶段可生成各类条件图表，如仪表点布置图、结构开孔条件图等。采购阶段可提供详细的材料表供采购参考，表中附带的材料代码可与采购软件配合提高采购效率。施工阶段可抽取管道轴测图以及管道下料图，方便现场安装和管道预制。PDMS 生成的各类图纸图面整齐清晰，表格内容系统规律且准确性高，极大提高了项目的质量和效率。

定制化图表见图 8.1-7。

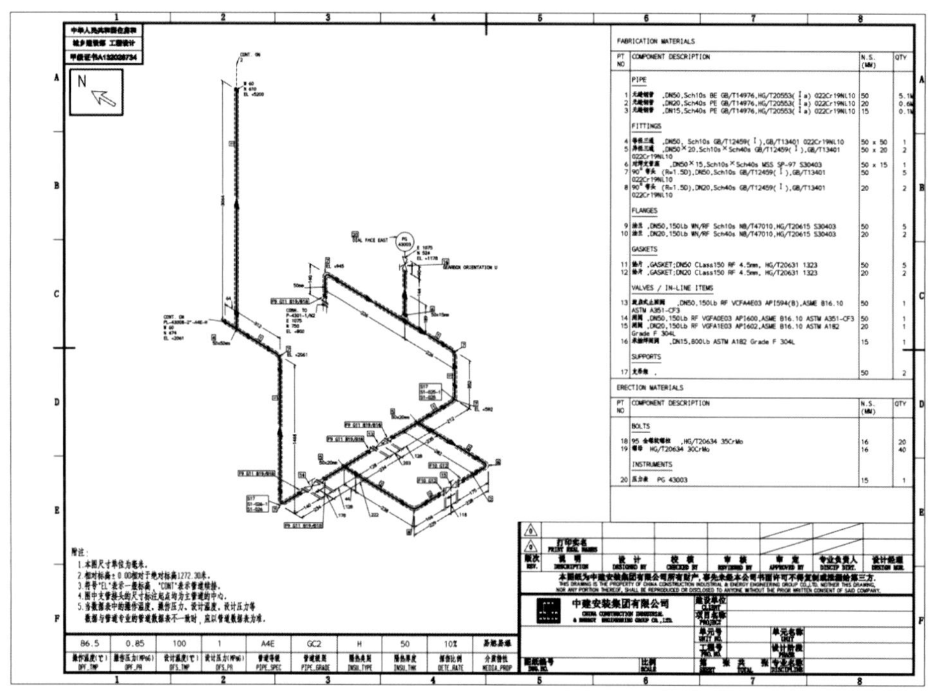

图 8.1-7　定制化图表示意（一）

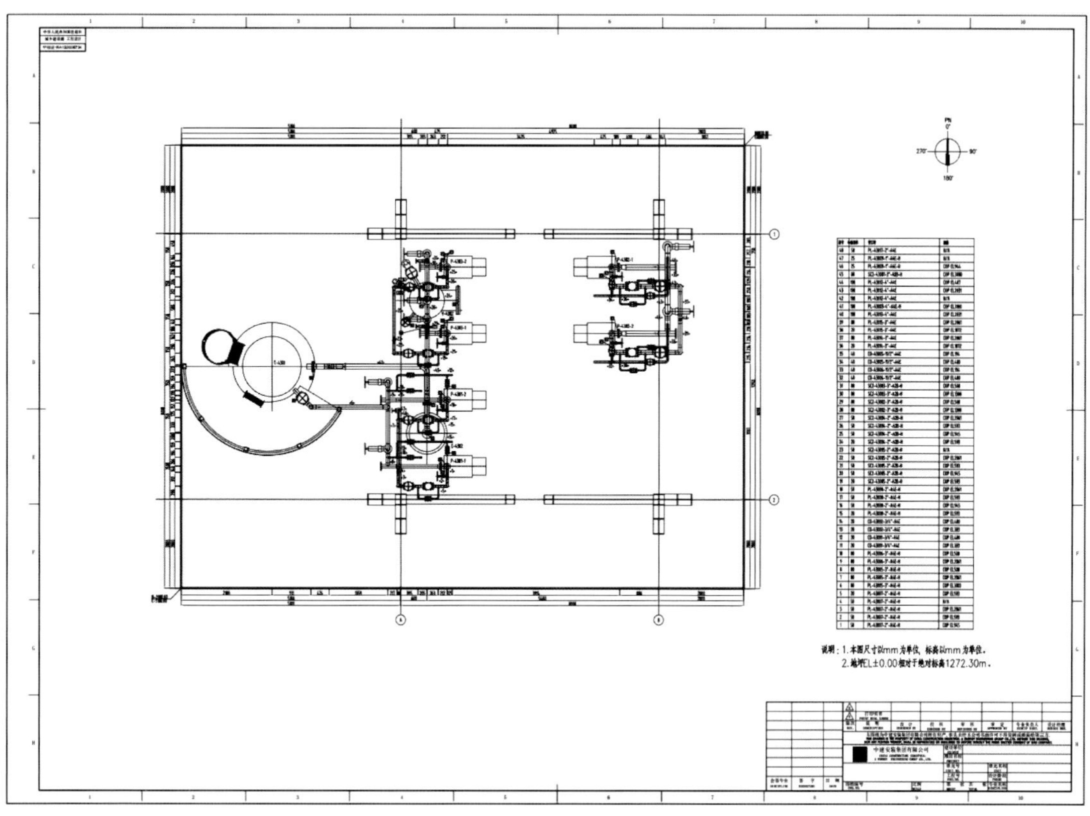

中建安装集团有限公司 CHINA CONSTRUCTION INDUSTRIAL & ENERGY ENGINEERING GROUP CO.,LTD				综合材料表								档案号FILE No: 日　期DATE: 第PAGE　页　共OF　页	
序号	分类（类别）编码（编号）	材质	规格(DN)	材料描述（名称、规格、标准、特征等）	单位	数　量			质量（kg）			备　注	修改
						设计量	裕量	总量	单	总			
1	焊接钢管	022Cr19Ni10	DN150	焊接钢管,DN150,Sch10s BE GB/T12771(Ⅰ),HG/T20553(Ⅰa)	m	35.4							
2			DN200	焊接钢管,DN200,Sch10s BE GB/T12771(Ⅰ),HG/T20553(Ⅰa)	m	0.2							
3			DN250	焊接钢管,DN250,Sch10s BE GB/T12771(Ⅰ),HG/T20553(Ⅰa)	m	31.2							
4			DN400	焊接钢管,DN400,Sch10s BE GB/T12771(Ⅰ),HG/T20553(Ⅰa)	m	0.6							
5	无缝钢管		DN100	无缝钢管,DN100,Sch10s BE GB/T14976,HG/T20553(Ⅰa)	m	31.6							
6			DN15	无缝钢管,DN15,Sch40s PE GB/T14976,HG/T20553(Ⅰa)	m	0.4							
7			DN20	无缝钢管,DN20,Sch40s PE GB/T14976,HG/T20553(Ⅰa)	m	8.1							
8			DN25	无缝钢管,DN25,Sch40s PE GB/T14976,HG/T20553(Ⅰa)	m	24.9							
9			DN40	无缝钢管,DN40,Sch40s PE GB/T14976,HG/T20553(Ⅰa)	m	24.4							
10			DN50	无缝钢管,DN50,Sch10s BE GB/T14976,HG/T20553(Ⅰa)	m	110.9							
11			DN80	无缝钢管,DN80,Sch10s BE GB/T14976,HG/T20553(Ⅰa)	m	15.7							
12		06Cr19Ni10	DN25	无缝钢管,DN25,Sch40s PE GB/T14976,HG/T20553(Ⅰa)	m	6.1							
13		20#	DN100	无缝钢管,DN100,Sch40 BE GB/T8163,HG/T20553(Ⅰa)	m	1.9							
14			DN15	无缝钢管,DN15,Sch80 PE GB/T8163,HG/T20553(Ⅰa)	m	0.3							
15			DN150	无缝钢管,DN150,Sch40 BE GB/T8163,HG/T20553(Ⅰa)	m	15.9							
16			DN20	无缝钢管,DN20,Sch80 PE GB/T8163,HG/T20553(Ⅰa)	m	1.8							

图8.1-7　定制化图表示意（二）

中建安装集团有限公司 CHINA CONSTRUCTION INDUSTRIAL & ENERGY ENGINEERING GROUP CO., LTD.	管架表 PIPING SUPPORT LIST	编制 DESIGN		业主 CLIENTS		图号 DRAWING NO.			
		校核 CHKD		项目名称 PROJECT		设计阶段 PHASE		工程编号 PROJECT NO.	
		审核 APPR		单项名称 UNIT/WORK AREA		设计专业 SPEC.		SHEETS	0版 REV.

序号	管架号	图号 / 网格号	支承管道号和管径	管架图号和系列号	类型	制造材料					数量	标高		制造尺寸（mm）						
						材料	数量	单位	材质	其他		I	II	A	B	C	D	E	F	备注
1	S1-001		CD-43004-1"-A4E	G7	I	L50X50X6	0.473	m	C.S		1	6000	6483	473						
						A2	1	套	C.S											
				A2	I	A2-2(25)	1	套			1									
2	S1-002		CD-43004-1"-A4E	G7	I	L50X50X6	0.477	m	C.S		1	6000	6487	477						
						A2	1	套	C.S											
				A2	I	A2-2(20)	1	套			1									
3	S1-004		CWR-43001-6"-A1B	F8		$\phi108\times6$	0.4	m	20#		1	12400	12000	400	140	200				
						8mm钢板	0.04	m2	C.S											
4	S1-005		CWR-43001-6"-A1B	B24		L80×80×10	1.227	m	C.S		1	11975	11216	759	268					
5	S1-006		CWS-43001-6"-A1B	B24		L80×80×10	1.227	m	C.S		1	11975	11216	759	268					
6	S1-007		DF-43001-4"-A4E-PP	F8		$\phi89\times9$	0.36	m	C.S		1	39853	39493	360	140	200				
						8mm钢板	0.04	m2	C.S											
7	S1-008		DF-43002-6"-A4E	D11		10mm钢板	0.06	m2	C.S		1	38716		600						
						螺栓M24×75	2	个	45	GB/T5780										
						螺母M24	4	个	45	GB/T41										
						垫圈24	2	个	45	GB/T96										
						[10	0.6	m	C.S											
						A9	1	套												
				A9		A9-1(150)	1	套			1									

图 8.1-7　定制化图表示意（三）

（7）多专业协同

传统设计方法是在“专业间互提资料图”上将各自的设计意图转达给其他专业，以免功能差错和空间碰撞。PDMS 则在统一数据库支持下，提供了一个在同一个模型上进行多专业协同设计的平台。每个设计者的设计模型对他人都是只读的，因此多专业协同设计、免除“专业间互提资料图”成为现实。

8.2　装置模块化施工技术

1. 技术简介

模块化施工是旨在减少工程施工现场工作内容的集约化施工模式。石化工程项目建设中最初的模块化安装概念源于撬的整体安装，随着工艺设计水平、装备制造水平、施工机具能力的不断提高，石化装置是通过三维建模、深度预制，将大量散件集成为功能模块，在工程现场经过吊装和组装，完成装置建设的模块化施工。装置模块化施工具有明显的功能化、一体化、大型化的特征，充分体现了设计、采购、施工的过程集成，是未来石化工程建设的发展趋势。装置模块化施工实施流程见图 8.2-1。

项目进行模块化设计不同于传统的整体设计建造模式，设计的角度和思路既要着眼项目的整体功能，又要考虑各个模块的相对独立性，通过建模将工艺流程转化为实体模型，根据厂房结构及安装运输等条件进行模型拆分，拆分成模块、设备、散件结构、散件管道、散件电仪，提取出材料清单。对于石化装置进行模块化施工的主要内容有：

（1）钢结构模块可根据柱、梁、层、区进行模块化加工，在模块化组装过程中严格控制模块几何尺寸和节点连接质量。

（2）设备模块根据设备类别可分为单体设备和大型组装设备。单体设备如空压机、各类泵、风机等

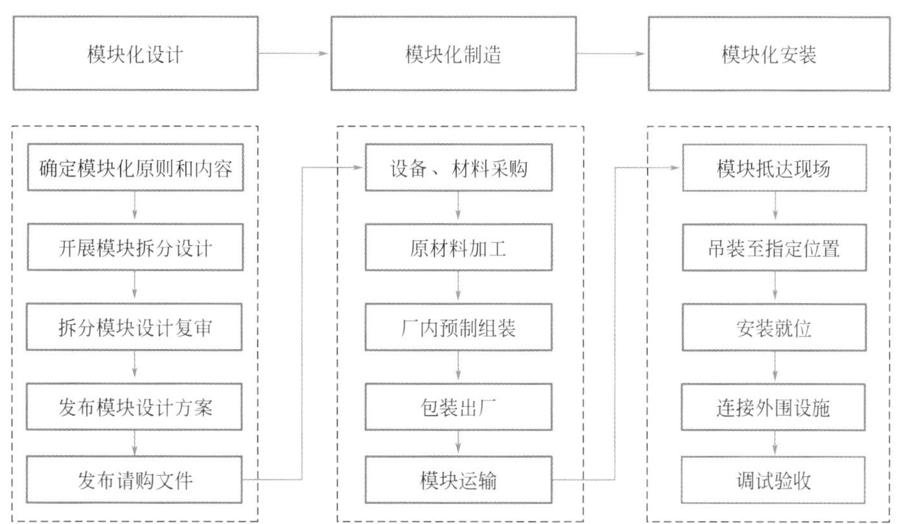

图 8.2-1　装置模块化施工实施流程

应尽量集中组装在同一钢结构底座，形成工艺模块，具备条件可进行模块内联动试车，合格后进行现场整体拼装。对于大型组装设备应根据设备特性、工艺段将其分解为满足要求的功能块，进行工厂预组装以及现场整体拼装。

（3）管道模块可按照支架的间节和一定模数的长度，利用计算机三维模型技术进行分段模块预制、编码，包装成捆后批量运输，在现场按照编码对号入座，严禁混码和随意替代。

（4）电仪系统模块化主要将多组盘柜制作成整体框架模块，一次性安装；面积小的配电间可采用箱体化模块，面积较大的配电室，可按区域划分为若干个小箱体，现场组装。

本技术以公司承建的某扩建项目为例，介绍了模块化设计要求、加工制造特点及模块安装技术要求等，实现了项目中多套装置的模块化安装，有效解决了施工现场可用场地受限、施工生产同步进行的难点，极大的缩短了施工工期。

2. 技术内容

装置模块化施工技术主要包含模块化设计、模块化制造、模块化安装三大部分。

（1）装置模块化设计

1）确定模块化原则和内容

项目前期应对模块化建造内容进行策划，根据项目进度要求、制造能力、运输条件、现场施工条件等各方面进行模块化可行性、适用性、经济性分析和评判。然后在项目实施的基本设计阶段进行模块划分，要充分考虑建造阶段场地的吊装能力、运输能力以及每个模块的尺寸、重量、吊耳设置、重心位置等因素，这些因素都将会直接影响项目的成功与否。

2）开展模块化拆分设计

模块最重要的技术特征是具有独立的功能和结构；在设计阶段能否把整个项目三维工厂设计按照一定的要求进行拆分是实施模块化技术的主导和关键。以某扩建项目施工为例，其中功能模块分布在四个车间，新建区域为 SO_3 车间（SO_3）、高温酯化车间（HT），改造区域包括酯化配合车间（EB）、乙氧基化车间（ET）。其中，SO_3 车间（SO_3）应用模块共计 48 个、高温酯化车间（HT）应用模块共计 27 个、酯化配合车间（EB）应用模块共计 22 个、乙氧基化车间（ET）应用模块共计 5 个。项目三维工厂模型见图 8.2-2。

其中 SO_3 车间（SO_3）模块划分见图 8.2-3～图 8.2-5。模块划分详见表 8.2-1、表 8.2-2。

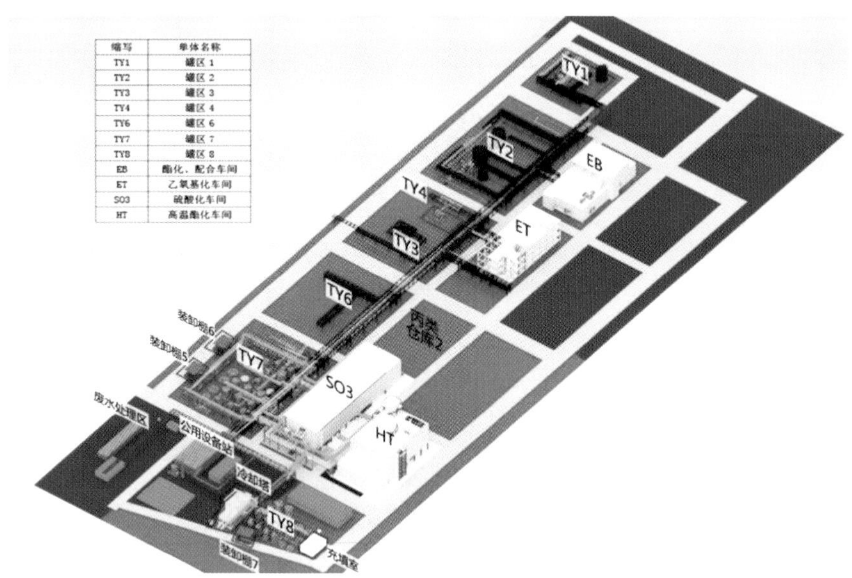

图 8.2-2　某项目三维工厂模型

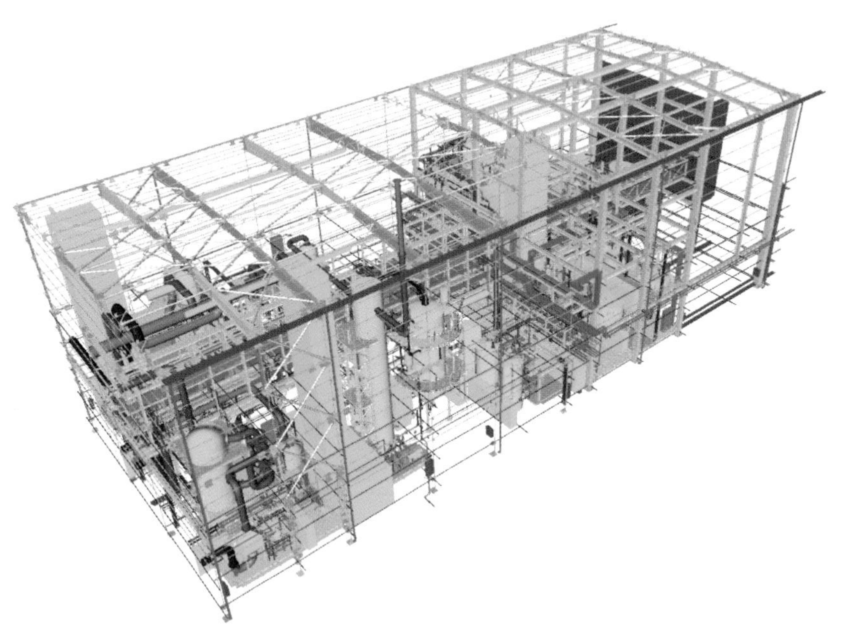

图 8.2-3　SO_3 车间三维模型

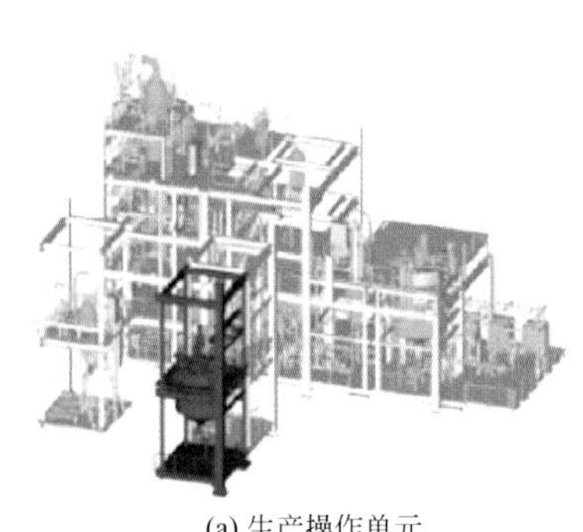

(a) 生产操作单元

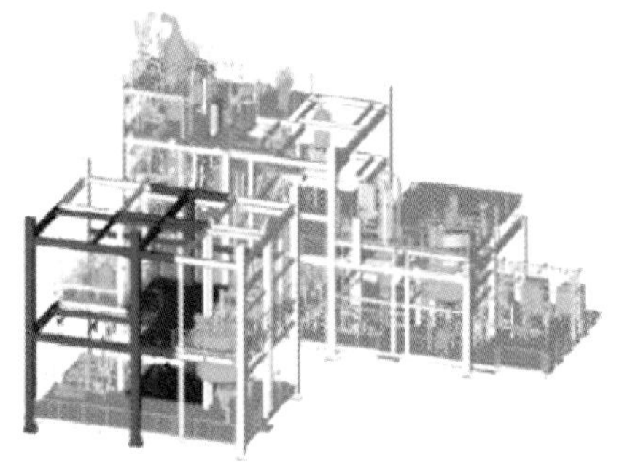

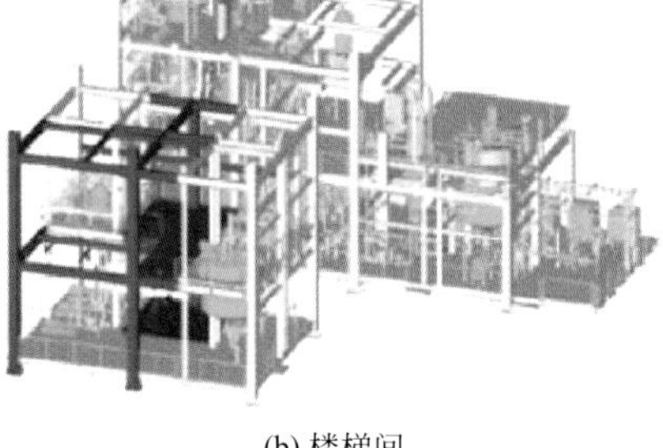

(b) 楼梯间

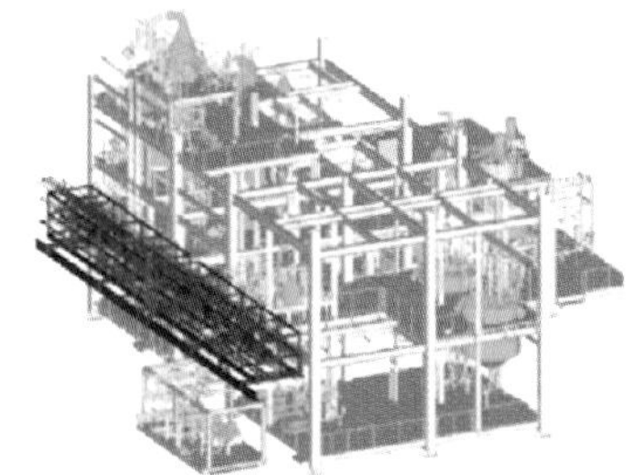

(c) 连廊

图 8.2-4　南区模块拆分

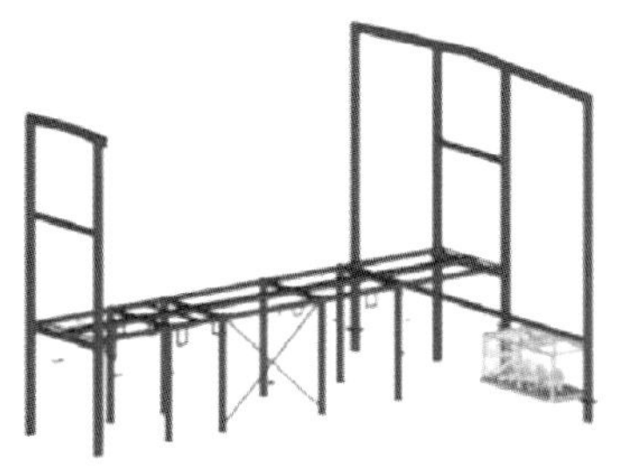
(a) 支撑框架

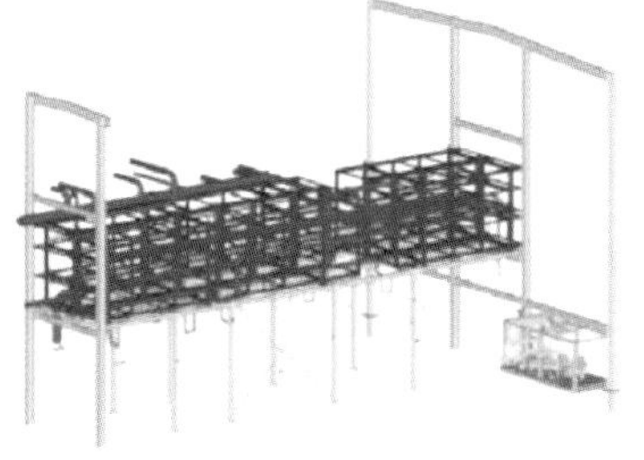
(b) 管廊架

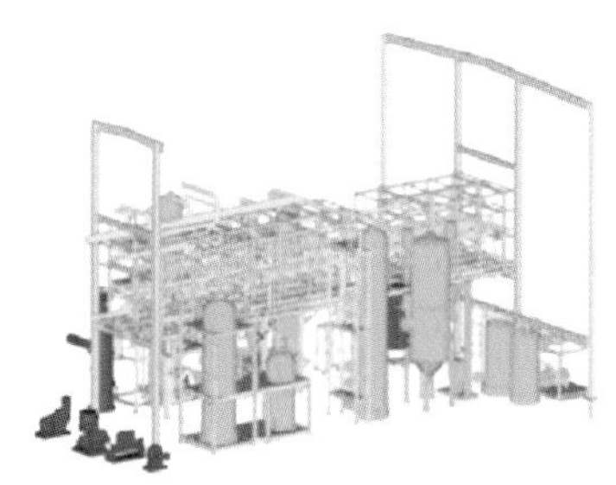
(c) 整装设备

图 8.2-5　北区模块拆分

南区拆分模块　　表 8.2-1

序号	车间名	模块名称	数量	模块外缘尺寸(m)			总重量(t)
1	SO_3	M02	1	9.40	4.00	4.00	19.37
2	SO_3	M03	1	9.40	4.00	4.00	18.60
3	SO_3	M04	1	9.40	4.00	4.00	8.60
4	SO_3	M05	1	9.40	4.00	2.60	11.90
5	SO_3	M06	1	9.40	4.00	2.60	11.90
6	SO_3	M07	1	9.40	4.00	2.60	7.40
7	SO_3	M08	1	8.70	4.70	4.00	20.82
8	SO_3	M09	1	9.40	4.00	2.60	14.07
9	SO_3	M10	1	4.00	4.00	3.80	6.70
10	SO_3	M13	1	12.00	4.70	4.00	33.40
11	SO_3	M14	1	9.40	4.00	2.60	12.24
12	SO_3	M15	1	9.40	4.00	4.00	10.80
13	SO_3	M16	1	7.80	4.70	4.00	16.70
14	SO_3	M17	1	7.80	4.70	4.00	23.20
15	SO_3	M19	1	6.00	4.75	2.00	6.45
16	SO_3	M20	1	10.40	4.75	4.00	21.81
17	SO_3	M21	1	10.40	4.75	4.00	22.80
18	SO_3	M22	1	10.40	4.75	4.00	18.50
19	SO_3	M42	1	4.50	2.20	4.00	2.94
20	SO_3	M45	1	11.70	2.30	3.00	7.50
21	SO_3	M46	1	11.70	2.30	3.00	7.00
22	SO_3	M47	1	16.00	1.70	1.60	5.30
23	SO_3	M48	1	13.20	2.80	2.50	4.20
24	SO_3	M49	1	9.40	3.30	1.00	5.80
25	SO_3	M50	1	6.00	4.40	2.20	4.00
26	SO_3	M51	1	2.40	2.50	3.30	1.00

续表

序号	车间名	模块名称	数量	模块外缘尺寸(m)			总重量(t)
27	SO_3	M52	1	1.60	1.50	3.00	0.70
28	SO_3	M53	1	2.82	1.35	4.00	1.12
29	SO_3	M54	1	5.70	1.90	1.50	1.80

北区拆分模块 **表 8.2-2**

序号	车间名	模块名称	数量	模块外缘尺寸(m)			总重量(t)
1	SO_3	M25	1	16.15	2.80	4.00	11.20
2	SO_3	M26	1	16.15	2.80	4.00	9.20
3	SO_3	M27	1	16.15	2.80	4.00	9.20
4	SO_3	M28	1	16.15	2.80	4.00	8.90
5	SO_3	M29	1	15.00	2.80	4.00	7.30
6	SO_3	M30	1	15.00	2.80	4.00	5.50
7	SO_3	M31	1	15.00	2.80	4.00	3.30
8	SO_3	M32	1	15.00	2.80	4.00	5.10
9	SO_3	M33	1	13.00	4.50	3.35	24.80
10	SO_3	M34	1	10.50	4.20	1.55	19.15
11	SO_3	M35	1	10.20	3.50	3.00	6.95
12	SO_3	M36-1	1	4.00	4.00	4.00	10.12
13	SO_3	M36-2	1	5.50	4.00	4.00	4.40
14	SO_3	M37	1	5.30	3.00	4.00	5.82
15	SO_3	M38	1	9.70	4.25	3.95	18.50
16	SO_3	M39	1	5.20	4.25	3.95	12.00
17	SO_3	M40	1	8.80	3.00	4.00	8.93
18	SO_3	M41	1	11.00	3.40	2.20	5.00
19	SO_3	M43	1	7.00	3.00	4.00	11.55

3）拆分模块设计复审及方案发布

项目模块拆分完成后，需提交原设计单位进行复审，确保拆分模块符合原设计工艺需求。审查通过后，应及时进行方案发布，并编制请购文件，进入模块加工制造环节。

（2）模块化制造

1）模块在加工厂内进行制造，加工工艺严格执行设计文件的工艺要求，并预留必要的调整段，便于后续现场组装连接。

2）加工完成后的模块需进行预拼装，预拼装完成后应组织各相关方进行初步验收，确保其工艺流程符合设计要求，管线排布满足安装要求，精度控制符合现场要求。

3）预拼装过程中采用临时件作为临时支撑，临时件包括木支撑、部分设备钢支撑、临时结构等，所有的钢构临时件单独涂成一种颜色，便于现场区分，见图 8.2-6。

4）在验收通过后，再根据拆模方案进行模块拆分，散件打包装箱，模块及散件应编制安装指导书，将所有散件的编号、安装位置图片、进场日期等信息以二维码的形式标贴于各部件上，方便扫描读取，

图 8.2-6　模块预拼装

见图 8.2-7。

图 8.2-7　模块散件打包与标识

5）模块采用捆轧带临时进行绑扎及加固，防止运输、装卸、翻转过程中框架扭曲、管线错位等，见图 8.2-8。

6）搅拌桨叶、塔盘等设备内件，精度要求较高，且在内部无法固定，应作为散件在现场进行安装，防止拆除、运输过程中造成损坏。

（3）模块化安装

1）模块化安装顺序

模块安装顺序总体遵循“先内后外、先下后上、先重后轻”的原则。正式结构连接稳固后方可拆除临时结构，然后安装散件结构，结构安装完毕并验收通过后，进行设备、管道、电气仪表的安装，最后进行调试验收。以 SO_3 车间（SO_3）模块安装为例，总体顺序为南部模块安装（图 8.2-9）、北部模块安

图 8.2-8　模块内部绑扎加固

装（图 8.2-10）、装置厂房模块（图 8.2-11）。

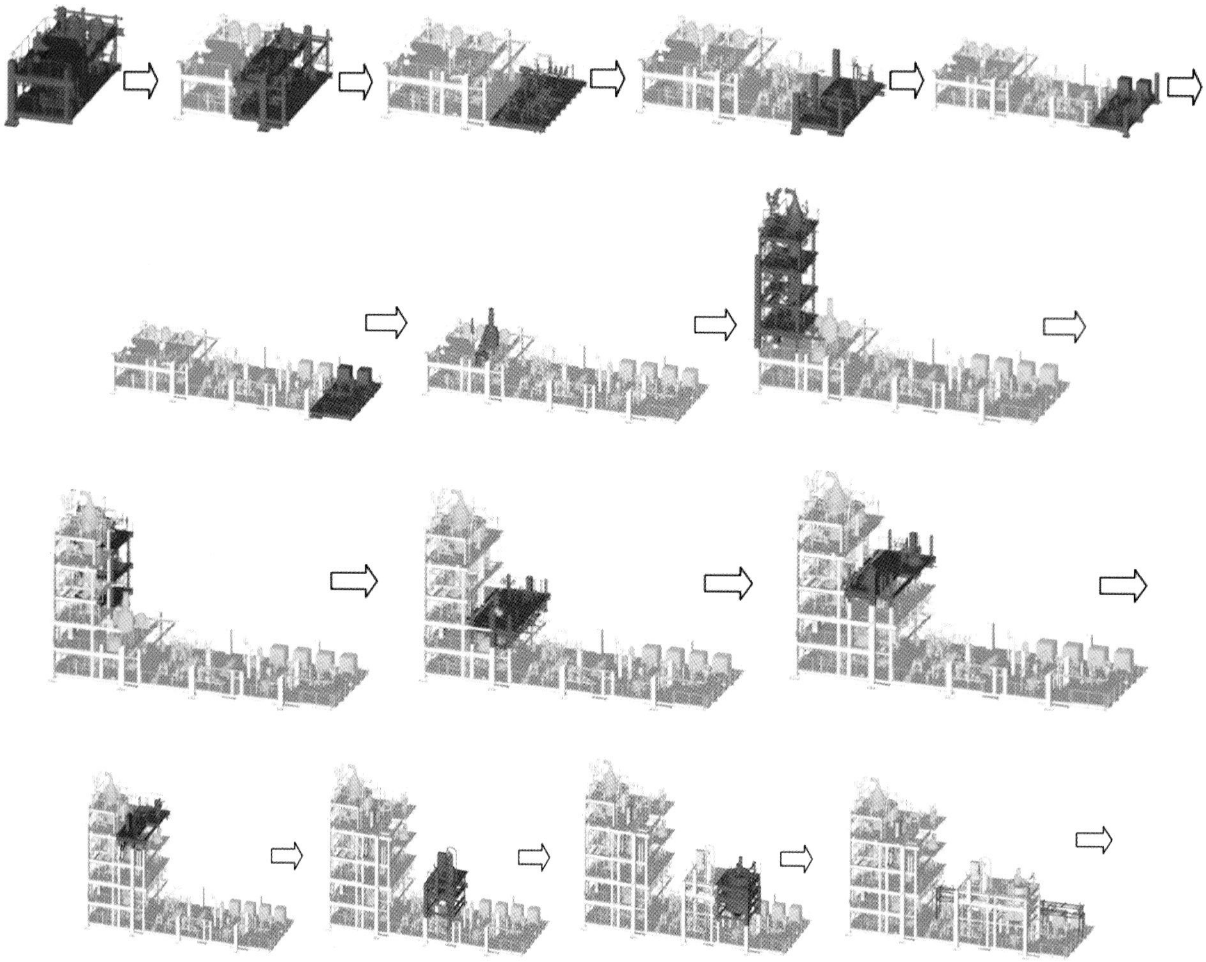

图 8.2-9　南部模块安装顺序（一）

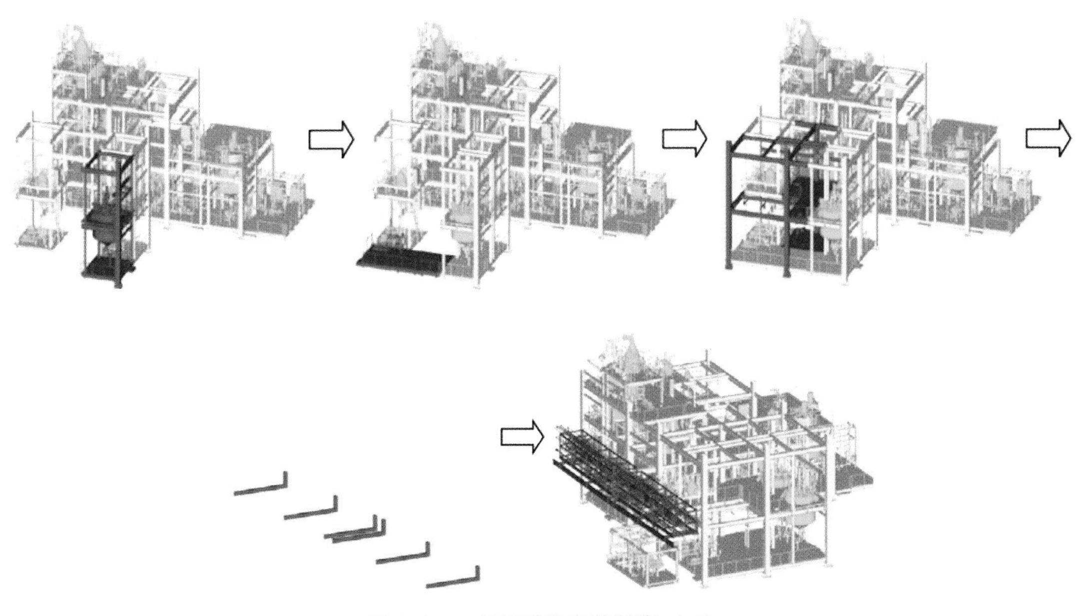

图 8.2-9　南部模块安装顺序（二）

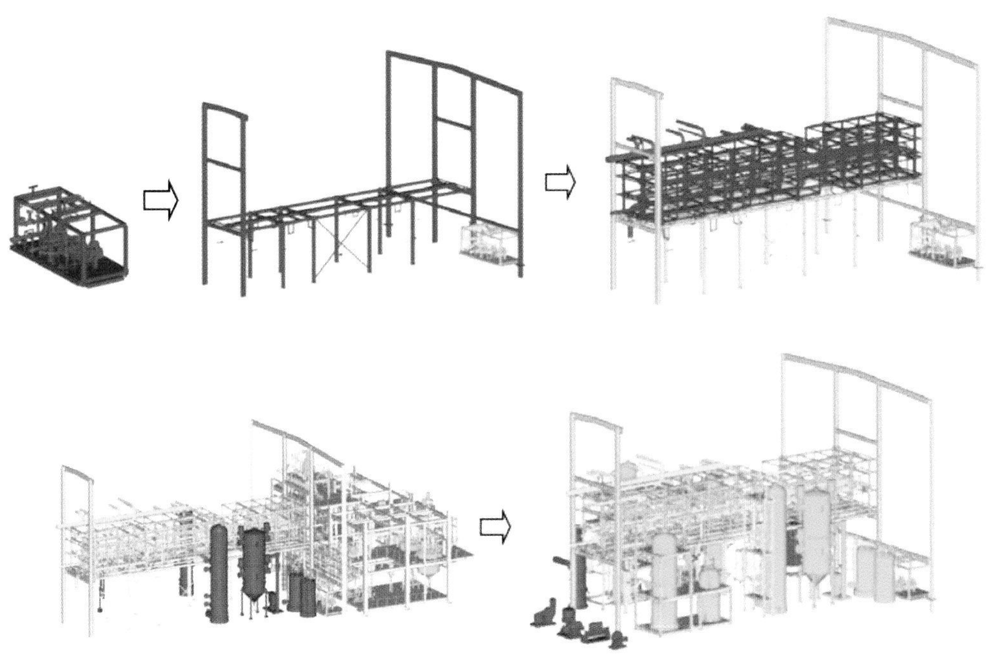

图 8.2-10　北部模块安装顺序

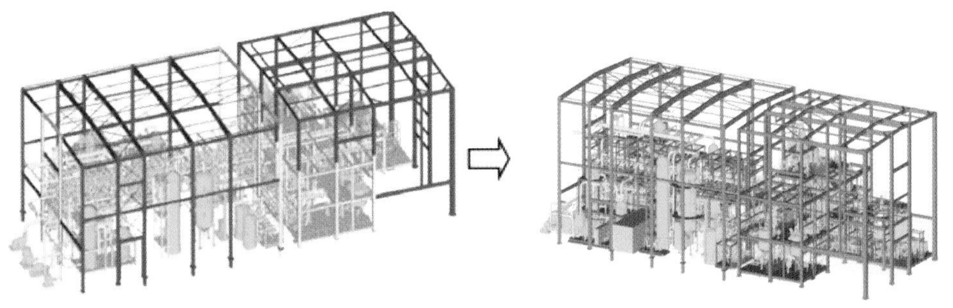

图 8.2-11　装置厂房模块拼装

2）模块运输吊装

各模块参数应在模块出厂时进行复核，并将相关信息提供给现场，提前做好吊装准备。通过吊点的受力计算，选用合适的吊耳，制定专项吊装方案。模块吊装如图 8.2-12 所示。

图 8.2-12　M13 模块吊装

3）模块基础地脚螺栓定位

利用翻样定位模板固定地脚螺栓间距，采用可调整精度带导向锥的地脚螺栓，将模块柱脚中心偏移精度控制在 2mm 内。模块基础翻样模板见图 8.2-13。带导向锥可调式套筒地脚螺栓安装见图 8.2-14。

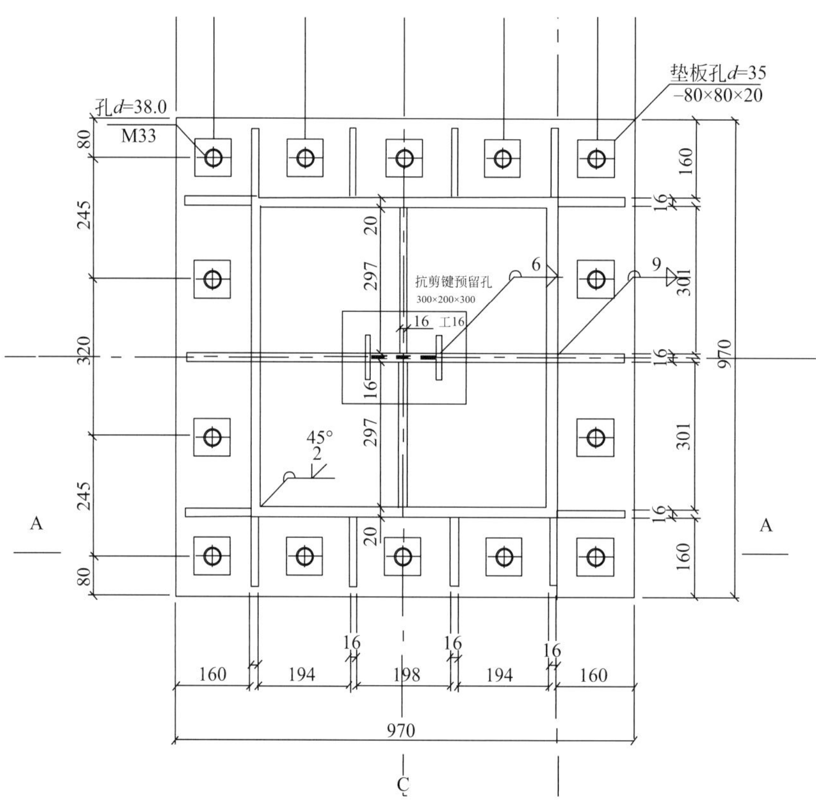

图 8.2-13　翻样定位模板

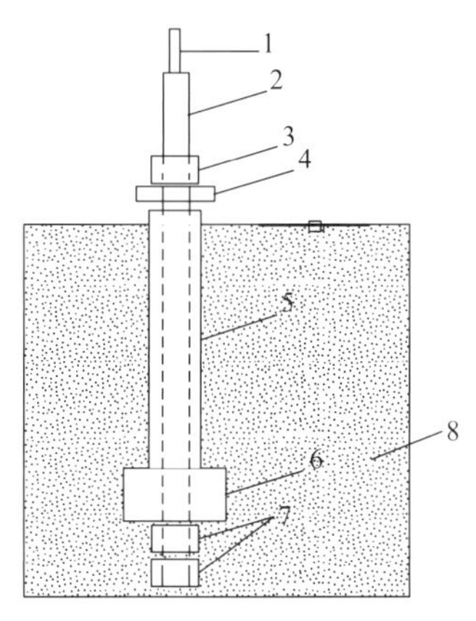

图 8.2-14　带导向锥可调式套筒地脚螺栓安装

1—导向锥；2—螺杆；3—紧固螺母；4—圆形盖板；5—圆形套筒；6—支撑块；7—抗拔螺母；8—基础

4）模块安装调平找正

采用“三点两线一面”相结合的方式进行调整。即通过土建的坐标点、两柱子间坐标点确定模块的参照调整线，以线为基准利用千斤顶进行模块和坐标、垂直度的调整，见图 8.2-15。

图 8.2-15　利用千斤顶对模块调平找正

5）结构模块高强度螺栓连接

利用扭矩扳手分别进行初拧、终拧，初拧结束后划线、标记，24h 内完成相关的终拧，通过标记检查高强度螺栓的紧固质量，强度值符合要求并通过验收后方可进行下一层设备模块及设备安装。高强度螺栓紧固过程见图 8.2-16。

6）管道模块安装

应在特定的管段上设置调节段，现场矫正模块化施工造成的累积偏差。因运输需要而临时捆扎的管线，在模块就位后应尽快松绑，以免产生非弹性形变。出厂前模块内部管道系统及设备已完成试压时，现场不得擅自切割、焊接、拆改管道。对于模块内管道及设备已保温完成部分，应做好成品保护工作。

7）在模块散件安装完成前，出厂时已经对仪表件进行的保护性包裹不得拆除破坏；在现场安装的仪表件应进行保护性包裹。

8）模块调试

① 模块调试前，应根据平面图、仪表流程图与模型，对系统逐一进行检查确认是否存在漏接、错

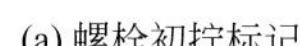
(a) 螺栓初拧标记

(b) 螺栓终拧

图 8.2-16　高强度螺栓紧固过程

接的情况；

② 在模块调试前，应先检查及确认所有系统检测检验（如压力管道试压、冲洗、吹扫、探伤等）已完成，并有书面的确认资料；

③ 模块调试应按公用工程管线、无危险性工艺管线、危险性工艺管线的顺序进行；

④ 调试过程中，应安排专人负责源头的开启/关闭工作，另应视系统管路的长短安排至少 2 人进行巡视，负责查找问题点及记录数据等工作，并应配备防爆对讲机保持通信畅通。

8.3　管道施工信息化管理平台开发与应用

1. 技术简介

石化装置建设的信息化是实现智能建造的基础，结合石化工程项目管道施工的管理特点和难点，中建安装采用全流程信息化管理理念开发了管道信息化管理平台，平台集材料、管线焊口信息、焊接工艺、焊工、焊接施工、检测试压等关键环节于一体，有效解决了当前管道安装中管理效率低、质量把控难、生产记录实时性和准确性差等问题，对石化工程建造具有重要意义，市场推广应用空间大。

本节主要介绍以下 5 个方面技术内容：

1）管道材料信息化管理技术，开发了管道材料管理软件标准接口，建立数据导入模式；建立了管道材料动态数据分析模型，为材料采购、焊接计划制定等管理决策提供数据依据；设计以管线为基准的材料领料数量与材料计划数量校核功能模块。

2）焊接工艺评定数据库管理与智能推理技术，建立基于数据库和评定规则的双推理机制；采用基于 B/S 结构 web 数据库技术，实现了浏览器登录应用，不受设备限制，相比单机版管理系统提高了使用便捷性，可实现多用户协同应用。

3）焊接工艺辅助设计技术，设计标准化的焊接工艺文件（焊接工艺规程、焊接工艺卡）编辑模版，采用网页在线编辑的方式，实现了焊接工艺文件在线设计和 web 数据库管理；通过嵌入线能量计算公式的方法，工艺编制时系统自动计算本工艺的最大焊接线能量，并将线能量与该工艺规程（或工艺卡）依托的 PQR 数据库中的线能量值进行自动校验。

4）焊工技能与排产派工管理技术，建立了焊工技能评价模型，采用动态数据抓取方式实现了焊工信息的精细化管理；采用手机 APP 与 PC 端管理系统实现协同管理，使项目部与焊工之间建立基于网络的排产派工管理和焊接记录报送，提高了管理效率和焊接质量。

5）焊口信息化管理技术，开发了以管线、焊口施工节点信息记录和大数据统计分析为主要功能的管道焊口施工信息管理软件；采用多元化的数据初始化和系统参数设置方法，使管理软件可适用于不同图纸条件和工程质量要求的石化管道项目。

相关技术成果申请软件著作权 3 项，见表 8.3-1。

申请软件著作权　　　　**表 8.3-1**

序号	软件著作权名称	登记号
1	中建安装管道焊接工程管理系统	2018SR933197
2	焊接工艺评定智能分析系统	2019SR0699505
3	中建安装焊接知识库管理软件	2019SR1002588

经江苏省安装行业协会对相关成果评价，认定本技术总体达到了国内领先水平。

2. 技术内容

（1）工艺流程

管道信息化管理平台构架设计如图 8.3-1 所示。

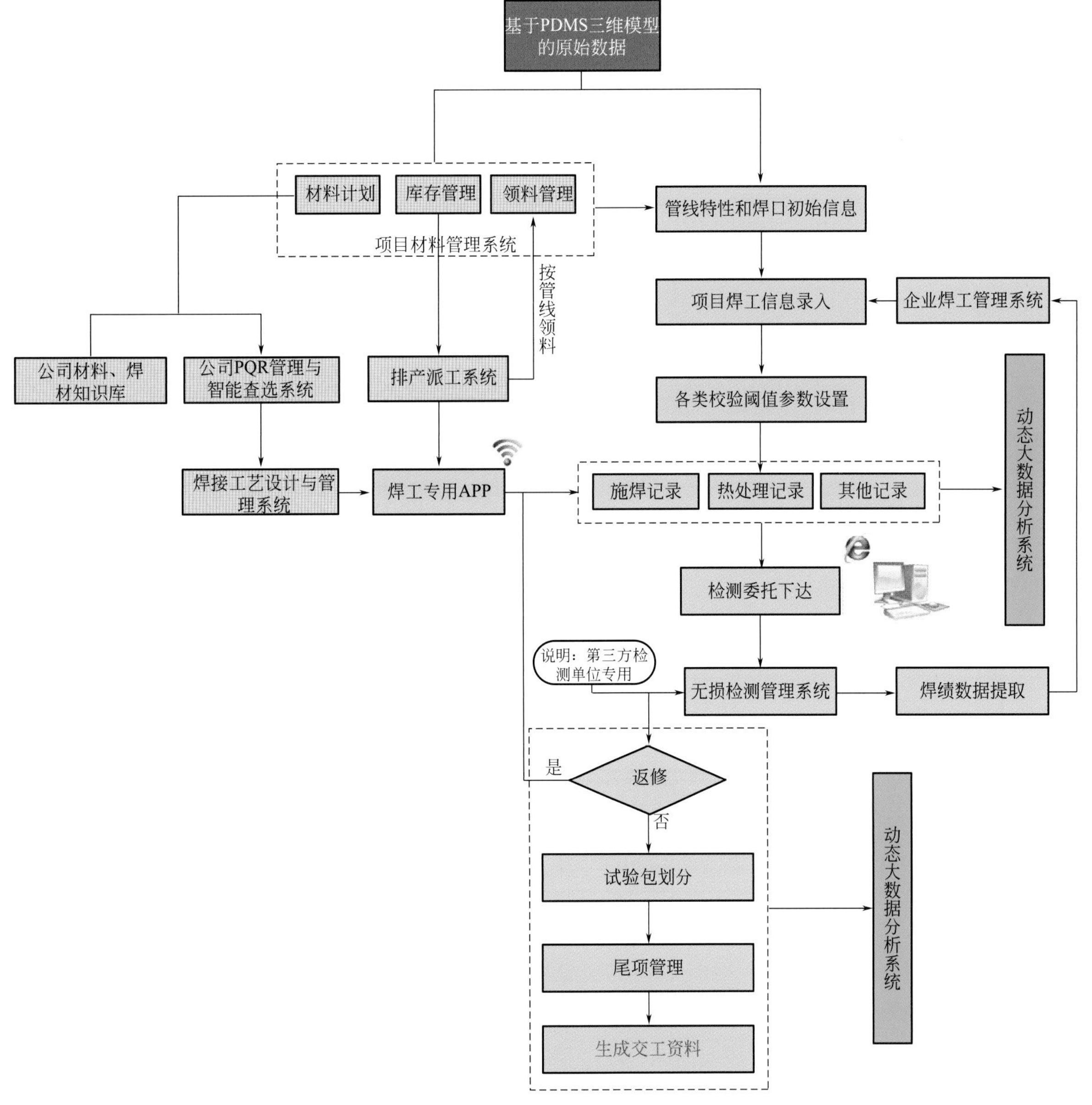

图 8.3-1　管道信息化管理构架设计

(2) 关键技术介绍

1) 管道材料信息化管理技术

① 项目材料数据库建立

根据设计材料清单建立项目材料数据库，按照主项、种类、规格等对材料进行分类，如图 8.3-2 所示。数据库建立过程中，材料管理人员与设计人员、采购人员、仓库管理人员形成工作联系，及时修改数据库内容，保证数据库与实际工作高度吻合。

单元号	管线号	材料类型	标准	材料代号	材料名称	材料描述	规格	壁厚	单位
1060	1100.112-1"-3615.060-CA01-E	紧固件	-	5956201	BOLT	stud-bolt a193 gr b7 w/a194 gr 2	1/2 x 60		EA
1060	1100.112-1"-3615.060-CA01-E	紧固件	-	5956201	BOLT	stud-bolt a193 gr b7 w/a194 gr 2	1/2 x 65		EA
1060	1100.112-1"-3615.060-CA01-E	阀门	-	FFFFT90E	VALVE	ball valve 150# rf cs trim:316/ rp	1		EA
1060	1100.112-1"-3615.072-CA01-E	垫片	-	5862201	GASKET	gasket 150# rf non-asb ring pt a	1		EA
1060	1100.112-1"-3615.072-CA01-E	垫片	-	5862201	GASKET	gasket 150# rf non-asb ring pt a	1/2		EA
1060	1100.112-1"-3615.072-CA01-E	大小头	-	5548706	REDUCER	swage ecc xs stl a234 wpb pbe	1x1/2		EA
1060	1100.112-1"-3615.072-CA01-E	弯头	-	5478105	ELL	ell 90 deg 3000# sw stl a105	1		EA
1060	1100.112-1"-3615.072-CA01-E	支架	-	210-1	SUPPORT	cantilevered guide for insulated v	1		EA
1060	1100.112-1"-3615.072-CA01-E	支架	-	400-1-A	SUPPORT	std length pipe shoe x 100 high	1		EA
1060	1100.112-1"-3615.072-CA01-E	支架	-	800-A1	SUPPORT	tee post	1		EA
1060	1100.112-1"-3615.072-CA01-E	支架	-	810-A4	SUPPORT	cantilever	1		EA
1060	1100.112-1"-3615.072-CA01-E	法兰	-	5601738	FLG	flg sw 150# rf stl xs bore a105	1		EA
1060	1100.112-1"-3615.072-CA01-E	法兰	-	5601738	FLG	flg sw 150# rf stl xs bore a105	1/2		EA
1060	1100.112-1"-3615.072-CA01-E	管子	-	PPPA06SPA1	PIPE	pipe,a106 gr.b,smls,pe,asme b36	1		M
1060	1100.112-1"-3615.072-CA01-E	管接头	-	5478109	COUPLING	coupling 3000# sw stl a105	1		EA
1060	1100.112-1"-3615.072-CA01-E	紧固件	-	5956201	BOLT	stud-bolt a193 gr b7 w/a194 gr 2	1/2 x 60		EA
1060	1100.112-1"-3615.072-CA01-E	紧固件	-	5956201	BOLT	stud-bolt a193 gr b7 w/a194 gr 2	1/2 x 65		EA
1060	1100.112-1"-3615.072-CA01-E	阀门	-	FFFFT90E	VALVE	ball valve 150# rf cs trim:316/ rp	1		EA

图 8.3-2　材料数据库

② 材料计划与施工安排

技术人员编制材料需用计划并提交审批后，采购人员根据整体材料清单进行询价，按照需用时间节点分批到货。当管线到货材料能够满足管线 80%要求及以上时，开始管线整体施工，当区域内材料 80%以上到货时，开始本区域整体施工。出现工程量或工艺路线变更时，通过材料数据库进行材料重新分配和调整，如图 8.3-3 所示。

单元号	管线号	材料类型	标准	材料代号	材料名称	材料描述	规格	壁厚	单位	计划量	领用量
1060	1100.112-3/4"-3615.058-CA01-E	紧固件	-	5956201	BOLT	stud-bolt a193 gr b7 w/a194 gr 2	1/2 x 65		EA	12.0	
1060	1100.112-3/4"-3615.058-CA01-E	阀门	-	F9FWT9	VALVE	check valve disco type 150# wafe	3/4		EA	1.0	
1060	1100.112-3/4"-3615.058-CA01-E	阀门	-	FFFFT90E	VALVE	ball valve 150# rf cs trim:316/ rp	3/4		EA	2.0	
1060	1100.126-1"-3622.011-CA01-H	三通	-	5478127	TEE	tee red 3000# sw stl a105	1.1/2x1		EA	3.0	
1060	1100.126-1"-3622.011-CA01-H	垫片	-	5862201	GASKET	gasket 150# rf non-asb ring pt a	1		EA	5.0	5.0
1060	1100.126-1"-3622.011-CA01-H	垫片	-	5862201	GASKET	gasket 150# rf non-asb ring pt a	1.1/2		EA	2.0	
1060	1100.126-1"-3622.011-CA01-H	大小头	-	5543616	REDUCER	swage conc xs stl a234 wpb pbe	1.1/2x1		EA	1.0	
1060	1100.126-1"-3622.011-CA01-H	弯头	-	5478105	ELL	ell 90 deg 3000# sw stl a105	1		EA	4.0	
1060	1100.126-1"-3622.011-CA01-H	弯头	-	5478105	ELL	ell 90 deg 3000# sw stl a105	1.1/2		EA	4.0	
1060	1100.126-1"-3622.011-CA01-H	支架	-	203-1	SUPPORT	hold down guide for insulated pip	1		EA	1.0	
1060	1100.126-1"-3622.011-CA01-H	支架	-	203-1-1/2	SUPPORT	hold down guide for insulated pip	1.1/2		EA	1.0	
1060	1100.126-1"-3622.011-CA01-H	支架	-	439-1-1/2-A	SUPPORT	clamped shoe for hot insulated cs	1.1/2		EA	1.0	
1060	1100.126-1"-3622.011-CA01-H	支架	-	439-1-B	SUPPORT	clamped shoe for hot insulated cs	1		EA	1.0	
1060	1100.126-1"-3622.011-CA01-H	支架	-	504-1	SUPPORT	line stop	1		EA	1.0	
1060	1100.126-1"-3622.011-CA01-H	支架	-	715	SUPPORT	base plate on civil foundation	1.1/2		EA	1.0	
1060	1100.126-1"-3622.011-CA01-H	支架	-	910-1-1/2-A-	SUPPORT	clamped guide shoe/rest shoe x 1	1.1/2		EA	1.0	
1060	1100.126-1"-3622.011-CA01-H	法兰	-	5601738	FLG	flg sw 150# rf stl xs bore a105	1		EA	4.0	
1060	1100.126-1"-3622.011-CA01-H	法兰	-	5601738	FLG	flg sw 150# rf stl xs bore a105	1.1/2		EA	2.0	

图 8.3-3　材料需求计划表

③ 库房材料管理

材料到达现场后，库房管理人员按照库房材料管理程序要求将材料进行分类入库，并反映在库房材料目录上，反馈给材料管理人员。材料管理人员对材料库存情况与施工单位领料计划进行对比核实，出现不一致情况应分析原因，妥善制定处理措施，材料入库管理界面见图 8.3-4。

入库单编号	供应商	入库方式	仓位	经办人	验收人	制单人	编制日期	状态	自
0006						zy	2020-06-01	待验收	
0005	1234	甲供			总监	总监	2019-09-26	已验收	
0004		甲供				xcm	2019-09-22	待验收	
0003		其他			总监	总监	2019-06-24	已验收	
0002		甲供			总监	zy	2019-04-01	已验收	
0001	XX五金店	甲供			总监	总监	2018-07-31	已验收	

图 8.3-4　材料入库管理

④ 领料管理

在材料数据库内对材料的种类、规格、用途、领用人等信息进行记录和管理，实现对施工现场材料动态跟踪，一旦出现短缺或由于设计变更等情况可能导致短缺时，及时将信息传送给采购部门。材料出库管理界面见图 8.3-5。

标准	材料代号	材料名称	材料描述	规格	壁厚	领料人	出库单编号	管线号	出库日期	申领量	出库数量
-	5862201	GASKET	gasket 150# rf non-asb ring pt a	1			0001	1100.112-1"-3615.060-CA01-	2018-08-01	1.0	1.0
-	5548706	REDUCER	swage ecc xs stl a234 wpb pbe	1x1/2			0001	1100.112-1"-3615.060-CA01-	2018-08-01	10.0	10.0
-	5862201	GASKET	gasket 150# rf non-asb ring pt a	1			0002	1100.112-1"-3615.060-CA01-	2018-08-01	1.0	1.0
-	5548706	REDUCER	swage ecc xs stl a234 wpb pbe	1x1/2			0002	1100.112-1"-3615.060-CA01-	2018-08-01	2.0	2.0
-	5548706	REDUCER	swage ecc xs stl a234 wpb pbe	1x1/2			0002	1100.112-1"-3615.060-CA01-	2018-08-01	5.8	5.8
-	5862201	GASKET	gasket 150# rf non-asb ring pt a	1			0004	1100.112-1"-3615.072-CA01-	2019-03-30	2.0	2.0
-	5862201	GASKET	gasket 150# rf non-asb ring pt a	1			0004	1100.126-1"-3622.011-CA01-	2019-03-30	5.0	5.0
-	5862201	GASKET	gasket 150# rf non-asb ring pt a	1			0004	1100.112-1"-3615.060-CA01-	2019-03-30	2.0	2.0
-	5828501	BEND	bend 10 deg r=3d sch 40s 304l s	2			0004	1100.112-1"-3615.060-CA01-	2019-03-30	2.95	2.9
-	5828501	BEND	bend 10 deg r=3d sch 40s 304l s	2			0003	1100.112-1"-3615.060-CA01-	2018-08-01	0.05	1.0
-	5548706	REDUCER	swage ecc xs stl a234 wpb pbe	1x1/2			0003	1100.112-1"-3615.060-CA01-	2018-08-01	5.8	5.8
-	5862201	GASKET	gasket 150# rf non-asb ring pt a	1			0009	1100.126-1"-3830.023-CA01-	2019-07-29	2.0	2.0
-	5862201	GASKET	gasket 150# rf non-asb ring pt a	1			0009	1100.126-1"-3830.020-CA01-	2019-07-29	2.0	2.0
-	5862201	GASKET	gasket 150# rf non-asb ring pt a	1			0009	1100.126-1"-3830.016-CA01-	2019-07-29	2.0	2.0
-	5828501	BEND	bend 10 deg r=3d sch 40s 304l s	2			0011	1100.112-1"-3615.060-CA01-	2019-08-03	0.05	0.02
-	5828501	BEND	bend 10 deg r=3d sch 40s 304l s	2			0011	1100.112-1"-3615.060-CA01-	2019-08-03	2.0	2.0
-	5862201	GASKET	gasket 150# rf non-asb ring pt a	1			0011	1100.126-1-1/2"-3622.014-CA	2019-08-03	1.0	0.5

图 8.3-5　材料出库管理

⑤ 剩余材料处理

施工收尾阶段，材料管理人员通过检查材料库存以及施工现场剩余与材料数据库进行对比，分析材料剩余原因制定处理意见。

2）焊接工艺评定智能推理查选技术

① 知识库建立

焊接工艺评定智能查选软件功能模块包括知识库和推理机。知识库中保存了来自《承压设备焊接工艺评定》NB/T 47014—2011 标准中的推理规则和生产过程中总结的经验判定规则等内容，知识库的丰富性和完整性决定了软件筛选出来的 PQR 的准确性。推理机是智能查选功能中的核心执行模块，推理机按照一定的算法处理输入的工艺参数，根据特定条件的参数调用合适的知识库规则，生成动态 SQL 语句，调用数据库得到目标数据，从而完成工艺评定的智能查选。

② 知识来源

本技术按照《承压设备焊接工艺评定》NB/T 47014—2011 标准的规定，结合企业的实际使用经验，提取工艺评定规则，建立推理规则知识库，以母材、焊接方法、厚度范围等覆盖规则为主构成知识库，把判定规则转化为计算机可执行的逻辑判定规则。

基本工艺参数见表 8.3-2。

基本工艺参数　　表 8.3-2

输入参数	推理数据来源
母材种类	PQR
母材厚度	PQR
焊接方法	PQR
热处理工艺	PQR
焊接位置	PQR
冲击条件	PQR

NB/T 47014—2011 中对于母材类别的评定规则复杂，包括针对焊接方法、母材、焊材通用的评定规则，同时也有针对特殊情况的评定规则，本软件结合企业的实际使用情况，提取出了最重要的、通用的评定规则，建立知识库。

③ 逻辑推理处理

结合焊接工艺评定中涵盖的材料种类、接头种类、焊接方法及焊接工程师进行焊接工艺评定查询、匹配应用方法，按照标准中的重要因素、补加因素、次要因素在评定规则中的权重比，可确定焊接工艺评定规则转化为逻辑推理规则的技术思路如下：

a.“重要因素”在（基本）评定规则范围内的改变不影响拉伸、弯曲、冲击性能（为可覆盖规则），超出范围的改变将影响拉伸、弯曲、冲击性能（为不可覆盖规则）；

b. 当其他全部的“重要因素”在（基本）评定规则范围内改变时，“补加因素”在（补充评定规则）范围内的改变不影响拉伸、弯曲、冲击性能，超出范围的改变只影响冲击性能；

c. 对于全部的焊接工艺评定因素，全部可覆盖规则成立，则不需要重新评定；而不可覆盖规则中只要有一个规则成立，则需要重新评定；

d. 与次要因素有关的评定规则全部为可覆盖规则，因为它们的改变不影响评定结果而被省略，但客观上是存在的。

④ 推理机设计

将评定规则转化为可实现逻辑判定算法后，软件知识库得到了可量化的评定规则，利用推理机通过算法建立了输入参数与推理规则之间的联系，建立数据库查询 SQL，查询数据库得到返回结果，处理后交付给用户。推理机基本事件形式如图 8.3-6 所示。

推理机首先对输入数据进行算法预处理，即通过对于输入数据的数值需要满足的条件，比如大小、是否为空、是否等于特定值等方式来进行判断，进而推理机按照预处理结果进行知识库调用，并且将调用的 Statement 进行整合，形成一条特有的 sql 对象，系统将 sql 对象传给数据库进行运算查询，获取推理结果。

3）焊接工艺辅助设计技术

① 接头数据库的建立

焊接接头示意图（简称接头简图）是焊接工艺文件中必不可或缺的部分。目前，焊接工艺设计时接头简图主要由焊接工程师采用 CAD 软件绘图或从积累的工艺文件中查找适用的接头简图，重复性劳动多，效率低。单一的外部图片导入方式会严重影响焊接工艺计算机在线设计软件应用的优越性。

a. 方案设计

焊缝接头数据库引入“类族”理念，充分利用接头简图中比例、焊缝金属焊道可灵活定义标记的优势，通过归集项目常见管道、储罐、容器等产品的类型，对同类坡口形式和厚度区间的接头进行参符号定义和灵活赋值的方式，实现同一接头简图多种工艺条件应用的目的，并通过 web 数据库实现接头简图的管理和维护，同时可使焊接工程师应用焊接工艺在线设计编辑模块时能够快捷方便地在接头数据库

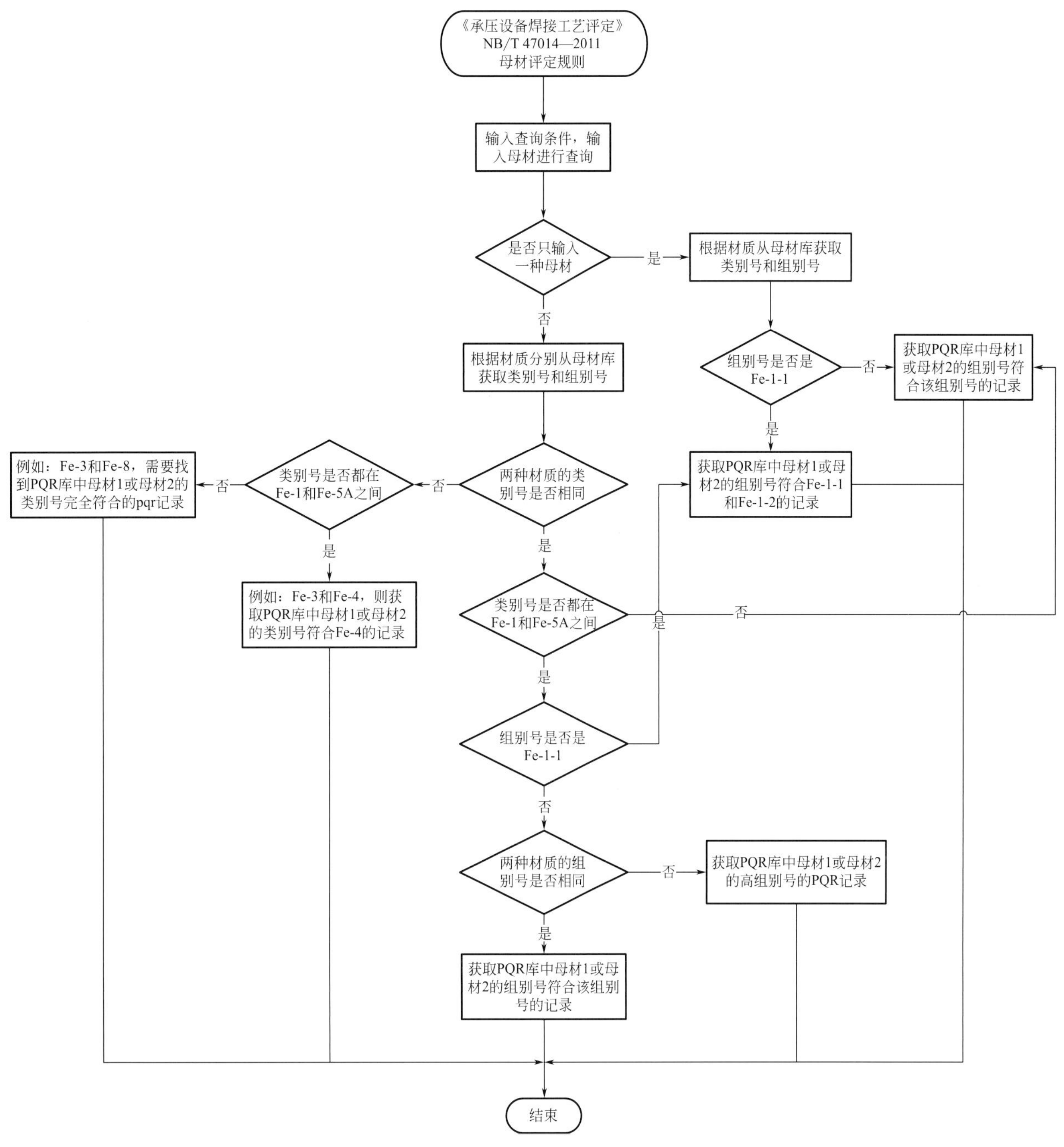

图 8.3-6　推理机流程图

中调用所需类型的接头简图。

b. 接头归集分类

根据焊接产品中涉及的接头种类和焊接工艺，参照现行国家标准《气焊、焊条电弧焊、气体保护焊和高能束焊的推荐坡口》GB/T 985.1 对使用频率较高的接头简图进行归集，并按照厚度、焊道顺序标识方法、参数组成进行分类，最大限度地实现接头简图的类型能覆盖焊接生产所需。

c. 功能设计

根据接头类族归集情况，对每一种接头简图采用 CAD 软件进行绘制、命名、导出图片，同时根据接头管理、调用需求，建立 web 数据库。维护人员可实时添加、删除、下载每一种接头简图，新的接头简图录入时，需要对接头参数字符一起录入，并通过输入自动换行命令实现参数字符输出的自动换行效果，见图 8.3-7。根据标准中的参数表示方法，本软件功能模块中，延用 t—厚度、b—间隙、c—钝边、α—角度等符号定义接头简图中的各项参数。

接头库

录入　编辑

	文件名称	参数值	备注	操作
1	J型带衬垫.jpg	t= b= c= β= δ=		删除 下载
2	J型坡.jpg	t= b= c= α=		删除 下载
3	K型.jpg	t= b= c= h= β=	适用于T型角接	删除 下载
4	K型-1.jpg	t= b= c= h= β=	适用于对接接头	删除 下载
5	T型接头.jpg	t1= t2=	适用于T型接头，不开坡口，未焊透	删除 下载
6	U型坡口.jpg	t= b= c= R= α=	适用于厚板分道焊、对接U型坡口	删除 下载
7	搭接接头.jpg	t1= t2=		删除 下载
8	单边V型带衬垫.jpg	t= b= c= β= δ=	适用于角接头	删除 下载
9	单边V型带衬垫-2.jpg	t= b= c= β= δ=	适用于对接接头	删除 下载
10	单边V型坡口.jpg	t= b= c= α=	角接接头	删除 下载
11	单边V型坡口2.jpg	t= b= c= α=	对接接头	删除 下载
12	BW-V型-大于20mm.jpg	t= b= c= α=	适用于t＞20mm的对接接头，分道焊	删除 下载
13	BW-V型-4～6mm.jpg	t= b= c= α=	适用于4～6mm的对接接头	删除 下载
14	BW-V型-带衬垫-4～6mm.jpg	t= b= c= α= δ=	适用于4～6mm的对接接头（带衬垫）	删除 下载
15	BW-V型-带衬垫-6～8mm.jpg	t= b= c= α= δ=	适用于6～8mm的对接接头（带衬垫）	删除 下载
16	BW-V型-6～8mm.jpg	t= b= c= α=	适用于6～8mm的对接接头	删除 下载
17	BW-V型-8～12mm.jpg	t= b= c= α=	适用于8-12mm的对接接头	删除 下载
18	BW-V型-带衬垫-8～12mm.jpg	t= b= c= α= δ=	适用于8-12mm的对接接头（带衬垫）	删除 下载
19	BW-V型-12～20mm.jpg	t= b= c= α=	适用于12～20mm的对接接头	删除 下载
20	BW-V型-带衬垫-12～20mm.jpg	t= b= c= α= δ=	适用于12～20mm的对接接头（带衬垫）	删除 下载
21	BW-V型-带衬垫-大于20mm.jpg	t= b= c= α= δ=	适用于t＞20mm对接接头，分道焊（带衬垫）	删除 下载

图 8.3-7　接头数据库界面

建立接头数据库的最终目的就是实现焊接工艺编制时的快速调用，提高工艺编制效率。客户端点击“接头库”按钮时，系统会自动打开接头数据库，通过浏览选择接头类型、坡口形式和尺寸相当的接头简图，“确定”后接头简图自动导入到焊接工艺文件编辑（包括 WPS 和工艺卡）栏中，如图 8.3-8 所示。

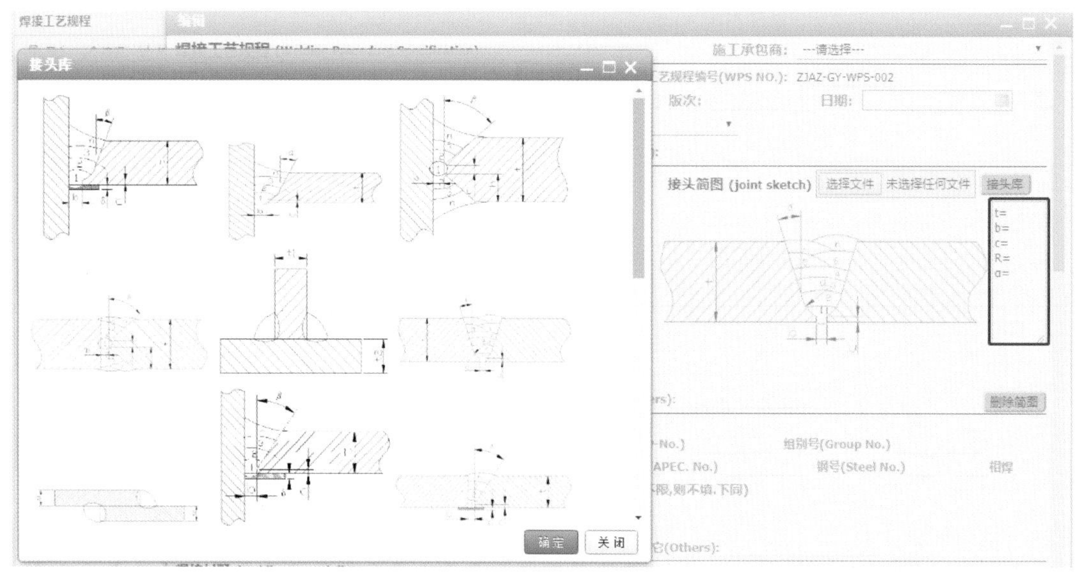

图 8.3-8　接头数据库调用

采用 dir＋css 的编程技术，通过设置对象盒子，并且将接头简图使用 style 标签内置为 CSS 背景图片，同时设置对象 html〈a〉超链接 display：none 隐藏，该超链接锚文本内放好文字内容，最后设置鼠标悬停经过整个对象时显示超链接内容。

接头简图被调用后，在右侧的参数栏中每一个接头参数进行赋值，即可完成焊接文艺文件中接头简图的快速生成。相比图片导入法，该功能采用数据库统一录入管理通用性的接头简图，用户能够快速检索调用，避免每次绘图，提高工作效率。

② 焊接工艺规程设计

此功能主要实现对 WPS 文件的添加和编辑，以标准化、高效率为目的，在编辑界面提供了大量的快捷输入方式，并且会对错误的输入格式给予提示，编辑界面如图 8.3-9 所示。

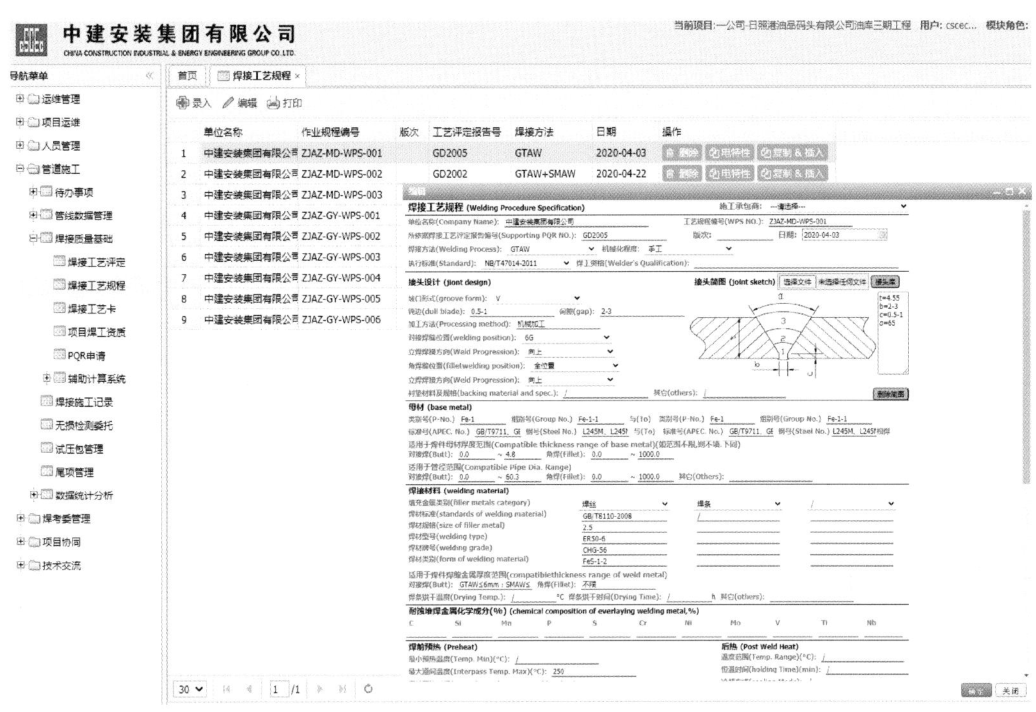

图 8.3-9　焊接工艺规程在线设计

鉴于 PQR 文件的编制、纸质版和扫描件调用及管理方式，本软件中 PQR 数据库中只对重要参数进行了字段拆分保存，采用通过重要参数推理检索 PQR 编号，然后下载 PQR 扫描附件的方式供生产项目使用。由于 PQR 数据量限制，无法直接通过 PQR 导出完整的工艺卡，因此软件中 WPS 在线设计功能不仅实现了与焊口信息化管理平台中工艺执行文件的数据交互，而且能实现设计编辑工艺卡中的大部分参数信息的快速自动填写，最终实现智能化、高效化办公。

③ 焊接工艺卡设计

工艺卡编辑界面中选中填写所依托参照的 WPS 文件编号（为了和焊口信息化管理平台中保持一致，界面中命名作业指导书编号）和 PQR 编号，软件会自动读取 WPS 与重要参数（与工艺卡的共性参数），并填写到对应的栏目中，实现焊接工艺卡的智能编辑设计。

4）焊工技能与排产派工管理技术

① 焊工资质管理

自有焊工信息管理需求为背景，通过开发一套集焊工信息、资质、焊绩跟踪及技能评估等功能为一体的基于网络管理的信息系统，同时将企业焊工数据库与管道焊口信息化管理模块建立数据交互，突破焊工信息、在岗动态等信息在不同系统之间数据共享的难题，提高焊工管理的时效性，减少焊工资质查选、重复性数据的录入。

为了实现在企业焊工数据中能够实时获取焊工的动态数据，软件开发时将该功能模块与管道管理平台中的焊工信息建立数据交互，充分利用平台中每道焊口的施焊记录里对焊工信息的独立存储，使客户端进入企业焊工数据库中可以通过数据连接访问某一个在岗焊工的平均合格率、焊接产品、焊接时间等信息，通过数据处理使焊工合格率以动态图形方式实时在软件界面中显示，供管理人员对每个焊工做出客观的技术评价。

② 排产派工管理

针对石化工程管道施工传统的排产派工与施焊记录日报模式，本技术通过开发工位协同管理App和PC端排产派工功能模块的方式，采用信息化措施实现数据远程上传、下达，最大化地减少焊接记录的纸质流转和数据的重复性录入，管理流程设计方案如图8.3-10所示。

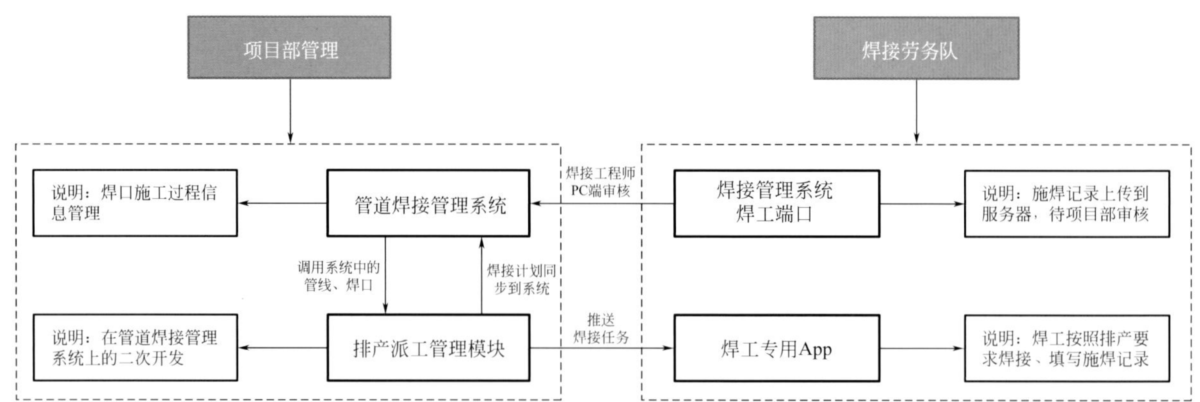

图8.3-10　App协同管理方案流程图

项目部管理人员根据图纸、材料及工程整体计划，在管线、焊口、工艺等基础初始化数据完善的基础上，在PC端（Windows系统浏览器）进入系统的排产派工模块（又称“焊接作业计划”）中，如图8.3-11所示，以设备单元为基本单位建立焊接生产批次号，根据劳务队人数、焊工资质等情况，对每个生产任务批号划分管线、焊口，然后由劳务队长对每个焊工进行派工，经过确认提交完成项目部对劳务队的焊接任务排产。

图8.3-11　焊接排产计划建立

焊工采用焊工号登录手机App，通过焊工号权限自动为当前“焊工用户”推送计划派工的焊口任务，焊工根据实际焊接情况，在App软件中填写施焊记录，包括文字记录和图片记录，系统实时将数据同步到服务器中，实现了焊工与项目部的协同管理，如图8.3-12所示。

5）焊口管理流程标准化

本技术中通过对焊口信息化管理软件进行功能应用和问题统计分析，对软件进行了功能改进完善，并形成了一套标准的应用流程。

① 项目信息建立

项目开工前，在管理系统中进行注册，完善项目管理权限和项目信息，划分主项单元，如图8.3-13所示。

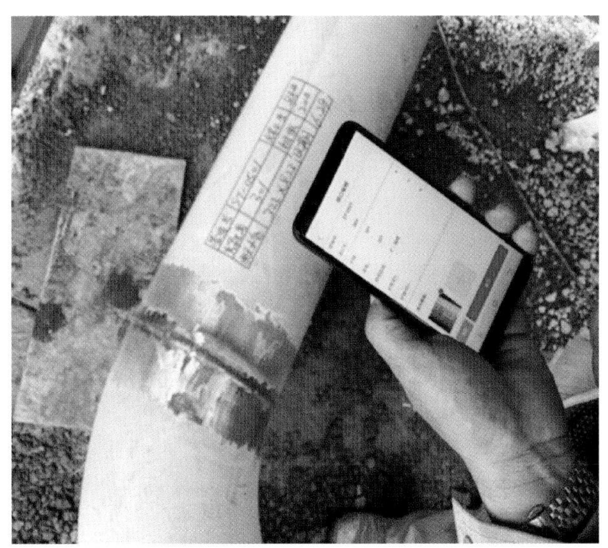

图 8. 3-12　焊缝外观检查记录及照片上传

中建安装集团有限公司
CHINA CONSTRUCTION INDUSTRIAL & ENERGY ENGINEERING GROUP CO.,LTD.

当前项目:工程公司-浙江华泓新材料有限公司45万吨/年丙烷脱氢

导航菜单：运维管理；项目运维（项目管理、参建单位、用户管理、单元管理、辅助管理）；人员管理；管道施工；焊考委管理；项目协同；技术交流

首页　单元管理

录入　编辑　查看

	单元号	单元名称	单元英文名称	装置	施工承包商	操作
1	61	原料预处理和氢气纯化			中建安装集团有限公司	删除
2	62	反应			中建安装集团有限公司	删除
3	63	产品气压缩			中建安装集团有限公司	删除
4	64	再生和废气处理			中建安装集团有限公司	删除
5	65	低温分离和碱洗			中建安装集团有限公司	删除
6	66	选择加氢和精制			中建安装集团有限公司	删除
7	67	干气压缩			中建安装集团有限公司	删除
8	68	火炬气分液			中建安装集团有限公司	删除
9	71	空压制氮站			中建安装集团有限公司	删除
10	72	脱盐水站及凝结水回收处理			中建安装集团有限公司	删除
11	84	管廊			中建安装集团有限公司	删除

图 8. 3-13　项目信息设置

② 人员与焊接工艺录入

将入场考试合格的焊工信息录入管理系统的人员管理模块中，并按照本技术中设定的标准化焊工资质录入格式填写每一名焊工的项目资质，如图 8. 3-14 所示，项目资质必须与证书内容相符。

图 8. 3-14　焊工资质设置管理

根据项目施工过程中所涉及的材料种类、规格、焊接方法及工艺要求等，选用有效的焊接工艺评定报告，在系统中采用工艺辅助设计功能编制对应的焊接工艺规程，形成工艺规程数据库，如图 8. 3-15 所示。

③ 单线图焊口标识

对单线图进行焊口标识，按照单张图纸或单条管线，焊口顺流体方向由小到大排列，从 1 开始。对

中建安装集团有限公司
CHINA CONSTRUCTION INDUSTRIAL & ENERGY ENGINEERING GROUP CO.,LTD.

	单位名称	作业规程编号	版次	工艺评定报告号	焊接方法	日期	操作
1		ZJAZ-GY-WPS-001		GD1223	GTAW		删除 电特性 复制&插入
2		ZJAZ-GY-WPS-002		GD1223	GTAW+SMAW		删除 电特性 复制&插入
3		ZJAZ-GY-WPS-003		GD1501	GTAW+SMAW		删除 电特性 复制&插入
4		ZJAZ-GY-WPS-004		GD1503	GTAW+SMAW		删除 电特性 复制&插入
5		ZJAZ-GY-WPS-005		GD1214	GTAW+SMAW		删除 电特性 复制&插入
6		ZJAZ-GY-WPS-006		CG1202	GTAW+SMAW		删除 电特性 复制&插入
7		ZJAZ-GY-WPS-007		GD1508	GTAW+SMAW		删除 电特性 复制&插入
8		ZJAZ-GY-WPS-008		GD1507	GTAW+SMAW		删除 电特性 复制&插入
9		ZJAZ-GY-WPS-009		GD1214	GTAW+SMAW		删除 电特性 复制&插入
10		ZJAZ-GY-WPS-010		CG1202	GTAW+SMAW		删除 电特性 复制&插入
11		ZJAZ-GY-WPS-011		RQ1414	GTAW		删除 电特性 复制&插入
12		ZJAZ-GY-WPS-012		GD1214	GTAW+SMAW		删除 电特性 复制&插入
13		ZJAZ-GY-WPS-013		CG1202	GTAW+SMAW		删除 电特性 复制&插入
14		ZJAZ-GY-WPS-014		GD1301	GTAW		删除 电特性 复制&插入
15		ZJAZ-GY-WPS-015		GD1301	GTAW+SMAW		删除 电特性 复制&插入
16		ZJAZ-GY-WPS-016		RQ1103	GTAW+SMAW		删除 电特性 复制&插入
17		ZJAZ-GY-WPS-017		GD1209	GTAW+SMAW		删除 电特性 复制&插入
18		ZJAZ-GY-WPS-018		GD1210	GTAW+SMAW		删除 电特性 复制&插入
19		ZJAZ-GY-WPS-019		GD1601	GTAW+SMAW		删除 电特性 复制&插入
20		ZJAZ-GY-WPS-020		GD1602	GTAW+SMAW		删除 电特性 复制&插入

图 8.3-15　焊接工艺设置窗口

法兰口、支架等特殊焊缝使用者可根据自己的习惯采用字母、数字组合的方式标识焊口（如法兰口 A1、支架 S1 等），但必须统一标识。

④ 管道特性数据的填写及数据导入

在系统中下载最新“管线特性表导入模板”，根据设计院的“管道特性表”“单线图”及本技术设定的“管线数据标准化设置规定”在模板中填写数据，应尽可能详细，并导入到管理系统中，完成管线信息的初始化，便于今后焊接施工信息录入。如果执行过程中出现报错提示，则检查模板中信息是否按照要求填写，必要时联系后台技术人员协助解决。

施工过程中由于设计变更、方案修改等原因导致增加、删减、修改管线需求时，则采用界面中的功能进行单项操作，如图 8.3-16 所示；如需批量添加，则重新填写“管线特性表导入模板”进行数据导入。

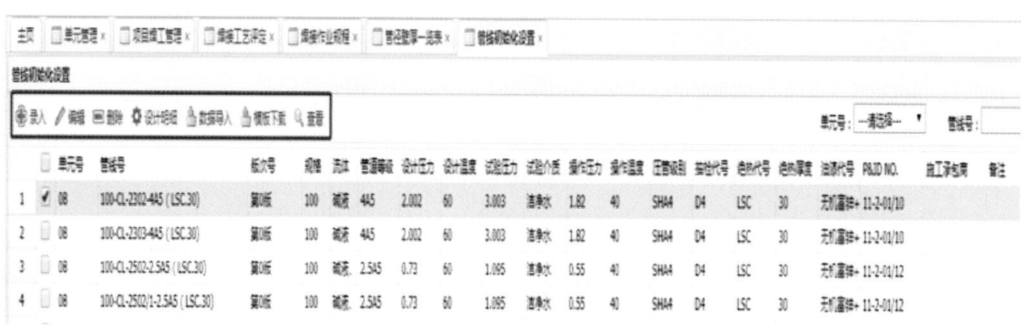

管线初始化设置

录入 编辑 删除 设计明细 数据导入 模板下载 查看

	单元号	管线号	版次号	规格	流体	管道等级	设计压力	设计温度	试验压力	试验介质	操作压力	操作温度	压管级别	保温代号	绝热代号	绝热厚度	油漆代号	P&ID NO.	施工承包商	备注
1	08	100-CL-2302-4A5（LSC.30）	第0版	100	碱液	4A5	2.002	60	3.003	洁净水	1.82	40	SHA4	D4	LSC	30	无机富锌+	11-2-01/10		
2	08	100-CL-2303-4A5（LSC.30）	第0版	100	碱液	4A5	2.002	60	3.003	洁净水	1.82	40	SHA4	D4	LSC	30	无机富锌+	11-2-01/10		
3	08	100-CL-2502-2.5A5（LSC.30）	第0版	100	碱液	2.5A5	0.73	60	1.095	洁净水	0.55	40	SHA4	D4	LSC	30	无机富锌+	11-2-01/12		
4	08	100-CL-2502/1-2.5A5（LSC.30）	第0版	100	碱液	2.5A5	0.73	60	1.095	洁净水	0.55	40	SHA4	D4	LSC	30	无机富锌+	11-2-01/12		

图 8.3-16　管线修改功能窗口

⑤ 管道焊口数据的填写及导入

将按照规定标识后的焊口填写到“焊口初始化导入模板”中，必填项不可空缺，完成后导入到管理系统数据库中。管道焊口数据表中的管线号，应严格跟管道特性表中管线号一致，否则无法导入焊口信息。

⑥ 抽检比例设置

按照设计及标准要求完成抽检比例设置，避免重复定义抽检代号。

⑦ 工艺设计变更及修改处理

施工过程中因变更造成焊口数量、编号发生增减、修改等处理情况，执行以下规则，修改界面如图8.3-17所示。

a. 老焊口移植：拿到升版图纸后，应尽可能把老图纸原有焊口标识移植到新图纸上，然后进行标识，最基本原则是保证焊口不重复；

b. 焊口取消：设计变更取消的焊口，如老图中焊口未施工现管段取消，在系统中直接删除；

c. 焊口切除：设计变更致已完焊口切除，在系统中焊口状态由A改为D，在系统中保留；

d. 新增焊口：此焊口不应与系统中焊口重复，建议从老版图纸中最大焊口号往后排，或在原焊口号基础上添加后缀（如5-1、5-2等）并插入到该焊口后，便于识别查找，避免混淆；

e. 设计变更致切除重焊：1号焊口变1S1焊口，其余焊口不变；自行切除焊口：1号焊口变1M1焊口；

f. 黄金焊缝：黄金焊缝应单独报焊接日报，并建立台账，便于把控焊接RT进度。在系统中焊口号前加“G”处理，并在备注列加“GOLD JOIN”进行标识。

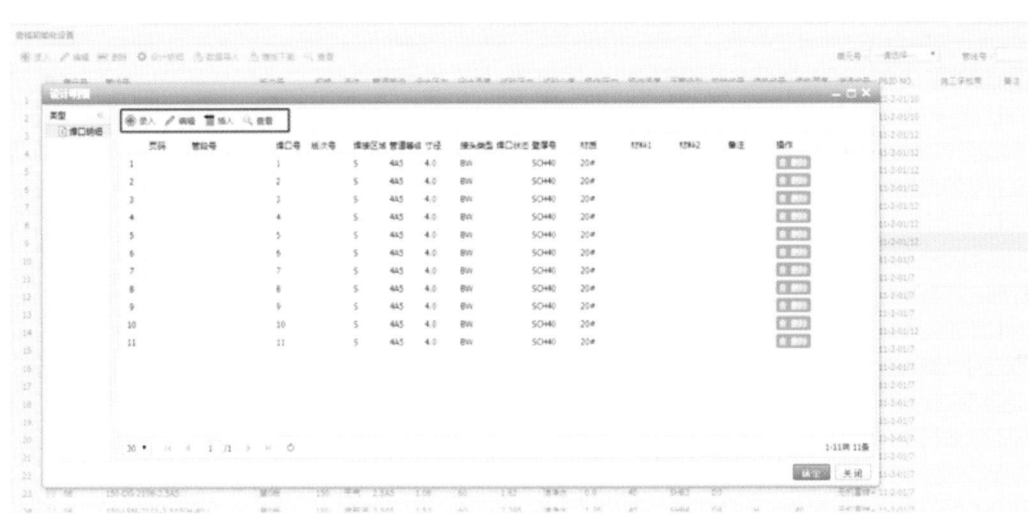

图8.3-17　焊口修改界面图

⑧ 数据录入工作流程

日报收集→数据录入及核对→RT、PT录入、RFI录入→定期核对→数据导出使用。

⑨ 数据收集

手机App可登录系统时，由质检员检查焊口合格后，直接用手机实时报送施焊记录。受网络软硬件限制时，施工队应由专人负责记录该队伍当天的施焊管线、焊接量、焊接位置、焊接日期、焊工号等信息（信息模版表由焊接责任工程师提供），次日发给焊接责任工程师或其他负责数据收集汇总的技术人员，并由其汇总、核对后录入管理系统中。

⑩ 数据录入

录入时应保证数据源的准确性，如报送过程中焊口有增减，数据有改动，应及时反馈到数据录入人员处，录入人员及时做出对应修改。

对点口的焊缝无损检测后，要及时将检测结果、返修记录、扩拍结果、返修探伤报告等内容，按照检测单位的报告及时录入系统，保证数据的准确性和真实性，检测结果及返修记录界面如图8.3-18所示。

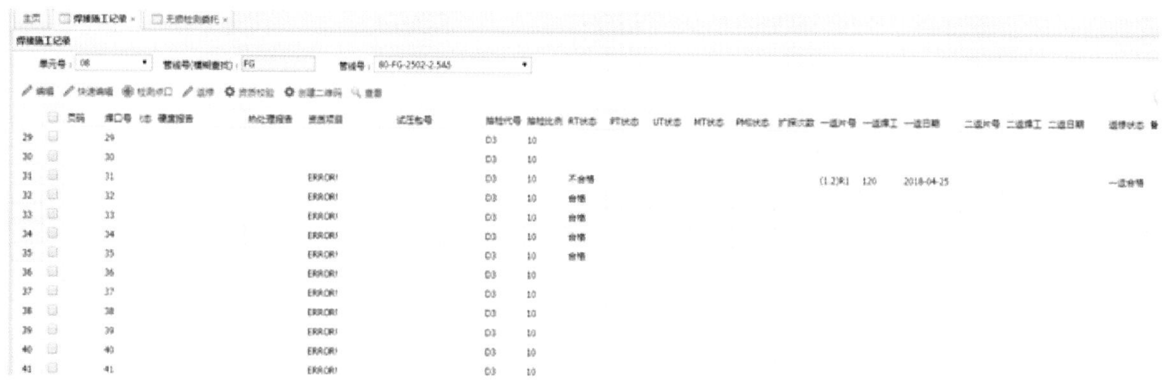

图 8.3-18　检测结果及返修记录

（3）关键技术指标

1）采用 Excel 公式进行标准管线号的快速生成，利用标准管线号中口径、管线号、等级、保温措施、保温厚度等信息在 Excel 表中呈单列存放的特点，采用内容合并公式，一次性完成所有管线号的标准化拼接、生成，有效提高了管线特性表的初始化效率，而且减少了数据错误，保证了管线号与管线参数的一致性。

2）结合了企业的实际焊接工艺评定管理和应用流程，实现了工艺文件的在线管理；实现了基于《承压设备焊接工艺评定》NB/T 47014—2011 标准中的焊接工艺评定模糊检索和逐级检索，实现工艺评定的批量筛选功能，查选的准确率达到 100%。

3）建立了焊接材料基础数据库及焊工资源数据库，实现了 WPS 和工艺卡的计算机在线辅助设计功能，并通过建立数据交互实现了 WPS 到工艺卡的数据自动编写，解决了焊接工艺参数合理性设置的自动校验方案，解决了实际生产中焊接工艺规程和焊接工艺卡编制烦琐、工艺准确性差、工艺文件易丢失、共享性差等问题。

4）按照交工资料标准要求，焊口信息实现了 100%全程施焊记录，焊工管理、项目管理的工作效率提高 30%。

5）建立了基于手机 App 协同管理的焊接任务在线查看与施焊记录录入模式；建立了检测委托与检测报告数据的在线同步管理模式，实现了施工单位、焊接劳务分包、检测单位之间的在线协同管理。

6）本技术打通了从材料管理到管道检验检测等环节的数据流，系统数据录入完成、自查无误后可在交工资料功能下根据需求导出交工资料，大幅提高了石化项目工艺管道专业的管理效率。

8.4　数字化交付

1. 技术简介

数字化交付对化工企业项目建设和工厂运营存在极大的使用价值。通过数字化交付，一方面可以规范项目建设阶段各参与方管理行为，提高项目精细化管理水平。另一方面可实现设备二维三维信息的准确关联，方便设备资料查询管理，并可与企业的设备管理系统对接，以数字化交付的设备资料及供货商资料为基础，建立设备及零部件的数字化档案，实现设备检维修信息预警、实时反馈，为生产、采购、维修提供准确的设备管理和维修数据。同时，数字化交付的三维模型可以为工厂运维期的可视化开发应用提供基础，可将工厂 DCS 系统的实时数据信息与三维模型设备进行对接，实现在三维模型中全面直观了解工厂的实际运行状况，快速做出及时准确的信号反馈和应急处理方案，为实现数据运行与数据设计的实时对比优化、智能设备维护、HSE 沉浸式培训等提供平台支撑，最终实现工厂设备安全和智慧运维。

数字化交付是通过数字化集成平台，将工厂建设期设计、采购、施工、试车阶段形成的工程数据、资料、模型以标准数据格式提交给业主的交付方式。目前，国内项目的主流交付方式是以电子化文件为主，包括电子图纸、数据表、扫描文件、电子化图纸目录等内容。电子化文件交付方式一定程度上提升了数据的复用性以及整体交付效率，但是交付数据的质量、一致性和关联性仍制约着企业运营阶段的数据复用。2018 年发布的《石油化工工程数字化交付标准》GB/T 51296，旨在为石油化工数字化工厂和智能工厂建设提供基础，规范工程建设数字化交付工作。

本节结合数字化交付的平台建设和应用功能开发，以公司承接的某项目为例，从项目建设者应用角度出发，梳理数字化交付的内容和流程，完善项目数据采集、归档、应用的过程管理，实现建设方对项目数字化交付的需求，该项目数字化平台建设历程见图 8.4-1。

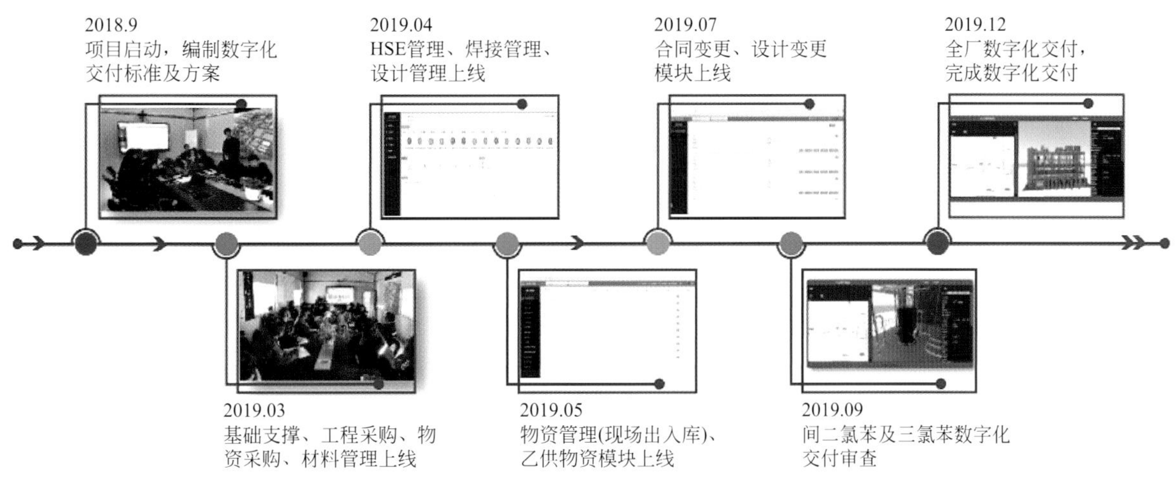

图 8.4-1　某项目数字化平台上线历程

2. 技术内容

数字化交付是以工厂对象为核心，通过数字化交付平台对工程项目建设阶段产生的静态信息进行数字化创建直至移交的工作过程。其内容包含数字化交付平台搭建、数字化交付内容录入与移交、数字化交付内容应用拓展三个方面。

（1）数字化交付平台搭建

数字化交付平台是一种用于承载和管理数字化交付信息，可与多种工程软件集成并兼容多种文件格式的信息管理系统。平台的搭设包括数字化交付基础和方案的制定、平台业务功能架构、数字化平台开发和实施四个步骤。数字化交付平台建设流程见图 8.4-2。

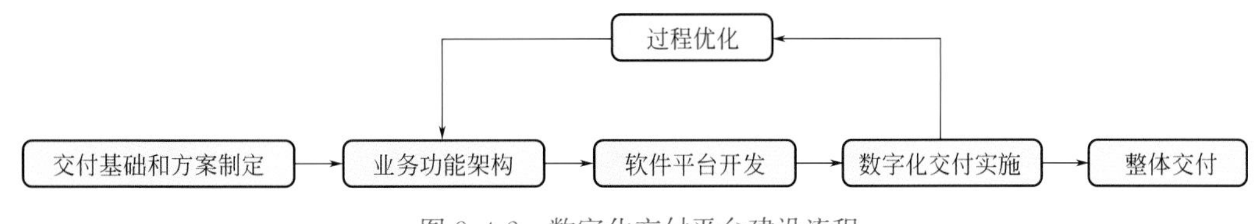

图 8.4-2　数字化交付平台建设流程

1）数字化交付基础和方案的制定

本项目数字化交付基础的制定包括工厂分解结构、类库、工厂对象编号规定、文档命名和编号规定、交付物规定、质量审核规定，见图 8.4-3。同时，参考石化行业通用标准，如工程设计深度应符合《化工工艺设计施工图内容和深度统一规定》HG/T 20519、3D 可视化配色应遵循《石油化工设备管道

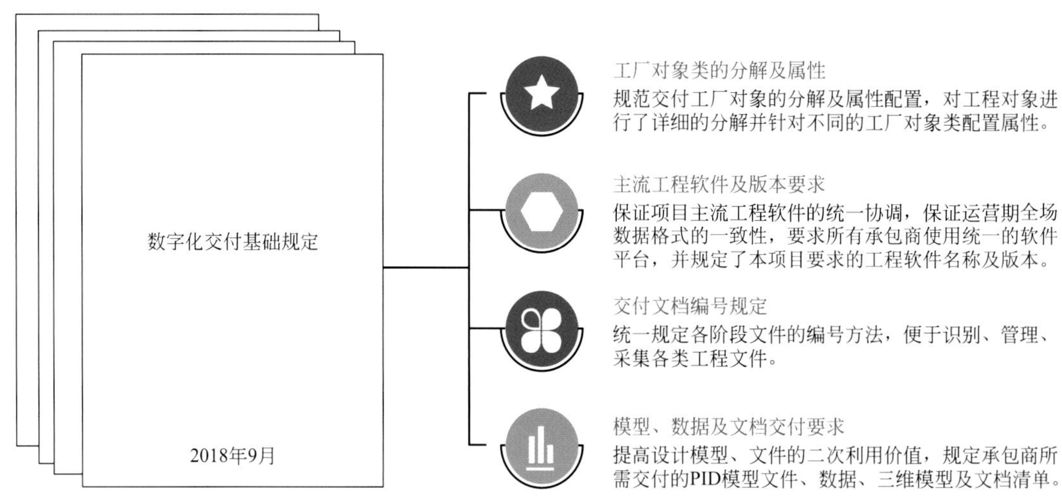

图 8.4-3　数字化交付基础规定

钢结构表面深色和标志规定》SH/T 3043、数字档案管理应使用《中国石化档案数字化规范》（中国石化办［2013］592 号）等。

数字化交付方案的制定包括信息交付的目标、组织机构、工作范围和职责、遵循的标准、采用的信息系统、交付内容、组织形式、储存方式和交付形式、信息交付的计划和工作流程。即在项目实施策划阶段，编制项目数字化交付管理规定和程序文件，明确各相关方相应职责和交付标准，制定工作流程和进度计划，明确对设计、采购、施工、软件供应方的数字化交付要求，见图 8.4-4。

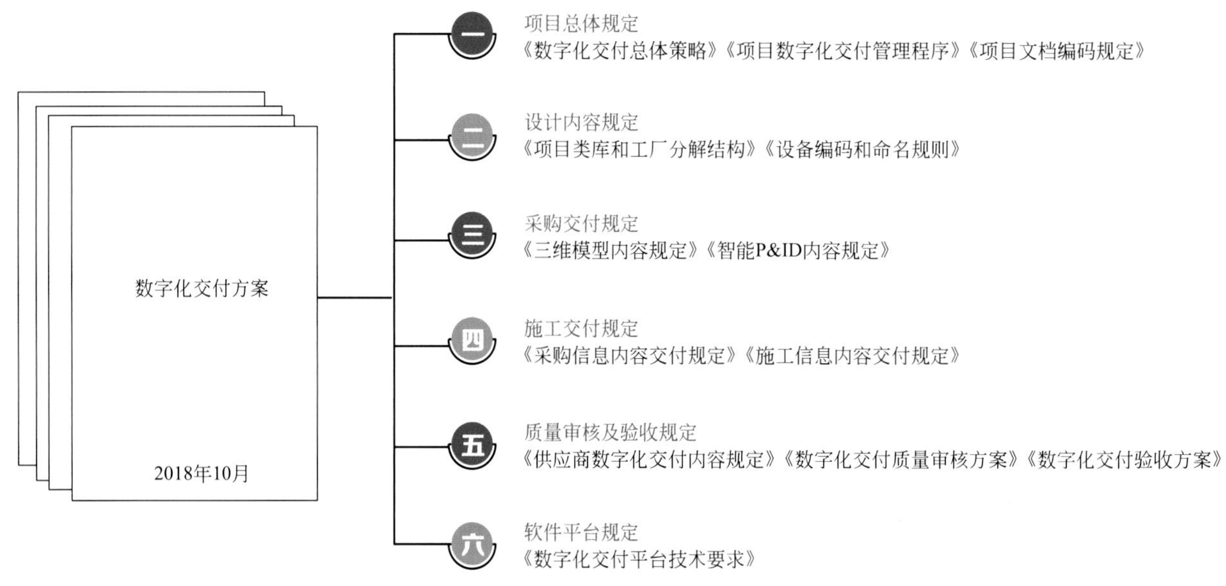

图 8.4-4　数字化交付方案制定

2）数字化交付平台业务功能架构

由建设单位组织生产、设计、采购、施工等项目参与方集中讨论分析，结合生产单位数字化运维需求和化工项目建设管理特点，归纳该项目数字化平台功能架构为 5 个系统，包括：基础支撑系统、设计集成系统、采办管理系统、施工管理系统、文件管理系统，11 个业务板块，包括：企业系统管理、用户管理、组织人事、项目基础、投资控制、设计管理、变更管理、模型管理、工程采购、物资采购、材料管理、进度管理、焊接管理、HSE 管理、档案中心、3D 可视化工厂，见图 8.4-5 数字化平台功能开发板块设置。

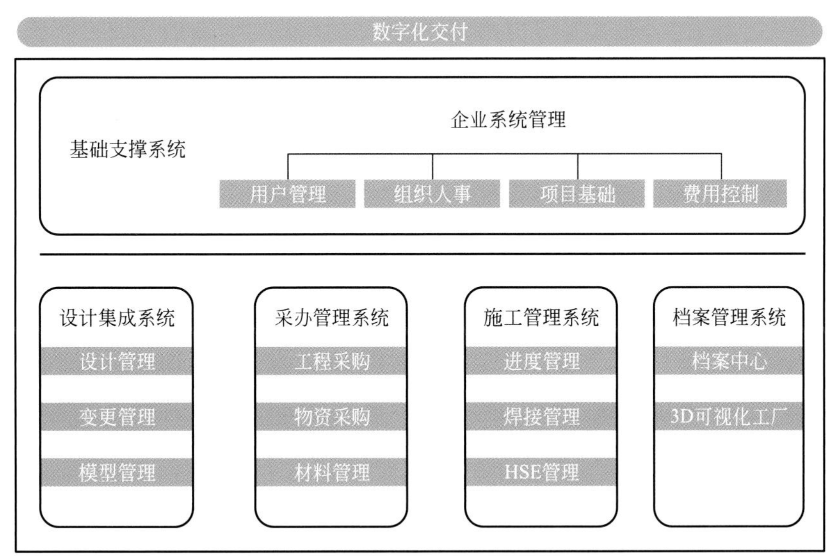

图 8.4-5　数字化平台功能开发板块设置

3）数字化交付平台开发

数字化交付平台开发和实施遵从“统一规划、统一建设，统一框架、统一平台，多个业务、分步实施”的原则，数字平台开发框架见图 8.4-6。同时，针对石化建设工程涉及范围广、业务复杂程度高的特点，项目各参与方成立联合开发团队，对“业务分析—软件设计—测试运维”全流程实施联合攻关，确定最佳开发模式，提高软件开发效率和准确率，如图 8.4-7 所示。

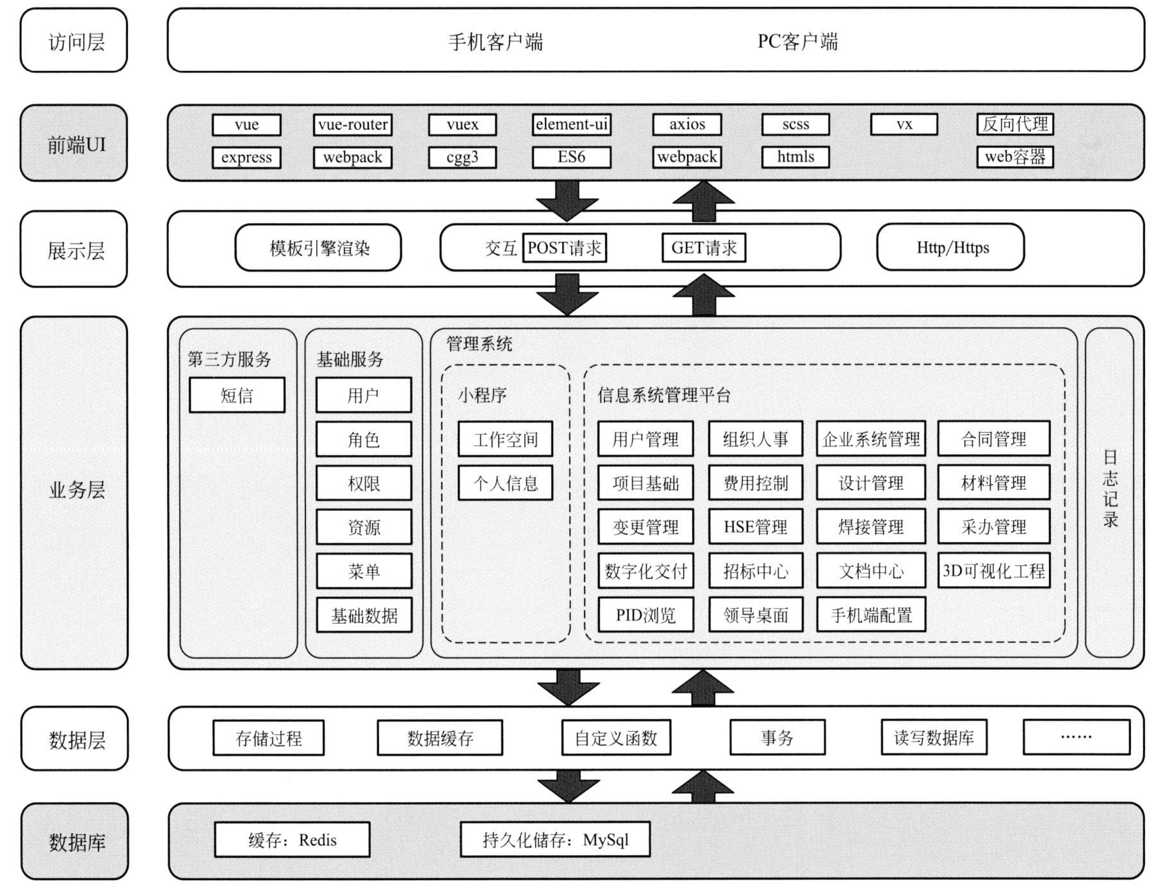

图 8.4-6　数字化平台开发框架

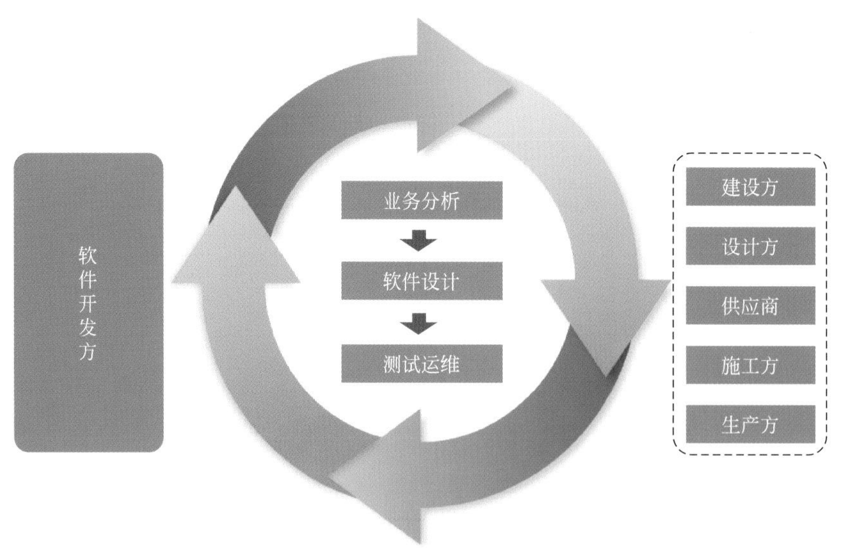

图 8.4-7　数字平台业务板块开发全流程联合攻关

(2) 数字化交付平台数据录入

数字化平台数据录入包括基础支撑系统数据录入、设计集成系统数据录入、采办管理系统数据录入、施工管理系统数据录入、文件管理系统数据录入等内容，通过数字化平台的应用，在过程中将工厂建设期的设计、采购、施工数据文档进行录入收集，自动完成数字化交付。

1) 基础支撑系统数据录入

基础支撑系统录入主要为企业级基础数据，由用户管理、组织人事、企业系统管理、项目基础、费用控制构成。工程建设阶段其核心任务为项目定义及编码，由建设单位设置专人负责管理，某项目基础支撑系统数据组成如图 8.4-8 所示。

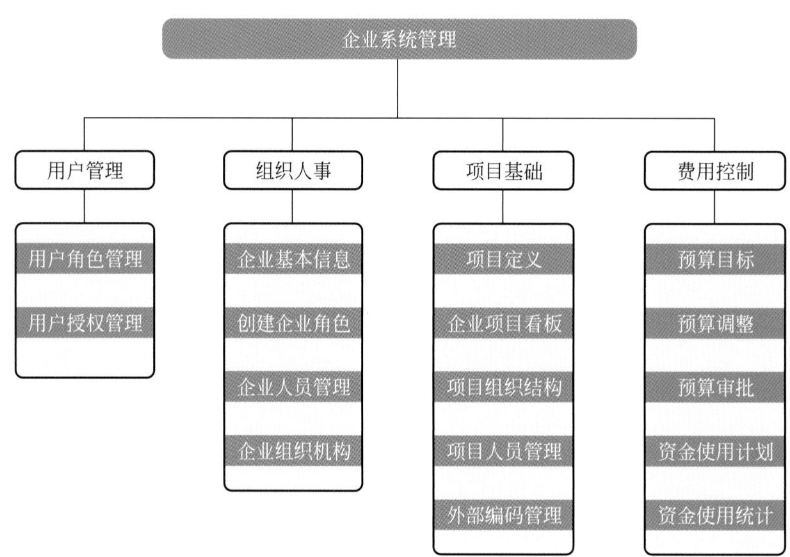

图 8.4-8　基础支撑系统数据录入

2) 设计集成系统数据录入

设计阶段数据录入由设计管理、模型管理、变更管理三部分组成。其中，设计管理、模型管理的基础为统一的设计软件平台，由设计单位负责实施。采用石化项目设计主流模型软件——AVEVA 公司 PDMS 软件进行全比例三维实体建模，通过网络实现多专业实时协同设计，建立了详细的 3D 数字工厂模型，并对相应图元进行编码和属性配置，明确数字化交付需采集数据类别及内容，为数字化交付奠定基础。常用容器设备图元编码和属性配置见图 8.4-9，常用管道图元编码和属性配置见图 8.4-10。

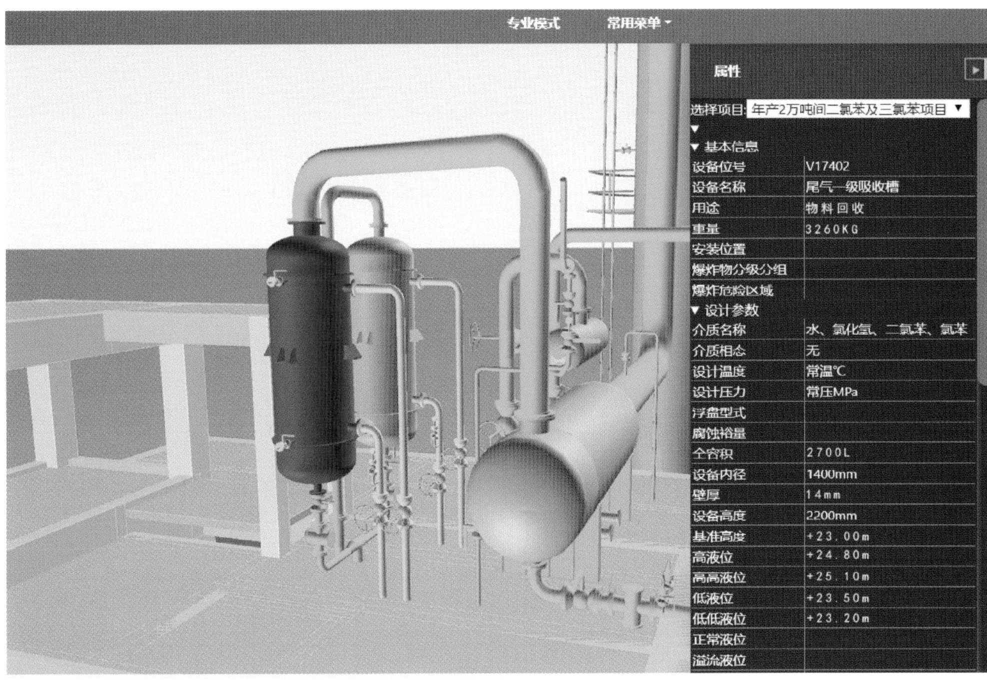

图 8.4-9 容器图元编码和属性配置

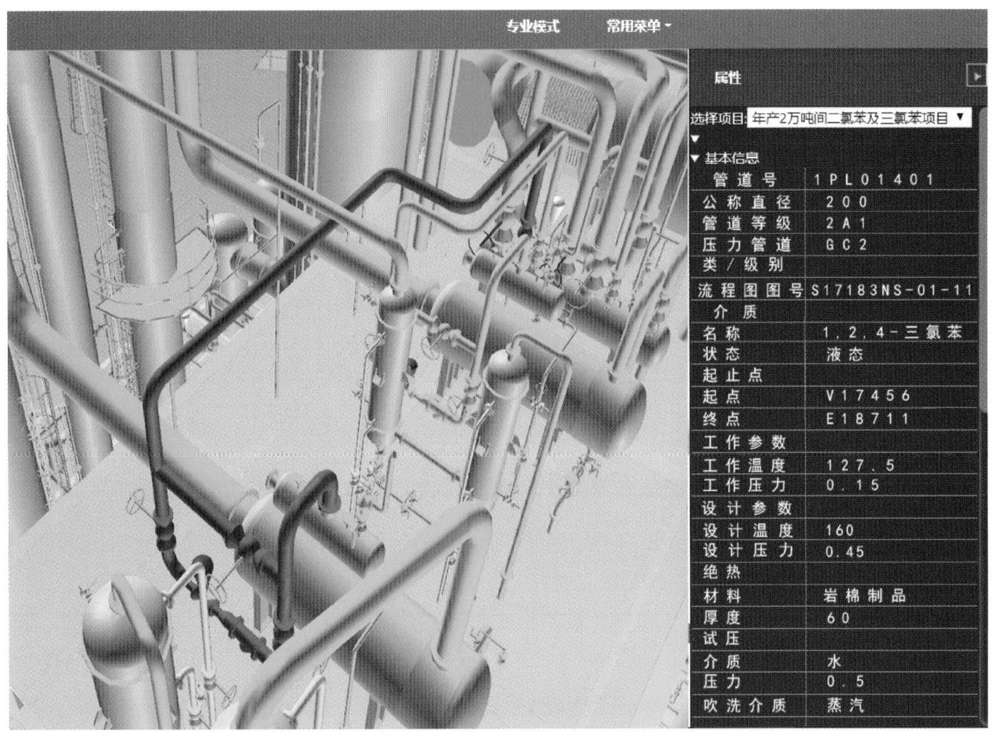

图 8.4-10 管道图元编码和属性配置

变更管理由发起单位提出申请，内容包括联络/变更单审批、联络/变更单指派下发范围及转交、原材料单修改、设计修改、模型修改等内容，原材料单修改、设计修改、模型修改由设计单位相应设计人员负责实施。

3）采办管理系统数据录入

采办管理数据录入由工程采购管理、物资采购管理、工程材料管理三部分组成，其管理基础为项目基础库和分类材料编码库。其中，工程采购、物资采购管理流程见图 8.4-11、图 8.4-12。工程材料管理工作流程以物资采购合同入库为起点，以请购料单中已编码的材料个体为中心，管理内容包括运输管理、开箱检验、入库管理、出库管理、退库管理、库存管理等业务流转及查询，如图 8.4-13 和图 8.4-14 所示。

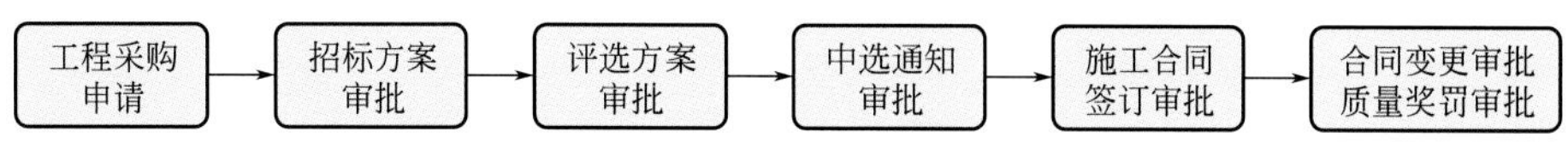

图 8.4-11　工程采购模块数据管理流程图

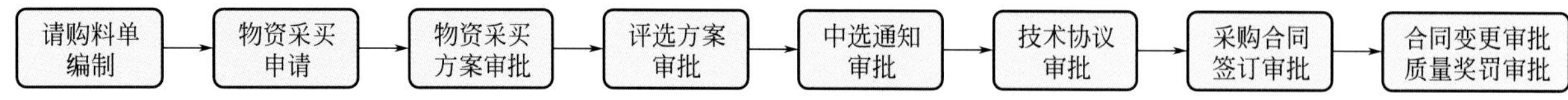

图 8.4-12　物资采购模块工作流程

图 8.4-13　数字化交付材料管理板块

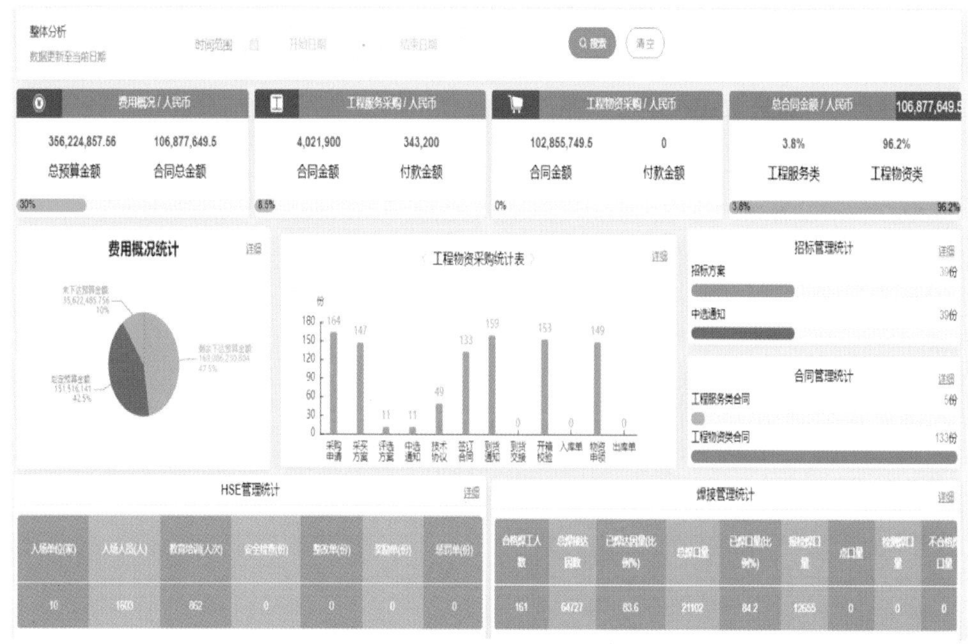

图 8.4-14　数字化交付平台报表

4）施工管理系统数据录入

施工管理数据录入由进度管理、焊接管理、HSE 管理三部分组成。进度管理系统以主流进度管理软件 project 为载体，项目工作分解结构 WBS 为基础，由建设单位编制项目总进度规划，确立项目里程碑事件，项目各参与方结合项目总进度规划、里程碑节点编制相应工作计划，经审批后，作为进度控制的依据。执行过程中，定期更新计划实际执行情况，分析进度偏差，及时纠偏。

焊接管理系统以设计单线图为基础，进行焊口统计形成焊接数据库（图 8.4-15 和图 8.4-16）。施工过程中，根据每日施焊焊口相关信息及时进行平台录入（图 8.4-17），对施工现场焊口施焊、上报、组批、点口、检测、返修程序进行全流程的焊接管理工作，实时展示项目焊接进度及焊接合格率（图 8.4-18 和图 8.4-19）。

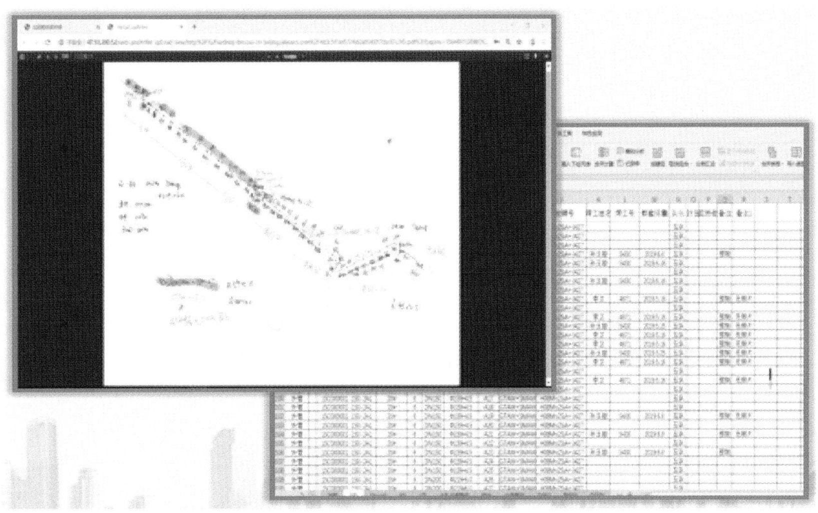

图 8.4-15　管道焊接数据库建立

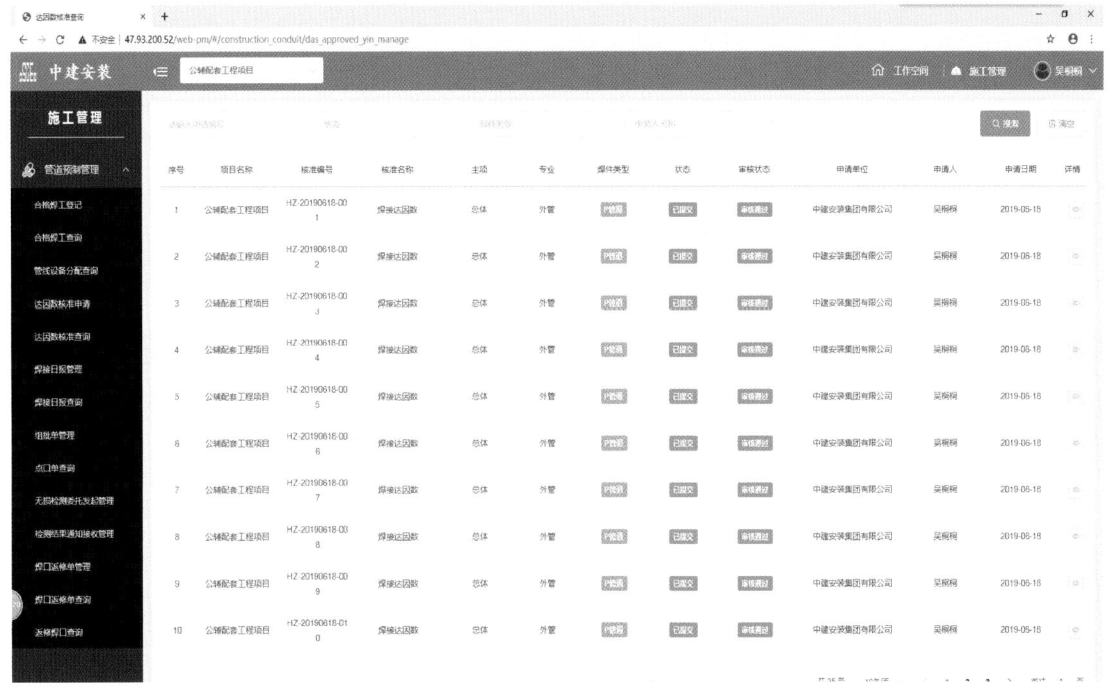

图 8.4-16　管道焊接达因数查询

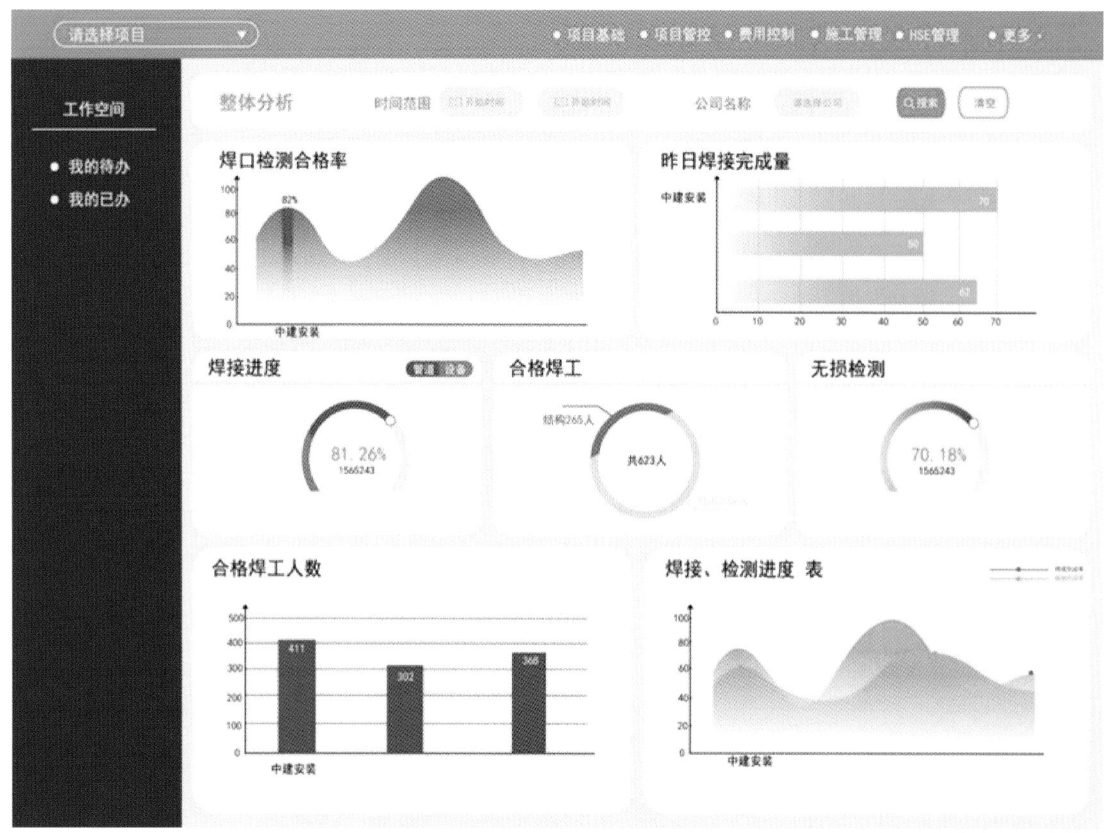

图 8.4-17 管道焊接平台报表展示

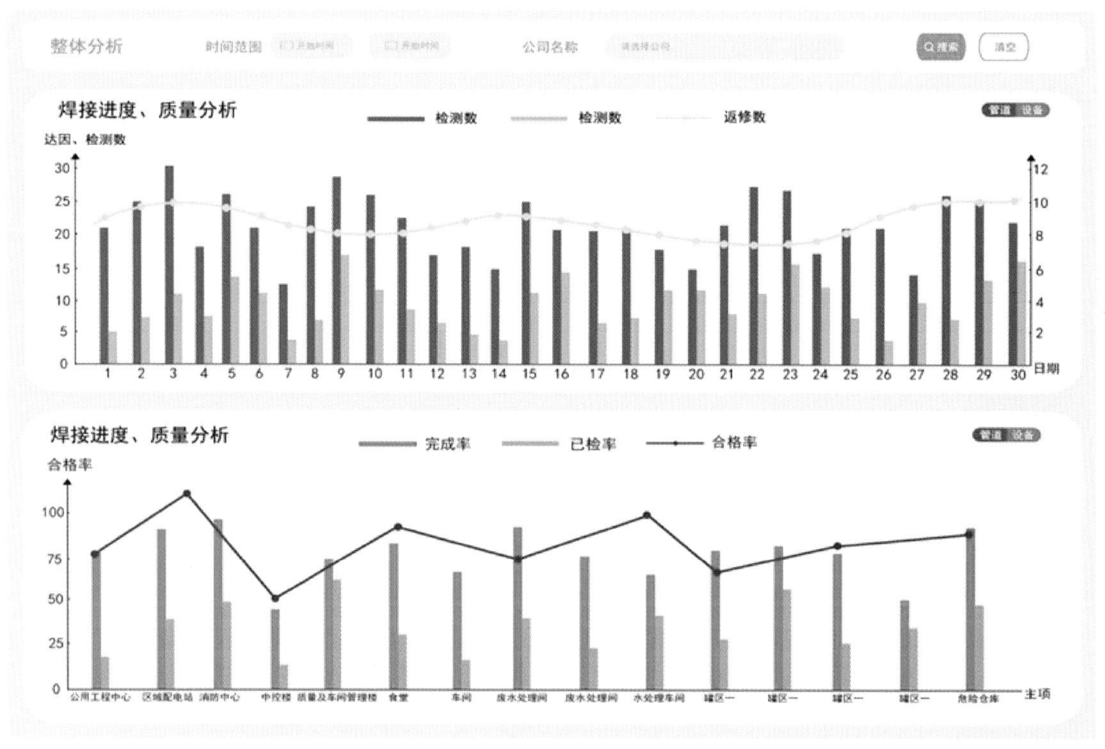

图 8.4-18 施工区域管道焊接进度、质量分析跟踪展示

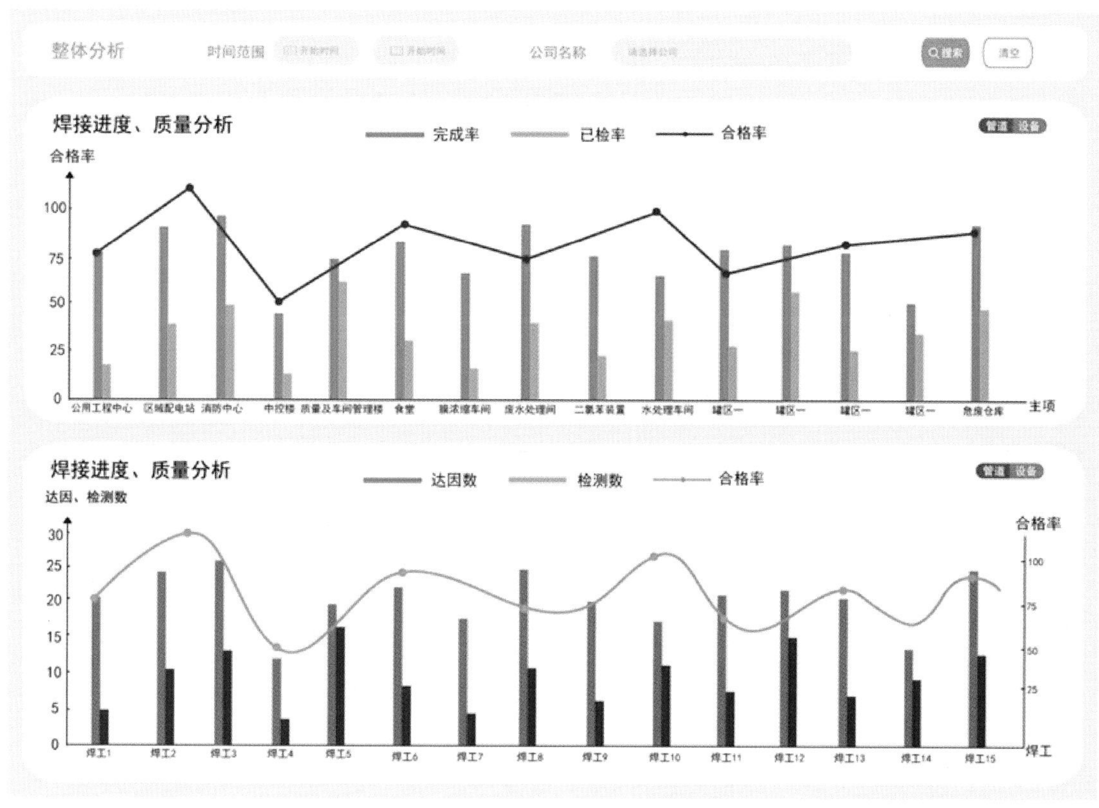

图 8.4-19 焊工焊接工作量及质量分析

5）HSE 管理板块数据录入

HSE 管理主要包含企业资格审批、人员教育审批、机具资质审批、安全作业许可证审批、安全检查审批、安全奖惩等。作业许可主要包含作业危险性分析、作业申请、审核、批准、执行、评价、关闭等流程，如图 8.4-20 所示。

图 8.4-20 安全审批管理平台

6）文件管理系统数据录入

文件管理系统数据录入主要包括档案中心和 3D 可视化工厂两部分。档案中心的核心任务是交付信息的整合校验和验收，其验收依据为数字化交付信息质量审核规则，目的是保证交付信息的完整性、准确性和一致性。

3D可视化工厂主要是设计PID图、三维模型，工程管理数据进行整合、规范、集成，利用虚拟现实领域的3D建模技术，结合多重细节技术、三维景观数据库技术、虚拟现实系统与地理信息系统集成等相关技术，应用动态加载、集中渲染、分层次细节（LOD）等优化机制，建立装置真实三维场景，以合适的视觉元素及视角呈现，构建与真实工厂完全一致的可视化场景，满足流畅的三维运行效率和显示效率，如图8.4-21异构化装置工程3D可视化所示。

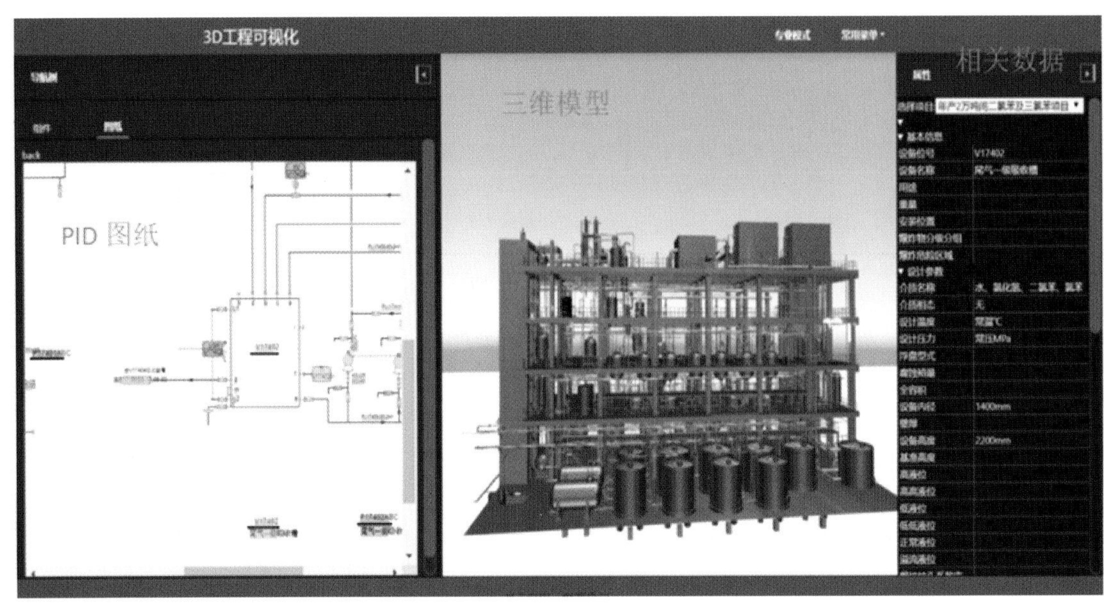

图8.4-21 异构化装置工程3D可视化

（3）数字化工厂运营

数字化交付平台是数字化工厂的基础信息管理平台；数字化工厂运营是以生产执行系统（MES）为核心生产运行管理体系，涵盖物料、能源、设备等管理模块，实现了从原料进厂到产品出厂全流程管控。它可以实时采集全厂分布式控制系统（DCS）数据，集成物流数据、生产管理数据、能源消耗数据和质量数据等，是全厂生产运行的数据中心和统一的信息发布平台，动态实时显示全厂工艺流程控制、质量检测数据、生产操作情况、生产订单完成情况以及库存情况等信息，同时，它可以为工厂的日常运营、维护、扩建和检维修项目提供完整、准确和可信的基础数据。项目数字化工厂运营内容包括：人员可视化、智能监控、智能安防和智能中控四个部分。

1）人员可视化

人员可视化主要包括人员定位、行走路线跟踪、人员状态远程跟踪3个方面（图8.4-22）。通过在全场范围内部署定位网络，所有进入人员携带身份信息定位标识卡，有效采集人员的实时位置数据、历史活动轨迹数据，实现巡检任务智能分配、自助巡检、自动记录，为人员管理和绩效考核提供切实可靠的数据，有效提高人员的生产积极性。

2）智能监控

根据厂区的不同防范区域按照相应的防护要求，采用智能球机和检测报警设备，配合中心管理软件，进行视频分析识别，发现异常及时报警。采用数字监控系统（DVR），通过智能摄像球机和无线网络传输，对监控视频数据进行实时采集与压缩，并通过网络传输远程控制技术，联动报警和辅助设备控制。整套系统具有运行速度快、占用资源少、声音与画质清晰、录像时间长、性能稳定、设置灵活、操作简便等特点，可方便的设置多种并行工作任务，实现自动工作和无人值守，并提供回放程序，可供查询播放大量录像。全场智能监控系统如图8.4-23所示。

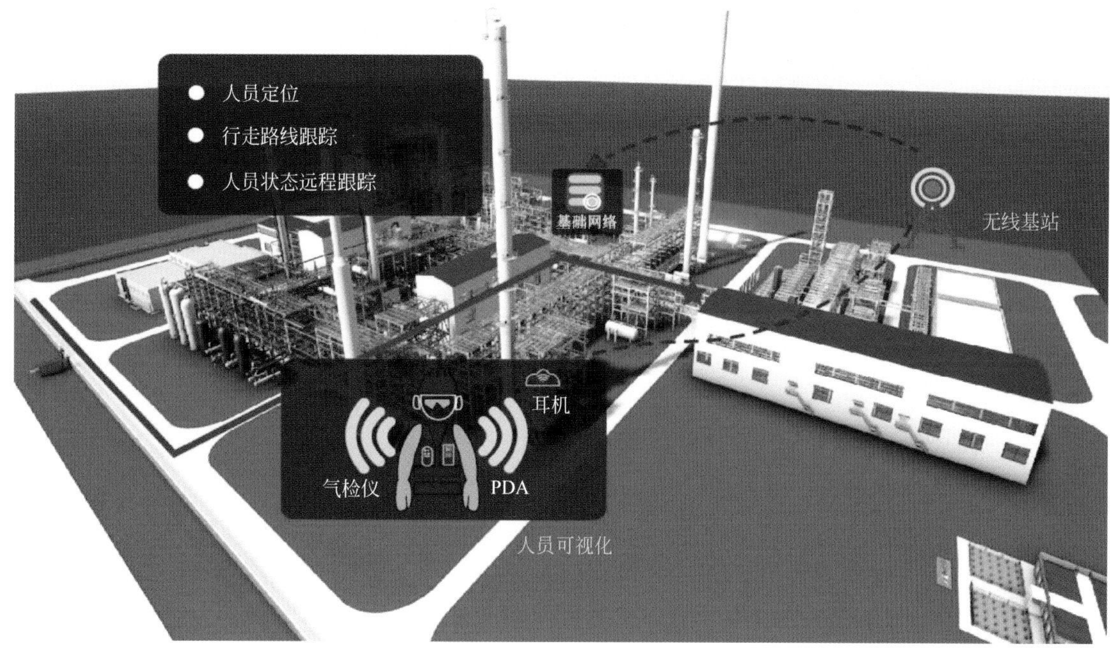

图 8.4-22　人员可视化管理

图 8.4-23　全场智能监控系统

3）智能安全防护

以人员可视化、智能监控为基础，集成工业生产自动检测系统和自动报警系统，出现异常情况，及时报警并制定应对方案，指导人员疏散，降低风险损失。智能安全防护系统如图 8.4-24 所示。

4）智能中控

通过全生命周期信息数字化集成，打造智能中控，使其具备大数据分析、工艺流程模拟，智能判断决策，故障判断检测等智能化能力。通过中控室数据显示大屏，直观显示厂区各单元的生产运作和实时数据，可实现随时操作或关注全厂任一生产环节和区域的工艺指标、异常预警、关键生产绩效、重点设备运行状态、能源耗用监控、环境检测等信息，实时准确的反映工厂数字化、透明化的运行状态，提高工厂管理水平。智能中控集成系统如图 8.4-25 所示。

图 8.4-24　智能安全防护系统

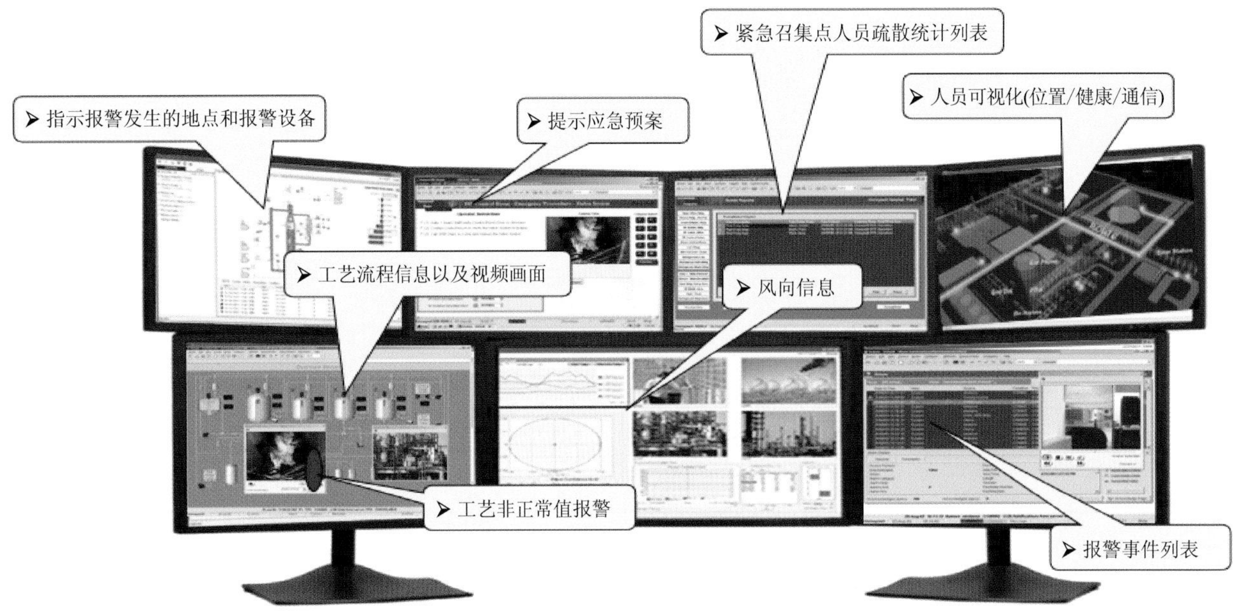

图 8.4-25　智能中控集成系统

第9章

典型工程

9.1 恒逸（文莱）PMB石油化工工程

项目地址：文莱达鲁萨兰国大摩拉岛（PMB岛）

建设时间：2017年8月～2019年7月

建设单位：恒逸实业（文莱）有限公司

设计单位：中石化洛阳工程有限公司

项目简介：恒逸（文莱）PMB石油化工项目位于文莱达鲁萨兰国大摩拉岛（PMB岛），为热带雨林气候，终年炎热多雨，年平均气温为28℃，空气湿度大，是由浙江恒逸石化有限公司和文莱政府合资建设。作为首批列入国家“一带一路”的重点项目，恒逸（文莱）PMB石油化工项目是海外第一个以中国石化标准进行设计、制造、建设、运营的大型石油化工项目，受到中文两国政府高度关注，被誉为中文两国“旗舰合作项目”。

主要工程内容：中建安装集团有限公司承接范围为800万吨/年常减压蒸馏装置、235万吨/年轻烃回收装置、产品精制装置、60万吨/年气体分馏装置以及配套公用工程、储运工程、系统性工程的全部安装工程。所承接装置中存在加热炉制作安装、合金钢管道焊接、超大口径复合钢管转油线安装等技术含量高的工作内容，工程施工技术与质量管理要求严苛。

项目建造成果：项目所在文莱国当地施工劳动力短缺、施工装备及工程物资匮乏、环保要求高、现场焊接作业难度大，针对以上问题，本项目钢结构、工艺管道、加热炉等采用国内工厂模块化预制，国外模块化安装的绿色施工技术，有效地保证了工程工期。同时在施工中积极采用大口径复合材料转油线管道施工技术、铬钼耐热钢管道焊接技术、不锈钢管道焊接技术等关键技术，保证了工程质量，取得了较好的经济效益和社会效益。

图 9.1-1　常减压联合装置

图 9.1-2　常减压联合装置加热炉

图 9.1-3　60 万吨/年气体分馏装置

图 9.1-4　火炬、火炬气回收设施

图 9.1-5　轻烃回收装置

图 9.1-6　常减压联合装置管道施工

9.2　恒力石化（大连）130 万吨/年 C3/IC4 混合脱氢装置工程

项目地址：辽宁省大连长兴岛经济区
建设时间：2017 年 5 月～2019 年 5 月
建设单位：恒力石化（大连）炼化有限公司

设计单位：中石化洛阳工程有限公司

项目简介：恒力石化（大连）炼化有限公司2000万吨/年炼化一体化项目为国家在炼油行业对民营企业放开的第一个重大炼化项目，是国家重点支持项目。

主要工程内容及生产工艺：中建安装集团有限公司承建130万吨/年C3/IC4混合脱氢装置，该装置是全球最大的混合脱氢装置，采用Lummus的CATOFIN脱氢工艺（固定床催化脱氢工艺），设计年处理50万吨丙烷（59.5t/h）和80万吨异丁烷（95.2t/h），年操作时间8400h，操作弹性为60%～110%。该工艺以丙烷/异丁烷为原料，采用高效的铬系脱氢催化剂在10台固定床反应器中进行脱氢反应，再经低温回收及产品精制后，得到纯度为99.6%的聚合级丙烯和富异丁烯C4产品（异丁烯含量49%）。本工程中10台反应器基础、2台分离塔基础及压缩机基础都为大体积混凝土，温差控制要求高；2台分离塔T5001/5002重达2000t以上，吊装难度大；装置介质温度梯度较大，反应单元最高温度达625℃，回收单元最低温度为－105℃，管道材质包括TP321H耐热不锈钢、A333 Gr.6低温钢等，且多为大口径管道焊接，焊接难度大，质量要求高。

项目建造成果：本工程在项目建设中采用了超大型设备场内转倒技术、大型设备整体吊装技术、不锈钢管道焊接技术和锅炉模块化施工技术等。

本工程获2017～2018年度中国建筑卓越项目奖，并荣获2019年度中建安装集团有限公司科技示范工程。

图9.2-1　装置全貌

图9.2-2　三缸离心式压缩机机组

图 9.2-3 炉区

图 9.2-4 进出料换热区

图 9.2-5 冷区

图 9.2-6 废水汽提单元

9.3 宁波台化20万吨/年间苯二甲酸（PIA）装置工程

项目地址：浙江省宁波市北仑区台塑工业园区

建设时间：2018 年 7 月～2020 年 9 月

建设单位：台化兴业（宁波）PTA 有限公司

设计单位：中国石油工程建设有限公司华东设计分公司、京鼎工程建设有限公司

项目简介：台化兴业（宁波）PTA 有限公司为台塑关联企业，主要业务为苯酚、丙酮、异丙苯、精对苯二甲酸（PTA）等产品的生产和销售。该项目临海而建，受天气气候条件影响较大，大型设备（尤其是进口设备）及工艺管线材质规格较多，建造难度大；此外，项目属台企投资建设，管理模式较大陆项目存在一定差异。

主要工程内容：包括 20 万吨/年间苯二甲酸（PIA）装置区、13.5 万吨/年 MX 装置区、MX 槽区、废水区四个主要施工区域的土建工程（含桩基）、非标储罐制安、钢结构安装、设备安装、管道安装、电气仪表安装工程，其中报建单体有：现场机柜间、现场变电所、冷却水塔区、PIA 成品仓库、PIA 包装机房、空压机房、汽机房、雨淋阀及泡沫室等。

项目建造成果：高塔 C-M013 抽余液塔最高达 90m，重 381.3t，采用“塔器设备整体吊装技术”，一次性精安装就位；大型设备基础地脚螺栓均采用“大型设备基础地脚螺栓定位安装技术”，保证地脚螺栓安装精度；超大直径、高空就位的料仓安装采用分段正装吊装组对技术；成品料仓筒仓施工采用“滑膜”施工技术；工艺管道采用管道工程化预制技术等。

图 9.3-1　PIA 主装置

图 9.3-2　PIA 主装置一角

图 9.3-3　MX 主装置

图 9.3-4　电气室

图 9.3-5　冷却水塔

图 9.3-6　MX 储罐区

9.4　宁波大榭石化馏分油综合利用装置工程

9.4.1　乙苯-苯乙烯联合装置安装工程项目

项目地址：浙江省宁波市大榭开发区环岛北路

建设时间：2014 年 7 月～2016 年 12 月

建设单位：中海石油宁波大榭石化有限公司

设计单位：中石化洛阳工程有限公司、中国石化集团上海工程有限公司、镇海石化工程股份有限公司

项目简介：中海油宁波大榭石化项目是国家推进“一带一路”海上丝绸之路的重要项目之一，中建安装集团有限公司承建了馏分油三期项目中乙苯-苯乙烯联合装置安装工程，本项目的成功实施，对推进国家“一带一路”建设有着重大的战略意义。

主要工程内容及生产工艺：包含30万吨/年乙苯装置、28万吨/年苯乙烯装置、3万吨/年硫磺回收装置等装置内的钢结构、设备、工艺管道、电气仪表的安装及调试工作，共计钢结构7925t，静设备363台，动设备192台，工艺管道50万余吋。乙苯装置技术路线为气相法干气制乙苯技术（SGEB），工艺流程采用原料脱丙烯后进行烷基化反应的工艺流程技术，包括脱丙烯、烃化及反烃化反应、吸收及苯回收、乙苯分离等工艺过程；苯乙烯装置采用具有中间换热器的两级负压绝热脱氢制造苯乙烯的技术路线，苯乙烯装置包括乙苯蒸发及脱氢、苯乙烯精馏等工艺过程；硫磺回收装置采用硫磺回收技术（ZH-SR）工艺路线，硫磺装置包括硫磺回收单元、溶剂再生单元、酸性水汽提单元组成。

项目建造成果：项目建设采用了火炬塔架模块化安装技术、大型设备轨道滑移安装技术、锌基合金钢接地线技术、800HT焊接技术、斜顶式空冷器安装技术、大型塔器整体吊装技术、管道施工信息化管理技术等。

本工程获2017年度全国化学工业优质工程奖、2019年度中国安装协会“安装之星”。

图9.4-1　乙苯装置

图9.4-2　苯乙烯装置

图9.4-3　硫磺回收装置

图9.4-4　苯乙烯装置空冷器

图 9.4-5　硫磺回收装置火炬塔架

图 9.4-6　苯乙烯装置最高塔苯乙烯塔

9.4.2　改扩建项目轻烃芳构化装置及配套系统工程

项目地址：浙江省宁波市北仑区大榭岛

建设时间：2018 年 6 月～2020 年 5 月

建设单位：中海石油宁波大榭石化有限公司

设计单位：中石化洛阳工程有限公司

项目简介：该装置是全国规模最大的轻烃芳构化装置，项目采用了移动床轻烃芳构化技术，并采用新一代连续芳构化催化剂 RF-4，连同配套装置设备为国内首次大规模工业化应用。装置的顺利投用可生产多种可供下游装置使用且具有高价值的芳烃产品，在提高经济性的同时有助于进一步降低企业生产成本。

主要工程内容：包括土建和安装所有工作的施工总承包，包括构架、管桥、烟囱、压缩机厂房、机柜间、变电所、落地设备基础、泵棚基础、电缆沟、总图竖向道路、排水沟及场地周边配套等的土建专业工程，钢结构安装、给排水及消防、工艺设备、工艺及公用管道、保温保冷、热工通风、电气、电信、自控仪表、火灾报警、电视监控等专业工程的施工总承包。所承接装置中存在合金钢管道焊接、TP316H

图 9.4-7　50 万吨/年轻烃芳构化装置全貌

图 9.4-8　加热炉区

图 9.4-9　分馏Ⅰ区、分馏Ⅱ区

图 9.4-10　总图区（1 号管廊）

图 9.4-11　压缩机区

图 9.4-12　反应区、催化剂再生区

耐热不锈钢管道焊接、A333 Gr. 6 低温钢管道焊接、催化剂管道安装、转油线安装等技术含量高的工作内容，工程施工技术与质量管理要求严苛。

项目建造成果：项目建造中采用了大型设备场内转倒技术、大型设备整体吊装技术、铬钼耐热钢管道焊接技术、不锈钢管道焊接技术等，保证了世界首套芳烃型移动床轻烃芳构化装置开车一次成功。

9.5　江苏瑞恒新材料一期项目安装工程

项目地址：江苏省连云港市徐圩新区

建设时间：2019 年 5 月～2019 年 10 月

建设单位：江苏瑞恒新材料科技有限公司

设计单位：浙江省天正设计工程有限公司

项目简介：江苏瑞恒新材料科技有限公司一期项目为 2019 年度江苏省重点项目，是中化集团重要的精细化工产业发展平台，承载着中化国际下属扬农化工集团转型升级的重任，项目占地 109675m^2，总投资 40 亿，主要规模为 15 万吨/年 C6 衍生物项目、6 万吨/年环氧树脂原材料项目以及相应的仓储及配套工程。

主要工程内容：中建安装集团有限公司承担 8 万吨/年硝基氯苯装置和 2 万吨/年二氯苯/三氯苯装置以及全场配套公用辅助工程。8 万吨/年硝基氯苯装置主要生产工艺为定向连续硝化，产品为对硝基氯苯、邻硝基氯苯、间位油和硫酸；2 万吨/年间二氯苯及三氯苯装置，主要生产工艺为间位异构化和气相吸附法分离混二氯苯技术，产品为对二氯苯、间二氯苯、1，2，4-三氯苯、盐酸等。

项目建造成果：本项目 50t 以上设备起重吊装共 35 台，装置布局紧凑，地质工程性能差，地基处理、设备摆放和大型吊装机械站位选择难度大，采用软土地基处理技术、大型设备分段吊装技术和大型塔器捆绑吊装技术等保证了设备安装进度；同时，项目深度参与并应用数字化交付技术，从项目建设者应用角度出发，梳理数字化交付的内容和流程，完善项目数据采集、归档、应用的过程管理，实现了建设方对项目数字化交付的需求。

本工程获 2019 年度连云港市“玉女峰杯”优质工程。

图 9.5-1　2 万吨/年二氯苯/三氯苯分离装置

图 9.5-2　8 万吨/年硝基氯苯装置

图 9.5-3　2 万吨/年二氯苯/三氯苯异构化装置

图 9.5-4　装置内景

图 9.5-5　中控室

图 9.5-6　数字化平台集成

9.6　山东海右石化100万吨/年延迟焦化综合装置工程

项目地址：山东省日照市海右经济开发区

建设时间：2017年6月～2019年6月

建设单位：北京三聚环保新材料有限公司

设计单位：长岭炼化岳阳工程设计有限公司

项目介绍：山东海右石化集团100万吨/年延迟焦化联合装置项目位于山东省日照市莒县夏庄镇海右经济开发区，项目占地面积61590m^2。100万吨/年延迟焦化综合装置，采用短生焦周期焦炭塔系统、双面辐射炉分馏塔底重沸炉系统、水力除焦系统及设备在线清焦洗涤系统等，技术先进。

主要工程内容：中建安装集团有限公司承接范围为100万吨/年延迟焦化单元和100万吨/年汽柴油混合加氢及制氢单元设备采购、非标设备制造、材料采购；建筑、安装及公用工程；消防工程；无损检测、区域配电室、区域机柜间等内容的施工总承包。本工程装置中工艺管道材质复杂，涉及碳钢、不锈钢、铬钼钢、铝等大类共计22种不同材质，介质多为易燃易爆介质，尤其水力除焦系统操作压力高，工艺管道焊接管理要求高。

项目建造成果：本工程通过应用PCMS管道信息管理平台，对工程管道施工的进度做出准确的统计分析，提高了焊接施工管理效率和材料出入库、领用、安装等标准化管理水平；同时积极采用大型设备整体吊装技术、加热炉模块化施工技术、铝和铝合金管道焊接技术和水力除焦系统管道施工技术，有效地保证了工程质量。

图 9.6-1　全景照片 1

图 9.6-2　全景照片 2

图 9.6-3　压缩机

图 9.6-4　焦化装置

图 9.6-5　管廊

图 9.6-6　加氢装置

9.7　鲁清石化 160 万吨/年蜡油加氢装置工程

项目地址：山东省寿光市渤海经济开发区

建设时间：2017年3月～2017年11月

建设单位：山东寿光鲁清石化有限公司

设计单位：安徽华东化工医药工程有限责任公司

项目简介：160万吨/年蜡油加氢装置由加氢反应部分、分馏部分、新氢及循环氢压缩部分、脱硫部分等工艺组成，装置占地面积15225m^2，主要产品为汽油、柴油和蜡油。

主要工程内容：本项目包括大型静设备108台、动设备61台、钢结构3000t，其中压缩机安装技术要求高。管道最大设计压力为12.39～16.42MPa，最高设计温度为340～480℃，管壁最厚为54mm，包含材质有UNS N08825、S32168、15CrMo等，焊接难度大，质量要求高。

项目建造成果：本工程采用了大型离心压缩机机组安装技术、镍基合金管道焊接技术、高压管道试压技术以及PCMS管道信息管理平台的应用，有效地保证了压缩机组及超厚镍基合金管道正常安全运行。该项目作为中建安装集团有限公司首次承揽的大型加氢裂化装置，项目开车一次成功，产品一次合格，对企业的发展具有巨大的意义。

图9.7-1 新氢及循环氢压缩区

图9.7-2 加氢反应及加热炉区

图 9.7-3　分馏区

图 9.7-4　脱硫区

图 9.7-5　现场装置一角

图 9.7-6　装置全貌

9.8　山东东辰 20 万吨/年芳烃联合装置工程

项目地址：山东省东营市垦利县胜坨工业园区

建设时间：2011年2月～2012年5月

建设单位：山东东营东辰控股集团有限公司

设计单位：中建安装集团有限公司（原南京医药化工设计研究院有限公司）

项目简介：中建安装集团有限公司承建的山东东营东辰控股集团有限公司20万吨/年芳烃联合装置工程位于山东省东营市，是EPC工程总承包工程。联合装置以重油为原料，在缓和条件下深度转化裂解，以最大量生产轻芳烃和轻烯烃，以及市场紧缺的甲苯、乙苯、二甲苯、丙烯等化工原料，主要产品符合国家产业政策，可实现资源综合利用，形成多条产业链，促进循环经济的发展，被列入山东省化学工业调整振兴规划重点扶持项目。该项目符合山东省产业结构调整方向，对“保增长、扩内需、调结构”，促进山东工业调整振兴具有重要意义。

主要工程内容：本工程由100万吨/年常压装置、60万吨/年重油催化装置、配套建设3500Nm^3/h干气脱硫和15万吨/年液态烃脱硫装置、15万吨/年气分装置、25万吨/年汽油加氢装置、4000Nm^3/h干气PSA氢提纯装置、3万吨/年MTBE装置、40t/h酸水汽提、NaHS制取装置以及配套的公用工程设施等组成。

项目建造成果：本工程为石油炼制行业的典型项目，装置中工艺管道介质多为易燃易爆介质，且操作温度和操作压力均较高，在项目建设中采用了管道自沉法施工技术、不锈钢管道焊接技术、铬钼耐热钢管道焊接技术、反应再生旋分系统安装技术等，取得了较好的效果。

本工程获2014年度获山东省安装工程“鲁安杯”。

图9.8-1 常减压装置

图9.8-2 重油催化装置

图9.8-3 酸性水气提装置

图9.8-4 气体分离装置

9.9 浙江美福12万吨/年丙烯工程

项目地址：浙江省平湖市嘉兴港区

建设时间：2009年12月～2013年1月

建设单位：浙江美福石油化工有限责任公司

设计单位：上海河图石化工程有限公司

项目简介：浙江美福石油化工12万吨/年丙烯项目工程位于浙江省嘉兴港区，工程内容涵盖石化装置工程、储罐工程、公用工程等，其中加氢装置采用美国Dupont-TMlso-ThermingRu技术，生产的汽油及柴油硫含量及安定性均能达到国Ⅲ标准，是采用该技术的国内首套装置。

主要工程内容：中建安装集团有限公司承建25万吨/年气体分馏装置、4万吨/年甲基叔丁基醚（MTBE）装置、硫磺回收装置、产品精制装置、30万吨/年汽油加氢装置、30万吨/年柴油加氢装置、10万吨/年制氢装置、30台共计16万m^3储罐以及配套公用工程、储运工程等全部安装工程。本工程加氢反应器重180t，直径2000mm，高40.732m，需整体吊装；气分装置精丙烯塔（A/B），塔体直径3.8m，高66.57m，单座重297t，塔体壁厚34mm，现场分4段组焊方式进行安装；尾气焚烧设施，分为地面火炬和高架火炬，高架火炬塔架为异型钢构塔架高80m，截面为正三角形，底部边长为12m，需现场制作安装，施工难度大。

项目建造成果：本工程采用了大型设备整体吊装技术、大型设备分段吊装技术、火炬模块化施工技术，有效的保证了施工质量，取得了较好的经济效益。

本工程获2012年度上海市优质安装工程“申安杯”奖，2015～2016年度中国安装工程优质奖“中国安装之星”。

图 9.9-1　装置全景

图 9.9-2　加氢制氢装置

图 9.9-3　硫磺回收装置

图 9.9-4　气分 MTBE 装置

图 9.9-5　罐区全景

图 9.9-6　烟囱塔架

9.10　阿贝尔化学 50 万吨/年苯乙烯总承包工程

项目地址：江苏省泰兴市经济开发区化工园区

建设时间：2013 年 5 月～2016 年 10 月

建设单位：阿贝尔化学（江苏）有限公司

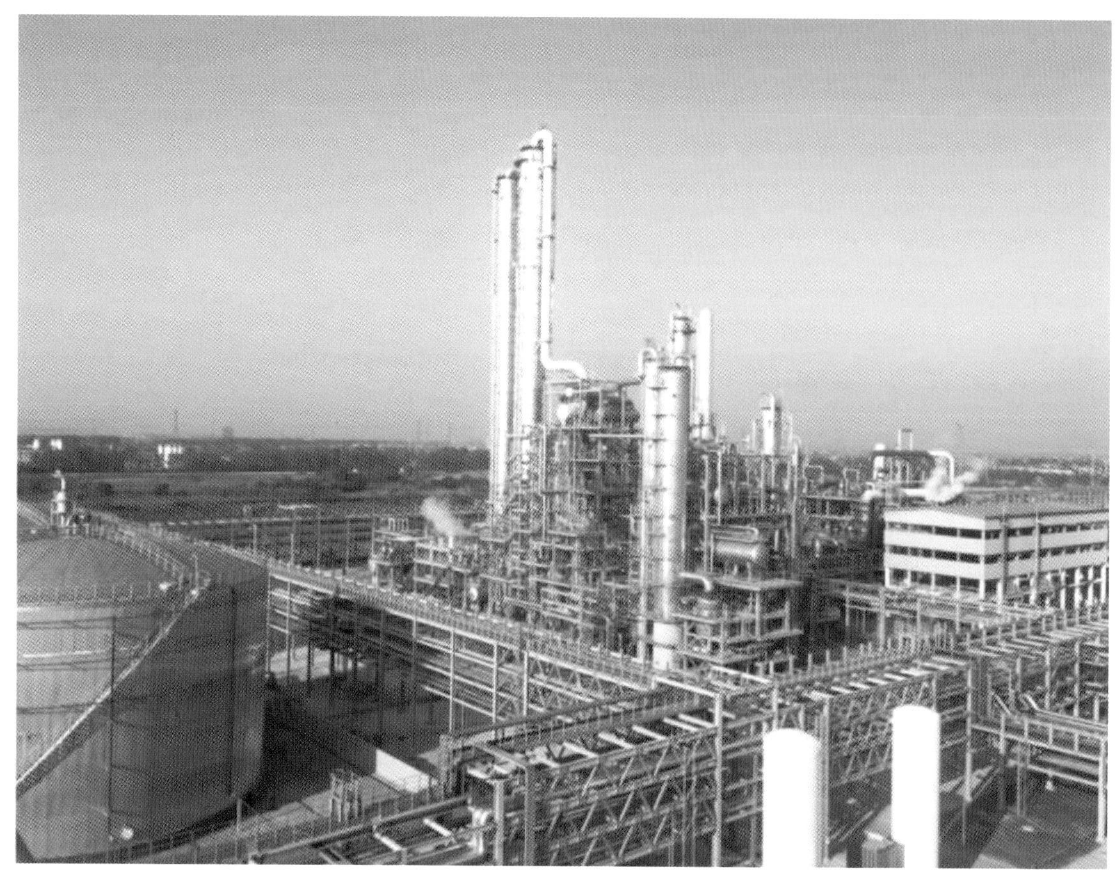

设计单位：中国寰球工程公司辽宁分公司

主要工程内容：中建安装集团有限公司承建范围包括25万吨/年苯乙烯、10万吨/年顺酐、5万吨级码头及11.4万m^3深冷仓储工程等的安装工程，大型设备众多；其中15000m^3低温乙烯双层保冷储罐为苯乙烯装置核心设备，结构复杂，施工难度大；加热炉制作安装量大，是项目施工的技术重点、难点。

项目建造成果：本项目采用了加热炉模块化施工技术、大型设备整体吊装技术、超高塔塔盘安装技术、不锈钢管道焊接技术、铬钼钢管道焊接技术等，为工程安全、高效、优质实施，打下了坚实的基础。

本项目获江苏省级工法：《双层低温乙烯储罐施工工法》JSSJGF2015-1-253。

图9.10-1 装置一角

图9.10-2 低温乙烯罐区

图 9.10-3　项目总揽图

9.11　山东桦超化工 24 万吨/年工业异辛烷及配套装置工程

项目地址：山东省德州市临邑县临盘镇

建设时间：2013 年 6 月～2015 年 4 月

建设单位：山东桦超化工有限公司

设计单位：山东海成石化工程设计有限公司、沈阳石油化工设计院大连分院、兰州寰球工程公司

项目简介：山东桦超化工有限公司 20 万吨/年丁烯异构化及配套装置、24 万吨/年工业异辛烷及配套装置及配套项目以及相应公用工程、20 万吨/年异丁烷脱氢装置及配套项目以及相应公用工程均为新建工程，位于山东省德州市临邑县，是中建安装集团有限公司融资承建的集设备和材料采购、施工总承包一体的工程。

主要工程内容：具体工作范围包括 PC 阶段的总承包管理；设备和材料采购服务；设备和材料采购；设备和材料供货；制造、安装、施工、单机试车；配合建设方联动试车。项目施工面积紧凑，大型

图 9.11-1 MTBE、ORU、CSP 单元

图 9.11-2 脱氢干燥与分离单元

图 9.11-3 脱氢反应与加热炉单元

图 9.11-4 1 万 m^3 橡胶模干式气柜单元

图 9.11-5 压缩机单元

图 9.11-6 丁烷异构化单元

图 9.11-7 冷箱单元

图 9.11-8 PSA 单元

设备多，制造要求高，部分设备从国外采购；反应器安装技术要求高；工艺管道材质涉及 22 种，焊接管理难度大。

项目建造成果：该工程施工过程中采用了 UOP 反应器安装施工技术、催化剂管道施工技术、加热炉模块化施工技术、工艺管道焊接技术、PCMS 管道信息管理平台应用技术等，取得了较好的成绩。

本工程获 2017 年度山东省安装工程“鲁安杯”。

9.12 宁波江宁化工 9 万吨/年正丁烷 EPC 工程

项目地址：浙江省宁波市镇海石化经济开发区

建设时间：2012 年 7 月～2013 年 4 月

建设单位：宁波浙铁江宁化工有限公司

设计单位：中建安装集团有限公司

项目简介：宁波浙铁江宁化工有限公司 9 万吨/年正丁烷项目，其核心单元为正丁烷分离装置、加氢精制装置两部分，另配 1 套 4000Nm^3/h 氯碱尾气回收装置（简称 PSA 装置)；其中正丁烷分离装置采用中建安装集团有限公司工艺包技术，加氢精制装置采用抚研院专有的液化气加氢技术及相应的催化剂，PSA 装置采用四川天采科技有限责任公司的技术。

主要工程内容：本项目由中建安装集团有限公司承建，采用 EPC 总承包模式，包括正丁烷分离装置、加氢精制装置、PSA 装置及附属设施的土建、钢结构、设备、管道、电气、仪表、防腐保温等全部内容；还包括为装置提供液化气、氢气等原料的公用管道的安装、防腐施工内容。本工程设备种类数量多、安装精度高、技术难度大，特别是加氢反应器、脱氢塔、脱异丁烷塔的吊装施工，塔盘、填料施工，加氢试运行是项目管理重点、难点。

项目建造成果：在项目建设中设计采用了精馏分离技术、液化气加氢技术、PSA 吸附和提氢技术；施工采用了大型设备整体吊装技术、管道自动焊接技术、塔内件安装技术、管道工厂化预制技术等，取得显著成效。

本工程《大型塔器地面综合安装整体吊装安装工法》获中国建筑工程总公司工法。

图 9.12-1　装置全貌

图 9.12-2　正丁烷装置

图 9.12-3　余热蒸汽站

图 9.12-4　正丁烷加氢装置

9.13　江苏金桐 10 万吨/年烷基苯装置工程

项目地址：江苏省南京市六合化工园

建设时间：2012 年 4 月～2013 年 4 月

建设单位：江苏金桐表面活性剂有限公司

设计单位：中国中轻国际工程有限公司、南京金凌石化工程设计有限公司

项目简介：江苏金桐表面活性剂有限公司烷基苯装置及其配套设施安装工程，是以10万吨/年直链烷基苯为主要产品的大型石化工程建设项目，采用美国UOP专利技术，该装置位于南京江北化学工业园区长芦三期江苏金桐烷基苯装置区内，厂址总占地面积约358000m^2。

主要工程内容：中建安装集团有限公司承担10万吨/年烷基苯装置的生产厂区、主装置系统以及配套储运系统、火炬系统以及公用工程。本工程塔、罐、器等高大、密集、重型设备多，100t以上的特大型设备2台；100t以下的144台；包含高温、易燃、易爆介质管道以及腐蚀性极强的HF管道，施工要求高；生产装置布置紧密，储罐等非标设备、钢结构焊接量大，工期短，质量、安全要求高。

图9.13-1　加热炉、R-301

图9.13-2　酸区

图 9.13-3　罐区

图 9.13-4　压缩机房

图 9.13-5　项目总览图

项目建造成果：在项目施工过程中采用了大型设备整体吊装技术、加热炉模块化施工技术、HF 管道施工技术、铬钼耐热钢管道焊接施工技术等，有效地保证了装置施工质量，取得了较好的经济效益。

本工程获 2014 年度江苏省优质工程奖“扬子杯”。

9.14　南京金陵石化烷基苯厂工程

项目地址：江苏省南京市栖霞区尧化街道

建设时间：1976～1980 年

建设单位：中国石化集团金陵石化有限责任公司

设计单位：南京金陵石化工程设计有限公司

项目简介：中国石化集团金陵石化有限责任公司烷基苯厂，位于南京市栖霞区尧化街道。项目于 1976 年开工，1980 年建成投产，其中 7.1 万吨/年烷基苯装置为当时国内最大的合成洗涤剂原料-烷基苯的生产装置。

图 9.14-1　加氢单元装置

图 9.14-2　分子筛脱蜡单元装置

图 9.14-3　正构烷烃脱氢单元装置

图 9.14-4　单元正构烷烃脱氢单元压缩机厂房

图 9.14-5　烷基化单元装置 1

图 9.14-6　烷基化单元装置 2

图 9.14-7　公用工程加热炉 1

图 9.14-8　公用工程加热炉 2

主要工程内容：作为中建安装集团有限公司的前身，中建八局工业设备安装公司承建 100 号加氢单元、200 号分子筛脱蜡单元、300 号正构烷烃脱氢单元、400 号烷基化单元及 500 号公用工程等的全部土建及安装工程。

项目建造成果：本工程设备高大重，分子筛吸附室安装、腐蚀性极强的 HF 管道施工、铬钼耐热钢管道焊接等技术要求高，施工难度大；经过技术攻关，形成大型设备整体吊装技术、加热炉模块化施工技术、分子筛吸附室安装技术、HF 管道施工技术、铬钼耐热钢管道焊接技术等成果，有力保障了项目进度，确保装置开车一次成功。

本工程 1981 年荣获“国家优质工程奖”。

9.15　新能能源 20 万吨/年稳定轻烃项目净化及甲醇合成装置工程

项目地址：内蒙古自治区鄂尔多斯市达拉特旗新奥工业园

建设时间：2016 年 3 月～2018 年 6 月

建设单位：新能能源有限公司

设计单位：华陆工程科技有限责任公司

项目简介：新能能源有限公司 20 万吨/年稳定轻烃项目以当地丰富的煤为原料，采用水煤浆气化、

催化气化、加氢气化、变换、低温甲醇洗、稳定轻烃合成等技术共同生产20万吨/年稳定轻烃，其中催化气化及加氢气化技术为我国自主开发的新型气化技术。

主要工程内容：中建安装集团有限公司承担净化、甲醇合成装置建筑安装工程，施工范围包含变换（705）、低温甲醇洗（706）、甲醇合成（801）、合成压缩机房（672A）、CO_2 压缩机房（672C）等21个单体工程的建筑安装工程。

项目建造成果：本工程塔类设备数量多，高度高、重量大，且装置区域狭小，吊装难度大；大型压缩机机组结构复杂，安装精度要求高，施工过程中涉及多专业、多工种施工，质量控制难度大。在项目建设过程中采用了大型设备整体吊装技术、铬钼耐热钢管道焊接技术、不锈钢管道焊接技术等，有效地保证了吊装安全及管道焊接质量。

本工程获2019年度中国化工施工企业协会“化学工业优质工程”。

图9.15-1　低温甲醇洗塔附塔管线

图9.15-2　二氧化碳压缩机

图 9.15-3　甲醇合成框架

图 9.15-4　甲醇合成精馏塔吊装

9.16　神华宁煤 400 万吨/年煤炭间接液化及 30 万吨/年硫磺回收工程

项目地址：宁夏回族自治区银川市宁东煤化工基地

建设时间：2014 年 3 月～2018 年 4 月

建设单位：神华宁夏煤业集团有限责任公司

设计单位：山东三维石化工程有限公司

项目简介：神华宁煤 400 万吨/年煤炭间接液化项目位于宁夏回族自治区宁东煤化工基地，是国家"十二五"期间重点建设的煤炭深加工示范项目，属国家级示范性工程，是当时世界上单套投资规模最大、装置最大且拥有我国自主知识产权的煤炭间接液化项目。本工程 30 万吨/年硫磺回收装置为项目生产主装置之一，主要采用克劳斯硫磺回收工艺和尾气处理氨法脱硫工艺，主要是将煤炭间接液化时产生的 H_2S 和 COS（羰基硫）转化为固体硫磺和硫铵溶液。

主要工程内容：中建安装集团有限公司承担30万吨/年硫磺回收装置，包括硫回收单元、130m烟囱、液硫脱气单元、成型机厂房、硫磺包装贮存单元、机柜间、装置内管廊公用工程及辅助生产设施等建筑及安装工程。

项目建造成果：本工程中的液硫夹套管线安装复杂，焊接工程量极大，夹套管的安装质量控制要求高；UNS N 06600镍基合金氧气管线焊接缺陷控制及管道脱脂质量控制要求高；130m套筒式烟囱（外筒为钢筋混凝土结构，内筒为钛合金复合钢管结构）施工难度大。项目建造中采用了夹套管施工技术、镍基合金管道焊接技术、套筒式烟囱施工技术等，取得了良好的效果。

本工程获2016年度"中国建筑工程总公司科技推广示范工程"。

图9.16-1　1#硫磺回收装置

图9.16-2　装置主管廊

图9.16-3　2#硫磺回收装置

图9.16-4　氨法脱硫单元

9.17　四川同凯能源大型天然气汽车清洁燃料（LNG）工程

项目地址：四川省巴中市驷马工业园区

建设时间：2014年4月～2015年2月

建设单位：四川同凯能源科技发展有限公司

设计单位：中国成达工程有限公司

项目简介：四川同凯能源科技发展有限公司大型天然气汽车清洁燃料（LNG）项目是国家节能减排、低碳经济优先发展和国家鼓励类项目，是国家发展改革委、省委、省政府支持巴中革命老区发展的

重大清洁能源项目。项目引进德国 Linde、美国 APCI、法国 Technip 和美国 Dresser-Rand 的专业技术和设备，不排放任何污染物，属绿色环保低碳项目。

图 9.17-1 离心式压缩机

图 9.17-2 BOG 压缩机

图 9.17-3 项目主装置

图 9.17-4 3 万 m^3 LNG 超低温储罐

主要工程内容：中建安装集团有限公司承建范围包含压缩机单元、液化单元、脱水单元、内管廊、热油单元、冷剂单元及配套储运工程和公用工程等24个单元的安装工作。

项目建造成果：本项目低温罐的制作安装、不锈钢和专用低温钢的焊接，离心式筒形压缩机组试运以及压缩机进出口管道弹簧支架、固定支架的安装为施工的难点。本工程采用了大型离心压缩机组安装技术、06Ni9钢焊接技术、不锈钢管道焊接技术及低温管道施工技术，有效地解决了现场施工难题，保证了工程质量。

9.18 天津渤化“两化”搬迁改造80万吨/年PVC工程

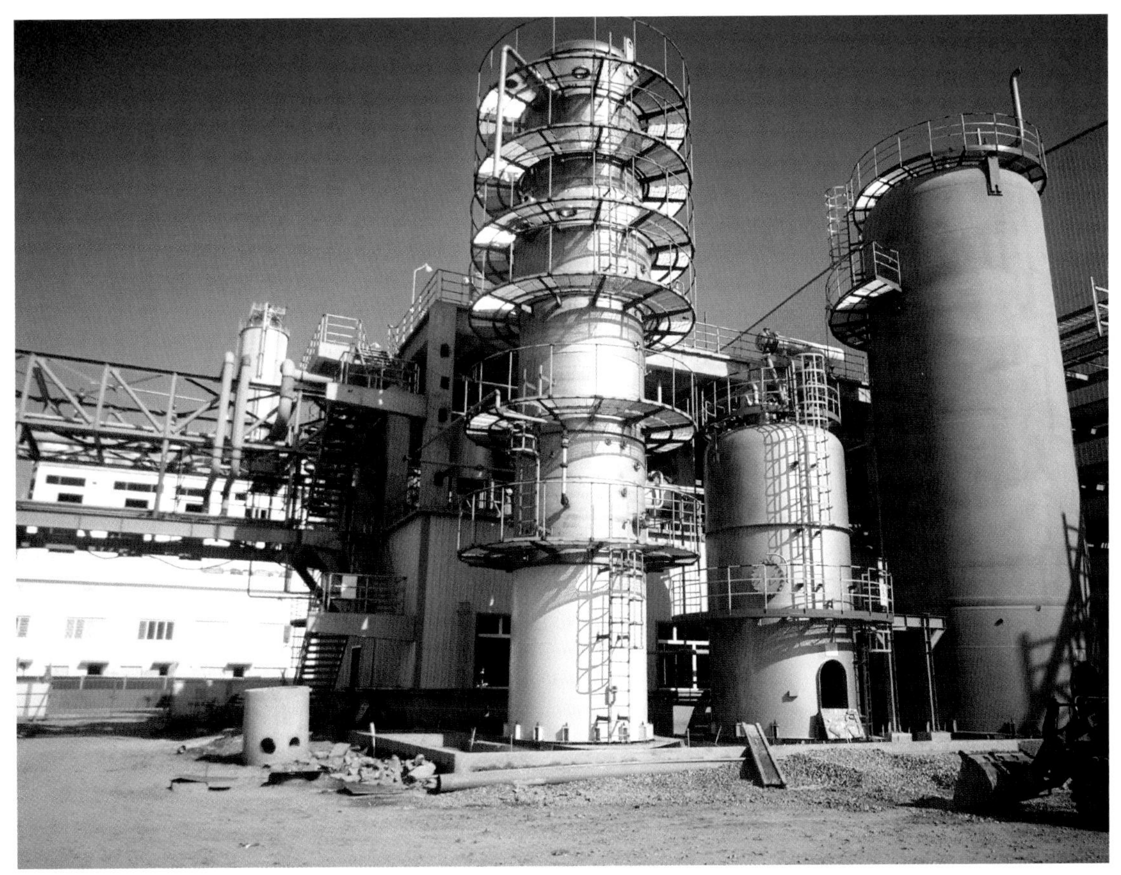

项目地址：天津市滨海新区南港工业区

建设时间：2018年10月～2020年12月

建设单位：天津渤化化工发展有限公司

设计单位：天津渤化工程有限公司

项目简介：“两化”搬迁改造项目是天津市委市政府建设“美丽天津、安全天津”，优化天津市石化产业布局，化解安全和稳定风险，实现节能减排和环境改善的重大决策，是提升滨海新区发展环境、拓展发展空间，推动滨海新区开发开放和南港工业区世界级石化基地建设的重要举措。同时“两化”搬迁也为全国城市人口密集区危化品企业搬迁改造起到带动和示范作用。

主要工程内容：本装置聚氯乙烯生产能力80万吨/年，分为A/B套装置，A装置40万吨/年生产能力，采用英力士技术，引进6台150m^{3}聚合釜；B套装置40万吨/年生产能力，采用大沽化工现有技术，新购10台108m^{3}聚合釜生产聚氯乙烯产品。

图 9.18-1　聚合装置

图 9.18-2　包装料仓

图 9.18-3　库房区

项目建造成果：本工程属精细化工项目，对不锈钢管道焊质量及外观成型、铝合金料仓制作安装质量要求较高，且装置管线众多，管理难度大。项目建造过程中采用了不锈钢管道焊接技术、料仓及包装工艺线安装技术、PCMS管道信息化管理平台应用技术等，安全、高效、优质地完成了该项施工生产任务，取得了显著成效。

9.19　花王（上海）化工有限公司二期扩建工程

项目地址：上海市金山区第二工业区

建设时间：2018年5月～2019年12月

建设单位：花王（上海）化工有限公司

设计单位：中国海诚工程科技股份有限公司

项目简介：花王（上海）化工有限公司表面活性剂等产品二期扩建项目，中建安装集团有限公司承担酯化配合车间、乙氧基化车间、罐区1、罐区2和罐区4的扩建工程；以及硫酸化车间、高温酯化车间、丙类仓库2、罐区7、罐区8、冷却塔、充填室、公用设备站、废水处理厂和装卸棚的新建工程，涵盖土建工程及安装工程。

主要工程内容：本工程为典型的精细化工改扩建工程，场地狭小，安装与生产同时进行，厂内管道多为有毒、有害、易燃、易爆介质，其中环氧乙烷、环氧丙烷管线设计温度−15℃，常温有爆炸风险，现场HSE管理要求高，针对此特点，本工程对酯化车间、硫酸化车间采用全模块化施工，装置被划分设计成102个模块，现场完成“搭积木式”安装。

图9.19-1 高温酯化车间1

图9.19-2 硫酸化车间

图 9.19-3　高温酯化车间 2

图 9.19-4　管廊泵区

图 9.19-5　罐区八

项目建造成果：本工程是中建安装集团有限公司首个采用全模块化安装的化工装置，通过提炼总结形成了石化装置模块化安装技术，对企业的发展具有深远影响。

本项目《高温酯化酯化配合装置模块化安装关键技术研究》成果被上海市安装行业协会鉴定为“国内领先”。

9.20　江苏威名石化 10 万吨/年尼龙切片工程

项目地址：江苏省南通市洋口港经济开发区

建设时间：2016 年 11 月～2019 年 10 月

建设单位：江苏威名石化有限公司

设计单位：中建安装集团有限公司

项目简介：10 万吨/年尼龙切片工程位于江苏省洋口港经济开发区，为江苏威名石化有限公司新建生产基地。该装置主要包括 5 万吨/年高速纺丝产线和 5 万吨/年工程塑料产线。尼龙 6 装置在精细化工领域具有举足轻重的地位，尼龙 6 切片通常分为纤维级（纺丝级和高性能纺丝级）、拉膜级切片、工程塑料级切片，产品广泛用于汽车、机械、电子电气、日用产品及化工建材等方面。

图 9.20-1 己内酰胺罐区

图 9.20-2 空压制氮站

图 9.20-3 料仓储罐

图 9.20-4 切粒机组

主要工程内容：中建安装集团有限公司为EPC总承包单位，负责办公区、公用工程区、储运设施区、工艺装置区四个分区的工程规划、基本设计完善与细部设计、绘图、设备的采购与供应、发包人自购设备采购服务及安装、仪器与材料、施工、建造、监工、照明、通信、警报、广播、暖通、弱电、施工管理、安装、单机试车及冲吹、洗净、试漏、试压等试车前准备工作、试车协助、人员培训、性能测试协助与保证、保固、各项执照、证照取得等工作。

项目建造成果：本工程夹套管的施工、水下切粒机的安装以及铝合金粉料仓的制作安装是本项目的重点，据此，该项目在建设中积极采用水下切粒机安装技术、夹套管道施工技术、铝合金粉料仓施工技术等，取得了显著成效。

9.21 宁波浙铁大风10万吨/年非光气法聚碳酸酯联合装置工程

项目地址：浙江省宁波市镇海石化经济开发区

建设时间：2011年12月～2014年10月

建设单位：宁波浙铁大风化工有限公司

设计单位：中国天辰工程有限公司、河北渤海工程设计有限公司、中建安装集团有限公司

项目简介：宁波浙铁大风10万吨/年非光气法聚碳酸酯联合装置工程，为全球第一套非光气法聚碳酸酯联合生产装置，工艺先进性突出，其核心单元DMC装置采用唐山好誉科技公司技术，DPC装置采用美国Lummus的DPC技术，PC装置采用德国EPC公司技术，BPA单元采用瑞士SULZER公司技术。

主要工程内容：本工程由中建安装集团有限公司进行EPC总承包管理，包含10万吨/年聚碳酸酯（PC）、配套4万吨/年碳酸二甲酯（DMC）、10万吨/年碳酸二苯酯（DPC）及相关公用工程。

项目建造成果：本工程高大精尖及进口设备数量多、安装精度高、技术难度大；工艺管线材质种类繁多达 13 种，管理难度大，夹套管道施工、大口径真空管道施工、铝镁合金粉料仓施工也是工程重点。在项目建设中设计采用了酯交换法碳酸二苯酯工艺技术，基于 CAESAR Ⅱ 的装置管道应力分析技术，施工采用了大型设备整体吊装技术、镁铝合金粉料仓制作安装技术、全夹套熔融介质管线施工技术、大口径真空管道的施工技术等，取得显著成效。

本工程获 2015 年度全国化学工业优质工程奖、中国建筑工程总公司科技示范工程，《大型塔器地面综合安装整体吊装安装工法》获中国建筑工程总公司工法。

图 9.21-1　DMC 装置

图 9.21-2　DPC 装置

图 9.21-3　PC 装置

图 9.21-4　铝镁合金料仓

图 9.21-5　余热发电站

9.22 宁波禾元化学180万吨/年DMTO装置工程

项目地址：浙江省宁波市镇海区石化经济开发区

建设时间：2011年10月～2013年1月

建设单位：宁波禾元化学有限公司

设计单位：中石化洛阳工程有限公司

项目简介：宁波禾元化学有限公司30万吨/年聚丙烯、50万吨/年乙二醇项目位于浙江省宁波市镇海区石化经济开发区，其DMTO技术由中国科学院大连化物所新兴能源有限公司提供，其中烯烃分离单元采用鲁玛斯技术公司的专利技术，总体设计以及DMTO和烯烃分离单元的设计由中石化洛阳石油化工工程公司负责，开创了非石油路线制取烯烃的新时代。

主要工程内容：中建安装集团有限公司承建180万吨/年DMTO核心装置（MTO单元、LORU单元、OCU单元），公用工程（脱盐水、凝结水站，装卸车设施，空压站，循环水场，消防水及新鲜水加压设施），罐区配套工程和4个5万m^3容量的储罐等全部安装工程。装置前半部分类似于重油催化裂化的前半部分，后半部分类似于乙烯工程的烯烃分离部分。装置大型化使得设备十分庞大，R1101反应器直径达15.6m；T2304 2号丙烯精馏塔高度达103.7m；T2304 2号丙烯精馏塔壳体重1097t；装置区埋地管道直径大，埋设深度深；动设备中的压缩机型号规格大；本装置建设地点为沿海滩涂地，地下水位非常高，地基土中存在多种土层，且有厚度较大的软弱土层存在。装置的规模很大，给施工带来诸多难题，施工技术含量非常高。

项目建造成果：在项目建设中采用了大型吊车在软地基上站位处的地基处理施工技术、大型设备分段吊装技术、超高塔盘分段安装技术、大型离心压缩机安装技术、铬钼耐热钢管道焊接技术、管道工厂化预制技术等，取得显著成效。

本工程获2013年度浙江省优秀安装质量奖、2013～2014年度中国安装工程优质奖（中国安装之星），《30万吨聚丙烯装置精馏塔现场组焊施工工法》《超大型反应器现场组装施工工法》获江苏省省级工法，《DMTO联合装置工程施工关键技术》获2015年度中国建设工程施工技术创新成果奖一等奖。

图9.22-1　反再系统

图9.22-2　大型透平压缩机组

图9.22-3　5万m^3甲醇储罐

图9.22-4　设备管道保温

9.23　浙江信汇5万吨/年合成橡胶工程

项目地址：浙江省平湖市嘉兴港区

建设时间：2009年2月～2010年8月

建设单位：浙江信汇合成新材料有限公司

设计单位：中建安装集团有限公司（原南京医药化工设计研究院有限公司）

项目简介：浙江信汇5万吨/年丁基橡胶工程一期总投资9.8亿元，占地400余亩，位于浙江省嘉兴港区。该工程为国内第二套丁基橡胶生产装置，采用淤浆法生产工艺，以氯甲烷为稀释剂，以水-三氯化铝为引发体系，在零下100℃左右将异丁烯与少量异戊二烯通过阳离子聚合制得丁基橡胶，主要生产通用丁基橡胶胶块。

主要工程内容：中建安装集团有限公司承建工程包括MTBE裂解区、脱气回收区、压缩制冷区、

压缩机厂房、聚合脱气区、配置区、后处理系统等主生产装置，碳烃化合物焚烧排放系统、氯甲烷处理系统等辅助装置，配套储运工程、公用工程及其他生产设施。

项目建造成果：丁基橡胶的生产装置高大设备、塔器多（如透平/2D压缩机、MTBE及脱气回收装置塔器、聚合反应釜、火炬等），设计和制作安装难度大；管道材质多，有毒、易燃易爆介质、超高温/低温合金钢等特殊材质管道设计及安装要求高。在项目建设中采用了淤浆法丁基橡胶工艺技术、卤化丁基橡胶工艺技术、高纯异丁烯制备工艺技术（叔丁醇脱水和MTBE裂解）、大型离心压缩机组安装技术、大型设备吊装技术、低温管道焊接技术、自动化仪表DCS系统施工调试技术、生产装置系统联合调试技术等，取得显著成效。

本工程获2012年度浙江省优秀安装质量奖，2011～2012年度中国安装工程优质奖“中国安装之星”，《5万吨/年合成橡胶技术》获2016年度中国建筑工程总公司科学技术奖二等奖、2013年度中国石油和化学工业联合会科技进步奖三等奖。

图 9.23-1　MTBE裂解装置区

图 9.23-2　空压氮压站

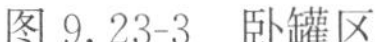

图 9.23-3 卧罐区

图 9.23-4 球罐区

9.24 江西1500吨/年多晶硅生产装置、3000吨/年多晶硅配套公用工程

项目地址：江西省景德镇市高新开发区

建设时间：2008年6月～2010年4月

建设单位：江西景德半导体新材料有限公司

设计单位：华陆工程科技有限责任公司

项目简介：江西景德半导体新材料有限公司1500吨/年多晶硅生产装置、3000吨/年多晶硅配套公

用工程采用目前生产多晶硅最为成熟、投资风险最小、最容易扩建的改良西门子法工艺，该工艺是以HCl和冶金级工业硅（金属硅）为原料，将粗硅粉与HCl在高温合成为$SiHCl_3$，并进行化学精制提纯，接着对$SiHCl_3$进行多级精馏，使其纯度达到9个9以上，最后在还原炉中1050℃的硅芯上用超高纯氢气对$SiHCl_3$进行还原，长成高纯多晶硅棒。

主要工程内容：中建安装集团有限公司承担空压制氮、液氯储存及气化、HCl合成、TCS合成、精馏、中间罐区、尾气回收及工艺废气废液处理单元。多晶硅工程对主工艺物料（如氯硅烷、氢气等）

图 9.24-1　HCl合成单元

图 9.24-2　TCS合成车间 1

图 9.24-3　TCS合成车间 2

图 9.24-4　美国PPI HCl压缩机

图 9.24-5　精馏车间

图 9.24-6　尾气回收车间

经过的设备、工艺管道、阀门及仪表的清洁度、干燥度要求高，并且物料氯硅烷易燃易爆、剧毒且易泄露，对工艺系统的密闭性能要求很高。

项目建造成果：项目施工过程中采用了大型设备整体吊装技术、不锈钢管道焊接技术、工艺管道化学清洗技术及国家推广应用的防雷接地铜包钢放热焊技术、大管道闭式循环冲洗技术等，取得显著成效。

本工程获2008年度“中国建设工程鲁班奖”。

参考文献

[1] 孙丽丽.石化工程整体化管理与实践［M].北京：化学工业出版社，2019.
[2] 黄时进.新中国石油化学工业发展史（1949-2009）［M].上海：华东理工大学出版社，2013.
[3] 李寿生.七十载铸就丰碑　新时代再创辉煌［J].中国石油和化工，2019（10）.
[4] 覃伟中，谢道雄等.石油化工智能制造［M].北京：化学工业出版社，2019.